面向"四新"人才培养普通高等教育系列教材

数值分析方法

李冬果　李　林　高　磊◎主编

中国铁道出版社有限公司
CHINA RAILWAY PUBLISHING HOUSE CO., LTD.

内 容 简 介

本书针对高等院校工科专业及医药类本科、研究生的数值分析或计算方法课程编写。全书共8章，包括计算技术基础、数值代数基础、数值逼近基础、数值微积分基础、非线性方程的数值解法、常微分方程的数值解法、偏微分方程的数值方法、智能优化算法基础。本书在兼顾理论的同时，重视计算方法的应用及其软件的实现，针对部分章节的主要算法，结合实例介绍了 Python 编程基础以及算法的 Python 实现。

本书适合作为高等院校工科类和医药类专业本科、研究生数值分析或计算方法课程教材，也可供生物医学工程和医学工作者、医药学研究人员参考。

图书在版编目(CIP)数据

数值分析方法/李冬果，李林，高磊主编．—北京：中国铁道出版社有限公司，2024.4

面向“四新”人才培养普通高等教育系列教材

ISBN 978-7-113-30770-7

Ⅰ.①数… Ⅱ.①李… ②李… ③高… Ⅲ.①数值分析-高等学校-教材 Ⅳ.①O241

中国国家版本馆 CIP 数据核字(2024)第 000286 号

书　　名：数值分析方法
作　　者：李冬果　李　林　高　磊

策　　划：闫钇汛　　　　**编辑部电话：**(010)63560043
责任编辑：周　欣　徐盼欣
编辑助理：闫钇汛
封面设计：刘　颖
责任校对：安海燕
责任印制：樊启鹏

出版发行：中国铁道出版社有限公司(100054，北京市西城区右安门西街 8 号)
网　　址：http://www.tdpress.com/51eds/
印　　刷：三河市燕山印刷有限公司
版　　次：2024 年 4 月第 1 版　2024 年 4 月第 1 次印刷
开　　本：787 mm×1 092 mm 1/16　**印张：**16.25　**字数：**448 千
书　　号：ISBN 978-7-113-30770-7
定　　价：52.00 元

前 言

数值分析方法是计算数学的主要部分，主要研究用计算机求解数值计算问题的方法及其理论。数值分析的目的是设计及分析一些计算的方法，针对一些问题得到近似但足够精确的结果。数值分析方法有时也称计算方法，作为一门课程，是包括数学等理科专业、工科、医科各专业的重要专业基础课程之一。本书在党的二十大精神指导下，将立德树人贯穿教材建设，指导学生树立正确世界观、人生观、价值观，帮助学生将所学知识学以致用，提高工程应用和实践能力。

计算机与数学的有机结合形成了“科学计算”的研究方法，它的核心内容是以现代化计算机及其软件为工具，以数学模型为基础进行数值计算及模拟研究。随着计算机技术的飞速进步和计算数学理论的发展，科学计算已经成为第三种科学研究方法。科学计算如今已经渗透到众多科技领域，很多学科都通过计算走向定量化和精确化，催生出了计算力学、计算物理学、计算化学、计算生物学等一系列新的学科分支。此外，科学计算在材料科学、生命科学、环境科学、信息科学、医学与经济学等领域中所起的作用也日益增大，在科学研究和工程技术攻关方面发挥着越来越重要的作用。

科学计算是一个完整的过程，主要分成三个步骤：首先，从具体的科学或工程技术问题出发，构建相应的数学模型；其次，寻求解决该模型的途径并求解，如理论求解或近似求解，使用或设计恰当的数值计算方法，设计实现这些方法的算法和计算程序，应用计算机进行数值实验，通过编写合适的软件代码或调用适当的软件包，求出所研究问题的解；最后，从实际问题的角度分析所求得解的合理性及其实际意义。其中第二步骤是与数值分析方法相关的核心内容。这里包含计算方法的分析，即按该方法计算得到的解是否可靠，与精确解之差是否可以容忍，以确保数值解的有效性；同时也要分析方法的计算效率，比较求解同一问题的各种数值方法的计算量和存储量，以便使用者根据分析结果采用高效率的方法，节省人力、物力和时间等。

目前常见的数值分析教材只限于介绍科学计算中最基本的数值计算方法，目的是使读者获得数值计算方法的基本概念和思想，掌握常用的基本计算方法，初步具备基本的理论分析和实际计算能力。本书的读者对象是工科专业及医药类专业本科生、研究生和相关科学研究者，针对这些读者对象和编写目的，确定本书的主要内容：计算技术基础、数值代数基础、数值逼近基础、数值微积分基础、非线性方程的数值解法、常微分方程的数值解法、偏微分方程的数值方法、智能优化算法基础。本书在兼顾理论的同时，重视计算方法的应用及其软件的实现，针对部分章节的主要算法，结合实例介绍了 Python 编程基础以及算法的 Python 实现；配置了丰富的例题、练习题，其中包含许多生物医学和科研课题中的实例。

本书编写过程中，在借鉴同类教材的基础上，将编者在首都医科大学多年从事数值分析课程教学与改革的经验，以及生物力学、生物医学信息学等生物医学工程研究领域的一些相关科研成果融入其中。本书的编写得到首都医科大学研究生院、教务处以及生物医学工程学院领导的大力支持，在此一并表示感谢。

由于编者水平有限，书中难免存在疏漏和不妥之处，希望得到专家、同行和读者的批评指正，以使本书不断完善。

编　者

2023 年 8 月

目 录

第 1 章 计算技术基础

计算机硬件本身只会高速地进行算术运算和逻辑运算，软件通过利用计算机的高速简单运算实现各种复杂功能。计算机软件的基础是“算法”，也即计算技术。本章讨论计算技术的一些基础知识。

1.1 泰勒公式

泰勒(Taylor)公式是高等数学中的一个非常重要的内容，它将一些复杂的函数逼近近似地表示为简单的多项式函数。泰勒公式这种化繁为简的功能，使得它成为分析研究和数值计算等许多数学问题的有力工具。本节介绍几个常用的一元函数、多元函数的泰勒公式。

对于一元函数 $f(x)$，如果 $f(x)$在含有 x_0 的某个开区间(a,b)内具有直到 $n+1$ 阶的导数，则对任一 $x\in(a,b)$存在介于 x_0 和 x 之间的一个 ξ 使得下式成立

$$f(x)=f(x_0)+f'(x_0)(x-x_0)+\frac{f''(x_0)}{2!}(x-x_0)^2+\cdots+\frac{f^{(n)}(x_0)}{n!}(x-x_0)^n+\frac{f^{(n+1)}(\xi)}{(n+1)!}(x-x_0)^{n+1} \tag{1.1.1}$$

如果记 $\Delta x=x-x_0$，那么上式也可以写作

$$\Delta f=f(x)-f(x_0)=f'(x_0)\Delta x+\frac{f''(x_0)}{2!}(\Delta x)^2+\cdots+\frac{f^{(n)}(x_0)}{n!}(\Delta x)^n+O((\Delta x)^{n+1})$$

如果上述 $x_0=0$，那么可以得到麦克劳林(Maclaurin)公式

$$f(x)=f(0)+f'(0)x+\frac{f''(0)}{2!}x^2+\cdots+\frac{f^{(n)}(0)}{n!}x^n+O(x^{n+1}) \tag{1.1.2}$$

几个常用函数的麦克劳林公式为

$$e^x=1+\frac{x}{1!}+\frac{x^2}{2!}+\cdots+\frac{x^n}{n!}+\frac{e^{\theta x}}{(n+1)!}x^{n+1}\quad(0<\theta<1)$$

$$\sin x=x-\frac{x^3}{3!}+\frac{x^5}{5!}-\frac{x^7}{7!}+\cdots+(-1)^{m-1}\frac{x^{2m-1}}{(2m-1)!}+(-1)^m\frac{\cos\theta x}{(2m+1)!}x^{2m+1}\quad(0<\theta<1)$$

$$\cos x=1-\frac{x^2}{2!}+\frac{x^4}{4!}-\frac{x^6}{6!}+\cdots+(-1)^m\frac{x^{2m}}{(2m)!}+(-1)^{m+1}\frac{\cos\theta x}{(2m+2)!}x^{2m+2}\quad(0<\theta<1)$$

$$(1+x)^\alpha=1+\frac{\alpha}{1!}x+\frac{\alpha(\alpha-1)}{2!}x^2+\cdots+\frac{\alpha(\alpha-1)\cdots(\alpha-n+1)}{n!}x^n+\frac{\alpha(\alpha-1)\cdots(\alpha-n+1)(\alpha-n)}{(n+1)!}(1+\theta x)^{\alpha-n-1}x^{n+1}\quad(0<\theta<1)$$

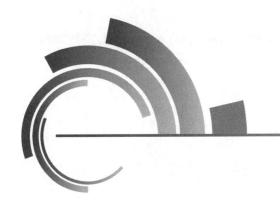

$$\ln(1+x)=x-\frac{1}{2}x^2+\frac{1}{3}x^3-\frac{1}{4}x^4+\cdots+(-1)^{n-1}\frac{1}{n}x^n+\frac{(-1)^n}{(n+1)(1+\theta x)^{n+1}}x^{n+1}\quad(0<\theta<1)$$

对于二元函数 $f(x,y)$ 也有类似的结果。如果 $f(x,y)$ 在含有 $f(x,y)$ 的某个邻域内具有直到 $n+1$ 阶的连续(混合)偏导数,则对于该邻域内任一点 $(x,y)=(x_0+h,y_0+k)$,存在 $0<\theta<1$ 使下列 n 阶泰勒公式成立

$$\begin{aligned}&f(x_0+h,y_0+k)\\&=f(x_0,y_0)+\left(h\frac{\partial}{\partial x}+k\frac{\partial}{\partial y}\right)f(x_0,y_0)+\frac{1}{2!}\left(h\frac{\partial}{\partial x}+k\frac{\partial}{\partial y}\right)^2f(x_0,y_0)+\cdots+\\&\frac{1}{n!}\left(h\frac{\partial}{\partial x}+k\frac{\partial}{\partial y}\right)^nf(x_0,y_0)+\frac{1}{(n+1)!}\left(h\frac{\partial}{\partial x}+k\frac{\partial}{\partial y}\right)^{n+1}f(x_0+\theta h,y_0+\theta k)\end{aligned}\quad(1.1.3)$$

其中

$$\left(h\frac{\partial}{\partial x}+k\frac{\partial}{\partial y}\right)f(x_0,y_0)=hf_x(x_0,y_0)+kf_y(x_0,y_0)$$

$$\left(h\frac{\partial}{\partial x}+k\frac{\partial}{\partial y}\right)^2f(x_0,y_0)=h^2f_{xx}(x_0,y_0)+2hkf_{xy}(x_0,y_0)+k^2f_{yy}(x_0,y_0)$$

$$\left(h\frac{\partial}{\partial x}+k\frac{\partial}{\partial y}\right)^nf(x_0,y_0)=\sum_{p=0}^{n}C_n^p h^p k^{n-p}\left.\frac{\partial^n f}{\partial x^p\partial y^{n-p}}\right|_{(x_0,y_0)}$$

一般地,对于多元函数 $f(x_1,x_2,\cdots,x_n)$ 也有类似的结果。对于点 $\boldsymbol{x}^0=(x_1^0,x_2^0,\cdots,x_n^0)$ 邻近的任一点 $\boldsymbol{x}^0+\boldsymbol{h}=(x_1^0+h_1,x_2^0+h_2,\cdots,x_n^0+h_n)$,存在 $0<\theta<1$ 使下列 m 阶泰勒公式成立

$$\begin{aligned}&f(x_1^0+h_1,x_2^0+h_2,\cdots,x_n^0+h_n)\\&=f(x_1^0,x_2^0,\cdots,x_n^0)+\left(\sum_{i=1}^{n}h_i\frac{\partial}{\partial x_i}\right)f(x_1^0,x_2^0,\cdots,x_n^0)+\\&\frac{1}{2!}\left(\sum_{i=1}^{n}h_i\frac{\partial}{\partial x_i}\right)^2f(x_1^0,x_2^0,\cdots,x_n^0)+\cdots+\\&\frac{1}{m!}\left(\sum_{i=1}^{n}h_i\frac{\partial}{\partial x_i}\right)^mf(x_1^0,x_2^0,\cdots,x_n^0)+\\&\frac{1}{(m+1)!}\left(\sum_{i=1}^{n}h_i\frac{\partial}{\partial x_i}\right)^{m+1}f(x_1^0+\theta h_1,x_2^0+\theta h_2,\cdots,x_n^0+\theta h_n)\end{aligned}\quad(1.1.4)$$

多元函数的二阶泰勒公式在应用问题中经常用到,通常也将其写成如下形式

$$f(\boldsymbol{x}^0+\boldsymbol{h})=f(\boldsymbol{x}^0)+\frac{\partial}{\partial \boldsymbol{x}}f(\boldsymbol{x}^0)\boldsymbol{h}+\frac{1}{2!}\boldsymbol{h}^{\mathrm{T}}\left(\frac{\partial^2}{\partial x^2}\right)f(\boldsymbol{x}^0)\boldsymbol{h}+O(\boldsymbol{h}^3)\quad(1.1.5)$$

其中

$$\left(\frac{\partial}{\partial \boldsymbol{x}}f\right)^{\mathrm{T}}=\begin{bmatrix}\dfrac{\partial f}{\partial x_1}\\\dfrac{\partial f}{\partial x_2}\\\vdots\\\dfrac{\partial f}{\partial x_n}\end{bmatrix},\quad\left(\frac{\partial^2}{\partial \boldsymbol{x}^2}\right)=\begin{bmatrix}\dfrac{\partial^2}{\partial x_1^2}&\dfrac{\partial^2}{\partial x_1\partial x_2}&\cdots&\dfrac{\partial^2}{\partial x_1\partial x_n}\\\dfrac{\partial^2}{\partial x_2\partial x_1}&\dfrac{\partial^2}{\partial x_2^2}&\cdots&\dfrac{\partial^2}{\partial x_2\partial x_n}\\\vdots&\vdots&&\vdots\\\dfrac{\partial^2}{\partial x_n\partial x_1}&\dfrac{\partial^2}{\partial x_n\partial x_2}&\cdots&\dfrac{\partial^2}{\partial x_n^2}\end{bmatrix}\quad(1.1.6)$$

式(1.1.6)第一式为函数 f 的梯度向量,通常记为 ∇f;(1.1.6)的第二式是一个矩阵,通常称为函数 f 的黑塞(Hessian)矩阵,记为 $\boldsymbol{H}(f)$。利用多元函数的二阶泰勒公式可以证明多元函数 f 在点 $\boldsymbol{x}^0=(x_1^0,x_2^0,\cdots,x_n^0)$ 取得极值的结论:

设多元函数 f 在点 $\boldsymbol{x}^0=(x_1^0,x_2^0,\cdots,x_n^0)$ 邻域内有二阶连续偏导数,且 $\nabla f|_{\boldsymbol{x}^0}=0$,如果 $\boldsymbol{H}(f)|_{\boldsymbol{x}^0}$ 是正(负)定矩阵,则 f 在点 $\boldsymbol{x}^0=(x_1^0,x_2^0,\cdots,x_n^0)$ 取得极小(大)值。

1.2　数值计算的误差

误差是数值计算中不可避免的话题，必须科学地分析误差的来源，合理地估计误差，尽可能地得到逼近真值的解。

1.2.1　误差来源与分类

用计算机解决科学计算问题首先要建立数学模型，它是对被描述的实际问题进行抽象、简化而得到的，因而是近似的。把数学模型与实际问题之间出现的这种误差称为模型误差。只有实际问题提法正确，建立数学模型时又抽象、简化得合理，才能得到好的结果。此外，实际问题中通常涉及一些量的观测值，这类由观测产生的误差称为观测误差。模型误差和观测误差不是本书讨论内容，本书只研究用数值方法求解数学模型产生的误差。

当数学模型不能得到精确解时，通常用数值方法求其近似解，这一近似解与精确解之间的误差称为截断误差。例如，用如下泰勒多项式

$$S_m(x)=x-\frac{x^3}{3!}+\frac{x^5}{5!}-\frac{x^7}{7!}+\cdots+(-1)^{m-1}\frac{x^{2m-1}}{(2m-1)!} \tag{1.2.1}$$

近似代替正弦函数，则数值截断误差是

$$|R_m(x)|=|\sin x-S_m(x)|=\frac{|\cos\theta x|}{(2m+1)!}|x|^{2m+1}\leqslant\frac{|x|^{2m+1}}{(2m+1)!}\quad(0<\theta<1) \tag{1.2.2}$$

选定求解数学问题的近似计算公式后，用计算机做数值计算时，由于计算机的字长限制，原始数据在计算机上表示时会产生误差，计算过程又可能产生新的误差，这种误差称为舍入误差。例如，用 3.141 59 近似代替圆周率 π，产生的误差

$$R=\pi-3.141\ 59=0.000\ 002\ 6\cdots$$

就是舍入误差。

此外，由原始数据或机器中的十进制数转化为二进制数产生的初始误差对数值计算也将造成影响，分析初始数据的误差通常也归入舍入误差。

研究计算结果的误差是否满足精度要求的问题常称为误差估计问题。本书仅关注算法的截断误差与舍入误差，其中截断误差将结合具体算法讨论。为分析数值运算的舍入误差，先要对误差基本概念作一个简单介绍。

1.2.2　误差与有效数字

1. 误差

如果 x 为准确值，x^* 为 x 的一个近似值，那么称 $e^*=x^*-x$ 为近似值 x^* 的绝对误差，简称为误差。通常不能算出准确值 x，也不能算出误差 e^* 的准确值，只能根据计算情况或测量工具估计出误差的绝对值不超过某个正数 ε^*，也就是 $|e^*|$ 的一个上界，ε^* 称为近似值 x^* 的误差限。例如，取 $m=2$，利用公式(1.2.1)计算 $\sin 1$，则根据式(1.2.2)有

$$R_2\leqslant\frac{1}{5!}<0.008\ 4$$

即误差限为 0.008 4。

一般地，误差限可以表示成不等式 $|x-x^*|\leqslant\varepsilon^*$ 或 $-\varepsilon^*\leqslant x-x^*\leqslant\varepsilon^*$，通常也表示成 $x=x^*\pm\varepsilon^*$。误差限的大小其实还不能完全表示近似值的好与坏。例如，有两个量 $x=10\pm0.2$，$y=100\pm1$，则

$$x^*=10,\quad \varepsilon_x^*=0.2,\quad y^*=100,\quad \varepsilon_y^*=1$$

显然 ε_y^* 是 ε_x^* 的 5 倍，但 $\varepsilon_y^*/y^*=1/100=1\%$ 比 $\varepsilon_x^*/x^*=0.2/10=2\%$ 要小，这说明 y^* 近似 y 的

程度比 x^* 近似 x 的程度要好得多。所以，除考虑误差的大小外，还应该考虑准确值本身的大小。

通常把近似值的误差 e^* 与准确值 x 的比值 $e^*/x=(x^*-x)/x$ 称为近似值 x^* 的相对误差，记为 e_r^*。由于在实际计算中，真值 x 总是不知道，因此常取

$$e_r^*=\frac{e^*}{x^*}=\frac{x^*-x}{x^*} \tag{1.2.3}$$

作为 x^* 的相对误差。如果 $e_r^*=e^*/x^*$ 较小，且

$$\frac{e^*}{x}-\frac{e^*}{x^*}=\frac{e^*(x^*-x)}{x^*x}=\frac{(e^*)^2}{x^*(x^*-e^*)}=\frac{(e^*/x^*)^2}{1-(e^*/x^*)}$$

是 e_r^* 的平方项级，那么这种替换造成的误差可以忽略不计。

相对误差可正可负，它的绝对值上界称为相对误差限。上例中 x^* 和 y^* 的相对误差限分别是 2%与 1%，可见 y^* 近似 y 的程度比 x^* 近似 x 的程度要好。

2. 有效数字

当准确值 x 有多位数时，常常按四舍五入的原则得到 x 的前几位近似值 x^*。例如：

$$x=\pi=3.141\ 592\ 65\cdots$$

取 3 位，得 $x_3^*=\pi=3.14$，$\varepsilon_3^*\leqslant 0.002$；取 5 位，得 $x_5^*=\pi=3.141\ 6$，$\varepsilon_5^*\leqslant 0.000\ 008$。

它们的误差都不超过末位数字的半个单位，即 $|\pi-3.14|\leqslant\frac{1}{2}\times10^{-2}$，$|\pi-3.141\ 6|\leqslant\frac{1}{2}\times10^{-4}$。

一般地，若近似值 x^* 的误差是某一位的半个单位，该位到 x^* 的第一位非零数字共有 n 位，就称 x^* 有 n 位有效数字。它可以表示为

$$x^*=\pm10^m\times[a_1+a_2\times10^{-1}+\cdots+a_n\times10^{-(n-1)}] \tag{1.2.4}$$

其中 $a_i(i=1,2,\cdots,n)$ 是 0～9 中的一个数字，$a_1\neq0$，m 为整数，且

$$|x-x^*|\leqslant\frac{1}{2}\times10^{m-n+1} \tag{1.2.5}$$

因此，取 $x^*=3.14$ 作为 π 的近似值，就有 3 位有效数字，取 $x^*=3.141\ 6$ 作为 π 的近似值，就有 5 位有效数字。

如果以 m/s^2 为单位，则万有引力常数 g 约为 $9.80\ m/s^2$，若以 km/s^2 为单位，则万有引力常数 g 约为 $0.009\ 80\ km/s^2$，它们都具有 3 位有效数字，因为

$$|g-9.80|\leqslant\frac{1}{2}\times10^{-2}=\frac{1}{2}\times10^{0-3+1},\quad |g-0.009\ 80|\leqslant\frac{1}{2}\times10^{-5}=\frac{1}{2}\times10^{-3-3+1}$$

前一式子 $m=0$，后一式子 $m=-3$。虽然写法不同，但它们都具有 3 位有效数字。至于绝对误差限，由于单位不同结果也不同，$\varepsilon_1^*=\frac{1}{2}\times10^{-2}m/s^2$，$\varepsilon_2^*=\frac{1}{2}\times10^{-5}km/s^2$；而相对误差相同，因为

$$\varepsilon_r^*=0.005/9.80=0.000\ 005/0.009\ 80$$

注意相对误差是无量纲的，而绝对误差是有量纲的。

关于有效数字与相对误差限如下结论成立：

设近似数 x^* 表示为

$$x^*=\pm10^m\times[a_1+a_2\times10^{-1}+\cdots+a_n\times10^{-(n-1)}]$$

其中 $a_i(i=1,2,\cdots,l)$ 是 0～9 中的一个数字，$a_1\neq0$，m 为整数，若 x^* 具有 n 位有效数字，则其相对误差限

$$\varepsilon_r^*\leqslant\frac{1}{2a_1}\times10^{-(n-1)} \tag{1.2.6}$$

反之，若 x^* 的相对误差限 $\varepsilon_r^*\leqslant\frac{1}{2(a_1+1)}\times10^{-(n-1)}$，则 x^* 至少具有 n 位有效数字。

证明　由式(1.2.4)可得

$$a_1\times 10^m\leqslant |x^*|<(a_1+1)\times 10^m$$

当 x^* 具有 n 位有效数字时

$$\varepsilon_r^*=\frac{|x-x^*|}{|x^*|}\leqslant\frac{0.5\times 10^{m-n+1}}{a_1\times 10^m}=\frac{10^{-n+1}}{2a_1}$$

反之，由

$$|x-x^*|=|x^*|\varepsilon_r^*<(a_1+1)\times 10^m\times\frac{10^{-n+1}}{2(a_1+1)}=0.5\times 10^{m-n+1}$$

故 x^* 至少具有 n 位有效数字。

这一结论说明，有效数字越多，相对误差越小。

例 1.2.1　要使 $\sqrt{20}$ 的近似值的相对误差限小于 0.1%，要取几位有效数字？

解　设取 n 位有效数字，由式(1.2.6)，$\varepsilon_r^*\leqslant\frac{1}{2(a_1+1)}\times 10^{-(n-1)}$，由于 $\sqrt{20}=4.4\cdots$，知 $a_1=4$，故只要取 $n=4$，就有

$$\varepsilon_r^*\leqslant 0.125\times 10^{-3}<10^{-3}=0.1\%$$

即只要 $\sqrt{20}$ 的近似值取 4 位有效数字，其相对误差限就小于 0.1%。此时，$\sqrt{20}\approx 4.472$。

1.2.3　数值运算的误差估计

设两个近似数 x_1^* 与 x_2^* 的误差限分别是 $\varepsilon(x_1^*)$ 及 $\varepsilon(x_2^*)$，则它们进行加、减、乘、除运算得到的误差限分别满足不等式

$$\varepsilon(x_1^*\pm x_2^*)\leqslant\varepsilon(x_1^*)+\varepsilon(x_2^*)$$

$$\varepsilon(x_1^*x_2^*)\leqslant|x_1^*|\varepsilon(x_2^*)+|x_2^*|\varepsilon(x_1^*)$$

$$\varepsilon(x_1^*/x_2^*)\leqslant\frac{|x_1^*|\varepsilon(x_2^*)+|x_2^*|\varepsilon(x_1^*)}{|x_2^*|^2},\quad x_2^*\neq 0$$

更一般的情况是，当自变量有误差时计算其函数值也将产生误差，其误差限可以利用函数的泰勒公式进行估计。设 x^* 的近似值为 x，计算函数 $f(x)$ 时以 $f(x^*)$ 近似 $f(x)$，其误差界记作 $\varepsilon(f(x^*))$，由泰勒公式 $f(x)-f(x^*)=f'(x^*)(x-x^*)+\frac{f''(\xi)}{2}(x-x^*)^2$，$\xi$ 介于 x，x^* 之间，取绝对值得

$$|f(x)-f(x^*)|\leqslant|f'(x^*)|\varepsilon(x^*)+\frac{|f''(\xi)|}{2}(\varepsilon(x^*))^2$$

假设 $f''(x^*)$ 与 $f'(x^*)$ 的比值不太大，可忽略 $\varepsilon(x^*)$ 的高阶项，于是可得计算函数的误差限

$$\varepsilon(f(x^*))\approx|f'(x^*)|\varepsilon(x^*)$$

当 f 是多元函数时，例如计算 $Q=f(x_1,x_2,\cdots,x_n)$，如果 $x_1,x_2,\cdots,x_n$ 的近似值为 $x_1^*,x_2^*,\cdots,x_n^*$，则 Q 的近似值 $Q^*=f(x_1^*,x_2^*,\cdots,x_n^*)$，于是由泰勒公式可得

$$\begin{aligned}\varepsilon(Q^*)&=Q^*-Q=f(x_1^*,x_2^*,\cdots,x_n^*)-f(x_1,x_2,\cdots,x_n)\\&\approx\sum_{j=1}^{n}\frac{\partial f(x_1^*,x_2^*,\cdots,x_n^*)}{\partial x_j}(x_j^*-x_j)\end{aligned}$$

于是误差限为

$$\varepsilon(Q^*)\approx\sum_{j=1}^{n}\left|\frac{\partial f(x_1^*,x_2^*,\cdots,x_n^*)}{\partial x_j}\right|\varepsilon(x_j^*)$$

而 Q^* 的相对误差限为

$$\varepsilon_r(Q^*)=\frac{\varepsilon(Q^*)}{|Q^*|}\approx\sum_{j=1}^{n}\left|\frac{\partial f(x_1^*,x_2^*,\cdots,x_n^*)}{\partial x_j}\right|\frac{\varepsilon(x_j^*)}{|Q^*|}$$

例 1.2.2 利用单摆摆动测定重力加速度 g 的公式为

$$g=\frac{4\pi^2 l}{T^2}$$

已测单摆摆长 l 与摆动周期 T 分别是 $l=(100\pm0.1)\text{cm}$，$T=(2\pm0.005)\text{s}$，问由于测定 l 与 T 的误差而引起 g 的绝对误差与相对误差。

解 记测量 l 与 T 时所产生的误差为 Δl 与 ΔT，由上述公式计算 g 时的误差为 Δg，因而有

$$\Delta g\approx\frac{\partial g}{\partial l}\Delta l+\frac{\partial g}{\partial T}\Delta T$$

从而

$$|\Delta g|\leqslant\left|\frac{\partial g}{\partial l}\right||\Delta l|+\left|\frac{\partial g}{\partial T}\right||\Delta T|=4\pi^2\left(\frac{1}{T^2}|\Delta l|+\frac{2l}{T^3}|\Delta T|\right)$$

把 $l=100$，$T=2$，以及 $|\Delta l|=0.1$，$|\Delta T|=0.005$ 代入上式，得 g 的绝对误差为

$$|\Delta g|=4\pi^2\left(\frac{1}{2^2}\times0.1+\frac{2\times100}{2^3}\times0.005\right)=0.6\pi^2\approx5.92(\text{cm/s}^2)$$

从而 g 的相对误差为

$$\frac{|\Delta g|}{g}=\frac{0.6\pi^2}{\frac{4\pi^2\times100}{2^2}}=0.6\%$$

1.3 误差分析与规避

一个工程或科学计算问题往往要运算千万次，由于每一步计算都有误差，如果每一步都做误差分析与估计是不可能的，也是不科学的。因为误差积累有正有负，绝对值有大有小，虽然有许多误差分析的方法，但目前仍然缺少好的有效分析方法。为了确保数值计算的正确性，通常只进行定性分析。

1.3.1 算法的数值稳定性

用一种方法进行计算，由于初始数据误差在计算中传播使计算结果误差增长很快，因此数值不稳定。先看下面的例子。

例 1.3.1 计算 $I_n=\text{e}^{-1}\int_0^1 x^n\text{e}^x\text{d}x(n=0,1,\cdots)$ 并估计误差。

解 由分部积分可得 I_n 的递推公式

$$\begin{cases}I_n=1-nI_{n-1}, & n=1,2,\cdots\\ I_0=\text{e}^{-1}\int_0^1\text{e}^x\text{d}x=1-\text{e}^{-1}\end{cases}\tag{1.3.1}$$

若算出 I_0 就可利用该递推公式依次算出 $I_1,I_2,\cdots$的值。要算出 I_0 就要先算出 e^{-1}，若用泰勒公式得到

$$\text{e}^{-1}\approx1+(-1)+\frac{(-1)^2}{2!}+\cdots+\frac{(-1)^k}{k!}$$

若取 $k=7$，并用四位小数计算，则得 $\text{e}^{-1}\approx0.3679$，截断误差 $r_7=|\text{e}^{-1}-0.3679|\leqslant\frac{1}{8!}<\frac{1}{4}\times10^{-4}$，计算过程中小数点后第 5 位的数字按四舍五入原则舍入，由此产生的舍入误差这里先不讨论。当初值取为 $I_0\approx0.6321=\tilde{I}_0$ 时，用式(1.3.1)递推的计算公式为

$$(\text{A})\begin{cases}\tilde{I}_0=0.6321\\ \tilde{I}_n=1-n\tilde{I}_{n-1}, & n=1,2,\cdots\end{cases}\tag{1.3.2}$$

计算结果 $\tilde{I}_n$ 列于表 1-1 中。

表 1-1　计算结果

n	$\tilde{I}_n$[用式(1.3.2)计算]	$\hat{I}_9$[用式(1.3.4)计算]	n	$\tilde{I}_n$[用式(1.3.2)计算]	$\hat{I}_9$[用式(1.3.4)计算]
0	0.632 1	0.632 1	5	0.148 0	0.145 5
1	0.367 9	0.367 9	6	0.112 0	0.126 8
2	0.264 2	0.264 2	7	0.216 0	0.112 1
3	0.207 4	0.207 2	8	−0.728 0	0.103 5
4	0.170 4	0.170 9	9	7.552	0.068 4

从表 1-1 中可以看出 $\tilde{I}_8$ 出现负值，这与 $I_n>0$ 矛盾。事实上，由积分估值得

$$\frac{e^{-1}}{n+1}=e^{-1}(\min_{0\leqslant x\leqslant 1}e^x)\int_0^1 x^n dx<I_n=e^{-1}\int_0^1 x^n e^x dx<e^{-1}(\max_{0\leqslant x\leqslant 1}e^x)\int_0^1 x^n dx=\frac{1}{n+1} \tag{1.3.3}$$

因此当 n 较大时用 $\tilde{I}_n$ 近似 I_n 是不正确的。这里的计算每一步都是正确的，那么得到错误结果的原因是什么呢？主要就是初值 $\tilde{I}_0$ 有误差 $\varepsilon_0=I_0-\tilde{I}_0$，由此引起以后各步计算的误差 $\varepsilon_n=I_n-\tilde{I}_n$ 满足关系

$$\varepsilon_n=-n\varepsilon_{n-1},\quad n=1,2,\cdots$$

由此得到

$$\varepsilon_n=(-1)^n n!\varepsilon_0$$

这说明误差会逐步放大，倍数高达 $n!$。例如，$n=8$ 时，若 $|\varepsilon_0|=\frac{1}{2}\times 10^{-4}$，则 $|\varepsilon_8|=\frac{8!}{2}\times 10^{-4}>2$，这就说明用 $\tilde{I}_8$ 近似 I_8 是完全不可取的，这种算法是不稳定的。

现在考虑另一种计算方案，由式(1.3.3)，取 $n=9$ 得到

$$\frac{e^{-1}}{10}<I_9<\frac{1}{10}$$

粗略地取 $I_9\approx\frac{1}{2}\left(\frac{e^{-1}}{10}+\frac{1}{10}\right)=\hat{I}_9$，然后将式(1.3.1)的第一式倒过来使用，即由 $\hat{I}_9$ 计算 $\hat{I}_8,\hat{I}_7,\cdots,\hat{I}_0$，公式为

$$(\mathrm{B})\begin{cases}\hat{I}_9=0.068\ 4\\ \hat{I}_{n-1}=\frac{1}{n}(1-n\hat{I}_n),\quad n=9,8,\cdots,1\end{cases} \tag{1.3.4}$$

计算结果列于表 1-1。根据以上分析显然这种方案误差逐步缩小。

一般地，一个算法如果初始输入数据有误差，而在计算过程中舍入误差不增长，则称此算法是数值稳定的；否则称为数值不稳定的。

上述算例中第一种算法是数值不稳定的，而后一种算法是数值稳定的。在数值计算中要采用数值稳定的算法，否则得到的结果是不可信的。

1.3.2　误差规避

数值计算中通常不采用数值不稳定算法，即能控制误差的传播。在设计算法时应尽量避免误差带来的影响，防止有效数字丢失。例如，通常要：(1)两数相加时防止较小的数加不到较大的数上，即避免大数吃小数；(2)两个相近数相减，以免有效数字的大量丢失；(3)避免分母很小(或乘法因子很大)，以免产生溢出。

下面举例说明。

例 1.3.2 求 $x^2-16x+1=0$ 的小正根。

解 $x_1=8+\sqrt{63}$，$x_2=8-\sqrt{63}\approx 8-7.94=0.06=x_2^*$，这里 x_2^* 只有 1 位有效数字；若改用

$$x_2=8-\sqrt{63}=\frac{1}{8+\sqrt{63}}\approx\frac{1}{8+7.94}\approx 0.062\,7$$

则具有 3 位有效数字。

例 1.3.3 计算 $A=10^7(1-\cos 2°)$（利用 $\cos 2°\approx 0.999\,4$）。

解 直接计算得

$$A=10^7(1-\cos 2°)\approx 10^7(1-0.999\,4)=6\times 10^3$$

只有 1 位有效数字；若利用 $1-\cos x=2\sin^2\dfrac{x}{2}$，则

$$A=10^7(1-\cos 2°)=2\times(\sin 1°)^2\times 10^7=6.13\times 10^3$$

具有 3 位有效数字。

这些例子说明可以通过改变计算公式避免或减少有效数字丢失。类似地，当 x_1 和 x_2 很接近时，可以利用

$$\ln x_1-\ln x_2=\ln\frac{x_1}{x_2}$$

用右边算式计算有效数字就不丢失。当 x 很大时，

$$\sqrt{x+1}-\sqrt{x}=\frac{1}{\sqrt{x+1}+\sqrt{x}}$$

应该用右侧算式代替左侧。一般地，当 $f(x)\approx f(x^*)$ 时，可以用泰勒展开式

$$f(x)-f(x^*)=f'(x^*)(x-x^*)+\frac{1}{2}f''(x^*)(x-x^*)^2+\cdots$$

取右端有限项近似左端。但同时也要注意积累误差的影响。例如考虑下例。

例 1.3.4 利用公式

$$\ln(1+x)=\sum_{n=1}^{\infty}(-1)^{n+1}\frac{x^n}{n}$$

计算 $\ln 2$ 的近似值（精确到10^{-5}）。

解 若取 $x=1$ 利用前 N 项和直接计算，需要 $N=100\,000$ 项，不但计算量大，而且舍入误差积累严重，但若改用

$$\ln\frac{1+x}{1-x}=2\left(x+\frac{x^3}{3}+\frac{x^5}{5}+\cdots+\frac{x^{2n+1}}{2n+1}+\cdots\right)$$

取 $x=\dfrac{1}{3}$，只要计算前 10 项之和，其截断误差便小于10^{-5}。

1.4 数值计算中典型的算法设计技术

数值计算中设计恰当的算法既可以得到较好的计算精度，又可以节省计算时间。数值计算中许多典型算法思想在中国古代数学中已有体现。数学机械化学科的创始人吴文俊院士(1919—2017)认为：“中国古代数学的大多数成就具有构造性、算法化和机械化的性质，因此大多数的‘术’可以无困难地转化为程序用计算机来实现。”“数学问题的机械化，就要求在运算或证明过程中，每前进一步之后，都有一个确定的、必须选择的下一步，这样沿着一条有规律的、刻板的

道路，一直达到结论。”①

下面给出几种具有代表性的算法，这些算法的基本思想大多源于中国古代数学，都是数值计算中常用的算法。

1.4.1　以直代曲的近似技术

在数值计算中将非线性问题线性化处理是常用的方法。非线性问题的线性化在几何上体现为局部范围内曲线可以用直线近似代替。

圆是曲边图形，其面积的计算是以直代曲的典范。公元 3 世纪，我国魏晋时期大数学家刘徽(约 225—约 295)用“割圆术”求得圆周率$\pi\approx 3.1416$。“割圆术”从 6 等分圆周做起，逐次二等分圆弧，这样做 k 次后圆周被分成 6×2^k 个等长弧段。然后以弦代弧，即用弦所在的直线段代替圆弧段，计算与圆心构成的等腰三角形面(图 1-1 给出了一个小弧段及其上的等腰三角形)，用以替代小扇形面积，再求和，即得到圆面积 $S=\pi r^2$ 的近似值 $\overline{S}$，从而可求得 $\pi\approx\overline{S}/r^2$。“割圆术”中提出了“割之弥细，所失弥少，割之又割，以至于不可割，则与圆合体，而无所失矣。”我们知道，以 6×2^k 个等腰三角形构成的圆内接多边形的面积当$k\to\infty$时的极限记为圆的面积。这里可以看出，刘徽公元 3 世纪建立的“割圆术”中的数学思想与 17 世纪发明的微积分的思想极其相似。

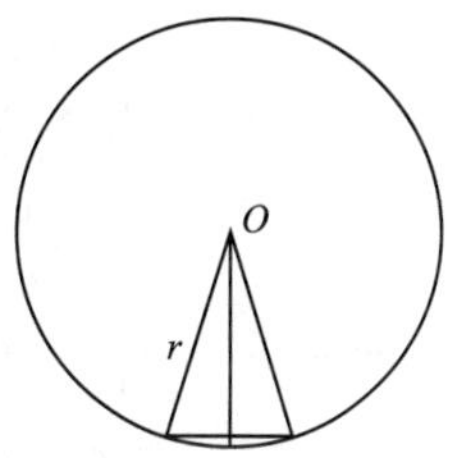

图 1-1　刘徽的“割圆术”

以直代曲的另一个典型例子是求定积分

$$I=\int_a^b f(x)\mathrm{d}x \tag{1.4.1}$$

如果连接曲线 $y=f(x)$上两点 $A(a,f(a))$及 $B(b,f(b))$的直线段近似代替曲线弧(见图 1-2)，用梯形面积近似曲边梯形面积，这就是定积分近似计算中的梯形公式

$$I\approx\frac{b-a}{2}[f(a)+f(b)]=T_1 \tag{1.4.2}$$

为了提高精度，可以将$[a,b]$区间分割成为若干小区间$[x_i,x_{i+1}]$($i=0,1,\cdots,n$)，其中

$$x_i=a+ih,\quad x_0=a,\quad x_n=b,\quad h=\frac{b-a}{n}$$

在每个小区间上用梯形公式得到(见图 1-3)

$$I\approx\frac{h}{2}\sum_{i=0}^{n}[f(x_{i-1})+f(x_i)]=T_n \tag{1.4.3}$$

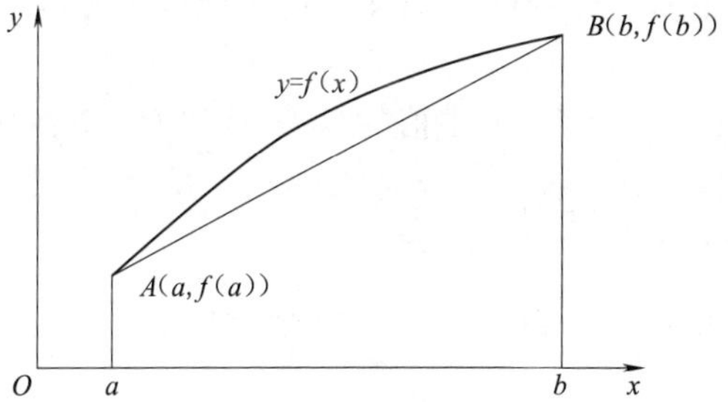

图 1-2　定积分的梯形法

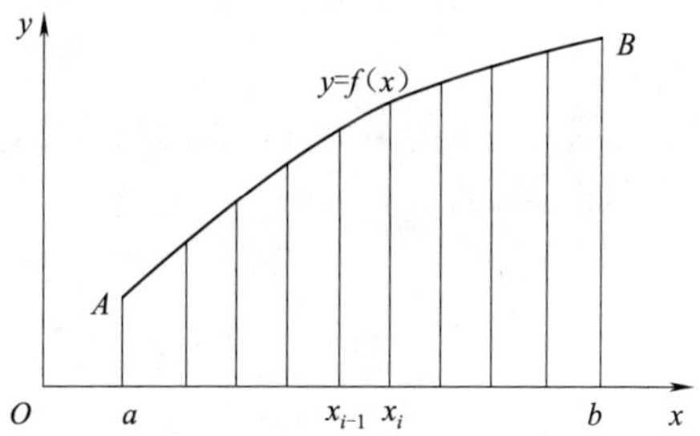

图 1-3　定积分的复化梯形法

根据定积分的定义，如果函数 $y=f(x)$连续，那么当 $n\to\infty$时，$I_n\to I$，即只要 n 足够大就可以

① 吴文俊. 吴文俊论数学机械化[M]. 济南：山东教育出版社，1995.

得到满足精度要求的积分值。

1.4.2 方程求根的“增乘开方法”与迭代算法

1. 方程求根的“增乘开方法”

约公元1050年，北宋数学家贾宪(约11世纪中)完成了一部叫《黄帝九章算法细草》的著作，原书丢失，但其主要内容被南宋数学家杨辉(约13世纪中)著《详解九章算法》(1261年)摘录，这是有明确记载保留下来的最早的高开方法的“增乘开方法”。下面以求

$$x^4-763\ 200x^2-40\ 642\ 560\ 000=0 \tag{1.4.4}$$

的正根为例来说明增乘开方法。

第一步　令 $x=10x_1$，方程(1.4.4)变为

$$10^4x_1^4=1\ 336\ 336 \tag{1.4.5}$$

第二步　议得首商为3；

第三步　令 $x_1=3+x_2$，则方程(1.4.5)变为

$$10^4x_2^4+12\times10^4x_2^3+54\times10^4x_2^2+108\times10^4x_2=526\ 336 \tag{1.4.6}$$

第四步　令 $x_2=0.1x_3$，则方程(1.4.6)变为

$$x_3^4+120x_3^3+5\ 400x_3^2+108\ 000x_3=526\ 336$$

第五步　议得次商为4；

第六步　令 $x_3=4+x_4$，重复以上计算即可。

“增乘开方法”是一个非常有效的和高度机械化的算法，可以适用于开任意整数次方。这与现在通用的“Horner算法”(1819年)基本一致。事实上，贾宪的“增乘开方法”原则上可以用于求解高次方程。南宋著名数学家秦九韶(1208—1268)在他的代表性著作《数书九章》中将“增乘开方法”推广到了高次方程，并命名为“正负开方术”。

几何上来看①，“正负开方术”求解

$$f(x)=x^n+a_1x^{n-1}+\cdots+a_{n-1}x-b=0 \tag{1.4.7}$$

时，如果将 $y=f(x)$看作一条曲线，且议得首商为 a，则 $x=a+x_1$ 相当于将函数图像向左移动 a 个单位，方程的根同样随着移动而更靠近原点，接下来的 $x_1=0.1x_2$ 可以看作扩根变换，使函数图像横向伸长10倍，增加了分辨率，随着这两个变换的反复进行，根的位置将不断移近原点又不断被放大，“正负开方术”就像显微镜一样，不断移动、放大、移动、放大，来寻找方程的根。

2. 多项式求值的秦九韶算法

上述算法中涉及多项式的计算，在古代都是在算盘上进行，因此如何将复杂的算法“机械化”至关重要。

秦九韶所构造的高次方程根的数值求法，其实也是多项式求值的算法，被称为秦九韶算法。对于给定的多项式

$$p(x)=a_0x^n+a_1x^{n-1}+\cdots+a_{n-1}x+a_n,\quad a_0\neq0 \tag{1.4.8}$$

求 x_0 处的值 $p(x_0)$。若直接计算每一项 $a_ix_0^{n-i}$ 再相加，共需要$\frac{1}{2}n(n+1)$次乘法、n 次加法。秦九韶给出了如下算法

$$p(x)=[(a_0x+a_1)x+\cdots+a_{n-1}]x+a_n \tag{1.4.9}$$

求 $p(x_0)$时可以写成如下形式

① 杨合俊.秦九韶“正负开方术”是二阶收敛的[J].数学的实践与认识,2011,41(1):229-236.

$$\begin{cases} q_0 = a_0 \\ q_i = q_{i-1}x_0 + a_i, \quad i=1,2,\cdots,n \end{cases} \tag{1.4.10}$$

显然，$q_n = p(x_0)$即为所求。此方法称为秦九韶算法，用它计算 n 次多项式 $p(x)$，只需要 n 次乘法、n 次加法。秦九韶算法是计算多项式的值的最好的算法之一。

减少乘除法运算次数是算法设计中十分重要的一个原则，在实际运算中，涉及的点数太多，其计算量就会太大。如果不注意避免乘除运算次数，即使高速计算机计算，耗时也不容忽视。离散傅里叶变换(DFT)的快速算法 FFT 的提出使得 DFT 得以广泛使用。FFT 算法就是快速算法的一个典范。

3. 方程求根的迭代算法

上述“增乘开方法”或“正负开方术”具有典型的构造性、机械化的特点。另一个具有此特点的方法是方程求根的迭代方法，这是一种按照同一个公式重复计算逐次逼近真实值的计算方法。事实上，许多数学史专家认为，秦九韶算法以及他的“正负开方术”与后来的牛顿迭代法一样①②，但比牛顿法早 400 年。在数值计算中普遍使用迭代算法这一重要方法(迭代方法见本书第 2、5 章)。

这里以正数的算数平方根计算为例进行讨论。假设 $c>0$，求$\sqrt{c}$等价于解方程

$$x^2 = c \tag{1.4.11}$$

现在先给一个初始近似值 $x_0>0$，令 $x=x_0+\Delta x$ 满足方程(1.4.11)，即

$$x_0^2 + 2x_0\Delta x + (\Delta x)^2 = c$$

这里 Δx 是一个小矫正量，若略去高阶量$(\Delta x)^2$，则得到

$$x_0^2 + 2x_0\Delta x \approx c$$

解出 Δx 后，可以计算 x，得到

$$x = x_0 + \Delta x \approx \frac{1}{2}\left(x_0 + \frac{c}{x_0}\right) \tag{1.4.12}$$

这不是$\sqrt{c}$的真值，但它是真值的进一步近似，因此令式(1.4.12)右端为根的第一次近似，记为 x_1，重复以上过程，即上述过程中用 x_1 代替 x_0，可以得到 x_2，如此下去可以得到

$$x_{i+1} = \frac{1}{2}\left(x_i + \frac{c}{x_i}\right), \quad i=0,1,2,\cdots \tag{1.4.13}$$

它可以逐次求得 $x_1, x_2, \cdots$，若

$$\lim_{i\to\infty} x_i = x^*$$

则 $x^* = \sqrt{c}$，容易证明序列$\{x_1, x_2, \cdots\}$对任何 $x_0>0$ 都收敛。

例 1.4.1　利用式(1.4.13)计算$\sqrt{3}$，取 $x_0=1.5$。

解　由式(1.4.13)可得

$x_1=1.75$，　$x_2=1.732\ 142\ 857$，　$x_3=1.732\ 050\ 810$，　$x_4=1.732\ 050\ 808$

计算三次的误差小于$\frac{1}{2}\times 10^{-6}$。

式(1.4.13)每次只有一次除法、一次加法和除以 2 运算，计算量很小，精度要求10^{-8}的计算通常也只要 4～5 次迭代即可。计算机(计算器)中求$\sqrt{c}$的计算就是用迭代算法实现的。

1.4.3　加权平均的松弛技术

刘徽用“割圆术”求得圆周率 $\pi\approx 3.141\ 6$。如果单纯用“割圆”计算，相当于割到 3 072 边形，

---

① 杨合俊. 秦九韶“正负开方术”是二阶收敛的[J]. 数学的实践与认识，2011，41(1)：229-236.

② 陈传淼. 刘徽数学思想的新认识[J]. 数学的实践与认识，2016，46(19)：274-287.

计算量惊人，在古代没有计算工具只有用手算是十分困难的。刘徽“割圆术”原文 1 800 字，包含了深刻的科学原理，可惜很少后人读懂，有些文字和内容无法理解，成了千古之谜①。

如图 1-4 所示，刘徽发现了小矩形 $ABEF$（称“方田”）的重要作用，即

$$A_{2n}=A_n+\frac{1}{2}T_n$$

其中，A_n，A_{2n} 和 T_n 分别是正 n 边形、正 $2n$ 边形和方田的面积。由此，可得

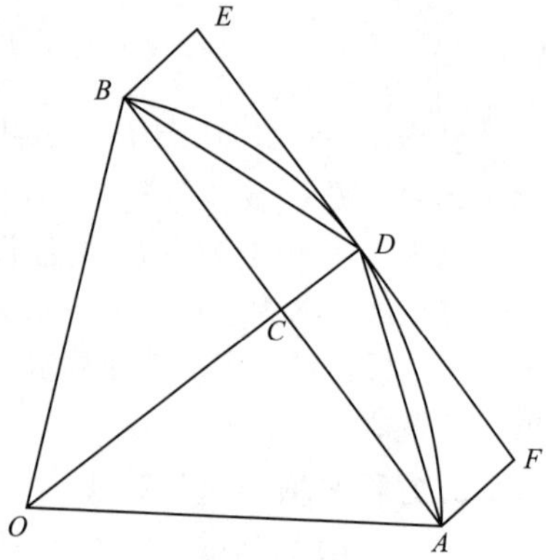

图 1-4　刘徽“方田”的作用

$$A_{2n}=A_n+\frac{1}{2}T_n<S<A_n+T_n=A_n+2(A_{2n}-A_n)=2A_{2n}-A_n \tag{1.4.14}$$

根据王能超教授的研究②，推断刘徽考虑了“差幂”$d_n=A_{2n}-A_n$ 与“幂率”$r_n=d_n/d_{n+1}$（见表 1-2）。

表 1-2　差幂与幂率

n	12	24	48	96	192
A_n	300	$310\frac{364}{625}$	$313\frac{164}{625}$	$313\frac{584}{625}$	$314\frac{64}{625}$
$d_n=A_{2n}-A_n$	$10\frac{364}{625}$	$2\frac{425}{625}$	$\frac{420}{625}$	$\frac{105}{625}$	
$r_n=d_n/d_{n+1}$	3.949	3.988	4.000		

假设幂率为一常数 r，则有

$$A_{2n}-A_n\approx r(A_{2^2n}-A_{2n}),\quad A_{2^2n}-A_{2n}\approx r(A_{2^3n}-A_{2^2n}),\quad \cdots,$$
$$A_{2^{l+1}n}-A_{2^ln}\approx r(A_{2^{l+2}n}-A_{2^{l+1}n})$$

求和，内部项相互抵消，得到

$$A_{2^{l+1}n}-A_n\approx r(A_{2^{l+2}n}-A_{2n})$$

对于 l 趋近于无穷得到

$$S-A_n\approx r(S-A_{2n})$$

即

$$S\approx A_{2n}+(A_{2n}-A_n)/(r-1) \tag{1.4.15}$$

那么幂率 r 取多大呢？刘徽说：“此术微少，而差幕六百二十五分寸之一百五。以十二觚之幂率为消息，当取此分寸之三十六，以增于一百九十二酙之幕以为圆幂，三百一十四寸二十五分寸之四”。翻译过来就是：$A_{192}=314\frac{64}{625}$仍微少，差幂 $d_{96}=\frac{105}{625}$，当取此分寸之三十六，即$\frac{36}{625}$加到 A_{192}，作为圆率 $314\frac{64}{625}+\frac{36}{625}=314\frac{4}{625}=3.141\ 6$。这里，对于为什么增加$\frac{36}{625}$，刘徽并没有说明，让后人费解。研究者给出的解释是如果取 $r\approx r_{12}=3.949$，那么$\frac{1}{r-1}d_{96}\approx\frac{1}{2.949}\times\frac{105}{625}\approx\frac{36}{625}$。这一结果与 $A_{3027}=314.159\ 0$ 接近，但计算量大为减少。事实上刘徽这一方法正是现在计算方法中松弛技术的本源。

---

① 陈传淼. 刘徽数学思想的新认识[J]. 数学的实践与认识，2016，46(19)：274-287.

② 王能超. 刘徽数学“割圆术”：奇小的刘徽外推. 武汉：华中科技大学出版社，2016.

松弛技术是计算方法中一种提高收敛速度的有效方法。设 $x=x^*$ 是精确值，x_0 和 x_1 是 x^* 的两个近似值，其加权平均为

$$\bar{x}=x_1+\omega(x_1-x_0)$$

其中 ω 为松弛因子。通常 x_1 比 x_0 更接近 x^*，要求 $\bar{x}$ 比 x_1 更接近 x^*，可以选择 $\omega>0$，如果增量 $\omega(x_1-x_0)$ 选择适当，$\bar{x}$ 就可以更好地逼近真值 x^*。当然，选择最优的松弛因子 ω 很困难。在"割圆术"中刘徽选择了 $\omega=36/625$，使得

$$\bar{S}=A_{192}+\frac{36}{625}(A_{192}-A_{96})$$

是一个更接近真值 S 的近似值。

松弛技术的另一个典型的应用是在求数值积分中。考虑梯形公式(1.4.2)和 $n=2$ 时的式(1.4.3)，根据松弛技术可令

$$\bar{T}=T_2+\omega(T_2-T_1)=(1+\omega)T_2-\omega T_1$$

如果令 $\omega=\frac{1}{3}$ 得到

$$\begin{aligned}\bar{T}&=\frac{4}{3}T_2-\frac{1}{3}T_1\\&=\frac{4}{3}\cdot\frac{b-a}{4}\left[f(a)+2f\left(\frac{a+b}{2}\right)+f(b)\right]-\frac{1}{3}\cdot\frac{b-a}{2}[f(a)+f(b)]\\&=\frac{b-a}{6}\left[f(a)+4f\left(\frac{a+b}{2}\right)+f(b)\right]\end{aligned}$$

这就是数值积分中的辛普森公式(见本书第 4 章)，它比梯形公式具有更高的精度。

此外，在迭代算法中使用松弛技术可以加速收敛(见本书第 5 章)。

1.5　Python 语言简介

Python 语言是一种被广泛应用于数据分析和数值计算领域的计算机程序设计语言。它具有开源免费、语法简单、第三方工具众多、研究社区活跃的特点，非常便于读者获取和学习。因此，本书采用 Python 语言来实现部分数值计算方法，同时介绍实现相应功能的 Python 程序。为方便读者学习，在本节对 Python 的基本信息进行简单介绍。

1.5.1　Python 程序基本介绍

Python 安装包可以从 Python 官网下载，读者可以根据自己的操作系统选择相应的安装文件来进行安装。由于 Python 语言发展很快，语法和工具包在不同版本中会有变化，需要读者在使用过程中注意。本书中所使用的代码在 Python 3.10.12 版中运行测试。

除了基本程序，Python 还拥有数量巨大的第三方工具包(非 Python 软件基金会开发的工具包)，这些工具极大地方便了用户，避免了在基础部分的重复投资。为了方便地获取和管理这些工具包，可以使用 pip 或 conda 等 Python 程序管理工具。其中 pip 可以随 Python 官方安装程序一起安装，而 conda 程序则需要通过下载 Anaconda 等集成安装环境来获得。

Anaconda 是主要针对数据科学开发的一整套 Python 运行和开发环境管理工具，它集成了 Python 基本程序、常用数据分析工具包和工具包管理工具。Anaconda 减少了用户安装和配置 Python 及其工具包的步骤，比较适合数据分析和科学计算领域的人员使用。

无论是使用官方安装文件还是 Anaconda 整合安装文件，Python 的安装过程都比较简单，通过图形界面就可以在 Windows 系统中完成安装，而在 Linux 和 Mac OS X 系统中一般已经默认安

装了 Python。如果需要安装不同于系统版本的 Python 程序，可以在 Python 官方网站或权威的镜像网站中下载安装文件，按照提示完成安装。

Python 安装完成后，用户就可以在命令行界面中使用 Python 解释器。在 Windows 系统中它是安装路径下的 python. exe 文件，运行该程序就可以打开一个交互式的解释器。但这个 Python 解释器只能提供最基本的功能，用户通常需要在一个开发环境中进行工作。Python 的基本程序设计环境称为 Python 整合开发环境(Python integrated development environment, IDLE)，其界面和功能较为简单，用户可以选用其他开发环境。Python 有很多的解释器与整合开发环境，除了 Python 官方的 IDLE 外，还有 IPython、Spyder、PyCharm、Jupyter Notebook 等第三方软件。下面以 Anaconda 集成安装的 Spyder 软件为例，介绍整合开发环境基本情况。

以 Windows 11 操作系统为例，用户安装 Anaconda 后，会在"开始"→"所有应用"中添加 Anaconda3文件夹，单击文件夹中的 Spyder 快捷方式，就打开了 Spyder 图形用户界面。如图 1-5 所示，Spyder 图形用户界面包括一个能够与用户交互的控制台、Python 脚本文件编辑区和辅助功能区，以及菜单和快捷功能区。

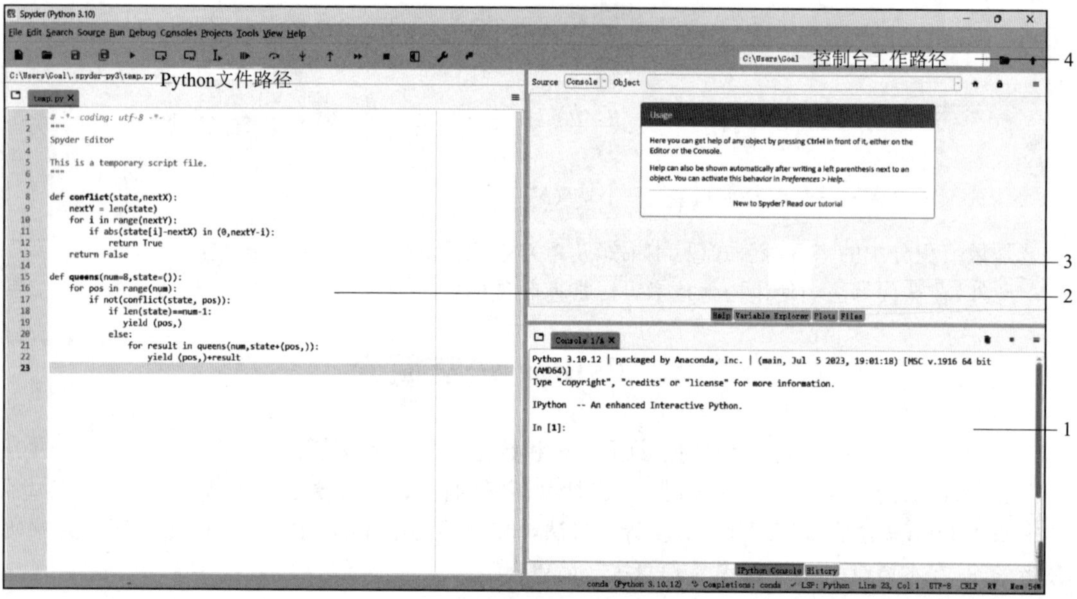

图 1-5 Spyder 图形用户界面

1—IPython 控制台(IPython Console)和命令历史(History)区；2—Python 脚本编辑(Editor)区；
3—辅助功能区，包括帮助(Help)、变量浏览器(Variable Explorer)、绘图(Plots)、文件(Files)；4—菜单和便捷功能区

其中 IPython 控制台(IPython Console)是 Spyder 整合 IPython 提供的一个交互环境，例如可以在控制台用键盘输入：

```
In [1]: 1 +1
```

在这里，"In [1]:"称为提示符，在 IPython 中，它被写为"In+[次序数]+:"的形式，而在 Python默认界面中提示符则常被写为"〉〉〉"，在提示符后输入 Python 命令，输入回车符(Enter)程序就开始运行。表达式运算结果或过程提示和警告以及错误消息也显示在控制台。如上例的结果在 Spyder 的 IPython 控制台中显示为

```
Out[1]: 2
```

出于简化表达的目的，本文后续部分以"〉〉〉"表示提示符。

脚本编辑区(Editor)是编写 Python 程序脚本的区域，是一个基本的文本编辑器，可以通过键盘输入内容，也可以通过菜单中的编辑(Edit)、搜索(Search)中的工具辅助代码编写，还可以利用运行(Run)目录下的工具在控制台执行全部或部分代码。

除此之外，Spyder 还整合了很多功能，如 Python 帮助文档浏览、变量浏览、图形展示、文件操作、程序调试等。限于篇幅，本书不做详细展开。读者可以在菜单栏帮助目录(Help)下获得相关教程，也可以访问其官方网站获取帮助内容。

1.5.2　Python 语言基础

接下来介绍 Python 语言的基础知识，包括基本介绍和代码举例，其中的代码部分读者可以在 Python 的交互窗口如 Spyder 的控制台中执行。

1. Python 变量和赋值

在 Python 中，变量(Variable)是指代表(或引用)某个数值的名字。举例来说，可以通过命令：

```
>>> x = 1
```

定义一个变量 x，它的值就是 1。在这里"="是一个赋值(assignment)符号，即将右侧的值赋给左侧的变量。

在 Python 中变量名可以包括字母、数字和下划线，且不能以数字开头，另外大小写字母被视为不同的字母，即 X_1 和 x_1 是合法的不同变量，而 1x 则不是合法变量。在程序设计过程中，变量的命名应尽量具有意义，以便于加强代码的可读性，同时变量名必须回避一些 Python 中有特殊意义的词汇，这些词被称为保留字。

Python 中的赋值命令操作比较灵活，例如可以将多个变量一起赋值：

```
>>> a, b, c = 1, 2, 3
```

此时，a, b, c 三个变量依次被赋值 1,2,3。这个用法有时可以被用于变量值交换，例如：

```
>>> a = 1
>>> b = 2
>>> a, b = b, a
>>> a
2
>>> b
1
```

可以看到变量 a 和变量 b 的值通过 a,b = b,a 命令交换了。

Python 还支持链式赋值，以方便将同一值赋给多个变量，例如：

```
>>> a = b = c = 1
```

这个命令的结果就是让 a, b, c 三个变量都等于 1。

最后 Python 还支持增量赋值，即将运算符如"+""-""*""/"放置在赋值符号"="左侧，表示运算为增量运算，例如 x = x + 1 可以等价写作 x += 1。类似的例子如下：

```
>>> x = 4
>>> x + = 2
>>> x
6
>>> x - = 1
>>> x
```

```
5
>>> x * = 2
>>> x
10
>>> x /= 5
>>> x
2.0
```

增量赋值可以使代码更加简练,增加了可读性。

2. Python 数字类型

Python 中数字类型包括整型(int)、浮点型(float)和复数类型(complex)。实际上 Python 控制台可以被用作一个强大的计算器,进行常见的运算,例如:

```
>>> 1+1
2
>>> 2-1
1
>>> 3*2
6
>>> 2/6
0.3333333333333333
```

分别输入两个整数的四则运算,控制台中返回了相应的结果。这里"+""-""*""/"分别表示加法、减法、乘法和除法运算。

在 Python 中,实数是通过浮点数(float-point number)来表示的。与整数不同,浮点数总是包含一个小数点,例如:

```
>>> 1.0 +1
2.0
```

可以看到,浮点数与整数的和仍是一个浮点数。

除了四则运算外,Python 中还有一些常用的数值运算符,包括整除运算"//"、取余运算"%"、幂(乘方)运算"**"等,举例如下:

```
>>> 7//2
3
>>> 7%3
1
>>> 2**3
8
```

在 Python 中可以通过 complex 命令或虚数符号"j"来定义复数,例如:

```
>>> complex(4,2)
(4+2j)
>>> (1+1j) + (2+5j)
(3+6j)
```

定义了复数 4+2j,并计算了两个复数 1+1j 和 2+5j 的和。

3. 其他基本数据类型

Python 的基本数据类型除了数字类型外还包括字符串类型(string)和布尔类型(bool)等。

(1)字符串类型

在 Python 中,字符串可以通过用引号将一组字符包裹起来的方式定义,例如:

```
>>> "I like math!"
"I like math!"
>>> "Let's learn numerical analysis!"
"Let's learn numerical analysis!"
>>> '我喜欢"数值分析"'
'我喜欢"数值分析"'
```

这三个表达式分别生成了字符串，可以看到，英语字符的单引号和双引号都能够作为字符串的标记。实际上，还可以用三个引号联合使用来将一大段文字定义为一个长字符串。

和数值一样，字符串也可以赋值给变量，例如：

```
>>> name ="张三"
>>> name
'张三'
```

就定义了一个新的字符串变量 name，用户可以使用 name 变量指代"张三"这个字符串。

在 Python 中为字符串操作提供了很多工具，用户可以根据需要实现对字符串查找、修改、重组、分割等各种操作。有需要的读者可以在 Python 官方文档中查询或者阅读相关 Python 参考书籍。

(2)布尔类型

布尔类型数据是 Python 进行逻辑运算的基础。它只有两个值，即真(True)和假(False)。它们被用于返回一些判断表达式的结果，例如：

```
>>> 5>4
True
>>> 5>=4
True
>>> 5==4
False
>>> 5<=4
False
>>> 5<4
False
```

以上五个表达式分别判断了两个整数 5 和 4 之间的五种大小关系：大于"＞"、大于或等于"＞＝"、等于"＝＝"、小于或等于"＜＝"和小于"＜"。返回结果为真(True)或假(False)，即表示表达式成立或不成立。

布尔型的变量的常见运算包括：与"and"、或"or"和非"not"。其中"与"运算(A and B)只有当 A，B 两者皆为"True"时才返回"True"，否则返回"False"；"或运算"，(A or B)只要 A，B 两者中任何一个为"True"就返回"True"，否则返回"False"；而"非"运算(not(A))当 A 为"True"时返回"False"，当 A 为"False"时返回"True"，例如：

```
>>> 5>4 and 4>3
True
>>> 5>4 and 4<3
False
>>> 5>4 or 4<3
True
>>> 4>5 or 4<3
False
>>> not(5>4)
False
>>> not(4<3)
True
```

布尔表达式和运算在程序流程控制中有着重要的作用。

4. 函数

函数是能够实现特定功能的一段程序,用户可以通过提供参数给函数的方式行使特定功能并获得运行的结果。在 Python 中有很多非常有用的函数,第三方工具包中也包括很多函数,甚至用户也可以很方便地定义函数。关于自定义函数的内容会在后面介绍,这里先介绍一些 Python 预先定义的一些被称为内建函数的标准函数。

(1)数学运算函数

除了使用运算符,还可以通过函数来进行数学运算。例如,前例中的幂运算可以写成函数形式:

```
>>> pow(2,3)
8
```

在此例中,pow 函数接收了两个参数,第一个参数为底数 2,第二个参数为指数 3,函数执行了幂运算并将运算结果$2^3=8$ 返回。类似的数学运算函数还包括绝对值函数 abs,采用四舍五入原则的取整函数 round 等,前文中定义复数的 complex 命令实际上也是一个函数。下面给出使用 abs 和 round 函数的例子:

```
>>> abs(-6)
6
>>> round(3.14)
3
>>> round(3.54)
4
```

有些函数的参数个数是可变的,以便于提供更多的信息,例如 round 函数,可以提供第二个参数表示保留小数的位数:

```
>>> round(3.1415926,2)
3.14
```

Python 基础包中只提供了有限的运算函数,要应用更多的数学运算函数需要引入其他模块(module),这部分内容会在本节后续部分介绍。

(2)其他常用内置函数

类型判断函数 type,这个函数可以用于查询变量的类型,例如:

```
>>> x =1
>>> type(x)
< class 'int'>
>>> x =1.1
>>> type(x)
< class 'float'>
>>> x =1 ==1
>>> type(x)
< class 'bool'>
```

可以发现,在不同的赋值情况下,type 函数都返回了 x 变量的数据类型。

转换浮点数函数 float,这个函数可以把字符串或者整数参数返回为浮点数,例如:

```
>>> float(1)
1.0
>>> float("3.14")
3.14
```

类似于 float 函数，int 函数可以把字符串或者浮点数返回为整数，bool 函数可以将数值（0 为 False，其他为 True）或其他表达式返还为布尔型变量，str 函数可以将参数返回为字符串。

此外，还有用于文件读取的 open 命令，返回当前工作空间中已经存在的变量的函数 dir 等。有关 Python 其他常用的内建函数的内容，还请读者查询相关参考书。

5. Python 基本的数据结构

除了基本数据类型，Python 还提供了一些组织数据的模式，也就是数据结构，其中包括四种基本的数据结构，即列表（list）、元组（tuple）、集合（set）和字典（dictionary）。

（1）列表

列表（list）是 Python 中最重要的数据结构，它是一种序列结构，即列表中的每个元素都可以和一个自然数相对应，称这个自然数为编号或索引（index）。在 Python 中可以用“[]”字符对来定义列表，列表中的元素用逗号“，”分隔。例如，语句

```
>>> data_list_1 =[1,2,3,4,5]
```

便定义了一个列表 data_list_1，这个列表中包括 5 个元素。可以在提示符后输入变量名查看这个列表：

```
>>> data_list_1
[1, 2, 3, 4, 5]
```

需要说明的是，列表中的元素可以是不同类型的数据，甚至是其他数据结构，例如：

```
>>> complex_list_1 = [1,"a string",[2,2]]
>>> complex_list_1
[1, 'a string', [2, 2]]
```

列表 complex_list_1 中既有数字，也有字符串，还有一个列表。

列表中的元素可以通过索引获取，在 Python 中，索引从 0 开始，接下来是 1，依此类推，在列表变量后接中括号和索引可以获取相应元素。例如，要获取列表 data_list_1 中的第 0 个和第 3 个元素，可以分别执行以下代码：

```
>>> data_list_1[0]
1
>>> data_list_1[3]
4
```

Python 中还可以使用负数索引，表示从后向前的位置，与默认顺序不同，它是从−1 开始表示列表中最后一个元素，例如：

```
>>> data_list_1[- 1]
5
>>> data_list_1[- 2]
4
```

当索引超过列表中的元素数时，Python 会报错，并提示错误信息，例如：

```
>>> data_list_1[5]
Traceback (most recent call last):
  File "< stdin> ", line 1, in < module>
IndexError: list index out of range
```

由于之前定义的 data_list_1 列表只包括 5 个元素，则其最大索引为 4，当调取第 5 个元素时就会报错，错误信息中显示，列表索引超出范围（list index out of range）。为了了解列表的长度，

可以使用内建函数 len：

```
>>> len(data_list_1)
5
```

可以看到，以列表为参数，len 函数返回了列表的长度。类似的内建函数还有返回列表最大值的 max 和最小值的 min，以及排序函数 sorted：

```
>>> max(data_list_1)
5
>>> min(data_list_1)
1
>>> sorted([2,1,5,4,3])
[1, 2, 3, 4, 5]
>>> sorted([2,1,5,4,3], reverse= True)
[5, 4, 3, 2, 1]
```

在这里，函数 sorted 使用关键字 reverse 为相应参数赋值为 True 时，可以得到一个降序排列的列表。有时会需要从列表中连续获取多个元素，这时可以考虑使用切片(slicing)方法。切片方法的提取方式是"列表名[起始索引:终止索引]"，其返回结果为列表中从起始索引开始到终止索引为止(不包括终止索引)的部分组成的新列表，例如：

```
>>> chr_list_1 =list("abcdefghij")
>>> chr_list_1
['a', 'b', 'c', 'd', 'e', 'f', 'g', 'h', 'i', 'j']
>>> chr_list_1[2:8]
['c', 'd', 'e', 'f', 'g', 'h']
>>> chr_list_1[2:]
['c', 'd', 'e', 'f', 'g', 'h', 'i', 'j']
>>> chr_list_1[:8]
['a', 'b', 'c', 'd', 'e', 'f', 'g', 'h']
>>> chr_list_1[:- 2]
['a', 'b', 'c', 'd', 'e', 'f', 'g', 'h']
```

这组例子中，首先通过 list 函数将字符串"abcdefghij"返回为一个包含这 10 个字母的列表，而后通过切片返回子列表。需要注意的是，当需要用切片提取列表中最后一个元素时，切片的终止索引可以置空。类似地，从第 0 个元素开始的切片也可以把切片的开始索引置空。例如，当开始索引和终止索引都置空时，将返回原列表的一个完全拷贝。

```
>>> chr_list_1[:]
['a', 'b', 'c', 'd', 'e', 'f', 'g', 'h', 'i', 'j']
```

此外，切片还可以增大步长，即在全部索引中，间隔一个固定长度(称为步长 step)来获取子列表，例如：

```
>>> chr_list_1[1:9:2]
['b', 'd', 'f', 'h']
>>> chr_list_1[::2]
['a', 'c', 'e', 'g', 'i']
>>> chr_list_1[::- 1]
['j', 'i', 'h', 'g', 'f', 'e', 'd', 'c', 'b', 'a']
```

在这组例子中，步长分别被设为 2 和−1，在不同的起始和终止索引作用下，获得了不同的子列表。

列表中还有一些特殊的操作，如两个列表可以通过“+”运算符连接为一个长列表，而一个列表可以通过“*”运算符与数字 n 相乘，返回一个重复自身 n 次的长列表：

```
>>> [1,2,3]+ [4,5]
[1, 2, 3, 4, 5]
>>> [1]* 5
[1, 1, 1, 1, 1]
>>> [1,2]* 5
[1, 2, 1, 2, 1, 2, 1, 2, 1, 2]
```

如果两个中括号之间没有任何元素，就得到了一个空列表：

```
>>> empty_list =[]
>>> empty_list
[]
>>> len(empty_list)
0
```

可以针对列表做很多操作，例如，可以使用 in 运算符来判断一个成员是否属于列表：

```
>>> 1 in [1,2,3]
True
>>> 0 in [1,2,3]
False
```

还可以使用索引或切片修改列表：

```
>>> x =[1,2,3,4,5]
>>> x
[1, 2, 3, 4, 5]
>>> x[1]=20
>>> x
[1, 20, 3, 4, 5]
>>> x[1::2]=[20,40]
>>> x
[1, 20, 3, 40, 5]
>>> x[1:2]=[]
>>> x
[1, 3, 40, 5]
>>> x[1:1]= [20,20]
>>> x
[1, 20, 20, 3, 40, 5]
```

在此组例子中，可以看到使用索引可以修改列表中任何元素的值，而使用切片则可以对列表做出包括修改、删除和插入等更复杂的操作。

除了内建函数外，Python 中的列表类型还有一些特殊的对象方法，其调用方式与函数不同，采用“对象. 方法(参数)” 的方式运行。下面通过几个例子来介绍一些常用的列表方法。

append 方法，在列表的末尾增加元素：

```
>>> list_1 =[1, 2, 3]
>>> list_1.append(4)
>>> list_1
[1, 2, 3, 4]
```

extend 方法，在列表末尾增加另一个序列的全部值，这个方法与 append 的区别在于处理参数序列的方式不同：

```
>>> list_1 =[1,2,3]
>>> list_2 =[1,2,3]
>>> list_1.append([4,5])
>>> list_2.extend([4,5])
>>> list_1
[1, 2, 3, [4, 5]]
>>> list_2
[1, 2, 3, 4, 5]
```

可以看到对参数[4,5]，append方法将其作为一个整体加入列表，而extend方法将其中每一个元素依次加入列表。

(2)元组

和列表一样，元组也是一个序列，它的定义和列表很相似，最大的不同是元组是不能修改的。它的定义方式也类似于列表，只是不用中括号，而是用一对小括号"()"将元素包裹起来。例如：

```
>>> data_tuple_1 = (1, 2, 3)
```

就定义了一个元组。

两个括号之间不包含任何元素，就得到了一个空元组：

```
>>> empyty_tuple = ()
>>> empyty_tuple
()
```

特别地，如果要定义只包含一个元素的元组，需要在元素后加一个逗号：

```
>>> one_element_tuple = (1,)
>>> one_element_tuple
(1,)
```

在列表和元组间可以使用tuple函数和list函数来相互转换：

```
>>> list1 =[1,2,3]
>>> tuple1 =tuple(list1)
>>> tuple1
(1, 2, 3)
```

```
>>> list2 =list(tuple1)
>>> list2
[1, 2, 3]
```

元组是不可变的序列，但一样可以通过索引和切片获取其中的元素，这一性质使得它被很多函数内置为返回结果的数据结构，通常来说列表是功能更强的序列结构。

(3)集合

和数学上的定义一样，集合中的元素是不重复的，因此集合可以很方便地获取列表或元组的无重复子集。它的定义方式与列表很相似，不过包裹元素的不是中括号而是大括号"{}"：

```
>>> set1 = {1,1,2,2,3,3}
>>> set1
{1, 2, 3}
>>> type(set1)
< class 'set'>
```

可以使用 set 函数将列表或元组中的无重复元素组成一个集合，如果 set 函数没有参数，将返回一个空集合：

```
>>> set([1,1,2,3])
{1, 2, 3}
>>> set((1,1,2,3))
{1, 2, 3}
>>> set()
set()
```

集合之间可以进行集合运算，如并、交和差，并返回两个集合中至少出现一次的元素组成的集合，使用运算符"|"；交返回两个集合中都出现的元素组成的集合，使用运算符"&"；差返回属于第一个集合但不属于第二个集合的元素，使用运算符"－"；对称差返回两个集合的并中不属于两个集合的交的元素组成的集合，使用运算符"^"。举例如下：

```
>>> set1 ={1, 2, 3, 4}
>>> set2 ={2, 4, 6, 8}
>>> set1 | set2
{1, 2, 3, 4, 6, 8}
>>> set1 & set2
{2, 4}
>>> set1 -set2
{1, 3}
>>> set1 ^ set2
{1, 3, 6, 8}
>>> set()|{1,2}
{1, 2}
```

需要注意的是，集合中的元素是无序的，无法通过索引获取其中的元素。但可以通过一些函数或集合方法来对集合进行操作。

(4)字典

字典是 Python 中最灵活的一种数据类型，其定义方式较为复杂。与列表不同，字典不采用索引来获取元素，而是将一组相关的内容分别定义为关键字或者简称键(key)和值(value)，从而方便使用者由关键字查找值的数据结构。

字典的构建方式与集合类似，由大括号"{}"将各项包裹起来，用逗号","分隔每一项，但字典中每一项都要被冒号":"分隔为两个部分，冒号左侧为键，右侧为值，例如：

```
>>> phone_book_dict ={"张三":1001,"李四":1002,"王五":1003}
>>> phone_book_dict["张三"]
1001
>>> phone_book_dict["李四"]
1002
```

由本例可以看到，定义字典 phone_book_dict 后，可以通过中括号和关键字获取相应的值。

字典是可以增加的，例如：

```
>>> phone_book_dict["赵六"]=1004
>>> phone_book_dict
{'张三': 1001, '李四': 1002, '王五': 1003, '赵六': 1004}
```

可以看到，此命令就在之前定义的字典上增加了一组键值对。此种方法也可以用于创建一个新的字典，例如：

```
>>> dict1 ={}
>>> dict1["key1"]=0.1
>>> dict1["key2"]=0.2
>>> dict1
{'key1': 0.1, 'key2': 0.2}
```

还可以使用 dict 命令和其他数据结构(如列表)来创建新的字典。例如:

```
>>> list1 =[('key1', 1), ('key2', 2), ('key3', 3)]
>>> dict1 =dict(list1)
>>> dict1
{'key1': 1, 'key2': 2, 'key3': 3}
```

字典有很多类编辑方法,如获取全部关键字的 keys 方法、全部值的 values 方法、键值对的 items 方法,以及安全获取元素的 get 方法等。读者可以参考相关书籍和网站了解更详细的信息。

1.5.3 Python 程序设计基础

为了处理较为复杂的问题,只依靠在控制台或其他互动式解释器中依次书写代码是不够的,有些问题需要对不同的条件进行判断,有些需要重复或者迭代执行一段代码,为了能够更加灵活地使用代码,需要对代码进行封装和抽象。在本小节中,将介绍 Python 程序设计的基础知识,包括条件语句、循环语句、函数和模块。

1. 条件语句

在 Python 中,使用 if 语句来实现条件执行,即在满足某个条件时才执行一组代码,而当条件不成立时则执行另一组代码的语句。

在 Python 中,通过相同大小缩进的方式来标记这样一组代码,通常称为语句块。完整的条件语句结构为:

```
if 条件 1:
    语句块 1
elif 条件 2:
    语句块 2
…
else:
    else 语句块
```

需要注意的是,其中 elif 和 else 语句都不是必需的,而 elif 子句可以重复多次。下面通过几个例子来说明 if 语句的使用方法。

结构最简单的条件语句可以只用 if 关键字和它的语句块。例如,使用 input 函数读入一个数字 x,如果 x>0,则打印一句话:

```
x=input("Please input x:\\n")
if float(x)> 0:
    print("x is a positive number!")
```

其中 input 函数的作用是,在控制台显示参数字符串,提醒用户用键盘输入数字,并将数字返回。需要注意的是返回的是数字的字符串,因此在 if 语句进行判断时,要将 x 的类型转换为数字类型,而后将其与 0 进行比较,如果 float(x)>0 为 True,则会执行后续的语句块,即打印字符串"x is a positive number!";如果输入的数字使得 float(x)>0 为 False,则后续代码不会执行。这里是两个例子:

在键盘输入5：

```
Please input x:
5
x is a positive number!
```

在键盘输入－5：

```
Please input x:
-5
```

在执行这个例子时，需要注意当x无法转换为数字时，float(x)可能会报错并终止程序。在程序设计时为了避免此类问题造成破坏性的结果，需要进行异常捕捉和处理，相关内容请查阅参考材料。如果需要在条件不成立的情况下执行其他内容，可以结合使用else子语句。例如，同样接收input函数提供的x，如果x是奇数，则令y等于x的平方，并将y打印出来，否则令y=0，并同样将y打印出来。

```
x=int(input("Please input x:\\n"))
if x% 2==1:
    y =x **  2
    print(f"x is a odd number, and y={y}")
else:
    y =0
    print(f"x is a even number, y={y}")
```

分别输入x为1和2，有以下两个结果：

```
Please input x:
1
x is a odd number, and y= 1

Please input x:
2
x is a even number, y= 0
```

在这里打印命令中f开头的字符串，是Python中的格式化输出字符串的一种方式f-string，可以在字符串中使用大括号"{}"将变量的值加入字符串中。Python的字符串格式化方式有很多种，读者可以自行阅读相关参考资料。

elif子句是在需要对多个条件进行判别并分别处理情况下所使用的一种子句。例如，根据用户输入的月份，判断该月的天数：

```
x =int(input("Please input the month you want:\\n"))
if x in (1,3,5,7,8,10,12):
    print("There are 31 days!")
elif x in (4,6,9,11):
    print("There are 30 days!")
else:
    print("There are 28 days!")
```

其运行结果如下：

```
Please input the month you want:
12
There are 31 days!
```

这里需要注意的是Python中特有的以缩进来标记语句块的方式，使Python代码中的缩进成为非常重要的部分。虽然具体缩进的方法并没有规定，但通常情况下采用缩进方法是比上一级代码缩进四个空格而不是使用 tab 字符。事实上，Spyder 等 IDE 中通常会自动进行缩进，从而节约程序员的时间。

Python 中还可以嵌套其他 if 语句，从而使 Python 的条件语句能处理更加复杂的情况。

2. 循环语句

在求解复杂问题的过程中，经常需要重复执行一段相同的代码，这时就需要使用循环语句。Python 中有两种循环语句，分别是 while 循环和 for 循环。

(1) for 循环

如果预先知道循环的范围，如一个列表中的全部元素、一个字典中的全部键值对等，就可以使用 for 循环。for 循环的基本结构是：

```
for 循环变量 in 迭代对象:
    循环语句块
```

这里，迭代对象是指可以按照某种顺序一次返回一个值的对象。通常可以使用列表、元组等序列，或者可以序列化的数据结构。在实际应用中，经常用 range 函数生成一个迭代器。range 函数的基本格式是 range([起始数字], 终止数字)，这里中括号表示参数是可选用的，接收 1 个参数时参数被认为是终止数字，迭代会从 0 开始，到参数值之前结束；接收两个参数时，则以第一个参数为起始，到第二个参数前结束；这两种情况下，每次循环后循环变量会自动加 1。

例如，使用 for 循环计算 1 到 100 的整数之和：

```
s=0
for i in range(100):
        s += (i+1)
print(f"The sum of integers from 1 to 100 is {s}")
```

注意：range(100)从 0 开始，所以增量求和的加数是(i+1)。

可以用 list 函数将 range 对象改为列表，以便于观察使用，例如：

```
>>> list(range(5))
[0, 1, 2, 3, 4]
>>> list(range(1,5))
[1, 2, 3, 4]
```

此外，类似于切片索引，也可以为 range 函数增加第三个参数“步长”，例如：

```
>>> list(range(1,10,2))
[1, 3, 5, 7, 9]
```

循环经常和条件语句结合使用。例如，要从列表[1,3,2,4,5,6]中挑选出全部的偶数元素组成一个新的列表，则可以如下编程：

```
list1=[1,3,2,4,5,6]
evenlist =[]
for k in list1:
    if k% 2 ==0:
          evenlist.append(k)
print(evenlist)
```

循环对象也可以返回元组，这时可以利用序列解包将元组内容返回给多个变量。例如：

```
phone_book={'张三': 1001, '李四': 1002, '王五': 1003}
for k,v in phone_book.items():
    print(f"用户{k}的电话是{v}")
```

结果为：

```
用户张三的电话是1001
用户李四的电话是1002
用户王五的电话是1003
```

(2)while 循环

while 循环和条件语句一样，需要先判断循环条件，如果循环条件为 True 则进入循环语句块，否则就跳过循环语句块。其基本结构如下：

```
while 循环条件:
    循环语句块
```

例如，求整数 1 到 100 的和，可以如下编程：

```
s=0
k =1
while k <=100:
    s +=k
    k +=1
print(f"The sum of integers from 1 to 100 is {s}")
```

注意：最后一行的 print 命令取消了缩进，则循环语句块到此已经结束，只包含其上的两行增量赋值语句。结果显示，s 的值为 5050：

```
The sum of integers from 1 to 100 is 5050
```

使用 while 循环时需要小心循环条件能否为 False，否则可能陷入死循环，必须强制停止程序。

此外，在一些情况下，需要中断当前循环，进行新的循环，或者提前结束循环，这时可以用 break 语句和 continue 语句。

如果基于某个条件要结束循环，这时可以使用 break 语句。例如，求整数 1 到 100 的和，也可以如下编程：

```
s =0
k =1
while True:
    s +=k
    k +=1
    if k >100:
        break
print(f"The sum of integers from 1 to 100 is {s}")
```

从本例可以看到，虽然 while 后的循环条件永远是 True，但当 k>100 时执行了 break 语句，结束了循环，得到了正确的计算结果且没有陷入死循环当中。

如果只是暂停本次循环，仍然执行下一次循环，则可以使用 continue 关键字。例如，要求 1 到 100 间所有偶数的和：

```
s=0
for i in range(1,101):
```

```
    if i % 2 ==1:
        continue
    s +=i
print(f"The sum of even integers from 1 to 100 is {s}")
```

这里当 i 为奇数时 if 语句判断条件为 True,则程序跳出本次循环进入下一次循环,因此 s 最终只会返回 i 为偶数时增量求和的结果。

(3)列表推导式

在 Python 应用中,经常需要从一个列表创建新的列表,Python 为此提供了新的机制,称为列表推导式(list comprehension)。例如,想要得到 range(10)中每一个元素的平方所组成的列表,可以执行:

```
[k** 2 for k in range(10)]
```

其结果为:

```
[0, 1, 4, 9, 16, 25, 36, 49, 64, 81]
```

列表推导式还可以结合条件语句一起使用,例如:

```
[k for k in range(10) if k % 3 ==0]
```

会返回 range(10)中能被 3 整除的数组成的数组:

```
[0, 3, 6, 9]
```

列表推导式能够将新列表的生成过程简化,是数据分析过程中非常有用的机制。

3. 函数

当所要解决的问题非常复杂时,用户可能需要编写自定义的函数。在 Python 中,需要使用 def 语句来定义函数。

最简单的自定义函数可以不接收任何参数,也不返回任何结果。例如,定义一个函数,只是打印一行文字:

```
def hello():
    print("Hello!")
```

执行这两行代码,就定义了一个新函数 hello,在函数名后加小括号"()"就可以调用这个函数,例如在控制台中输入 hello(),按【Enter】键:

```
>>> hello()
Hello!
```

为了使函数能够行使更复杂的功能,需要向函数提供参数,即函数能够使用的数据。例如,定义一个函数,将输入参数打印出来:

```
def hello_to(name):
    print("Hello!"+name)
```

运行函数,结果如下:

```
>>> hello_to("Mr.Li")
Hello! Mr.Li
```

在这个例子里,函数接收一个名为 name 的参数,当调用这个函数的时候,将"Mr. Li"这个字符串赋给参数 name,于是在函数中,参数 name 相当于一个变量,将调用时的数据传进了函数中。

在 Python 中，def 语句中函数名后的变量称为函数的形式参数，而调用时提供的值则称为实际参数。在函数执行过程中，使用形式参数进行运算，但当函数执行完成后，这些形式参数将不再存在。参数变量和所对应值存储的空间称为局部作用域（local scope）或命名空间（name space），一般情况下这个空间与函数外的作用域是独立的。

如果调用函数时提供的数据是不可变类型的数据，那么函数对形式参数的操作不会影响函数外的变量。例如

```
def plus_1(x):
    x =x+1
    print(x)
```

定义了函数 plus_1()，如果在命令行中作如下操作：

```
>>> x =5
>>> plus_1(x)
6
>>> x
5
```

可以发现，函数内部对形式参数 x 的操作没有影响函数外的变量 x 的值。

但当调用时的实际参数是一个列表时，情况就有所变化。例如，定义一个以列表为参数的函数 add_1：

```
def add_1(list1):
    list1.append(10)
    print(list1)
```

当实际参数为一个列表时，函数对参数的操作会影响函数外的变量，例如：

```
>>> x =[1,2]
>>> add_1(x)
[1, 2, 10]
>>> x
[1, 2, 10]
```

这是因为当列表等可变数据结构被赋值给变量时，实际上变量是一个“引用”，它将指向列表的存储位置。这样如果两个变量同时引用一个列表，那么对任何一个变量的操作都会影响到另一个变量。为了避免这样的情况，可以将实际参数设置为原列表的一个副本（copy），列表方法 copy 可以实现这一点，例如：

```
>>> x =[1,2]
>>> add_1(x.copy())
[1, 2, 10]
>>> x
[1, 2]
```

因为数值分析中，经常对列表进行操作，这个细节是需要注意的。

当函数需要多个参数时，可以在 def 语句的函数名后括号里依次加入参数变量，中间用逗号隔开。例如，可以定义两个变量，求它们的商：

```
def div_1(a, b):
    print(a/b)
```

则可以在控制台中调用这个函数：

```
>>> div_1(1,2)
0.5
```

这种使用 def 语句中的顺序依次提供的参数变量值称为位置参数，但当参数数目较多，或希望更清晰地赋给参数数据时，还可以利用 def 语句中的参数变量名称来提供实际参数值，例如，在上例中，可以在控制台这样调用函数 div_1：

```
>>> div_1(a=1,b=2)
0.5
```

这种用变量名称提供数据的参数称为关键字参数，关键字参数可以无视顺序。例如，上例还可写为：

```
>>> div_2(b=2, a=1)
0.5
```

Python 还允许在定义函数时设定参数的默认值，方法是在 def 语句中的参数名后直接接"＝"和默认值。例如：

```
def div_2(a=1, b=2):
    print(a/b)
```

之后可以直接不用参数调用此函数：

```
>>> div_2()
0.5
```

需要注意的是，默认参数是当调用时不提供实际参数的情况下默认参数的值，但用户可以随时赋一个新值代替默认参数：

```
>>> div_2(2,1)
2.0
```

函数的返回值需要用 return 关键字来声明返回结果。例如，要把上例中的运算结果返回，则可以如下定义函数：

```
def div_3(a, b):
    return a/b
```

则函数将返回参数 a 与 b 的商，可以用"＝"将返回值赋给变量：

```
>>> x =div_3(1,2)
>>> x
0.5
```

Python 中允许返回多个值，例如：

```
def div_4(a,b):
    return a/b, a, b
```

则在控制台调用这个函数：

```
>>> div_4(1,2)
(0.5, 1, 2)
```

可以发现函数返回的结果是一个元组，用户还可以通过序列解包来把返回值赋给多个变量：

```
>>> rt,new_a,new_b =div_4(1,2)
>>> print(rt,new_a,new_b)
0.5 1 2
```

则函数 div_4 将商和两个参数值分别赋给了三个变量。

在 Python 中，一些简单的函数还可以使用 lambda 帮助创建。例如，可以通过下列语句创建这种匿名函数：

```
div_5=lambda a, b : a / b
```

在这里，div_5 是函数的名称，其参数时在 lambda 关键字之后，冒号之前的位置声明，多个参数之间用逗号分隔，冒号后是一个 Python 表达式，表达式的值将被作为函数值返回。例如，在命令行中可以这样调用匿名函数：

```
>>> div_5(1,2)
0.5
```

匿名函数又称 lambda 函数，在多数环境下匿名函数与 def 语句创建的函数并无明显区别，但语法却简单很多，是 def 语句的有益补充。

关于 Python 函数还有很多设置，由于篇幅原因这里不做展开。此外，Python 是一种面向对象语言，用户可以自行定义类(class)，类的引入极大地扩展了 Python 的功能，但因为与数值分析应用相关性较差，这里也不做赘述，请读者自行查阅相关资料。

4. 脚本文件和模块

Python 是一种脚本式语言，这意味着 Python 的程序不需要编译，直接由解释器即可以执行。用户可以将自定义的代码存储在计算机硬盘上一个文本文档中，并使用 Python 的解释器运行此脚本文件。习惯上，Python 的脚本文件的扩展名为. py，因此也经常被称为 py 文件。

Python 脚本文件有很多作用。例如，在 Linux 或 Mac OS 系统中，经过简单配置，一个 Python 脚本文件可以像普通程序一样运行；在 Windows 系统中，可以利用 Python 解释器或者整合开发环境(IDE)来编辑和运行脚本。

以 Spyder 软件为例，在默认界面中左半部分的区域是一个 Python 脚本编辑器(Editor)。单击菜单中的“文件(File)”目录，单击“新文件(New file)”按钮，就会生成一个名为 untitled1. py 的 Python 脚本文件。单击“另存为(Save as)”按钮则可以将文件存储到硬盘的其他位置。

在 Python 脚本编辑的过程中，需要注意使用注释来提高代码的可读性。Python 中使用提示符“#”来标记注释，Python 解释器会忽略“#”右侧的文字。用户可以通过注释说明代码中容易被遗忘或误解的内容。

同时，被放入 Python 系统搜索路径的 Python 脚本文件可以作为模块(module)使用。这意味着 Python 具有很强的复用性。事实上，Python 模块的使用极大地提高了 Python 的能力，用户可以使用模块中提供的函数和类，完成更多复杂的功能。这里以两个数学计算上常用的模块 math 为例对在 Python 应用中使用模块的方法进行介绍。

在 Python 中调用模块，可以使用 import 命令。例如，在控制台输入：

```
>>> import math
```

则 math 模块就被导入环境，下面可以利用 math 模块中的函数进行运算：

```
>>> import math
>>> math.exp(1)
```

```
2.718281828459045
>>> math.log(10)
2.302585092994046
>>> math.sin(math.pi/2)
1.0
>>> help(math)
Help on built- in module math:

NAME
    math

DESCRIPTION
    This module provides access to the mathematical functions
    defined by the C standard.
...
>>> help(math.sin)
Help on built- in function sin in module math:

sin(x, /)
    Return the sine of x (measured in radians).
```

从上例可以看到，使用 import 导入 math 模块后，用“math” +“. ”+ 函数名或变量名的方式，就可以调用 math 模块中定义的函数与变量。还可以使用 help 函数获取 math 模块或其中函数的帮助文档。

有时模块的名字太长，不方便使用，Python 允许用户使用别名。例如，可以如下调用 math 工具包：

```
>>> import math as m
>>> print(m.pi)
3.141592653589793
>>> m.cos(m.pi/6)
0.8660254037844387
>>> m.sqrt(3)/2
0.8660254037844386
```

在这组代码中，math 模块被别名 m 取代，方便了调用。

此外，还可以通过 from 和 import 命令直接将模块中的函数或变量导入。例如：

```
>>> from math import pi, tan
>>> tan(pi/4)
0.9999999999999999
```

这组命令将常数 pi 即 π 和正切函数 tan 导入，则无须声明模块就可以调用函数和变量。

需要说明，最后一种方式可能会让新导入的函数覆盖之前的同名函数，所以在使用中需要注意。

最后，可以使用通配符“ * ”将模块中的全部内容导入。例如：

```
>>> from math import *
>>> radians(180)
3.141592653589793
```

使用通配符导入全部函数后，使用 math 模块中的 radians 函数返回了角度 180°所对应的弧度数，也就是 π 的近似值。

Python 提供了一些基本的模块，如获取系统信息的 sys 模块、访问操作系统的 os 模块、进行时间处理的 time 模块、生成随机数的 random 模块等。除了这些标准模块外，第三方工具包更增加了 Python 的可用性。

1.5.4　Python 常用工具包

所谓工具包(package),就是能够包含其他模块的一类模块。如果模块存储在.py 文件中时,包含这个脚本文件的目录(文件夹)就是包。在较为复杂的包中,一个模块或者包都可以像模块中的函数一样被导入。

随着 Python 的广泛应用,很多第三方组织开发了一些有针对性的工具包。在数值分析的学习中,引入这些工具包是有意义的,因为它们能够提供更有效的数据结构,或者已经实现了将要学习的算法,还有的工具包提供了绘制图像的功能。在本小节中,将对在本课程学习中有价值的 NumPy、SymPy、Matplotlib 和 SciPy 工具包进行简单的介绍。

1. NumPy 工具包

NumPy 是数据分析和科学计算领域最常用的工具包之一,为很多数值计算和机器学习 Python工具包提供了基础的数据结构和运算方法。接下来简单介绍其中常用的功能。

数组(array)是 NumPy 提供的数据结构。与列表不同,NumPy 的数组只用于存储数据,但数组与列表之间仍然有着很多联系,如创建一个数组最简单的方法是使用列表。

要使用 NumPy 包,需要先将其导入,习惯上使用以 np 作为 numpy 的别名这种导入方式:

```
import numpy as np
```

后续代码默认都是已经如此导入 NumPy 包后运行的,则生成一个数组的代码可以写作:

```
array1=np.array([1,3,5,7,9,11])
```

于是就得到了一个一维数组。类似地,还可以由列表的列表来生成一个二维数组:

```
array2=np.array([[1,3,5],[7,9,11]])
```

这个过程还可以继续,用以生成更高维度的数组,因此 NumPy 的数组也称 ndarray,即 n 维数组。

可以用 ndim 函数来获取数组的维数,用数组的 shape 属性来返回数组各维度的大小:

```
>>> np.ndim(array1)
1
>>> np.ndim(array2)
2
>>> array1.shape
(6,)
>>> array2.shape
(2, 3)
```

array1 是一个一维数组,shape 属性返回的是一个长度为 1 的元组;而 array2 是一个二维数组,shape 属性返回的是一个长度为 2 的元组,其中每个元素是 array2 在对应维度的长度。注意 shape 并不是函数或方法,而是一个与数组相关的量。

出于对精度要求的不同,NumPy 允许用户在创建数组时指定数组中数据的类型。例如:

```
>>> array3 =np.array([[1,3,5],[7,9,11]],dtype=np.int8)
>>> array3
array([[ 1,  3,  5],
       [ 7,  9, 11]], dtype=int8)
```

可以用 dtype 查看数组的数据类型:

```
>>> array2.dtype
dtype('int32')
>>> array3.dtype
dtype('int8')
```

除了使用列表创建数组外，NumPy 还提供了很多函数用于生成数组。例如，一维等差数组生成函数 arange()和 linspace()：

```
>>> np.arange(5)
array([0, 1, 2, 3, 4])
>>> np.arange(1,5)
array([1, 2, 3, 4])
>>> np.arange(1,5,2)
array([1, 3])
>>> np.arange(1,5,0.5)
array([1., 1.5, 2., 2.5, 3., 3.5, 4., 4.5])
```

arange 函数与内建函数 range 的参数设置很类似，区别是，arange 函数返回一个数组，并且可以接收非整数的参数，返回一个等差的数组。linspace 函数同样会返回一个等差数组，但它定义所需的第三个参数不是步长，而是在起止范围内(包括起止点)的元素个数。

```
>>> np.linspace(1,10,10)
array([ 1.,  2.,  3.,  4.,  5.,  6.,  7.,  8.,  9., 10.])
>>> np.linspace(1,10,19)
array([ 1., 1.5,  2., 2.5, 3., 3.5, 4., 4.5,  5.,  5.5,  6.,
        6.5, 7.,  7.5,  8.,  8.5,  9.,  9.5, 10.])
```

其他数组生成函数还包括二维的单位矩阵生成函数 eye、对角矩阵生成函数 diag，以及多维生成函数 zeros 和 ones。另外，NumPy 还提供了 random 子包，用户可以使用其中的 default_rng 函数生成随机数组。读者可以使用 help 命令获取这些函数的帮助文档。

基于数组数据结构，用户可以方便地读取和修改数据。在 NumPy 中，为了标记出高维数组不同位置上的元素，引入了轴(axis)的概念。轴的个数对应于数组维度数，每个轴都是独立的索引体系，利用轴可以对 NumPy 数组进行一些更为细致的操作。例如，可以使用索引来获取数据，并在“:”工作符的帮助下使用索引切片来读取数据。在读取数据的过程中，在数组变量名后接中括号，其中以逗号分隔每个维度的索引或切片。

```
>>> array2 =np.array([[1,3,5],[7,9,11]])
>>> array2
array([[ 1,  3,  5],
       [ 7,  9, 11]])
>>> array2[0,2]
5
>>> array2[0,:]
array([1, 3, 5])
>>> array2[:,2]
array([ 5, 11])
>>> array2[1,::2]
array([ 7, 11])
>>> array2[:,::2]
array([[ 1,  5],
       [ 7, 11]])
```

在这组例子中，对二维数组 array2 的数据和子列进行了读取。和列表一样，数组也可以利用索引和切片进行修改，读者可以自行测试。

在 NumPy 中定义了很多关于数组的操作函数，接下来对其中比较常用的函数进行介绍。

NumPy 中数组的 reshape 方法可以用来修改矩阵“形状”，例如，对一个由 arange 函数生成的向量 ***A***，可以由 reshape 方法将其转换为 2 行 3 列的矩阵 ***B***，也可以转换为 3 行两列的矩阵 ***C***。需要注意的是，修改数组的“形状时”可以采用不同的顺序，默认情况下采用“C 语言”式的顺序即填充时先移动最后一个轴的索引，填充完毕后再移动前一个轴的索引，而更接近数学上拉直运算的方式是 Fortran 式的顺序即第一个轴的索引移动最快，然后依次改变其他轴。这两种方式可以用参数 order 进行选择。比较下例中的矩阵 ***C*** 与矩阵 ***D*** 可以看到两者的区别。

```
>>> A =np.arange(6)
>>> print(A)
[0 1 2 3 4 5]
>>> B =A.reshape(2,3)
>>> print(B)
[[0 1 2]
 [3 4 5]]
>>> C =A.reshape(3,2)
>>> print(C)
[[0 1]
 [2 3]
 [4 5]]
>>> D =A.reshape((3,2),order="F")
>>> print(D)
[[0 3]
 [1 4]
 [2 5]]
```

如果只想用 reshape 方法控制某个轴方向上的元素数，其他方向可以用－1 来标志。如将上述 ***A*** 数组改为 2 行的数组，则可以使用如下命令：

```
>>> B2=A.reshape((2,- 1))
>>> print(B2)
[[0 1 2]
 [3 4 5]]
```

则可以看到即使没有标出列的数目，NumPy 依然自动将 ***A*** 转化为 2 行 3 列的矩阵。

很多时候，NumPy 的使用者需要考虑将两个或者更多的矩阵拼接到一起。例如，在求解线性方程组时，需要将系数矩阵和常数向量拼接称为一个增广矩阵。这时可以使用 NumPy 的 hstack 和 vstack 函数来在“水平”和“垂直”方向连接矩阵。

```
>>> A =np.arange(0,4).reshape(2,2)
>>> B =np.arange(4,8).reshape(2,2)
>>> print(A)
[[0 1]
 [2 3]]
>>> print(B)
[[4 5]
 [6 7]]
>>>
>>> print(np.hstack((A,B)))
[[0 1 4 5]
 [2 3 6 7]]
```

```
>>> print(np.vstack((A,B)))
[[0 1]
 [2 3]
 [4 5]
 [6 7]]
```

可以发现两个 2×2 的矩阵 **A** 和 **B** 可以被 hstack 函数合并为 2 行 4 列的矩阵，也可以被 vstack 函数合并为 4 行 2 列的矩阵。这里需要注意 hstack 函数和 vstack 函数的参数只有 1 个，需要将 **A** 和 **B** 合并成一个元组进行输入。

对于更一般的数组拼接，可以使用 NumPy 的 concatenate 函数来进行操作，这里限于篇幅不再展开。

NumPy 工具包还引入了广播机制等便于运算的特殊算法，并可已通过“@”运算符将二维数组视为矩阵来进行矩阵运算，还提供了大部分常见的数学运算函数。此外，在 linalg 子包中还包含有许多常用的线性代数计算工具，限于篇幅这里暂不展开，读者可以访问其官方网站查阅用户指南和程序文档。

2. SymPy 工具包

SymPy 是针对符号计算问题的 Python 工具包。它提供了针对各种符号计算问题的计算机代数系统，对一般的代数运算、微积分、代数方程和微分方程求解以及矩阵计算方面提供了全面而简单的解决工具。

下面通过一些例子来简单介绍 SymPy 的使用方法。

首先要导入工具包：

```
>>> import sympy as sp
```

声明符号变量：

```
>>> x, y, z =sp.symbols("x y z")
```

定义表达式 epr1$=x^2+4x+3$：

```
>>> epr1 =x**2 +4*x +3
```

对 epr1 进行因式分解：

```
>>> sp.factor(epr1)
(x+1)* (x+3)
```

求解方程$x^2+4x+3=0$：

```
>>> sp.solve(epr1)
[-3, -1]
```

将 x 替换为 1，epr1 表达式的值：

```
>>> epr1.subs(x,1)
8
```

将此值转化为浮点数类型：

```
>>> epr1.subs(x,1).evalf()
8.00000000000000
```

定义表达式 epr2$=(x+3)^3$，并将其展开：

```
>>> epr2 = (x+3)**3
>>> sp.expand(epr2)
x** 3 +9* x**2 +27*x +27
```

简化计算表达式,即获取表达式最简洁的表示方式:

```
>>> sp.simplify(sp.cos(x)**2+sp.sin(x)**2)
1
>>> sp.simplify(1-2*sp.sin(x)**2)
cos(2*x)
>>> sp.simplify((x**2-y**2)/(x-y))
x +y
```

计算极限$\lim\limits_{x\to 0}\dfrac{\sin x}{x}$:

```
>>> sp.limit(sp.sin(x)/x,x,0,dir= '+ - ')
1
```

计算极限$\lim\limits_{x\to\infty}\left(1+\dfrac{1}{x}\right)^x$:

```
>>> sp.limit((1+ 1/x)** x,x,"oo",dir= "+ - ")
E
>>> sp.limit((1+ 1/x)** x,x,"oo",dir= "+ - ").evalf()
2.71828182845905
```

计算函数 $y=\sin x$ 导数和二阶导数:

```
>>> sp.diff(sp.sin(x),x)
cos(x)
>>> sp.diff(sp.sin(x),x,2)
- sin(x)
```

计算积分$\int\dfrac{1}{1+x^2}\mathrm{d}x$:

```
>>> sp.integrate(1/(1+ x**2),x)
atan(x)
```

计算定积分$\int_0^{+\infty}\dfrac{1}{1+x^2}\mathrm{d}x$:

```
>>> sp.integrate(1/(1+ x**2),(x,0,sp.oo))
pi/2
```

正弦函数在 0 附近的 7 阶展开:

```
>>> epr3 =sp.sin(x)
>>> epr3.series(x,0,7)
x -  x**3/6 +  x**5/120 +  O(x**7)
```

解微分方程$y''-3y'+2y=2x$:

```
>>> f =sp.symbols('f',cls=sp.Function)
>>> diff_eq =sp.Eq(f(x).diff(x,x)- 3* f(x).diff(x)+ 2* f(x),2* x)
diff_eq
Eq(2* f(x) -3* Derivative(f(x), x) +Derivative(f(x), (x, 2)), 2* x)
```

```
>>> >>> sp.dsolve(diff_eq,f(x))
Eq(f(x), C1* exp(x) +C2* exp(2* x) +x +3/2)
```

SymPy 工具包还有很多其他功能没有展示在这里，读者可以访问它的官方网站获取更多帮助。

3. Matplotlib 工具包

Matplotlib 工具包是一个全面的科学计算绘图工具包，为各种科学图形的绘制提供了工具，是数据可视化的重要帮手。这里仅以几个简单的例子来展示 Matplotlib 的绘图功能(见图 1-6)。

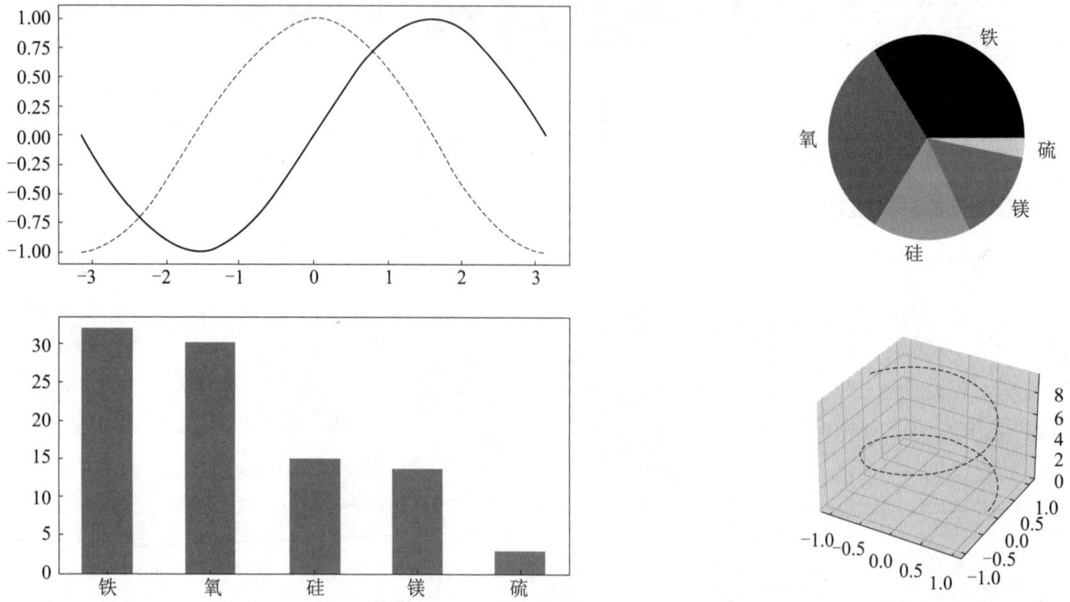

图 1-6　Matplotlib 绘图

首先导入 NumPy 和 Matplotlib 的绘画工具包 pyplot：

```
importnumpy as np
import matplotlib.pyplot as plt
```

设置支持汉字和负号显示的系统参数：

```
plt.rcParams['font.sans-serif']=['SimHei']
plt.rcParams['axes.unicode_minus']=False
```

创建图形对象，通过参数设置图像的大小和分辨率：

```
plt.figure(figsize= (16, 8),dpi=300)
```

将图像分为 2×2 共 4 个子图，在第一个子图中绘制正弦和余弦曲线：

```
plt.subplot(2, 2, 1)
x =np.linspace(- np.pi, np.pi, 100)
y1 =np.sin(x)
y2 =np.cos(x)
plt.plot(x, y1, "r- ")
plt.plot(x, y2, "b:")
```

在第二个子图上绘制饼图，显示地球元素含量前五位的元素的相对比例：

```
plt.subplot(2, 2, 2)
name_list =["铁", "氧", "硅", "镁", "硫"]
data_list =[32.1, 30.1, 15.1, 13.9, 2.9]
plt.pie(data_list, labels=name_list, colors =['0.1','0.3', '0.5', '0.7', '0.9'])
```

在第三个子图上绘制饼图,数据同第二个子图:

```
plt.subplot(2, 2, 3)
plt.bar(np.arange(1, 6), data_list,
          width=0.5, color="grey", tick_label=name_list)
```

在第四个子图上绘制三维螺旋线,螺旋线坐标由关于 t 的参数方程给出:

```
plt.subplot(2, 2, 4, projection='3d')
t =np.linspace(0, 3* np.pi, 100)
x =np.cos(t)
y =np.sin(t)
z =t
plt.plot(x,y,z,'k--')
```

读者如果要获取更多关于 Matplotlib 的功能的介绍,可以访问它的官方网站。

4. SciPy 工具包

SciPy 工具包提供了针对优化、积分、插值、特征值问题、代数方程、微分方程、统计学问题等各种经典数学问题的求解方法,实现了大部分的数值计算方法,并为数组和矩阵的计算提供了比 NumPy 工具包更为广泛的工具。

读者可以访问 SciPy 的官方网站自行获取更多相关内容。

练 习 题

1. 设正数 x 的相对误差为 δ,求 $\ln x$ 的误差。

2. 设数 x 的相对误差为 2%,求 x^n 的相对误差。

3. 设计算球体体积要使误差限为 1%,问度量半径所允许的相对误差限是多少?

4. 序列 $\{a_n\}$ 满足递推关系

$$a_n=10a_{n-1}-1, \quad n=1,2,\cdots$$

若 $a_0=\sqrt{2}\approx 1.41$(三位有效数字),计算到 a_{10} 时误差有多大。这个计算过程稳定吗?

5. 计算 $(\sqrt{2}-1)^6$,取 $\sqrt{2}\approx 1.4$,利用下列等式计算,哪一个得到的结果最好?

$$(\sqrt{2}-1)^6=\frac{1}{(\sqrt{2}+1)^6},(\sqrt{2}-1)^6=\frac{1}{(3+2\sqrt{2})^3},(\sqrt{2}-1)^6=(3-2\sqrt{2})^3,(\sqrt{2}-1)^6=99-70\sqrt{2}$$

6. 设 $f(x)=\ln(x-\sqrt{x^2-1})$,求 $f(30)$。若开平方用六位有效数字,问求函数值时误差有多大。若改用另一等价公式

$$f(x)=\ln(x-\sqrt{x^2-1})=-\ln(x+\sqrt{x^2-1})$$

计算,求函数值时误差有多大。

7. 用秦九韶算法计算 $p(x)=3x^5-2x^3+x+7$ 在 $x=3$ 处的值。

8. 用迭代法 $x_{n+1}=\dfrac{1}{1+x_n}$ $(n=0,1,2,\cdots)$ 求方程 $x^2+x=1$ 的正根 $x^*=\dfrac{\sqrt{5}-1}{2}$。取 $x_0=1$,计算到 x_5,问 x_5 有几位有效数字?

9. 用不同方法计算积分 $\int_0^{1/2} \mathrm{e}^x \mathrm{d}x$：

(1)用原函数计算到 6 位有效数字。

(2)用复化梯形公式，步长 $h=\frac{1}{4}$。

(3)利用 T_1 和 T_2 的松弛法。

第 2 章 数值代数基础

自然科学、工程技术以及社会经济领域中的许多问题常常归结为求解大型的线性方程组

$$\begin{cases}a_{11}x_1+a_{12}x_2+\cdots+a_{1n}x_n=b_1\\a_{21}x_1+a_{22}x_2+\cdots+a_{2n}x_n=b_2\\\cdots\cdots\cdots\cdots\\a_{n1}x_1+a_{n2}x_2+\cdots+a_{nn}x_n=b_n\end{cases}$$

借助矩阵与向量的记号，令

$$\boldsymbol{A}=\begin{pmatrix}a_{11}&a_{12}&\cdots&a_{1n}\\a_{21}&a_{22}&\cdots&a_{2n}\\\vdots&\vdots&&\vdots\\a_{n1}&a_{n2}&\cdots&a_{nn}\end{pmatrix},\quad \boldsymbol{x}=\begin{pmatrix}x_1\\x_2\\\vdots\\x_n\end{pmatrix},\quad \boldsymbol{b}=\begin{pmatrix}b_1\\b_2\\\vdots\\b_n\end{pmatrix}$$

则线性方程组的矩阵表达形式为

$$\boldsymbol{Ax}=\boldsymbol{b}$$

对于该线性方程组，若系数矩阵 $\boldsymbol{A}$ 是可逆方阵，由克拉默(Gramer)法则给出其解为$x_i=\dfrac{D_i}{D}$($i=1,2,\cdots,n$)，其中 $D=\det(\boldsymbol{A})\neq0$，$D_i=\det(\boldsymbol{A}_i)$，$\boldsymbol{A}_i$是 $\boldsymbol{A}$ 的第 i 列用 $\boldsymbol{b}$ 代替所得矩阵。对于一个 n 元方程组，利用克拉默法则通常所需的乘法运算量约为$(n^2-1)n!$，当 $n=50$ 时，乘法运算量为 7×10^{66}，由此可知，对于多元线性方程组，克拉默法则理论上可行，但在实际运算中并不实用。

由于从不同的实际问题导出的线性方程组通常都是高维的，用初等方法求解的计算复杂度随维数的增长非常快。通常在计算求解过程中，既需要提高计算速度，又希望能减少存储量。因此，凸显了用数值方法求解线性方程组的重要性。

经典的求解方法通常分两大类：直接法和迭代法。直接法是指在没有舍入误差的情况下，经过有限步算术运算，可求得方程组的精确解。迭代法是通过构建迭代格式，从初始向量出发，产生迭代序列，用某种极限过程去逐步逼近线性方程组精确解的方法。一般来讲，对于低阶的方程组直接法比较有效，而对于高阶的、稀疏型方程组，迭代解法能够比较好地保持系数矩阵的稀疏性，在大型线性方程组的求解问题中得到了广泛应用。

本章主要介绍线性方程组的直接解法，即高斯(Gauss)消元法、矩阵的 LU 分解法、平方根法及三对角矩阵的追赶法；同时介绍解线性方程组的雅可比(Jacobi)迭代法、高斯-赛德尔(Gauss-Seidel)迭代法等。

2.1 线性方程组的直接解法

直接法就是经过有限步算术运算，可求得线性方程组精确解的方法(若计算过程中没有舍入

误差)，常用于求解低阶稠密矩阵方程组及某些大型稀疏矩阵方程组(如大型带状方程组)。

2.1.1 高斯消元法

高斯消元法(Gaussian elimination)是数值代数中解线性方程组最经典的直接算法。

1. 高斯消元法的基本思想

在线性代数中，解线性方程组 $\boldsymbol{A}\boldsymbol{x}=\boldsymbol{b}$，可通过对其增广矩阵

$$(\boldsymbol{A},\boldsymbol{b})=\begin{pmatrix} a_{11} & a_{12} & \cdots & a_{1n} & b_1 \\ a_{21} & a_{22} & \cdots & a_{2n} & b_2 \\ \vdots & \vdots & & \vdots & \vdots \\ a_{n1} & a_{n2} & \cdots & a_{nn} & b_n \end{pmatrix} \tag{2.1.1}$$

进行以下三种初等行变换：

(1)对调两行(对调 i,j 两行，记作 $r_i \leftrightarrow r_j$)；

(2)以数 $k\neq 0$ 乘以某一行的所有元素(第 i 行乘 k，记作 $r_i\times k$)；

(3)将第 j 行的 k 倍加到第 i 行上，记作 r_i+kr_j。

经过上述任一变换后得到的矩阵所对应的线性方程组与原方程组是同解方程组。高斯消元法就是反复利用上述初等变换将方程组的增广矩阵化为三角阵，达到消元的过程，然后再逐一求该三角方程组的解，此为回代过程，最终获得方程组的解。

例 2.1.1 用高斯消元法求解线性方程组

$$\begin{cases} 2x_1-x_2+3x_3=1 \\ 4x_1+2x_2+5x_3=4 \\ x_1+2x_2=7 \end{cases} \tag{2.1.2}$$

解 高斯消元法的消元过程是将方程组的增广矩阵进行下列一系列的初等行变换：

$$(\boldsymbol{A},\boldsymbol{b})=\begin{pmatrix} 2 & -1 & 3 & 1 \\ 4 & 2 & 5 & 4 \\ 1 & 2 & 0 & 7 \end{pmatrix} \xrightarrow[r_3+\left(-\frac{1}{2}\right)r_1]{r_2+(-2)r_1} \begin{pmatrix} 2 & -1 & 3 & 1 \\ 0 & 4 & -1 & 2 \\ 0 & \frac{5}{2} & -\frac{3}{2} & \frac{13}{2} \end{pmatrix}$$

$$\xrightarrow{r_3+\left(-\frac{5}{8}\right)r_2} \begin{pmatrix} 2 & -1 & 3 & 1 \\ 0 & 4 & -1 & 2 \\ 0 & 0 & -\frac{7}{8} & \frac{21}{4} \end{pmatrix}$$

由此得到与方程组(2.1.2)同解的上三角形方程组

$$\begin{cases} 2x_1-x_2+3x_3=1 \\ 4x_2-x_3=2 \\ -\frac{7}{8}x_3=\frac{21}{4} \end{cases} \tag{2.1.3}$$

高斯消元法的回代过程是自下而上求解上三角形方程组(2.1.3)，从而得到原方程组的解：$x_1=9,x_2=-1,x_3=-6$。

2. 高斯消元法基本原理

将线性方程组 $\boldsymbol{A}\boldsymbol{x}=\boldsymbol{b}$ 用矩阵形式表示为

$$\begin{pmatrix} a_{11} & a_{12} & \cdots & a_{1n} \\ a_{21} & a_{22} & \cdots & a_{2n} \\ \vdots & \vdots & & \vdots \\ a_{n1} & a_{n2} & \cdots & a_{nn} \end{pmatrix}\begin{pmatrix} x_1 \\ x_2 \\ \vdots \\ x_n \end{pmatrix}=\begin{pmatrix} b_1 \\ b_2 \\ \vdots \\ b_n \end{pmatrix} \tag{2.1.4}$$

记 $a_{ij}^{(1)}=a_{ij}, b_i^{(1)}=b_i(i,j=1,2,\cdots,n)$，则高斯消元法可归纳为消元过程和回代过程。

(1)消元过程

高斯消元法的消元过程由 $n-1$ 步组成。

第一步　设 $a_{11}^{(1)}\neq 0$,将方程组(2.1.4)的第一列中元素 $a_{21}^{(1)}, a_{31}^{(1)},\cdots,a_{n1}^{(1)}$ 消为零,为此令

$$m_{i1}=\frac{a_{i1}^{(1)}}{a_{11}^{(1)}},\quad i=2,3,\cdots,n$$

用 $-m_{i1}$ 乘以第 1 个方程后加到第 i 个方程上，消去第 2～n 个方程的未知数 x_1,得到方程组 $\boldsymbol{A}^{(2)}\boldsymbol{x}=\boldsymbol{b}^{(2)}$,即

$$\begin{pmatrix} a_{11}^{(1)} & a_{12}^{(1)} & \cdots & a_{1n}^{(1)} \\ & a_{22}^{(2)} & \cdots & a_{2n}^{(2)} \\ & \vdots & & \vdots \\ & a_{n2}^{(2)} & \cdots & a_{nn}^{(2)} \end{pmatrix}\begin{pmatrix} x_1 \\ x_2 \\ \vdots \\ x_n \end{pmatrix}=\begin{pmatrix} b_1^{(1)} \\ b_2^{(2)} \\ \vdots \\ b_n^{(2)} \end{pmatrix}$$

其中

$$\begin{cases} a_{ij}^{(2)}=a_{ij}^{(1)}-m_{i1}a_{1j}^{(1)} \\ a_{i1}^{(2)}=0 \\ b_i^{(2)}=b_i^{(1)}-m_{i1}b_1^{(1)} \end{cases},\quad i,j=2,3,\cdots,n$$

第二步　设 $a_{22}^{(2)}\neq 0$,将方程组 $\boldsymbol{A}^{(2)}\boldsymbol{x}=\boldsymbol{b}^{(2)}$ 的第二列中元素 $a_{32}^{(2)}, a_{42}^{(2)},\cdots,a_{n2}^{(2)}$ 消为零。仿此继续进行消元,假设进行了 $k-1$ 次消元,得方程组 $\boldsymbol{A}^{(k)}\boldsymbol{x}=\boldsymbol{b}^{(k)}$,即

$$\begin{pmatrix} a_{11}^{(1)} & a_{12}^{(1)} & \cdots & a_{1k}^{(1)} & \cdots & a_{1n}^{(1)} \\ & a_{22}^{(2)} & \cdots & a_{2k}^{(2)} & \cdots & a_{2n}^{(2)} \\ & & \ddots & & & \vdots \\ & & & a_{kk}^{(k)} & \cdots & a_{kn}^{(k)} \\ & & & \vdots & & \vdots \\ & & & a_{nk}^{(k)} & \cdots & a_{nn}^{(k)} \end{pmatrix}\begin{pmatrix} x_1 \\ x_2 \\ \vdots \\ x_k \\ \vdots \\ x_n \end{pmatrix}=\begin{pmatrix} b_1^{(1)} \\ b_2^{(2)} \\ \vdots \\ b_k^{(k)} \\ \vdots \\ b_n^{k} \end{pmatrix}$$

其中

$$m_{ik}=\frac{a_{ik}^{(k)}}{a_{kk}^{(k)}},\quad i=k+1,\cdots,n$$

$$\begin{cases} a_{ij}^{(k+1)}=a_{ij}^{(k)}-m_{ik}a_{kj}^{(k)} \\ b_i^{(k+1)}=b_i^{(k)}-m_{ik}b_k^{(k)} \end{cases},\quad i,j=k+1,\cdots,n$$

只要 $a_{kk}^{(k)}\neq 0$,消元过程可以一直进行下去,直到经过 $n-1$ 次消元后,得到与原方程组等价的上三角形方程组,消元过程结束,此时上三角形方程组矩阵形式方程记为 $\boldsymbol{A}^{(n)}\boldsymbol{x}=\boldsymbol{b}^{(n)}$,即

$$\begin{pmatrix} a_{11}^{(1)} & a_{12}^{(1)} & \cdots & a_{1n}^{(1)} \\ & a_{22}^{(2)} & \cdots & a_{2n}^{(2)} \\ & & \ddots & \vdots \\ & & & a_{nn}^{(n)} \end{pmatrix}\begin{pmatrix} x_1 \\ x_2 \\ \vdots \\ x_n \end{pmatrix}=\begin{pmatrix} b_1^{(1)} \\ b_2^{(2)} \\ \vdots \\ b_n^{(n)} \end{pmatrix}$$

相应的上三角形方程组为

$$\begin{cases} a_{11}^{(1)}x_1+a_{12}^{(1)}x_2+\cdots+a_{1n}^{(1)}x_n=b_1^{(1)} \\ a_{22}^{(2)}x_2+\cdots+a_{2n}^{(2)}x_n=b_2^{(2)} \\ \cdots\cdots\cdots\cdots \\ a_{nn}^{(n)}x_n=b_n^{(n)} \end{cases}\tag{2.1.5}$$

(2)回代过程

对上三角形方程组自下而上逐步回代解得方程组的解为

$$\begin{cases} x_n = \dfrac{b_n^{(n)}}{a_{nn}^{(n)}} \\ x_i = \dfrac{b_i^{(i)} - \sum\limits_{j=i+1}^{n} a_{ij}^{(i)} x_j}{a_{ii}^{(i)}}, \quad i = n-1, n-2, \cdots, 1 \end{cases} \tag{2.1.6}$$

3. 高斯消元法计算量估计

在高斯消元法计算过程中,需要考虑它的计算量。由于在计算机计算时,乘除法运算占用的机时远大于加减法,因此一般只统计乘除法次数。在第 k 步消元时,计算乘数 m_{ik} 时需作 $n-k$ 次除法运算,由 $\boldsymbol{A}^{(k)} \to \boldsymbol{A}^{(k+1)}$ 需 $(n-k)(n-k+1)$ 次乘法运算,故消元过程需作乘除法的运算量为

$$\sum_{k=1}^{n-1}[(n-k)+(n-k)(n-k+1)] = \frac{1}{6}n(n-1)(2n+5)$$

解回代 $\boldsymbol{A}^{(n)}\boldsymbol{x}=\boldsymbol{b}^{(n)}$ 时需作 $\frac{1}{2}n(n+1)$ 乘除运算,因此高斯消元法总的乘除计算量为

$$N=\frac{1}{3}n(n^2+3n-1)$$

易知高斯消元法总的计算量为 $O(n^3)$,与克拉默法则相比较(运算量为 $O(n!)$),本质上已极大地提高了求解线性方程组的运算效率,但是对于大规模线性方程组而言,其运算效率还是很低。

4. 高斯消元法的适用条件

设方程组系数矩阵 $\boldsymbol{A}=(a_{ij})_n$ 的顺序主子式为

$$A_k = \begin{vmatrix} a_{11} & \cdots & a_{1k} \\ \vdots & & \vdots \\ a_{k1} & \cdots & a_{kk} \end{vmatrix} \neq 0, \quad k=1,2,\cdots,n$$

经变换得到的上三角形方程组的顺序主子式为

$$A_k = \begin{vmatrix} a_{11}^{(1)} & a_{12}^{(1)} & \cdots & a_{1k}^{(1)} \\ & a_{22}^{(2)} & \cdots & a_{2k}^{(2)} \\ & & \ddots & \vdots \\ & & & a_{kk}^{(k)} \end{vmatrix} = a_{11}^{(1)} a_{22}^{(2)} \cdots a_{kk}^{(k)} \neq 0, \quad k=1,2,\cdots,n$$

根据线性方程组解的存在唯一性定理,其系数矩阵 $\boldsymbol{A}$ 的行列式值不为 0,并要求 $\boldsymbol{A}$ 的各阶主子式不为 0,因此高斯消元法要求 $a_{kk}^{(k)} \neq 0 (k=1,2,\cdots,n)$。另外,若 $a_{kk}^{(k)}$ 很小,此时用 $a_{kk}^{(k)}$ 做除数进行消元,会导致其他元素数量级的严重增长和舍入误差的扩散,进而严重影响计算结果的精度。因此在实际计算时必须避免这类情况的发生。主元素消元法可弥补这一缺陷。

2.1.2 高斯列主元素消元法

例 2.1.2 解二元线性方程组

$$\begin{cases} 0.000\,3x_1 + 3.000\,0x_2 = 2.000\,1 \\ 1.000\,0x_1 + 1.000\,0x_2 = 1.000\,0 \end{cases}$$

解 取 5 位有效数字,用第一个方程消去第二个方程中的 x_1 得

$$\begin{cases} 0.000\,3x_1 + 3.000\,0x_2 = 2.000\,1 \\ -9\,999.0x_2 = -6\,666.0 \end{cases}$$

回代得方程组的解为

$$x_2=\frac{-6\ 666.0}{-9\ 999.0}\approx 0.666\ 7,\quad x_1=\frac{2.000\ 1-3.000\ 0\times 0.666\ 7}{0.000\ 3}=0$$

而精确值为 $x_1=\frac{1}{3}, x_2=\frac{2}{3}$。显然该解与精确值相差太远，这是因为所用的除数太小使得上式在消元过程中“吃掉”了下式。为了消除这种误差，将方程组中的两个方程相交换，原方程组变为

$$\begin{cases}1.000\ 0x_1+1.000\ 0x_2=1.000\ 0\\ 0.000\ 3x_1+3.000\ 0x_2=2.000\ 1\end{cases}$$

消去第二个方程中的 x_1 得

$$\begin{cases}1.000\ 0x_1+1.000\ 0x_2=1.000\ 0\\ 2.999\ 7x_2=1.999\ 8\end{cases}$$

再回代得方程组的解为 $x_2=\frac{1.999\ 8}{2.999\ 7}\approx 0.666\ 7, x_1=(1.000\ 0-1.000\ 0\times 0.666\ 7)=0.333\ 3$。结果与准确解非常接近。

该例说明，在采用高斯消元法解方程组时，若主元素的绝对值很小，用它来做除法可使舍入误差增加，主元素的绝对值越小，则舍入误差影响越大。故应避免采用绝对值小的主元素，同时选主元素尽量大，可使该法具有较好的数值稳定性。下面介绍两种常用的选主元素高斯消元法。

(1)列主元消元法

设线性方程组 $\boldsymbol{Ax}=\boldsymbol{b}$ 的增广矩阵为

$$(\boldsymbol{A}^{(1)}\quad \boldsymbol{b}^{(1)})=\begin{pmatrix}a_{11}^{(1)} & a_{12}^{(1)} & \cdots & a_{1n}^{(1)} & b_1^{(1)}\\ a_{21}^{(1)} & a_{22}^{(1)} & \cdots & a_{2n}^{(1)} & b_2^{(1)}\\ \vdots & \vdots & & \vdots & \vdots\\ a_{n1}^{(1)} & a_{n2}^{(1)} & \cdots & a_{nn}^{(1)} & b_n^{(1)}\end{pmatrix}$$

在 $\boldsymbol{A}^{(1)}$ 的第一列选取绝对值最大的元素作为主元，即 $|a_{i_1 1}^{(1)}|=\max\limits_{1\leqslant i\leqslant n}|a_{i1}|\neq 0$，若 $i_1\neq 1$，则交换第 i_1 行与第一行，然后进行第一次消元得

$$(\boldsymbol{A}^{(1)}\boldsymbol{b}^{(1)})\to(\boldsymbol{A}^{(2)}\boldsymbol{b}^{(2)})$$

而

$$(\boldsymbol{A}^{(2)}\quad \boldsymbol{b}^{(2)})=\begin{pmatrix}a_{11}^{(1)} & a_{12}^{(1)} & \cdots & a_{1n}^{(1)} & b_1^{(1)}\\ 0 & a_{22}^{(2)} & \cdots & a_{2n}^{(2)} & b_2^{(2)}\\ \vdots & \vdots & & \vdots & \vdots\\ 0 & a_{n2}^{(2)} & \cdots & a_{nn}^{(2)} & b_n^{(2)}\end{pmatrix}$$

重复以上过程，消元进行到第 k 步，从 $a_{kk}^{(k)}, a_{k+1,k}^{(k)}, \cdots, a_{nk}^{(k)}$ 中选取绝对值最大的元素，即使得 $|a_{i_k k}^{(k)}|=\max\limits_{k\leqslant i\leqslant n}|a_{ik}^{(k)}|\neq 0$ 的元素 $a_{i_k k}^{(k)}$，再消元，经过这样修改的高斯消元法称为高斯列主元消元法。

(2)全主元消元法

全主元消元法是在消元进行到第 k 步选主元时，选择使 $|a_{i_k,j_k}^{(k)}|=\max\limits_{\substack{k\leqslant i\leqslant n\\ k\leqslant j\leqslant n}}|a_{ij}^{(k)}|\neq 0$ 的元素，交换增广矩阵$(\boldsymbol{A}^{(k)}\quad \boldsymbol{b}^{(k)})$的行及 $\boldsymbol{A}^{(k)}$ 的列，使得主元位置的元素的绝对值是给出的最大值 $a_{i_k,j_k}^{(k)}$，然后再进行消元过程。由于有列交换，因此未知量的次序有所改变，待消元过程结束后必须有还原。

例 2.1.3　用高斯列主元消元法和全主元消元法解线性方程组

$$\begin{cases}10x_1-19x_2-2x_3=3 & (1)\\ -20x_1+40x_2+x_3=4 & (2)\\ x_1+4x_2+5x_3=5 & (3)\end{cases}$$

解　(1)列主元消元法。

第一步 选择-20作为该列的主元素

$$\begin{cases}-20x_1+40x_2+x_3=4 & (4)\\ 10x_1-19x_2-2x_3=3 & (5)\\ x_1+4x_2+5x_3=5 & (6)\end{cases}$$

计算 $m_{21}=-\dfrac{10}{20}=-0.5, m_{31}=-\dfrac{1}{20}=-0.05$，(5)$-m_{21}$(4)，(6)$-m_{31}$(4)消去 x_1 得

$$\begin{cases}x_2-1.5x_3=5 & (7)\\ 6x_2+5.05x_3=5.2 & (8)\end{cases}$$

第二步 选6作为主元素

$$\begin{cases}6x_2+5.05x_3=5.2 & (9)\\ x_2-1.5x_3=5 & (10)\end{cases}$$

计算 $m_{32}=\dfrac{1}{6}=0.166\ 67$，(10)$-m_{32}$(9)得

$$-2.341\ 68x_3=4.133\ 32 \quad (11)$$

保留有主元素的方程

$$\begin{cases}-20x_1+40x_2+x_3=4\\ 6x_2+5.05x_3=5.2\\ -2.341\ 68x_3=4.133\ 32\end{cases}$$

再进行回代得方程组的解为

$$\begin{cases}x_1=4.416\ 34\\ x_2=2.352\ 30\\ x_3=-1.765\ 11\end{cases}$$

(2)全主元素消元法

第一步 在所有系数中选择绝对值最大的40作为主元素，交换第一、二行和交换第一、二列使该主元素位于对角线的第一个位置上，得

$$\begin{cases}40x_2-20x_1+x_3=4 & (4')\\ -19x_2+10x_1-2x_3=3 & (5')\\ 4x_2+x_1+5x_3=5 & (6')\end{cases}$$

计算 $m_{21}=-\dfrac{19}{40}=-0.475, m_{31}=\dfrac{4}{40}=0.1$，$(5')-m_{21}(4')$，$(6')-m_{31}(4')$消去 x_2 得

$$\begin{cases}0.5x_1-1.525x_3=4.9 & (7')\\ 3x_1+4.9x_3=4.6 & (8')\end{cases}$$

第二步 在所有元素中选绝对值最大的4.9作为主元素，交换第一、二行和第一、二列得

$$\begin{cases}4.9x_3+3x_1=4.6 & (9')\\ -1.525x_3+0.5x_1=4.9 & (10')\end{cases}$$

计算 $m_{32}=\dfrac{1.525}{4.9}=0.311\ 22$，$(10')+m_{32}(9')$，消去 x_3 得

$$1.433\ 66x_1=6.331\ 61 \quad (11')$$

保留有主元素的方程

$$\begin{cases}40x_2-20x_1+x_3=4\\ 4.9x_3+3x_1=4.6\\ 1.433\ 66x_1=6.331\ 61\end{cases}$$

再进行回代得方程组的解为

$$\begin{cases}x_1=4.416\ 34\\x_2=2.352\ 30\\x_3=-1.765\ 11\end{cases}$$

以上两种选主元素的方法与高斯消元法完全一样，不同的是在每步消元之前要选出主元。理论上，全主元的消元法结果会更好一点，但运算比较费时，因此大多使用列主元消元法。

2.1.3　矩阵的三角分解法

高斯消元法解方程组 $\boldsymbol{Ax}=\boldsymbol{b}$，经过 n 步消元后得出一个等价的上三角形方程组，其增广矩阵化为等价的上三角阵，然后用逐步回代就可以求出方程组的解。对系数矩阵 $\boldsymbol{A}$ 施行初等行变换相当于用初等方阵左乘 $\boldsymbol{A}$（列变换则右乘），于是高斯消元法对矩阵 $\boldsymbol{A}$ 进行顺序消元逐步化成上三角形，相当于用有限个初等方阵左乘 $\boldsymbol{A}$ 的结果。

事实上，对线性方程组 $\boldsymbol{Ax}=\boldsymbol{b}$，令 $\boldsymbol{A}=\boldsymbol{A}^{(1)}$，$\boldsymbol{b}=\boldsymbol{b}^{(1)}$。

(1)若 $a_{11}^{(1)}\neq0$ 时，第一步消元将 $a_{21}^{(1)},a_{31}^{(1)},\cdots,a_{n1}^{(1)}$ 化为零，若令

$$\boldsymbol{L}_1=\begin{pmatrix}1&0&0&\cdots&0\\-l_{21}&1&0&\cdots&0\\-l_{31}&0&1&\cdots&0\\\vdots&\vdots&\vdots&&\vdots\\-l_{n1}&0&0&\cdots&1\end{pmatrix},\quad l_{i1}=\frac{a_{i1}^{(1)}}{a_{11}^{(1)}}\quad(i=2,3,\cdots,n)$$

则(1)行×$(-l_{i1})$+(i)行$(i=2,3,\cdots,n)$，有 $\boldsymbol{L}_1\boldsymbol{A}^{(1)}=\boldsymbol{A}^{(2)}$，$\boldsymbol{L}_1\boldsymbol{b}^{(1)}=\boldsymbol{b}^{(2)}$

$$\boldsymbol{L}_1\boldsymbol{A}^{(1)}=\begin{pmatrix}1&&&&\\-l_{21}&1&&&\\-l_{31}&0&1&&\\\vdots&\vdots&\vdots&\ddots&\\-l_{n1}&0&0&\cdots&1\end{pmatrix}\begin{pmatrix}a_{11}^{(1)}&a_{12}^{(1)}&\cdots&a_{1n}^{(1)}\\a_{21}^{(1)}&a_{22}^{(1)}&\cdots&a_{2n}^{(1)}\\\vdots&\vdots&&\vdots\\a_{n1}^{(1)}&a_{n2}^{(1)}&\cdots&a_{nn}^{(1)}\end{pmatrix}=\begin{pmatrix}a_{11}^{(1)}&a_{12}^{(1)}&\cdots&a_{1n}^{(1)}\\&a_{22}^{(2)}&\cdots&a_{2n}^{(2)}\\&\vdots&&\vdots\\&a_{n2}^{(2)}&\cdots&a_{nn}^{(2)}\end{pmatrix}=\boldsymbol{A}^{(2)}$$

$$\boldsymbol{L}_1\boldsymbol{b}^{(1)}=\begin{pmatrix}1&&&&\\-l_{21}&1&&&\\-l_{31}&0&1&&\\\vdots&\vdots&\vdots&\ddots&\\-l_{n1}&0&0&\cdots&1\end{pmatrix}\begin{pmatrix}b_1^{(1)}\\\vdots\\b_i^{(1)}\\\vdots\\b_n^{(1)}\end{pmatrix}=\begin{pmatrix}b_1^{(2)}\\\vdots\\b_i^{(2)}\\\vdots\\b_n^{(2)}\end{pmatrix}=\boldsymbol{b}^{(2)}$$

此时有等价方程组 $\boldsymbol{A}^{(2)}\boldsymbol{x}=\boldsymbol{b}^{(2)}$。

(2)同理第二步消元，若 $a_{22}^{(2)}\neq0$ 时，用矩阵

$$\boldsymbol{L}_2=\begin{pmatrix}1&0&0&\cdots&0\\0&1&0&\cdots&0\\0&-l_{32}&1&\cdots&0\\\vdots&\vdots&\vdots&&\vdots\\0&-l_{n2}&0&\cdots&1\end{pmatrix},\quad l_{i2}=\frac{a_{i2}^{(2)}}{a_{22}^{(2)}}\quad(i=3,4,\cdots,n)$$

左乘方程 $\boldsymbol{A}^{(2)}\boldsymbol{x}=\boldsymbol{b}^{(2)}$ 两端，即有

$$\boldsymbol{L}_2\boldsymbol{A}^{(2)}=\begin{pmatrix}a_{11}^{(1)}&a_{12}^{(1)}&a_{13}^{(1)}&\cdots&a_{1n}^{(1)}\\0&a_{22}^{(2)}&a_{23}^{(2)}&\cdots&a_{2n}^{(2)}\\0&0&a_{33}^{(3)}&\cdots&a_{3n}^{(3)}\\\vdots&\vdots&\vdots&&\vdots\\0&0&a_{n3}^{(3)}&\cdots&a_{nn}^{(3)}\end{pmatrix}=\boldsymbol{A}^{(3)},\quad\boldsymbol{L}_2\boldsymbol{b}^{(2)}=\begin{pmatrix}b_1^{(3)}\\\vdots\\b_i^{(3)}\\\vdots\\b_n^{(3)}\end{pmatrix}=\boldsymbol{b}^{(3)}$$

依此类推，经过 $k-1$ 次消元后得等价方程组 $\boldsymbol{A}^{(k)}\boldsymbol{x}=\boldsymbol{b}^{(k)}$，其中

$$\boldsymbol{L}_{k-1}\cdots\boldsymbol{L}_2\boldsymbol{L}_1\boldsymbol{A}=\boldsymbol{A}^{(k)}=\begin{pmatrix} a_{11}^{(1)} & a_{12}^{(1)} & a_{13}^{(1)} & \cdots & a_{1n}^{(1)} \\ \vdots & \vdots & \vdots & & \vdots \\ 0 & 0 & a_{kk}^{(k)} & \cdots & a_{kn}^{(k)} \\ \vdots & \vdots & \vdots & & \vdots \\ 0 & 0 & a_{nk}^{(k)} & \cdots & a_{nn}^{(k)} \end{pmatrix},\quad \boldsymbol{L}_{k-1}\cdots\boldsymbol{L}_2\boldsymbol{L}_1\boldsymbol{b}=\boldsymbol{b}^{(k)}=\begin{pmatrix} b_1^{(k)} \\ \vdots \\ b_i^{(k)} \\ \vdots \\ b_n^{(k)} \end{pmatrix}$$

可以验证 $\boldsymbol{A}^{(k+1)}=\boldsymbol{L}_k\boldsymbol{A}^{(k)}$，$\boldsymbol{b}^{(k+1)}=\boldsymbol{L}_k\boldsymbol{b}^{(k)}$，其中

$$\boldsymbol{L}_k=\begin{pmatrix} 1 & & & & & \\ & \ddots & & & & \\ & & 1 & & & \\ & & & 1 & & \\ & & & -l_{k+1,k} & 1 & \\ & & & \vdots & & \ddots \\ & & & -l_{nk} & & & 1 \end{pmatrix},\quad l_{ik}=\frac{a_{ik}^{(k)}}{a_{kk}^{(k)}}\quad (i=k+1,\cdots,n)$$

由此可见，用矩阵 $\boldsymbol{L}_{n-1},\cdots,\boldsymbol{L}_2,\boldsymbol{L}_1$ 依次左乘原方程组 $\boldsymbol{A}\boldsymbol{x}=\boldsymbol{b}$ 两边后，就可将其化成

$$\boldsymbol{A}^{(n)}\boldsymbol{x}=\boldsymbol{b}^{(n)}$$

因为

$$\boldsymbol{L}_1^{-1}=\begin{pmatrix} 1 & & & \\ l_{21} & 1 & & \\ \vdots & & \ddots & \\ l_{n1} & & & 1 \end{pmatrix},\quad \boldsymbol{L}_2^{-1}=\begin{pmatrix} 1 & & & & \\ & 1 & & & \\ & l_{32} & 1 & & \\ & \vdots & & \ddots & \\ & l_{n2} & & & 1 \end{pmatrix},\quad \cdots,\quad \boldsymbol{L}_k^{-1}=\begin{pmatrix} 1 & & & & & \\ & \ddots & & & & \\ & & 1 & & & \\ & & & 1 & & \\ & & & l_{k+1,k} & 1 & \\ & & & \vdots & & \ddots \\ & & & l_{nk} & & & 1 \end{pmatrix}$$

所以

$$\boldsymbol{A}=(\boldsymbol{L}_{n-1}\boldsymbol{L}_{n-2}\cdots\boldsymbol{L}_2\boldsymbol{L}_1)^{-1}\boldsymbol{U}=\boldsymbol{L}_1^{-1}\boldsymbol{L}_2^{-1}\cdots\boldsymbol{L}_{n-2}^{-1}\boldsymbol{L}_{n-1}^{-1}\boldsymbol{U}=\boldsymbol{L}\boldsymbol{U}\tag{2.1.7}$$

其中

$$\boldsymbol{L}=\begin{pmatrix} 1 & & & & \\ l_{21} & 1 & & & \\ l_{31} & l_{32} & 1 & & \\ \vdots & \vdots & & \ddots & \\ l_{n1} & l_{n2} & \cdots & l_{n,n-1} & 1 \end{pmatrix},\quad \boldsymbol{U}=\boldsymbol{A}^{(n)}=\begin{pmatrix} a_{11}^{(1)} & a_{12}^{(1)} & a_{13}^{(1)} & \cdots & a_{1n}^{(1)} \\ 0 & a_{22}^{(2)} & a_{23}^{(2)} & \cdots & a_{2n}^{(2)} \\ 0 & 0 & a_{33}^{(3)} & \cdots & a_{3n}^{(3)} \\ \vdots & \vdots & \vdots & & \vdots \\ 0 & 0 & 0 & \cdots & a_{nn}^{(n)} \end{pmatrix}$$

$\boldsymbol{L}$ 为单位下三角阵，$\boldsymbol{U}$ 为上三角阵。由此证明了，在 $a_{kk}^{(k)}\neq 0(k=1,2,\cdots,n-1)$ 的条件下，方程组的系数矩阵 $\boldsymbol{A}$ 分解为一个单位下三角阵与一个上三角阵的乘积，即

$$\boldsymbol{A}=\boldsymbol{L}\boldsymbol{U}=\begin{pmatrix} 1 & 0 & 0 & \cdots & 0 \\ l_{21} & 1 & 0 & \cdots & 0 \\ l_{31} & l_{32} & 1 & \cdots & 0 \\ \vdots & \vdots & \vdots & & \vdots \\ l_{n1} & l_{n2} & \cdots & l_{n,n-1} & 1 \end{pmatrix}\begin{pmatrix} u_{11} & u_{12} & u_{13} & \cdots & u_{1n} \\ 0 & u_{22} & u_{23} & \cdots & u_{2n} \\ 0 & 0 & u_{33} & \cdots & u_{3n} \\ \vdots & \vdots & \vdots & & \vdots \\ 0 & 0 & 0 & \cdots & u_{nn} \end{pmatrix}$$

上述分解称为矩阵 $\boldsymbol{A}$ 的 LU 分解，又称为杜利特尔(Doolittle)分解。关于矩阵 $\boldsymbol{A}$ 的 LU 分解唯一性有下面的定理。

定理 2.1 设 $\boldsymbol{A}$ 为 n 阶矩阵，如果 $\boldsymbol{A}$ 的各阶顺序主子式 $D_i\neq 0(i=1,2,\cdots,n)$，则 $\boldsymbol{A}$ 可分解为

一个单位下三角矩阵 $\boldsymbol{L}$ 和一个上三角矩阵 $\boldsymbol{U}$ 的乘积，且这种分解是唯一的。

证明　存在性可由高斯消元法原理得证，下面证明唯一性。设矩阵 $\boldsymbol{A}$ 有两种 $\boldsymbol{LU}$ 分解：$\boldsymbol{A}=\boldsymbol{LU}=\hat{\boldsymbol{L}}\hat{\boldsymbol{U}}$，因为 $|\boldsymbol{A}|\neq 0$，$\boldsymbol{L},\boldsymbol{U},\hat{\boldsymbol{L}},\hat{\boldsymbol{U}}$ 均为可逆矩阵，因此得 $\hat{\boldsymbol{L}}^{-1}\boldsymbol{L}=\hat{\boldsymbol{U}}\boldsymbol{U}^{-1}$，上式右边为上三角矩阵，左边为单位下三角矩阵，所以左右侧只能为单位阵，故 $\boldsymbol{L}=\hat{\boldsymbol{L}}$，$\boldsymbol{U}=\hat{\boldsymbol{U}}$。

下面利用矩阵的乘法运算介绍杜利特尔分解法求解线性方程组的具体计算过程。设 $\boldsymbol{A}=\boldsymbol{LU}$，即

$$\begin{pmatrix} a_{11} & a_{11} & \cdots & a_{11} \\ a_{21} & a_{22} & \cdots & a_{2n} \\ \vdots & \vdots & & \vdots \\ a_{n1} & a_{n2} & \cdots & a_{nn} \end{pmatrix}=\begin{pmatrix} 1 & & & \\ l_{21} & 1 & & \\ \vdots & \vdots & \ddots & \\ l_{n1} & l_{n2} & \cdots & 1 \end{pmatrix}\begin{pmatrix} u_{11} & u_{12} & \cdots & u_{1n} \\ & u_{22} & \cdots & u_{2n} \\ & & \ddots & \vdots \\ & & & u_{nn} \end{pmatrix}$$

由矩阵乘法规则得

$$a_{1i}=u_{1i},\quad i=1,2,\cdots,n$$

$$a_{i1}=l_{i1}u_{11},\quad i=2,3,\cdots,n$$

由此可得 $\boldsymbol{U}$ 的第 1 行元素和 L 的第 1 列元素：

$$u_{1i}=a_{1i},\quad i=1,2,\cdots,n \tag{2.1.8}$$

$$l_{i1}=\frac{a_{i1}}{u_{11}},\quad i=2,3,\cdots,n \tag{2.1.9}$$

再确定 $\boldsymbol{U}$ 的第 k 行元素与 $\boldsymbol{L}$ 的第 k 列元素，对于 $k=2,3,\cdots,n$，设 $\boldsymbol{L}$ 的第 k 列和 $\boldsymbol{U}$ 的第 k 行元素已经求出，利用矩阵乘法可得

①计算 $\boldsymbol{U}$ 的第 k 行元素 $u_{kk},u_{kk+1},\cdots,u_{kn}$　$(j\geqslant k)$

$$a_{kj}=(l_{k1},l_{k2},\cdots,l_{kk-1},10,\cdots,0)\begin{pmatrix} u_{1j} \\ u_{2j} \\ \vdots \\ u_{jj} \\ 0 \\ \vdots \\ 0 \end{pmatrix}=\sum_{t=1}^{k-1}l_{kt}u_{tj}+u_{kj}$$

从而得

$$u_{kj}=a_{kj}-\sum_{r=1}^{k-1}l_{kr}u_{rj}\quad(j=k,k+1,\cdots,n) \tag{2.1.10}$$

② 计算 $\boldsymbol{L}$ 的第 k 列元素 $l_{k+1k},\cdots,l_{nk}$，由于 $i\geqslant k$，于是由

$$a_{ik}=(l_{i1},\cdots,l_{ik-1},1,0,\cdots,0)\begin{pmatrix} u_{1k} \\ \vdots \\ u_{kk} \\ 0 \\ \vdots \\ 0 \end{pmatrix}=\sum_{t=1}^{k-1}l_{it}u_{tk}+l_{ik}u_{kk}$$

得

$$l_{ik}=(a_{ik}-\sum_{t=1}^{k-1}l_{it}u_{tk})/u_{kk}\quad(i=k+1,\cdots,n) \tag{2.1.11}$$

自此就可以利用上述公式逐步求出 $\boldsymbol{U}$ 与 $\boldsymbol{L}$ 的各元素，因此高斯消元法解线性方程组就等价于解两个三角方程组

$$Ax=b \Leftrightarrow L(Ux)=b \Rightarrow \begin{cases} Ly=b \\ Ux=y \end{cases}$$

先求解 $Ly=b$，即计算

$$\begin{cases} y_1 = b_1 \\ y_i = b_i - \sum_{k=1}^{i-1} l_{ik} y_k \quad (i=2,3,\cdots,n) \end{cases} \tag{2.1.12}$$

再求解 $Ux=y$，即计算

$$\begin{cases} x_n = \dfrac{y_n}{u_{nn}} \\ x_i = \dfrac{y_i - \sum\limits_{k=i+1}^{n} u_{ik} x_k}{u_{ii}} \quad (i=n-1,\cdots,2,1) \end{cases} \tag{2.1.13}$$

杜利特尔分解法所需要的乘除次数约为$\frac{1}{3}n^3$，与一般的高斯消元法计算量相当。

例 2.1.4 用杜利特尔分解法求解方程组

$$\begin{pmatrix} 2 & 5 & -6 \\ 4 & 13 & -19 \\ -6 & -3 & -6 \end{pmatrix} \begin{pmatrix} x_1 \\ x_2 \\ x_3 \end{pmatrix} = \begin{pmatrix} 10 \\ 19 \\ -30 \end{pmatrix}$$

解 (1)用分解公式(2.1.8)～(2.1.11)计算 $A=LU$，令

$$\begin{pmatrix} 2 & 5 & -6 \\ 4 & 13 & -19 \\ -6 & -3 & -6 \end{pmatrix} = \begin{pmatrix} 1 & 0 & 0 \\ l_{21} & 1 & 0 \\ l_{31} & l_{32} & 1 \end{pmatrix} \begin{pmatrix} u_{11} & u_{12} & u_{13} \\ & u_{22} & u_{23} \\ & & u_{33} \end{pmatrix}$$

$k=1$：$u_{11}=2, u_{12}=5, u_{13}=-6$；$l_{21}=\dfrac{4}{u_{11}}=2, l_{31}=\dfrac{-6}{2}=-3$

$k=2$：$u_{22}=a_{22}-l_{21}u_{12}=13-2\times5=3, u_{23}=a_{23}-l_{21}u_{13}=-19-2\times(-6)=-7$

$l_{32}=(a_{32}-l_{31}u_{12})/u_{22}=4$

$k=3$：$u_{33}=a_{33}-l_{31}u_{13}-l_{32}u_{23}=4$

所以

$$A=\begin{pmatrix} 2 & 5 & -6 \\ 4 & 13 & -19 \\ -6 & -3 & -6 \end{pmatrix} = \begin{pmatrix} 1 & & \\ 2 & 1 & \\ -3 & 4 & 1 \end{pmatrix} \begin{pmatrix} 2 & 5 & -6 \\ & 3 & -7 \\ & & 4 \end{pmatrix} = LU$$

(2)解方程 $Ly=b$

$$\begin{pmatrix} 1 & & \\ 2 & 1 & \\ -3 & 4 & 1 \end{pmatrix} \begin{pmatrix} y_1 \\ y_2 \\ y_3 \end{pmatrix} = \begin{pmatrix} 10 \\ 19 \\ -30 \end{pmatrix}$$

得 $y_1=10, y_2=19-20=-1, y_3=34-30=4$，即 $y=(10,-1,4)^{\mathrm{T}}$。

(3)解方程 $Ux=y$

$$\begin{pmatrix} 2 & 5 & -6 \\ & 3 & -7 \\ & & 4 \end{pmatrix} \begin{pmatrix} x_1 \\ x_2 \\ x_3 \end{pmatrix} = \begin{pmatrix} 10 \\ -1 \\ 4 \end{pmatrix}$$

解得 $x_3=1, x_2=2, x_1=3$，所以方程组的解为 $x=(3,2,1)^{\mathrm{T}}$。

2.1.4 对称矩阵的楚列斯基分解(平方根法)

在工程实际中，如用有限元方法求解力学问题时，常常需要求解系数矩阵为实对称正定矩阵

的线性方程组。利用对称正定矩阵的三角分解式求解方程组的一种行之有效方法，如平方根法与改进的平方根法，具有良好的数值稳定性。

定理 2.2 设 $\boldsymbol{A}$ 为 n 阶对称正定阵，即 $\boldsymbol{A}^{\mathrm{T}}=\boldsymbol{A}$，且对任意非零向量 $\boldsymbol{x}\in\mathbf{R}^n$，有 $\boldsymbol{x}^{\mathrm{T}}\boldsymbol{A}\boldsymbol{x}>0$，则存在唯一分解

$$\boldsymbol{A}=\boldsymbol{L}\boldsymbol{L}^{\mathrm{T}} \tag{2.1.14}$$

其中 $\boldsymbol{L}$ 为对角元素均为正数的下三角阵，这一分解通常称为矩阵 $\boldsymbol{A}$ 的楚列斯基(Cholesky)分解。

证明 由杜利特尔分解，$\boldsymbol{A}$ 可唯一分解为 $\boldsymbol{A}=\boldsymbol{L}_1\boldsymbol{U}$，其中 $\boldsymbol{L}_1$ 为单位下三角阵，$\boldsymbol{U}$ 为非奇异的上三角阵，将 $\boldsymbol{U}$ 再分解，令

$$\boldsymbol{U}=\begin{pmatrix} u_{11} & u_{12} & \cdots & u_{1n} \\ & u_{22} & \cdots & u_{2n} \\ & & \ddots & \vdots \\ & & & u_{nn} \end{pmatrix}=\begin{pmatrix} u_{11} & & & \\ & u_{22} & & \\ & & \ddots & \\ & & & u_{nn} \end{pmatrix}\begin{pmatrix} 1 & \dfrac{u_{12}}{u_{11}} & \cdots & \dfrac{u_{1n}}{u_{11}} \\ & 1 & \cdots & \dfrac{u_{2n}}{u_{22}} \\ & & \ddots & \vdots \\ & & & 1 \end{pmatrix}=\boldsymbol{D}\boldsymbol{U}_0$$

其中 $\boldsymbol{D}$ 为对角阵，$\boldsymbol{U}_0$ 为上三角阵，于是有 $\boldsymbol{A}=\boldsymbol{L}_1\boldsymbol{U}=\boldsymbol{L}_1\boldsymbol{D}\boldsymbol{U}_0$，又 $\boldsymbol{A}$ 为对称阵，$\boldsymbol{A}=\boldsymbol{A}^{\mathrm{T}}=(\boldsymbol{L}_1\boldsymbol{D}\boldsymbol{U}_0)^{\mathrm{T}}=\boldsymbol{U}_0^{\mathrm{T}}\boldsymbol{D}^{\mathrm{T}}\boldsymbol{L}_1^{\mathrm{T}}=\boldsymbol{U}_0^{\mathrm{T}}\boldsymbol{D}\boldsymbol{L}_1^{\mathrm{T}}$，有分解唯一性得 $\boldsymbol{U}_0^{\mathrm{T}}=\boldsymbol{L}_1$，即 $\boldsymbol{A}=\boldsymbol{L}_1\boldsymbol{D}\boldsymbol{L}_1^{\mathrm{T}}$。

因为 $\boldsymbol{A}$ 是正定阵，$\boldsymbol{A}$ 的各阶顺序主子式为正，故 $u_{ii}>0(i=1,2,\cdots,n)$，于是对角阵 $\boldsymbol{D}$ 可以分解为

$$\boldsymbol{D}=\begin{pmatrix} u_{11} & & & \\ & u_{22} & & \\ & & \ddots & \\ & & & u_{nn} \end{pmatrix}=\begin{pmatrix} \sqrt{u_{11}} & & & \\ & \sqrt{u_{22}} & & \\ & & \ddots & \\ & & & \sqrt{u_{nn}} \end{pmatrix}\begin{pmatrix} \sqrt{u_{11}} & & & \\ & \sqrt{u_{22}} & & \\ & & \ddots & \\ & & & \sqrt{u_{nn}} \end{pmatrix}=\boldsymbol{D}^{\frac{1}{2}}\boldsymbol{D}^{\frac{1}{2}}$$

所以

$$\boldsymbol{A}=\boldsymbol{L}_1\boldsymbol{D}\boldsymbol{L}_1^{\mathrm{T}}=\boldsymbol{L}_1\boldsymbol{D}^{\frac{1}{2}}\boldsymbol{D}^{\frac{1}{2}}\boldsymbol{L}_1^{\mathrm{T}}=(\boldsymbol{L}_1\boldsymbol{D}^{\frac{1}{2}})(\boldsymbol{L}_1\boldsymbol{D}^{\frac{1}{2}})^{\mathrm{T}}=\boldsymbol{L}\boldsymbol{L}^{\mathrm{T}}$$

此处 $\boldsymbol{L}=\boldsymbol{L}_1\boldsymbol{D}^{\frac{1}{2}}$ 为下三角阵，定理得证。

下面利用待定系数法来计算楚列斯基分解中下三角阵 $\boldsymbol{L}$ 的元素 l_{ij}。由

$$\begin{pmatrix} a_{11} & a_{11} & \cdots & a_{11} \\ a_{21} & a_{22} & \cdots & a_{2n} \\ \vdots & \vdots & & \vdots \\ a_{n1} & a_{n2} & \cdots & a_{nn} \end{pmatrix}=\begin{pmatrix} l_{11} & & & \\ l_{21} & l_{22} & & \\ \vdots & \vdots & \ddots & \\ l_{n1} & l_{n2} & \cdots & l_{nn} \end{pmatrix}\begin{pmatrix} l_{11} & l_{21} & \cdots & l_{n1} \\ & l_{22} & \cdots & l_{n2} \\ & & \ddots & \vdots \\ & & & l_{nn} \end{pmatrix}$$

根据矩阵乘法运算，比较上式两边元素：由 $a_{11}=l_{11}^2$，因为 $\boldsymbol{A}$ 是正定阵，$a_{11}>0$，得 $l_{11}=\sqrt{a_{11}}$；又 $a_{21}=l_{21}l_{11}$，$a_{31}=l_{31}l_{11}$，得 $l_{21}=\dfrac{a_{21}}{l_{11}}$，$l_{31}=\dfrac{a_{31}}{l_{11}}$；由 $a_{22}=l_{21}^2+l_{22}^2$，$a_{32}=l_{31}l_{21}+l_{32}l_{22}$，得 $l_{22}=\sqrt{a_{22}-l_{21}^2}$，$l_{32}=\dfrac{a_{32}-l_{31}l_{21}}{l_{22}}$；又 $a_{33}=l_{31}^2+l_{32}^2+l_{33}^2$，得 $l_{33}=\sqrt{a_{33}-\sum\limits_{i=1}^{2}l_{3i}^2}$；一般地，对 $i=1,2,\cdots,n$，有

$$\begin{cases} l_{ii}=\left(a_{ii}-\sum\limits_{k=1}^{i-1}l_{ik}^2\right)^{\frac{1}{2}} \\ l_{ji}=\left(a_{ji}-\sum\limits_{k=1}^{i-1}l_{jk}l_{ik}\right)\Big/l_{ii} \end{cases},\quad i=1,2,\cdots,n;j=i+1,\cdots,n \tag{2.1.15}$$

楚列斯基分解法所需要的乘除次数约为 $\dfrac{1}{6}n^3$，比一般的高斯消元法节省近一半的工作量。利用计算机计算时，所需存储单元也少，只要存储 $\boldsymbol{A}$ 的下三角部分和常数项 $\boldsymbol{b}$，计算中 $\boldsymbol{L}$ 存放在 $\boldsymbol{A}$

的存储单元，$\boldsymbol{y},\boldsymbol{x}$ 存放在 $\boldsymbol{b}$ 的存储单元。对称正定矩阵 $\boldsymbol{A}$ 进行楚列斯基分解，虽然降低了计算量，减少了存储单元，但是在计算 $\boldsymbol{L}$ 的主对角线上的元素时需要开平方根。为了避免开方运算，在进行楚列斯基分解法时，用单位三角阵作为分解阵，对其进行改进。

设 $\boldsymbol{A}$ 为 n 阶对称正定阵，由定理 2.2，则 $\boldsymbol{A}$ 可以唯一分解为

$$\boldsymbol{A}=\boldsymbol{L}\boldsymbol{D}\boldsymbol{L}^{\mathrm{T}} \tag{2.1.16}$$

其中矩阵 $\boldsymbol{L}$ 为单位下三角阵，$\boldsymbol{D}$ 为非奇异阵。设

$$\boldsymbol{L}=\begin{pmatrix} 1 & & & & \\ l_{21} & 1 & & & \\ l_{31} & l_{32} & 1 & & \\ \vdots & \vdots & \vdots & \ddots & \\ l_{n1} & l_{n2} & l_{n3} & \cdots & 1 \end{pmatrix},\quad \boldsymbol{D}=\begin{pmatrix} d_1 & & & \\ & d_2 & & \\ & & \ddots & \\ & & & d_n \end{pmatrix}$$

由 $\boldsymbol{A}=\boldsymbol{L}(\boldsymbol{D}\boldsymbol{L}^{\mathrm{T}})$，即

$$\begin{pmatrix} a_{11} & a_{11} & \cdots & a_{11} \\ a_{21} & a_{22} & \cdots & a_{2n} \\ \vdots & \vdots & & \vdots \\ a_{n1} & a_{n2} & \cdots & a_{nn} \end{pmatrix}=\begin{pmatrix} 1 & & & & \\ l_{21} & 1 & & & \\ l_{31} & l_{32} & 1 & & \\ \vdots & \vdots & \vdots & \ddots & \\ l_{n1} & l_{n2} & \cdots & l_{nn-1} & 1 \end{pmatrix}\begin{pmatrix} d_1 & d_1 l_{21} & d_1 l_{31} & \cdots & d_1 l_{n1} \\ & d_2 & d_2 l_{32} & \cdots & d_2 l_{n2} \\ & & d_3 & \cdots & d_3 l_{n3} \\ & & & \ddots & \vdots \\ & & & & d_n \end{pmatrix}$$

比较等式两端 (i,j) 位置上的元素，当 $i>j$ 时有

$$a_{ij}=\sum_{k=1}^{j-1} l_{ik}d_k l_{jk}+l_{ij}d_j \quad (j=1,2,\cdots,i-1)$$

$$a_{ii}=\sum_{k=1}^{j-1} l_{ik}^2 d_k+d_i \quad (i=1,2,\cdots,n)$$

于是有

$$\begin{cases} l_{ij}=(a_{ij}-\sum\limits_{k=1}^{j-1} l_{ik}d_k l_{jk})/d_j & (j=1,2,\cdots,i-1) \\ d_i=a_{ii}-\sum\limits_{k=1}^{j-1} l_{ik}^2 d_k & (i=1,2,\cdots,n) \end{cases} \tag{2.1.17}$$

为了减少乘除运算次数，删除重复计算，令 $c_{ij}=l_{ij}d_j$，则 $l_{ij}=\dfrac{c_{ij}}{d_j}$，式(2.1.17)改写成

$$\begin{cases} c_{ij}=a_{ij}-\sum\limits_{k=1}^{j-1} c_{ik}l_{jk} & \\ l_{ij}=\dfrac{c_{ij}}{d_j} & (i=2,3,\cdots,n;j=1,2,\cdots,i-1) \\ d_i=a_{ii}-\sum\limits_{k=1}^{i-1} c_{ik}l_{ik} & \end{cases} \tag{2.1.18}$$

应用上述分解法解线性方程组的方法称为改进的楚列斯基分解，也称为 $\boldsymbol{L}\boldsymbol{D}\boldsymbol{L}^{\mathrm{T}}$ 法。

例 2.1.5 用楚列斯基分解法求解方程组

$$\begin{pmatrix} 1 & -1 & 1 \\ -1 & 3 & -2 \\ 1 & -2 & 4.5 \end{pmatrix}\begin{pmatrix} x_1 \\ x_2 \\ x_3 \end{pmatrix}=\begin{pmatrix} 4 \\ -8 \\ 12 \end{pmatrix}$$

解 利用式(2.1.18)对系数矩阵进行楚列斯基分解。

$i=1$ 时，$d_1=a_{11}=1, l_{21}=\dfrac{a_{21}}{d_1}=-1, l_{31}=\dfrac{a_{31}}{d_1}=1$；

$i=2$ 时，$d_2=a_{22}-l_{21}^2d_1=2$，$l_{32}=\dfrac{a_{32}-l_{31}l_{21}d_1}{d_2}=-0.5$；

$i=3$ 时，$d_2=a_{33}-l_{31}^2d_1-l_{32}^2d_2=3$，$l_{32}=\dfrac{a_{32}-l_{31}l_{21}d_1}{d_2}=-0.5$。

所以

$$\boldsymbol{L}=\begin{pmatrix}1 & 0 & 0\\ -1 & 1 & 0\\ 1 & -0.5 & 1\end{pmatrix},\quad \boldsymbol{D}=\begin{pmatrix}1 & & \\ & 2 & \\ & & 3\end{pmatrix}$$

于是方程组 $\boldsymbol{Ax}=\boldsymbol{b}\Leftrightarrow \boldsymbol{LDL}^{\mathrm{T}}\boldsymbol{x}=\boldsymbol{b}$，令 $\boldsymbol{DL}^{\mathrm{T}}\boldsymbol{x}=\boldsymbol{z}$，则 $\boldsymbol{Lz}=\boldsymbol{b}$，解此方程组得 $\boldsymbol{z}=(4\quad -1\quad 6)^{\mathrm{T}}$；令 $\boldsymbol{L}^{\mathrm{T}}\boldsymbol{x}=\boldsymbol{y}$，则 $\boldsymbol{Dy}=\boldsymbol{z}$，解此方程组得 $\boldsymbol{y}=(4\quad -2\quad 2)^{\mathrm{T}}$；由 $\boldsymbol{L}^{\mathrm{T}}\boldsymbol{x}=\boldsymbol{y}$，解得方程组的解为 $\boldsymbol{x}=(1\quad -1\quad 2)^{\mathrm{T}}$。

平方根法与改进的平方根法计算量是高斯消元法的一半，且其数值稳定性良好，是求解中小型稠密对称正定线性方程组的好方法。

2.1.5　解三对角线性方程组的追赶法

在许多如解常微分方程边值问题、求热传导方程及三次样条插值函数等实际问题中，常常会遇到系数矩阵是三对角矩阵的方程组。例如，设有一维热传导方程的初始边值问题

$$\begin{cases}\dfrac{\partial T}{\partial t}=\dfrac{\partial^2 T}{\partial t^2} & (0<x<1,t>1)\\ T(x,0)=\sin \pi x & (0<x<1)\\ T(0,t)=T(1,t)=0\end{cases}$$

研究 t 时刻金属杆的温度分布。通过对导热问题所涉及的空间和时间区域离散化，该问题可转为满足初始边界条件的节点温度的矩阵方程 $\boldsymbol{AT}^{n+1}=\boldsymbol{d}^n$，其中系数矩阵为

$$\boldsymbol{A}=\begin{pmatrix}2 & -1/2 & & & \\ -1/2 & 2 & \ddots & & \\ & -1/2 & \ddots & \ddots & \\ & & \ddots & 2 & -1/2\\ & & & -1/2 & 2\end{pmatrix}$$

在工程设计制图中涉及用三次样条曲线函数来逼近一条光滑曲线，三次样条函数的构建也可转化为求解如下方程组

$$\begin{pmatrix}b_1 & c_1 & & & \\ a_2 & b_2 & c_2 & & \\ & \ddots & \ddots & \ddots & \\ & & a_{n-1} & b_{n-1} & c_{n-1}\\ & & & a_n & b_n\end{pmatrix}\begin{pmatrix}x_1\\ x_2\\ \vdots\\ x_{n-1}\\ x_n\end{pmatrix}=\begin{pmatrix}d_1\\ d_2\\ \vdots\\ d_{n-1}\\ d_n\end{pmatrix}$$

该类方程组中除了对角线和两条相邻的对角线外，其他元素都为零，称该类方程组为三对角方程组。对于这类特殊的方程组，若用原有的一般方法来求解，势必造成存储和计算的浪费。下面介绍一种针对这类特殊方程组的更简便求解方法，即解三对角线方程组的追赶法，其计算公式如下所示。

第一步　对三对角阵 $\boldsymbol{A}$ 做杜利特尔分解，则有

$$\boldsymbol{A}=\boldsymbol{LU},\quad \boldsymbol{L}=\begin{pmatrix}1 & & & & \\ l_2 & 1 & & & \\ & l_3 & 1 & & \\ & & \ddots & \ddots & \\ & & & l_n & 1\end{pmatrix},\quad \boldsymbol{U}=\begin{pmatrix}u_1 & c_1 & & & \\ & u_2 & c_2 & & \\ & & \ddots & \ddots & \\ & & & u_{n-1} & c_{n-1}\\ & & & & u_n\end{pmatrix} \tag{2.1.19}$$

其中

$$\begin{cases} u_1=b_1 \\ l_i=\dfrac{a_i}{u_{i-1}} \\ u_i=b_i-l_ic_{i-1} \end{cases} \quad (i=2,3,\cdots,n) \tag{2.1.20}$$

第二步　解方程组 $\boldsymbol{Ly}=\boldsymbol{f}$（"追"的过程），得

$$\begin{cases} y_1=f_1 \\ y_i=f_i-l_iy_{i-1} \end{cases} \quad (i=2,\cdots,n) \tag{2.1.21}$$

第三步　解方程组 $\boldsymbol{Ux}=\boldsymbol{y}$（"赶"的过程）得

$$\begin{cases} x_n=\dfrac{y_n}{u_n} \\ x_i=\dfrac{y_i-c_ix_{i+1}}{u_i} \quad (i=n-1,\cdots,1) \end{cases} \tag{2.1.22}$$

上述依次计算 $l_1\to l_2\to\cdots\to l_{n-1}$ 及 $y_1\to y_2\to\cdots\to y_n$ 的过程称为追的过程，将计算方程组的解 $x_n\to x_{n-1}\to\cdots\to x_1$ 的过程称为赶的过程。

追赶法的基本思想与高斯消元法及三角分解法相同，只是由于系数矩阵的特殊性，使得求解的计算公式简化，计算量减少，仅为 $5n-4$ 次乘除法。此法具有最优运算量，且具有良好的数值稳定性。

例 2.1.6　用追赶法解下面的三对角方程组

$$\begin{pmatrix} 2 & 1 & & \\ 1 & 3 & 1 & \\ & 1 & 1 & 1 \\ & & 2 & 1 \end{pmatrix}\begin{pmatrix} x_1 \\ x_2 \\ x_3 \\ x_4 \end{pmatrix}=\begin{pmatrix} 1 \\ 2 \\ 2 \\ 0 \end{pmatrix}$$

解　由式(2.1.20)得

$$u_1=a_1=2\to l_2=\frac{b_2}{u_1}=\frac{1}{2}\to u_2=a_2-l_2c_1=\frac{5}{2}$$

$$\to l_3=\frac{b_3}{u_2}=\frac{2}{5}\to u_3=a_3-l_3c_2=\frac{3}{5}$$

$$\to l_4=\frac{b_4}{u_3}=\frac{10}{3}\to u_4=a_4-l_4c_3=\frac{-7}{3}$$

于是系数矩阵分解为

$$\begin{pmatrix} 2 & 1 & & \\ 1 & 3 & 1 & \\ & 1 & 1 & 1 \\ & & 2 & 1 \end{pmatrix}=\begin{pmatrix} 1 & & & \\ 1/2 & 1 & & \\ & 2/5 & 1 & \\ & & 10/3 & 1 \end{pmatrix}\begin{pmatrix} 2 & 1 & & \\ & 5/2 & 1 & \\ & & 3/5 & 1 \\ & & & -7/3 \end{pmatrix}$$

由式(2.1.21)解方程组 $\boldsymbol{Ly}=\boldsymbol{f}$ 得 $y_1=1,y_2=\dfrac{3}{2},y_3=\dfrac{7}{5},y_4=-\dfrac{14}{3}$。

由式(2.1.22)解方程组 $\boldsymbol{Ux}=\boldsymbol{y}$ 得 $x_4=2,x_3=-1,x_2=1,x_1=0$。

2.2　向量与矩阵的范数

为了讨论线性方程组近似解的准确度（或误差分析），研究迭代法的收敛性，需要对向量及矩阵的"大小"引进某种度量——范数的概念。向量范数是用来度量向量长度的，它可以看成二、三

维解析几何中向量长度概念的推广。用 $\mathbf{R}^n$ 表示 n 维实向量空间。

2.2.1　向量范数

1. 向量范数的概念

定义 2.1　对任意向量 $\boldsymbol{x}\in\mathbf{R}^n$，按照某一确定的法则对应于一非负实数 $\|\boldsymbol{x}\|$，若 $\|\boldsymbol{x}\|$ 满足下面三个性质：

(1)非负性：$\|\boldsymbol{x}\|\geqslant 0$；当且仅当 $x=0$ 时 $\|\boldsymbol{x}\|=0$；

(2)齐次性：对任意实数 λ，$\|\lambda\boldsymbol{x}\|=|\lambda|\ \|\boldsymbol{x}\|$，$\lambda\in\mathbf{R}$；

(3)三角不等式：对任意向量 $\boldsymbol{x},\boldsymbol{y}\in\mathbf{R}^n$，$\|\boldsymbol{x}+\boldsymbol{y}\|\leqslant\|\boldsymbol{x}\|+\|\boldsymbol{y}\|$，

则称该实数 $\|\boldsymbol{x}\|$ 为向量 $\boldsymbol{x}$ 的**范数**。

显然，实数的绝对值、复数的模及三维向量的长度都满足以上三个条件，n 维向量的范数概念实际上是它们的推广。下面介绍四种常见的向量范数。

设向量 $\boldsymbol{x}=(x_1,x_2,\cdots,x_n)^{\mathrm{T}}\in\mathbf{R}^n$，则：

(1)1-范数：$\|\boldsymbol{x}\|_1=|x_1|+|x_2|+\cdots+|x_n|=\sum\limits_{i=1}^{n}|x_i|$；

(2)2-范数(Euclid 范数)：$\|\boldsymbol{x}\|_2=\sqrt{x_1^2+x_2^2+\cdots+x_n^2}=\left(\sum\limits_{i=1}^{n}|x_i|^2\right)^{\frac{1}{2}}=(\boldsymbol{x}^{\mathrm{T}}\boldsymbol{x})^{\frac{1}{2}}$；

(3)∞范数(最大值范数)：$\|\boldsymbol{x}\|_\infty=\max\{|x_1|,|x_2|,\cdots,|x_n|\}=\max\limits_{1\leqslant i\leqslant n}\{|x_i|\}$；

(4)p 范数：$\|\boldsymbol{x}\|_p=\left(\sum\limits_{i=1}^{n}|x_i|^p\right)^{\frac{1}{p}}$，$p\geqslant 1$。

容易验证，上述范数都满足范数的三个条件，其中 $\|\boldsymbol{x}\|_2$ 是由内积导出的向量范数。

它们都是 p 范数的特例。当不需要指明使用哪一种向量范数时，就用记号 $\|\cdot\|$ 泛指任何一种向量范数。

例 2.2.1　设向量 $\boldsymbol{x}=(-1,2,0,3)^{\mathrm{T}}$，求 $\|\boldsymbol{x}\|_1$，$\|\boldsymbol{x}\|_2$，$\|\boldsymbol{x}\|_\infty$。

解　由定义得

$$\|\boldsymbol{x}\|_1=|-1|+|2|+0+|3|=6$$
$$\|\boldsymbol{x}\|_2=\sqrt{(-1)^2+2^2+0^2+3^2}=\sqrt{14}$$
$$\|\boldsymbol{x}\|_\infty=\max\{|-1|,|2|,0,|3|\}=3$$

2. 向量范数的性质

向量的任一种范数满足如下性质：

(1)设向量 $\boldsymbol{x},\boldsymbol{y}\in\mathbf{R}^n$，则有 $\big|\,\|\boldsymbol{x}\|-\|\boldsymbol{y}\|\,\big|\leqslant\|\boldsymbol{x}-\boldsymbol{y}\|$；

(2)对任意向量 $\boldsymbol{x}\in\mathbf{R}^n$，有 $\lim\limits_{p\to\infty}\|\boldsymbol{x}\|_p=\|\boldsymbol{x}\|_\infty$；

(3)设 $\boldsymbol{x}^{(k)}=(x_1^{(k)},x_2^{(k)},\cdots,x_n^{(k)})^{\mathrm{T}}$　$(k=1,2,\cdots)$为 $\mathbf{R}^n$ 中的一个收敛向量序列，即 $\lim\limits_{k\to\infty}x_i^{(k)}=x_i^*$ $(i=1,2,\cdots,n)$，记为 $\lim\limits_{k\to\infty}\boldsymbol{x}^{(k)}=\boldsymbol{x}^*$，其中 $\boldsymbol{x}^*=(x_1^*,x_2^*,\cdots,x_n^*)^{\mathrm{T}}\in\mathbf{R}^n$。那么对任一向量范数 $\|\cdot\|$ 有

$$\lim_{k\to\infty}\boldsymbol{x}^{(k)}=\boldsymbol{x}^*\Leftrightarrow\lim_{k\to\infty}\|\boldsymbol{x}^{(k)}-\boldsymbol{x}^*\|=0 \tag{2.2.1}$$

对此三种性质证明如下：

(1)由三角不等式 $\|\boldsymbol{x}\|-\|\boldsymbol{y}\|\leqslant\|\boldsymbol{x}-\boldsymbol{y}\|$ 得

$$\|\boldsymbol{y}\|=\|(\boldsymbol{y}-\boldsymbol{x})+\boldsymbol{x}\|\leqslant\|\boldsymbol{x}-\boldsymbol{y}\|+\|\boldsymbol{x}\|,\quad \|\boldsymbol{y}\|-\|\boldsymbol{x}\|\leqslant\|\boldsymbol{x}-\boldsymbol{y}\|$$

即
$$\|\boldsymbol{x}\|-\|\boldsymbol{y}\|\geqslant-\|\boldsymbol{x}-\boldsymbol{y}\|,\quad \big|\,\|\boldsymbol{x}\|-\|\boldsymbol{y}\|\,\big|\leqslant\|\boldsymbol{x}-\boldsymbol{y}\|$$

(2)因为 $\|\boldsymbol{x}\|_\infty=\max\limits_{1\leqslant i\leqslant n}|x_i|$，所以 $\|\boldsymbol{x}\|_\infty=(\max\limits_{1\leqslant i\leqslant n}|x_i|^p)^{\frac{1}{p}}\leqslant\left(\sum\limits_{i=1}^{n}|x_i|^p\right)^{\frac{1}{p}}\leqslant(n\max\limits_{1\leqslant i\leqslant n}|x_i|^p)^{\frac{1}{p}}$

即 $\| \boldsymbol{x} \|_{\infty} \leqslant \| \boldsymbol{x} \|_{p} \leqslant n^{\frac{1}{p}} \| \boldsymbol{x} \|_{\infty}$，当 $p \to \infty$ 时，$n^{\frac{1}{p}} \to 1$，所以 $\lim\limits_{p \to \infty} \| \boldsymbol{x} \|_{p} = \| \boldsymbol{x} \|_{\infty}$。

(3)只需要选择一种便于利用的向量范数，证明该向量序列依此范数收敛即可。事实上

$$\lim_{k \to \infty} \| \boldsymbol{x}^{(k)} - \boldsymbol{x}^{*} \|_{\infty} = 0 \Leftrightarrow \lim_{k \to \infty} \max_{1 \leqslant i \leqslant n} | x_i^{(k)} - x_i | = 0$$

$$\Leftrightarrow \lim_{k \to \infty} x_i^{(k)} = x_i^{*} \quad (i = 1, 2, \cdots, n)$$

2.2.2 矩阵范数

在实际应用问题中，许多与误差估计有关的问题都会涉及矩阵和向量，因此仅有向量范数还不够，还需要引入矩阵范数，考虑到矩阵乘法运算，因此应该在类似于向量范数三公理（非负性、齐次性、三角不等式性质）的基础上增加所谓矩阵范数的相容性，有如下概念：

定义 2.2 设任意矩阵 $\boldsymbol{A} \in \mathbf{R}^{n \times n}$，按某一确定法则对应于一个非负实数 $\| \boldsymbol{A} \|$，满足：

(1)非负性：$\| \boldsymbol{A} \| \geqslant 0$，且 $\| \boldsymbol{A} \| = 0 \Leftrightarrow \boldsymbol{A} = 0$；

(2)正奇次性：$\| k\boldsymbol{A} \| = |k| \, \| \boldsymbol{A} \|$，$k \in \mathbf{R}$；

(3)三角不等式：$\| \boldsymbol{A} + \boldsymbol{B} \| \leqslant \| \boldsymbol{A} \| + \| \boldsymbol{B} \|$，$\forall \boldsymbol{A}, \boldsymbol{B} \in \mathbf{R}^{n \times n}$；

(4)相容性：$\| \boldsymbol{AB} \| \leqslant \| \boldsymbol{A} \| \, \| \boldsymbol{B} \|$，$\forall \boldsymbol{A}, \boldsymbol{B} \in \mathbf{R}^{n \times n}$，

则称 $\| \boldsymbol{A} \|$ 为 $\boldsymbol{R}^{n \times n}$ 上矩阵 $\boldsymbol{A}$ 的矩阵范数。

上述矩阵范数的定义中，条件(4)称为矩阵范数 $\| \boldsymbol{A} \|$ 的相容条件，因此也称 $\| \boldsymbol{A} \|$ 是相容范数。类似地，也可以考虑矩阵范数与向量范数的相容性：设 $\| \boldsymbol{x} \|$，$\| \boldsymbol{A} \|$ 分别是 $\mathbf{R}^n$ 和 $\mathbf{R}^{n \times n}$ 的一种向量范数与矩阵范数，如果 $\| \boldsymbol{Ax} \| \leqslant \| \boldsymbol{A} \| \| \boldsymbol{x} \|$ 成立，则称该矩阵范数 $\| \boldsymbol{A} \|$ 与此向量范数 $\| \boldsymbol{x} \|$ 是相容的。

下面利用矩阵范数，给出一种具体的矩阵范数，称为算子范数。

定理 2.3 设 $\boldsymbol{x} \in \mathbf{R}^n$，$\boldsymbol{A} \in \mathbf{R}^{n \times n}$，并在 $\mathbf{R}^n$ 上定义向量范数 $\| \boldsymbol{x} \|$，则

$$\max_{\boldsymbol{x} \neq \boldsymbol{0}} \frac{\| \boldsymbol{Ax} \|}{\| \boldsymbol{x} \|} = \max_{\| \boldsymbol{x} \| = 1} \| \boldsymbol{Ax} \| \tag{2.2.2}$$

为 $\mathbf{R}^{n \times n}$ 上的矩阵 $\boldsymbol{A}$ 的矩阵范数。

证明 要证明式(2.2.2)是一种矩阵范数，需要证明其满足定义 2.3 中的非负性、齐次性、三角不等式和相容条件。

首先证明式(2.2.2)定义的矩阵范数 $\| \boldsymbol{A} \|$ 与向量范数 $\| \boldsymbol{x} \|$ 是相容的。对任意矩阵 $\boldsymbol{A} \in \mathbf{R}^{n \times n}$，显然当 $\boldsymbol{y}$ 为零向量时，$\| \boldsymbol{Ay} \| \leqslant \| \boldsymbol{A} \| \| \boldsymbol{y} \|$ 成立。设 $\boldsymbol{y} \in \mathbf{R}^n$ 是任意的非零向量，由于

$$\max_{\boldsymbol{x} \neq \boldsymbol{0}} \frac{\| \boldsymbol{Ax} \|}{\| \boldsymbol{x} \|} \geqslant \left\| \boldsymbol{A} \frac{\boldsymbol{y}}{\| \boldsymbol{y} \|} \right\| = \frac{1}{\| \boldsymbol{y} \|} \| \boldsymbol{Ay} \|$$

所以有

$$\| \boldsymbol{Ay} \| \leqslant \| \boldsymbol{y} \| \cdot \max_{\boldsymbol{x} \neq \boldsymbol{0}} \frac{\| \boldsymbol{Ax} \|}{\| \boldsymbol{x} \|} = \| \boldsymbol{A} \| \| \boldsymbol{y} \|$$

因此，式(2.2.2)定义的矩阵范数与向量范数 $\| \boldsymbol{x} \|$ 是相容的。

其次证明(2.2.2)式定义的矩阵范数满足矩阵范数的非负性、齐次性、三角不等式和相容条件这四个条件。

(1)非负性：$\max\limits_{\boldsymbol{x} \neq \boldsymbol{0}} \dfrac{\| \boldsymbol{Ax} \|}{\| \boldsymbol{x} \|} \geqslant 0$ 显然成立，其中当 $\boldsymbol{A} = 0$ 时，等号成立，而当 $\boldsymbol{A} \neq 0$ 时，式(2.2.2)恒正，因此有 $\| \boldsymbol{A} \| \geqslant 0$。

(2)齐次性：对任意实数 $k \in \mathbf{R}$，有

$$\| k\boldsymbol{A} \| = \max_{\boldsymbol{x} \neq \boldsymbol{0}} \frac{\| k\boldsymbol{Ax} \|}{\| \boldsymbol{x} \|} = \max_{\boldsymbol{x} \neq \boldsymbol{0}} \frac{|k| \, \| \boldsymbol{Ax} \|}{\| \boldsymbol{x} \|} = |k| \, \| \boldsymbol{A} \|$$

(3)三角不等式：对任意矩阵 $\boldsymbol{A},\boldsymbol{B}\in\mathbf{R}^{n\times n}$ 和向量 $\boldsymbol{x}\in\mathbf{R}^n$，根据式(2.2.2)定义的矩阵范数 $\|\boldsymbol{A}\|$ 与向量范数 $\|\boldsymbol{x}\|$ 的相容性有

$$\|(\boldsymbol{A}+\boldsymbol{B})\boldsymbol{x}\|=\|\boldsymbol{Ax}+\boldsymbol{Bx}\|\leqslant\|\boldsymbol{Ax}\|+\|\boldsymbol{Bx}\|\leqslant(\|\boldsymbol{A}\|+\|\boldsymbol{B}\|)\|\boldsymbol{x}\|$$

所以对非零向量 $\boldsymbol{x}$ 有

$$\frac{\|(\boldsymbol{A}+\boldsymbol{B})\boldsymbol{x}\|}{\|\boldsymbol{x}\|}\leqslant\|\boldsymbol{A}\|+\|\boldsymbol{B}\|$$

即

$$\|\boldsymbol{A}+\boldsymbol{B}\|=\max_{\boldsymbol{x}\neq\boldsymbol{0}}\frac{\|(\boldsymbol{A}+\boldsymbol{B})\boldsymbol{x}\|}{\|\boldsymbol{x}\|}\leqslant\|\boldsymbol{A}\|+\|\boldsymbol{B}\|$$

(4)相容条件：对任意矩阵 $\boldsymbol{A},\boldsymbol{B}\in\mathbf{R}^{n\times n}$ 和向量 $\boldsymbol{x}\in\mathbf{R}^n$，考虑到 $\boldsymbol{ABx}=\boldsymbol{A}(\boldsymbol{Bx})$ 有

$$\|\boldsymbol{AB}\|=\max_{\boldsymbol{x}\neq\boldsymbol{0}}\frac{\|\boldsymbol{ABx}\|}{\|\boldsymbol{x}\|}\leqslant\max_{\boldsymbol{x}\neq\boldsymbol{0}}\frac{\|\boldsymbol{A}\|\|\boldsymbol{Bx}\|}{\|\boldsymbol{x}\|}=\|\boldsymbol{A}\|\cdot\max_{\boldsymbol{x}\neq\boldsymbol{0}}\frac{\|\boldsymbol{Bx}\|}{\|\boldsymbol{x}\|}=\|\boldsymbol{A}\|\|\boldsymbol{B}\|$$ 。证毕。

由定理2.3可以看出，矩阵的算子范数依赖于向量范数，当给定一种具体的向量范数时，必相应确定了一种矩阵范数。为此有下述定理：

定理2.4 设矩阵 $\boldsymbol{A}=(a_{ij})_{n\times n}\in\mathbf{R}^{n\times n}$，$\boldsymbol{x}\in\mathbf{R}^n$，则由向量范数 $\|\boldsymbol{x}\|$ 所确定的算子范数为：

(1)1-范数(列范数)：$\|\boldsymbol{A}\|_1=\max\limits_{\boldsymbol{x}\neq\boldsymbol{0}}\dfrac{\|\boldsymbol{Ax}\|_1}{\|\boldsymbol{x}\|_1}=\max\limits_{\|\boldsymbol{x}\|_1=1}\|\boldsymbol{Ax}\|_1=\max\limits_{1\leqslant j\leqslant n}\sum\limits_{i=1}^{n}|a_{ij}|$；

(2)∞-范数(行范数)：$\|\boldsymbol{A}\|_\infty=\max\limits_{\boldsymbol{x}\neq\boldsymbol{0}}\dfrac{\|\boldsymbol{Ax}\|_\infty}{\|\boldsymbol{x}\|_\infty}=\max\limits_{\|\boldsymbol{x}\|_\infty=1}\|\boldsymbol{Ax}\|_\infty=\max\limits_{1\leqslant i\leqslant n}\sum\limits_{j=1}^{n}|a_{ij}|$；

(3)2-范数(谱范数)：$\|\boldsymbol{A}\|_2=\max\limits_{\boldsymbol{x}\neq\boldsymbol{0}}\dfrac{\|\boldsymbol{Ax}\|_2}{\|\boldsymbol{x}\|_2}=\max\limits_{\|\boldsymbol{x}\|_2=1}\|\boldsymbol{Ax}\|_2=\sqrt{\lambda_{\max}}$，其中 $\lambda_{\max}$ 是矩阵 $\boldsymbol{A}^{\mathrm{T}}\boldsymbol{A}$ 的最大特征值。

证明 (1) 设 $\boldsymbol{A}$ 的各列向量为 $\boldsymbol{a}_i$，即 $\boldsymbol{A}=(\boldsymbol{a}_1,\boldsymbol{a}_2,\cdots,\boldsymbol{a}_n)$，令 $\boldsymbol{x}=(x_1,x_2,\cdots,x_n)^{\mathrm{T}}$，且 $\|\boldsymbol{x}\|_1=\sum\limits_{i=1}^{n}|x_i|=1$，于是

$$\begin{aligned}\|\boldsymbol{Ax}\|_1&=\|x_1\boldsymbol{a}_1+x_2\boldsymbol{a}_2+\cdots+x_n\boldsymbol{a}_n\|_1\leqslant|x_1|\,\|\boldsymbol{a}_1\|_1+|x_2|\,\|\boldsymbol{a}_2\|_1+\cdots+|x_n|\,\|\boldsymbol{a}_n\|_1\\&\leqslant(|x_1|+|x_2|_1+\cdots|x_n|)\max_{1\leqslant j\leqslant n}\|\boldsymbol{a}_j\|_1\leqslant\|x\|_1\max_{1\leqslant j\leqslant n}\sum_{i=1}^{n}|a_{ij}|=\max_{1\leqslant j\leqslant n}\sum_{i=1}^{n}|a_{ij}|\end{aligned}$$

即有

$$\|\boldsymbol{A}\|_1\leqslant\max_{1\leqslant j\leqslant n}\sum_{i=1}^{n}|a_{ij}|$$

设存在正整数 k 使得 $\max\limits_{1\leqslant j\leqslant n}\sum\limits_{i=1}^{n}|a_{ij}|=\sum\limits_{i=1}^{n}|a_{ik}|$，对于第 k 个分量为1其他分量为零的向量 $\boldsymbol{e}_k$ 有

$$\|\boldsymbol{A}\|_1=\max_{\|\boldsymbol{x}\|_1=1}\|\boldsymbol{Ax}\|_1\geqslant\|\boldsymbol{Ae}_k\|_1=\sum_{i=1}^{n}|a_{ik}|=\max_{1\leqslant j\leqslant n}\sum_{i=1}^{n}|a_{ij}|$$

从而

$$\|\boldsymbol{A}\|_1=\max_{1\leqslant j\leqslant n}\sum_{i=1}^{n}|a_{ij}|$$

(2)对于满足 $\|\boldsymbol{x}\|_\infty=1$ 的任意 n 维向量 $\boldsymbol{x}$，有

$$\|\boldsymbol{A}\|_\infty=\max_{\|\boldsymbol{x}\|_\infty=1}\|\boldsymbol{Ax}\|_\infty=\max_{i}\sum_{j=1}^{n}|a_{ij}x_j|$$

假设 $i=k$ 时，$\sum\limits_{j=1}^{n}|a_{ij}|$ 取得最大值，即 $\max\limits_{1\leqslant i\leqslant n}\sum\limits_{j=1}^{n}|a_{ij}|=\sum\limits_{j=1}^{n}|a_{kj}|$，此时取一个向量 $\boldsymbol{x}_0$，其第 j 个分量 x_{0j} 为

$$x_{0j}=\begin{cases}\dfrac{|a_{kj}|}{a_{kj}}, & a_{kj}\neq0\\1, & a_{kj}=0\end{cases},\quad j=1,2,\cdots,n$$

则有 $\|\boldsymbol{x}_0\|_\infty=\max\{|x_{01}|,|x_{02}|,\cdots,|x_{0n}|\}=1$，且 $\boldsymbol{A}\boldsymbol{x}_0$ 的第 k 个分量为

$$\sum_{j=1}^{n}a_{kj}x_{0j}=\sum_{j=1}^{n}\begin{cases}a_{kj}\dfrac{|a_{kj}|}{a_{kj}}, & a_{kj}\neq 0\\ a_{kj}, & {}_{kj}=0\end{cases}=\sum_{j=1}^{n}\begin{cases}|a_{kj}|, & a_{kj}\neq 0\\ a_{kj}, & a_{kj}=0\end{cases}=\sum_{j=1}^{n}|a_{kj}|=\max_{1\leqslant i\leqslant n}\sum_{j=1}^{n}|a_{ij}|$$

这意味着

$$\|\boldsymbol{A}\|_\infty=\max_{\|\boldsymbol{x}_0\|_\infty=1}\|\boldsymbol{A}\boldsymbol{x}_0\|_\infty=\max\left\{\left|\sum_{j=1}^{n}a_{1j}x_{0j}\right|,\cdots,\left|\sum_{j=1}^{n}a_{kj}x_{0j}\right|,\cdots,\left|\sum_{j=1}^{n}a_{nj}x_{0j}\right|\right\}=\max_{1\leqslant i\leqslant n}\sum_{j=1}^{n}|a_{ij}|$$

(3)对任一实矩阵 $\boldsymbol{A}$，显然 $\boldsymbol{A}^{\mathrm{T}}\boldsymbol{A}$ 为对称矩阵，任取 $\boldsymbol{x}=(x_1,x_2,\cdots,x_n)^{\mathrm{T}}$，二次型 $\boldsymbol{x}^{\mathrm{T}}\boldsymbol{A}^{\mathrm{T}}\boldsymbol{A}\boldsymbol{x}$ 非负，则矩阵 $\boldsymbol{A}^{\mathrm{T}}\boldsymbol{A}$ 的特征值都是非负实数，记为 $\lambda_1\geqslant\lambda_2\geqslant\cdots\geqslant\lambda_n\geqslant 0$，如果与这些特征值对应的标准正交的特征向量为 $\boldsymbol{u}_1,\boldsymbol{u}_2,\cdots,\boldsymbol{u}_n$，则对任意的 $\boldsymbol{x}\in\mathbf{R}^n$，有 $\boldsymbol{x}=\sum_{i=1}^{n}c_i\boldsymbol{u}_i$（其中 c_i 为线性组合系数），注意到 $\boldsymbol{u}_1,\boldsymbol{u}_2,\cdots,\boldsymbol{u}_n$ 为标准正交向量，进而有

$$\frac{(\|\boldsymbol{A}\boldsymbol{x}\|_2)^2}{(\|\boldsymbol{x}\|_2)^2}=\frac{(\boldsymbol{A}\boldsymbol{x})^{\mathrm{T}}(\boldsymbol{A}\boldsymbol{x})}{\boldsymbol{x}^{\mathrm{T}}\boldsymbol{x}}=\frac{\boldsymbol{x}^{\mathrm{T}}(\boldsymbol{A}^{\mathrm{T}}\boldsymbol{A})\boldsymbol{x}}{\boldsymbol{x}^{\mathrm{T}}\boldsymbol{x}}=\frac{\left(\sum\limits_{i=1}^{n}c_i\boldsymbol{u}_i\right)^{\mathrm{T}}\left(\sum\limits_{i=1}^{n}c_i\lambda_i\boldsymbol{u}_i\right)}{\left(\sum\limits_{i=1}^{n}c_i\boldsymbol{u}_i\right)^{\mathrm{T}}\left(\sum\limits_{i=1}^{n}c_i\boldsymbol{u}_i\right)}=\frac{\sum\limits_{i=1}^{n}c_i^2\lambda_i}{\sum\limits_{i=1}^{n}c_i^2}\leqslant\frac{\sum\limits_{i=1}^{n}c_i^2\lambda_1}{\sum\limits_{i=1}^{n}c_i^2}=\lambda_1$$

取 $x=u_1$，则显然有 $\|\boldsymbol{x}\|_2=\|\boldsymbol{u}_1\|_2=1$，上式等号成立，故

$$\|\boldsymbol{A}\boldsymbol{x}\|_2=\max_{\boldsymbol{x}\neq\boldsymbol{0}}\frac{\|\boldsymbol{A}\boldsymbol{x}\|_2}{\|\boldsymbol{x}\|_2}=\sqrt{\lambda_1}=\sqrt{\lambda_{\max}(\boldsymbol{A}^{\mathrm{T}}\boldsymbol{A})}$$

证毕。

例 2.2.2 已知方阵 $\boldsymbol{A}=\begin{pmatrix}1&0&0\\0&2&-2\\0&4&4\end{pmatrix}$，求 $\boldsymbol{A}$ 的三种范数。

解 $\|\boldsymbol{A}\|_1=\max\limits_{1\leqslant j\leqslant 3}\sum\limits_{i=1}^{3}|a_{ij}|=\max\{1,4,8\}=8$，$\|\boldsymbol{A}\|_\infty=\max\limits_{1\leqslant i\leqslant 3}\sum\limits_{j=1}^{3}|a_{ij}|=\max\{1,6,6\}=6$，由于

$$\boldsymbol{A}^{\mathrm{T}}\boldsymbol{A}=\begin{pmatrix}1&0&0\\0&2&4\\0&-2&4\end{pmatrix}\begin{pmatrix}1&0&0\\0&2&4\\0&-2&4\end{pmatrix}=\begin{pmatrix}1&0&0\\0&8&0\\0&0&32\end{pmatrix}$$

其特征值为 $\lambda=1,8,32$，$\lambda_{\max}(\boldsymbol{A}^{\mathrm{T}}\boldsymbol{A})=32$，从而 $\|\boldsymbol{A}\|_2=\sqrt{32}=4\sqrt{2}$。

与向量范数类似，矩阵范数之间存在下面的等价关系：

$$\frac{1}{\sqrt{n}}\|\boldsymbol{A}\|_\infty\leqslant\|\boldsymbol{A}\|_2\leqslant\sqrt{n}\|\boldsymbol{A}\|_\infty \tag{2.2.3}$$

$$\frac{1}{\sqrt{n}}\|\boldsymbol{A}\|_1\leqslant\|\boldsymbol{A}\|_2\leqslant\sqrt{n}\|\boldsymbol{A}\|_1 \tag{2.2.4}$$

下面引入数值分析中一个非常重要的概念。

定义 2.3 设 $\lambda_i(i=1,2,\cdots,n)$ 为矩阵 $\boldsymbol{A}$ 的特征值，则称 $\rho(\boldsymbol{A})=\max\limits_{1\leqslant i\leqslant n}\{|\lambda_i|\}$ 为矩阵 $\boldsymbol{A}$ 的谱半径。

定理 2.5 设 $\boldsymbol{A}\in\mathbf{R}^{n\times n}$，则：

(1)$\rho(\boldsymbol{A})\leqslant\|\boldsymbol{A}\|$，这里 $\|\boldsymbol{A}\|$ 为矩阵 $\boldsymbol{A}$ 的任意一种算子范数；

(2)若 $\boldsymbol{A}$ 为对称矩阵，则 $\rho(\boldsymbol{A})=\|\boldsymbol{A}\|_2$。

证明 (1)设 λ 为 $\boldsymbol{A}$ 的任一特征值，则有特征向量 $\boldsymbol{x}$，使得 $\boldsymbol{A}\boldsymbol{x}=\lambda\boldsymbol{x}$，从而对矩阵 $\boldsymbol{A}$ 的任意一种算子范数 $\|\boldsymbol{A}\|$ 有

$$|\lambda|\,\|\boldsymbol{x}\|=\|\lambda\boldsymbol{x}\|=\|\boldsymbol{A}\boldsymbol{x}\|\leqslant\|\boldsymbol{A}\|\|\boldsymbol{x}\|$$

由于 $x\neq 0$，故 $|\lambda|\leqslant\|\boldsymbol{A}\|$。由 λ 的任意性，得 $\rho(\boldsymbol{A})\leqslant\|\boldsymbol{A}\|$。

(2)因为 $\boldsymbol{A}^{\mathrm{T}}=\boldsymbol{A}$，对于其特征值有 $\lambda(\boldsymbol{A}^{\mathrm{T}}\boldsymbol{A})=\lambda(\boldsymbol{A}^2)=(\lambda(\boldsymbol{A}))^2$，故

$$\|\boldsymbol{A}\|_2=\sqrt{\lambda_{\max}(\boldsymbol{A}^{\mathrm{T}}\boldsymbol{A})}=|\lambda_{\max}(\boldsymbol{A})|=\rho(\boldsymbol{A})$$

一个向量序列的每一个分量都收敛，称这个向量序列收敛。向量序列 $\boldsymbol{x}^{(k)}$ 收敛于 $\boldsymbol{x}^*$，等价于以范数收敛，即 $\lim\limits_{k\to\infty}\|\boldsymbol{x}^{(k)}-\boldsymbol{x}^*\|=0$。类似地，对于矩阵序列，如果每一元素都收敛，即 $\lim\limits_{k\to\infty}a_{ij}^{(k)}=a_{ij}$ $(i,j=1,2,\cdots,n)$，称矩阵序列 $\boldsymbol{A}_k=(a_{ij}^{(k)})_{n\times n}$ 收敛到矩阵 $\boldsymbol{A}=(a_{ij})_{n\times n}$，记作 $\lim\limits_{k\to\infty}\boldsymbol{A}_k=\boldsymbol{A}$。关于矩阵序列的收敛有如下重要结论：

定理 2.6　对于方阵 $\boldsymbol{A}\in\mathbf{R}^{n\times n}$，其方幂 $\boldsymbol{A}^k$ 是一个矩阵序列，该矩阵序列收敛到零矩阵的充分必要条件为 $\rho(\boldsymbol{A})<1$，即 $\rho(\boldsymbol{A})<1\Leftrightarrow\lim\limits_{k\to\infty}\boldsymbol{A}^k=0$。

证明　(充分性) 设 $\rho(\boldsymbol{A})<1$，由定理 2.5，选择一种范数，使得 $\|\boldsymbol{A}\|<1$，于是依据矩阵范数的相容性有 $\|\boldsymbol{A}^k\|\leqslant\|\boldsymbol{A}\|\|\boldsymbol{A}\|^{k-1}\leqslant\|\boldsymbol{A}\|^k\to 0$，故 $\lim\limits_{k\to\infty}\boldsymbol{A}^k=0$。

(必要性)假设 $\rho(\boldsymbol{A})\geqslant 1$，令 λ 为 $\boldsymbol{A}$ 的某一使 $|\lambda|>1$ 的特征值，$\boldsymbol{x}$ 为其对应的特征向量，则 $\|\boldsymbol{A}^k\boldsymbol{x}\|=\|\lambda^k\boldsymbol{x}\|>\|\boldsymbol{x}\|$，依据矩阵范数向量范数的相容性有，$\|\boldsymbol{A}^k\boldsymbol{x}\|\leqslant\|\boldsymbol{A}^k\|\|\boldsymbol{x}\|$，这样对所有的 k，有 $\|\boldsymbol{A}^k\|>1$ 与 $\lim\limits_{k\to\infty}\boldsymbol{A}^k=0$ 矛盾。证毕。

2.2.3　病态方程组与矩阵的条件数

线性方程组 $\boldsymbol{Ax}=\boldsymbol{b}$ 的解取决于系数矩阵 $\boldsymbol{A}$ 和常数项 $\boldsymbol{b}$，通常在求解实际问题时，由于 $\boldsymbol{A}$ 和 $\boldsymbol{b}$ 往往都是由观测或计算得到，因而不可避免地存在着误差，进而影响着方程组的解。

例如方程组

$$\begin{pmatrix}1 & 1\\ 1 & 1.0001\end{pmatrix}\begin{pmatrix}x_1\\ x_2\end{pmatrix}=\begin{pmatrix}2\\ 2\end{pmatrix},\qquad \begin{pmatrix}1 & 1\\ 1 & 1.0001\end{pmatrix}\begin{pmatrix}x_1\\ x_2\end{pmatrix}=\begin{pmatrix}2\\ 2.0001\end{pmatrix}$$

这两个方程组尽管只是右端常数项 b 有微小扰动 0.0001，但解大不相同，第一个方程组的解是 $x_1=2,x_2=0$，第二个方程组的解是 $x_1=x_2=1$。这说明这类方程组的解对右端常数项的扰动很敏感，我们把这类方程组称为病态方程组。

定义 2.4　线性方程组系数矩阵 $\boldsymbol{A}$ 或常数项 $\boldsymbol{b}$ 的微小变化(又称扰动或摄动)引起方程组 $\boldsymbol{Ax}=\boldsymbol{b}$ 解的巨大变化，则称方程组为病态方程组，矩阵 $\boldsymbol{A}$ 称为病态矩阵。否则方程组是良态方程组，矩阵 $\boldsymbol{A}$ 也是良态矩阵。

为了定量地刻画方程组“病态”的程度，要对方程组 $\boldsymbol{Ax}=\boldsymbol{b}$ 进行讨论，考察 $\boldsymbol{A}$(或 $\boldsymbol{b}$)微小误差对解的影响。为此先引入矩阵条件数的概念。

定义 2.5　设 $\boldsymbol{A}$ 为非奇异矩阵，称 $\operatorname{cond}(\boldsymbol{A})=\|\boldsymbol{A}\|\|\boldsymbol{A}^{-1}\|$ 为矩阵 $\boldsymbol{A}$ 条件数。称 $K(\boldsymbol{A})=\operatorname{cond}(\boldsymbol{A})_2=\|\boldsymbol{A}\|_2\|\boldsymbol{A}^{-1}\|_2$ 为矩阵 $\boldsymbol{A}$ 关于方程组 $\boldsymbol{Ax}=\boldsymbol{b}$ 的谱条件数。

下面先来考察常数项 $\boldsymbol{b}$ 的微小误差对解的影响。设 $\boldsymbol{A}$ 是精确的，$\boldsymbol{b}$ 是有误差(或扰动)的，误差或扰动记为 $\delta\boldsymbol{b}$。方程组 $\boldsymbol{Ax}=\boldsymbol{b}+\delta\boldsymbol{b}$ 和 $\boldsymbol{Ax}=\boldsymbol{b}$ 方程组的解，分别记为 $\tilde{\boldsymbol{x}}$ 和 $\boldsymbol{x}$，记其差为 $\tilde{\boldsymbol{x}}-\boldsymbol{x}=\delta\boldsymbol{x}$，即有 $\boldsymbol{A}(\boldsymbol{x}+\delta\boldsymbol{x})=\boldsymbol{b}+\delta\boldsymbol{b}$，从而 $\boldsymbol{A}(\delta\boldsymbol{x})=\delta\boldsymbol{b}$，设 $\boldsymbol{A}$ 为非奇异矩阵，依据矩阵范数向量范数的相容性得到

$$\|\delta\boldsymbol{x}\|\leqslant\|\boldsymbol{A}^{-1}\|\|\delta\boldsymbol{b}\| \tag{2.2.5}$$

和

$$\|\boldsymbol{b}\|\leqslant\|\boldsymbol{A}\|\|\boldsymbol{x}\| \tag{2.2.6}$$

由式(2.2.5)和式(2.2.6)得到以下结论。

定理 2.7　($\delta\boldsymbol{b}$ 对解的影响) 设 $\boldsymbol{A}$ 为非奇异矩阵，$\boldsymbol{Ax}=\boldsymbol{b}\neq\boldsymbol{0}$，且 $\boldsymbol{A}(\boldsymbol{x}+\delta\boldsymbol{x})=\boldsymbol{b}+\delta\boldsymbol{b}$，则有

$$\frac{\|\delta\boldsymbol{x}\|}{\|\boldsymbol{x}\|}\leqslant\operatorname{cond}(\boldsymbol{A})\frac{\|\delta\boldsymbol{b}\|}{\|\boldsymbol{b}\|} \tag{2.2.7}$$

证明 设 $\boldsymbol{A}$ 精确且非奇异，$\boldsymbol{b}$ 有扰动 $\delta\boldsymbol{b}$，使解 $\boldsymbol{x}$ 有扰动 $\delta\boldsymbol{x}$，则有 $\boldsymbol{A}(\boldsymbol{x}+\delta\boldsymbol{x})=\boldsymbol{b}+\delta\boldsymbol{b}$，从而得到式(2.2.5)和式(2.2.6)，比较两式子得 $\dfrac{\|\delta\boldsymbol{x}\|}{\|\boldsymbol{x}\|}\leqslant\|\boldsymbol{A}\|\|\boldsymbol{A}^{-1}\|\dfrac{\|\delta\boldsymbol{b}\|}{\|\boldsymbol{b}\|}=\mathrm{cond}(\boldsymbol{A})\dfrac{\|\delta\boldsymbol{b}\|}{\|\boldsymbol{b}\|}$。

定理 2.8 ($\delta\boldsymbol{A}$ 对解的影响) 设 $\boldsymbol{A}$ 非奇异，有扰动 $\delta\boldsymbol{A}$，且 $(\boldsymbol{A}+\delta\boldsymbol{A})(\boldsymbol{x}+\delta\boldsymbol{x})=\boldsymbol{b}\neq\boldsymbol{0}$，若 $\|\boldsymbol{A}^{-1}\|\|\delta\boldsymbol{A}\|<1$，则

$$\frac{\|\delta\boldsymbol{x}\|}{\|\boldsymbol{x}\|}\leqslant\frac{\mathrm{cond}(\boldsymbol{A})\dfrac{\|\delta\boldsymbol{A}\|}{\|\boldsymbol{A}\|}}{1-\mathrm{cond}(\boldsymbol{A})\dfrac{\|\delta\boldsymbol{A}\|}{\|\boldsymbol{A}\|}} \tag{2.2.8}$$

为证明这一定理，我们先给出一个引理。

引理 2.1 若矩阵 $\boldsymbol{B}$ 满足 $\|\boldsymbol{B}\|<1$，$\boldsymbol{I}\pm\boldsymbol{B}$ 可逆且满足 $\|(\boldsymbol{I}\pm\boldsymbol{B})^{-1}\|\leqslant\dfrac{1}{1-\|\boldsymbol{B}\|}$。

证明 若 $\boldsymbol{I}\pm\boldsymbol{B}$ 不可逆，则存在非零向量 $\boldsymbol{\xi}$ 使得 $(\boldsymbol{I}\pm\boldsymbol{B})\boldsymbol{\xi}=0$，则有 $\dfrac{\|\boldsymbol{B}\boldsymbol{\xi}\|}{\|\boldsymbol{\xi}\|}=1$，从而 $\|\boldsymbol{B}\|\geqslant1$，这一矛盾说明 $\boldsymbol{I}\pm\boldsymbol{B}$ 可逆。改写 $(\boldsymbol{I}\pm\boldsymbol{B})(\boldsymbol{I}\pm\boldsymbol{B})^{-1}=\boldsymbol{I}$ 为 $(\boldsymbol{I}\pm\boldsymbol{B})^{-1}=\boldsymbol{I}\mp\boldsymbol{B}(\boldsymbol{I}\pm\boldsymbol{B})^{-1}$，再由矩阵范数三角不等式性质和相容性得

$$\|(\boldsymbol{I}\pm\boldsymbol{B})^{-1}\|=\|\boldsymbol{I}\mp\boldsymbol{B}(\boldsymbol{I}\pm\boldsymbol{B})^{-1}\|\leqslant\|\boldsymbol{I}\|+\|\boldsymbol{B}\|\|(\boldsymbol{I}\pm\boldsymbol{B})^{-1}\|$$

这就是要证明的 $\|(\boldsymbol{I}\pm\boldsymbol{B})^{-1}\|\leqslant\dfrac{1}{1-\|\boldsymbol{B}\|}$。

定理 2.8 的证明：设方程组 $\boldsymbol{A}\boldsymbol{x}=\boldsymbol{b}$ 的右端项 $\boldsymbol{b}$ 是精确的，系数矩阵有扰动 $\delta\boldsymbol{A}$，由 $(\boldsymbol{A}+\delta\boldsymbol{A})(\boldsymbol{x}+\delta\boldsymbol{x})=\boldsymbol{b}$，考虑到 $\boldsymbol{A}\boldsymbol{x}=\boldsymbol{b}$ 得

$$\boldsymbol{A}^{-1}\boldsymbol{A}\delta\boldsymbol{x}+\boldsymbol{A}^{-1}\delta\boldsymbol{A}\boldsymbol{x}+\boldsymbol{A}^{-1}\delta\boldsymbol{A}\delta\boldsymbol{x}=\boldsymbol{0}$$

从而

$$\delta\boldsymbol{x}=-(\boldsymbol{I}+\boldsymbol{A}^{-1}\delta\boldsymbol{A})^{-1}\boldsymbol{A}^{-1}(\delta\boldsymbol{A})\boldsymbol{x}$$

于是有

$$\|\delta\boldsymbol{x}\|\leqslant\|(\boldsymbol{I}+\boldsymbol{A}^{-1}\delta\boldsymbol{A})^{-1}\|\|\boldsymbol{A}^{-1}\delta\boldsymbol{A}\|\|\boldsymbol{x}\|$$

考虑到 $\|\boldsymbol{A}^{-1}\|\|\delta\boldsymbol{A}\|<1$，利用引理 2.1，再整理得到

$$\frac{\|\delta\boldsymbol{x}\|}{\|\boldsymbol{x}\|}\leqslant\|(\boldsymbol{I}+\boldsymbol{A}^{-1}\delta\boldsymbol{A})^{-1}\|\|\boldsymbol{A}^{-1}\|\|\delta\boldsymbol{A}\|$$

$$\leqslant\frac{\|\boldsymbol{A}^{-1}\|\|\delta\boldsymbol{A}\|}{1-\|\boldsymbol{A}^{-1}\|\|\delta\boldsymbol{A}\|}=\frac{\|\boldsymbol{A}^{-1}\|\|\boldsymbol{A}\|\left(\dfrac{\|\delta\boldsymbol{A}\|}{\|\boldsymbol{A}\|}\right)}{1-\|\boldsymbol{A}^{-1}\|\|\boldsymbol{A}\|\left(\dfrac{\|\delta\boldsymbol{A}\|}{\|\boldsymbol{A}\|}\right)}=\frac{\mathrm{cond}(\boldsymbol{A})\left(\dfrac{\|\delta\boldsymbol{A}\|}{\|\boldsymbol{A}\|}\right)}{1-\mathrm{cond}(\boldsymbol{A})\left(\dfrac{\|\delta\boldsymbol{A}\|}{\|\boldsymbol{A}\|}\right)}$$

证毕。

定理 2.7 和 2.8 给出了方程组 $\boldsymbol{A}\boldsymbol{x}=\boldsymbol{b}$ 的系数矩阵和右端常数项分别有扰动 $\delta\boldsymbol{A}$ 和 $\delta\boldsymbol{b}$ 时解的相对误差的上界。如果系数矩阵和右端常数项都有扰动，则如下结论成立。

定理 2.9 设 $\boldsymbol{A}\in\mathbf{R}^{n\times n}$ 且非奇异，$\boldsymbol{x}$ 是方程组 $\boldsymbol{A}\boldsymbol{x}=\boldsymbol{b}$ 的精确解，$\tilde{\boldsymbol{x}}=\boldsymbol{x}+\delta\boldsymbol{x}$ 扰动方程组 $(\boldsymbol{A}+\delta\boldsymbol{A})\boldsymbol{x}=\boldsymbol{b}+\delta\boldsymbol{b}$ 的解，如果 $\|\boldsymbol{A}^{-1}\|\|\Delta\boldsymbol{A}\|<1$，$\mathrm{cond}(\boldsymbol{A})=\|\boldsymbol{A}\|\|\boldsymbol{A}^{-1}\|$，则

$$\frac{\|\Delta\boldsymbol{x}\|}{\|\boldsymbol{x}\|}\leqslant\frac{\mathrm{cond}(\boldsymbol{A})}{1-\mathrm{cond}(\boldsymbol{A})\dfrac{\|\Delta\boldsymbol{A}\|}{\|\boldsymbol{A}\|}}\left(\frac{\|\Delta\boldsymbol{A}\|}{\|\boldsymbol{A}\|}+\frac{\|\Delta\boldsymbol{b}\|}{\|\boldsymbol{b}\|}\right)$$

上述结论说明矩阵 $\boldsymbol{A}$ 的条件数越大，解的相对误差 $\dfrac{\|\delta\boldsymbol{x}\|}{\|\boldsymbol{x}\|}$ 也越大，此时方程组的病态程度也越高。例如，n 阶希尔伯特(Hilbert)矩阵

$$\begin{pmatrix} 1 & \frac{1}{2} & \frac{1}{3} & \cdots & \frac{1}{n} \\ \frac{1}{2} & \frac{1}{3} & \frac{1}{4} & \cdots & \frac{1}{n+1} \\ \vdots & \vdots & \vdots & & \vdots \\ \frac{1}{n} & \frac{1}{n+1} & \frac{1}{n+2} & \cdots & \frac{1}{2n-1} \end{pmatrix}$$

当 $n=3$ 时，$\|\boldsymbol{H}_3\|_\infty=\frac{11}{6}$，$\|\boldsymbol{H}_3^{-1}\|_\infty=408$，$\mathrm{cond}(\boldsymbol{H}_3)_\infty=\|\boldsymbol{H}_3\|_\infty\|\boldsymbol{H}_3^{-1}\|_\infty=748\gg1$。当 $n=6$ 时，可计算 $\mathrm{cond}(\boldsymbol{H}_6)_\infty=\|\boldsymbol{H}_6\|_\infty\|\boldsymbol{H}_6^{-1}\|_\infty=29\times10^6\gg1$，所以 n 阶希尔伯特矩阵是典型的病态方程组。

2.3 线性方程组的迭代解法

前面介绍了线性方程组的直接求解方法，这些方法利用系数矩阵满足的一些性质降低了求解的计算量。但对于规模较大的方程组如系数矩阵为大型稀疏矩阵来说，基于高斯消元的直接求解方法就有些力不从心了。本节介绍线性方程组的迭代求解方法。

2.3.1 迭代法的基本思想

迭代法的基本思想是将线性方程组转化为便于迭代的等价方程组，对任选一组初始值 $x_i^{(0)}$ $(i=1,2,\cdots,n)$，按照某种计算规则，不断地对所得到的值进行修正，最终获得满足精度要求的方程组的近似解。迭代法的本质在于每一次的输出可以当作下一次的输入，从而能够实现循环往复的求解，方法收敛时，计算次数越多越接近真实值。

设 $\boldsymbol{A}\in\mathbf{R}^{n\times n}$ 为非奇异矩阵，$\boldsymbol{b}\in\mathbf{R}^n$，则线性方程组 $\boldsymbol{Ax}=\boldsymbol{b}$ 有唯一解 $\boldsymbol{x}=\boldsymbol{A}^{-1}\boldsymbol{b}$，经恒等变换构造出一个等价同解方程组

$$\boldsymbol{x}=\boldsymbol{Gx}+\boldsymbol{d} \tag{2.3.1}$$

将上式改写成迭代式

$$\boldsymbol{x}^{(k+1)}=\boldsymbol{Gx}^{(k)}+\boldsymbol{d}\quad(k=0,1,\cdots) \tag{2.3.2}$$

选定初始向量 $\boldsymbol{x}^{(0)}=\{x_1^{(0)},x_2^{(0)},\cdots,x_n^{(0)}\}^{\mathrm{T}}$，反复不断地使用迭代式逐步逼近方程组的精确解，直到满足精度要求为止，这种方法称为迭代法。

对于任意给定的初始值 $\boldsymbol{x}^{(0)}$，如果存在某一范数 $\|\cdot\|$，使得 $\lim\limits_{k\to+\infty}\|\boldsymbol{x}^{(k)}-\boldsymbol{x}^*\|=0$，那么该向量序列收敛到 $\boldsymbol{x}^*$，即 $\lim\limits_{k\to\infty}\boldsymbol{x}^{(k)}=\boldsymbol{x}^*$。如此求线性方程组 $\boldsymbol{Ax}=\boldsymbol{b}$ 的解 $\boldsymbol{x}^*$ 的问题，就转化为求 $\lim\limits_{k\to\infty}\boldsymbol{x}^{(k)}=\boldsymbol{x}^*$ 的问题。为此，引入以下定义：

定义 2.6 如果由迭代格式(2.3.2)产生的迭代向量序列 $\boldsymbol{x}^{(k)}=\{x_1^{(k)},x_2^{(k)},\cdots,x_n^{(k)}\}^{\mathrm{T}}$ 存在极限 $\boldsymbol{x}^*=\{x_1^*,x_2^*,\cdots,x_n^*\}^{\mathrm{T}}$，则称迭代格式(2.3.2)是**收敛**的，否则就是**发散**的。

显然，当迭代格式收敛时，在迭代公式 $\boldsymbol{x}^{(k+1)}=\boldsymbol{Gx}^{(k)}+\boldsymbol{d}(k=0,1,\cdots)$ 中，当 $k\to\infty$ 时，$\boldsymbol{x}^{(k)}\to\boldsymbol{x}^*$，则 $\boldsymbol{x}^*=\boldsymbol{Gx}^*+\boldsymbol{d}$，故 $\boldsymbol{x}^*$ 是方程组 $\boldsymbol{Ax}=\boldsymbol{b}$ 的解。

迭代法求解线性方程组通常需要考虑两个问题：

(1)如何构造解 $\boldsymbol{Ax}=\boldsymbol{b}$ 的有效迭代格式？

(2)迭代格式的收敛性与收敛速度怎样？

为此，下面讨论迭代法的收敛条件。

2.3.2 迭代法的收敛条件

对于迭代格式(2.3.2)，有以下定理：

定理 2.10 迭代公式(2.3.2)收敛的充分必要条件是迭代矩阵 $\boldsymbol{G}$ 的谱半径 $\rho(\boldsymbol{G})<1$。

证明 迭代公式收敛,即 $\boldsymbol{x}^{(k)}\to\boldsymbol{x}^*\ (k\to\infty)$,记 $\boldsymbol{e}^{(k)}=\boldsymbol{x}^{(k)}-\boldsymbol{x}^*$,则 $\boldsymbol{e}^{(k)}$ 收敛于 $\boldsymbol{0}$(零向量),且有

$$\boldsymbol{e}^{(k)}=\boldsymbol{x}^{(k)}-\boldsymbol{x}^*=\boldsymbol{G}\boldsymbol{x}^{(k-1)}+\boldsymbol{d}-(\boldsymbol{G}\boldsymbol{x}^*+\boldsymbol{d})=\boldsymbol{G}(\boldsymbol{x}^{(k-1)}-\boldsymbol{x}^*)=\boldsymbol{G}\boldsymbol{e}^{(k-1)}$$

于是

$$\boldsymbol{e}^{(k)}=\boldsymbol{G}\boldsymbol{e}^{(k-1)}=\boldsymbol{G}^2\boldsymbol{e}^{(k-2)}=\cdots=\boldsymbol{G}^k\boldsymbol{e}^{(0)}$$

由于 $\boldsymbol{e}^{(0)}$ 可以是任意向量,故 $\boldsymbol{e}^{(k)}$ 收敛于 $\boldsymbol{0}$ 当且仅当 $\boldsymbol{G}^k$ 收敛于零矩阵,依据定理 2.6,这等价于 $\rho(\boldsymbol{G})<1$。证毕。

例如,对线性方程组

$$\begin{pmatrix}2 & 1\\ -2 & 5\end{pmatrix}\begin{pmatrix}x_1\\ x_2\end{pmatrix}=\begin{pmatrix}3\\ 3\end{pmatrix}$$

构造迭代格式

$$\begin{pmatrix}x_1\\ x_2\end{pmatrix}=\begin{pmatrix}-1 & -1\\ 2 & -4\end{pmatrix}\begin{pmatrix}x_1\\ x_2\end{pmatrix}+\begin{pmatrix}3\\ 3\end{pmatrix}$$

由于其迭代矩阵 $\boldsymbol{G}$ 的特征多项式为 $\det(\lambda\boldsymbol{I}-\boldsymbol{G})=\lambda^2+5\lambda+6$,特征值为 $-2,-3$,因此 $\rho(\boldsymbol{G})=3>1$,所以该迭代格式发散。

定理 2.10 给出了迭代法收敛的充要条件,但在实际计算中由于条件 $\rho(\boldsymbol{G})<1$ 是很难检验的。而一些矩阵范数 $\|\boldsymbol{G}\|$ 可以用 $\boldsymbol{G}$ 的元素表示,所以用 $\|\boldsymbol{G}\|<1$ 作为收敛的充分条件在应用时更为方便。

定理 2.11 (迭代法收敛的充分条件)若迭代矩阵 $\boldsymbol{G}$ 的范数 $\|\boldsymbol{G}\|<1$,则迭代公式(2.3.2)收敛,且有误差估计式

$$\|\boldsymbol{x}^*-\boldsymbol{x}^{(k)}\|\leqslant\frac{\|\boldsymbol{G}\|}{1-\|\boldsymbol{G}\|}\cdot\|\boldsymbol{x}^{(k)}-\boldsymbol{x}^{(k-1)}\| \tag{2.3.3}$$

及

$$\|\boldsymbol{x}^*-\boldsymbol{x}^{(k)}\|\leqslant\frac{\|\boldsymbol{G}\|^k}{1-\|\boldsymbol{G}\|}\cdot\|\boldsymbol{x}^{(1)}-\boldsymbol{x}^{(0)}\| \tag{2.3.4}$$

证明 由矩阵的谱半径不超过矩阵的任一种范数且 $\|\boldsymbol{G}\|<1$,因此 $\rho(\boldsymbol{G})<1$,根据定理 3.14 可知迭代公式收敛。又因为 $\|\boldsymbol{G}\|<1$,根据引理,$\boldsymbol{I}-\boldsymbol{G}$ 为可逆矩阵,故 $\boldsymbol{x}=\boldsymbol{G}\boldsymbol{x}+\boldsymbol{d}$ 有唯一解 $\boldsymbol{x}^*$,即 $\boldsymbol{x}^*=\boldsymbol{G}\boldsymbol{x}^*+\boldsymbol{d}$,与迭代过程 $\boldsymbol{x}^{(k+1)}=\boldsymbol{G}\boldsymbol{x}^{(k)}+\boldsymbol{d}$ 相比较,有

$$\boldsymbol{x}^*-\boldsymbol{x}^{(k)}=\boldsymbol{G}(\boldsymbol{x}^*-\boldsymbol{x}^{(k-1)})$$

两边取范数

$$\begin{aligned}\|\boldsymbol{x}^*-\boldsymbol{x}^{(k)}\|&\leqslant\|\boldsymbol{G}\|\|\boldsymbol{x}^*-\boldsymbol{x}^{(k-1)}\|=\|\boldsymbol{G}\|\|\boldsymbol{x}^*-\boldsymbol{x}^{(k)}+\boldsymbol{x}^{(k)}-\boldsymbol{x}^{(k-1)}\|\\&\leqslant\|\boldsymbol{G}\|\|\boldsymbol{x}^*-\boldsymbol{x}^{(k)}\|+\|\boldsymbol{G}\|\|\boldsymbol{x}^{(k)}-\boldsymbol{x}^{(k-1)}\|\end{aligned}$$

所以

$$\|\boldsymbol{x}^*-\boldsymbol{x}^{(k)}\|\leqslant\frac{\|\boldsymbol{G}\|}{1-\|\boldsymbol{G}\|}\cdot\|\boldsymbol{x}^{(k)}-\boldsymbol{x}^{(k-1)}\|$$

由迭代格式,有

$$\boldsymbol{x}^{(k)}-\boldsymbol{x}^{(k-1)}=\boldsymbol{G}(\boldsymbol{x}^{(k-1)}-\boldsymbol{x}^{(k-2)})=\boldsymbol{G}^2(\boldsymbol{x}^{(k-1)}-\boldsymbol{x}^{(k-2)})=\cdots=\boldsymbol{G}^{k-1}(\boldsymbol{x}^{(1)}-\boldsymbol{x}^{(0)})$$

两边取范数,代入上式,得

$$\|\boldsymbol{x}^*-\boldsymbol{x}^{(k)}\|\leqslant\frac{\|\boldsymbol{G}\|^k}{1-\|\boldsymbol{G}\|}\cdot\|\boldsymbol{x}^{(1)}-\boldsymbol{x}^{(0)}\|$$

证毕。

由定理 2.11 知,当 $\|\boldsymbol{G}\|<1$ 时,其值越小,迭代收敛越快。由式(2.3.3)和式(2.3.4)知在实际迭代运算中常用相邻两次迭代 $\|\boldsymbol{x}^{(k)}-\boldsymbol{x}^{(k-1)}\|<\varepsilon$($\varepsilon$ 为给定的精度要求)作为控制迭代结束的条件。式(2.3.3)是迭代计算终止的标准,称为**事后估计**,式(2.3.4)称为**事前估计**,用来预先估计迭代的次数。

例 2.3.1　若 $A=\begin{pmatrix}0 & 0.1 & 0.2\\0.1 & 0 & 0.2\\0.2 & 0.2 & 0\end{pmatrix}$，$x^{(0)}=\begin{pmatrix}0\\0\\0\end{pmatrix}$，$x^{(1)}=\begin{pmatrix}7.2\\8.3\\8.4\end{pmatrix}$，$\varepsilon\leqslant 10^{-4}$，求满足精度的迭代次数。

解　矩阵的无穷范数为 $\|A\|_\infty=0.4$，$\|x^{(1)}-x^{(0)}\|_\infty=8.4$，由定理 2.11 迭代次数 k 满足

$$10^{-4}\leqslant\frac{\|A\|_\infty^k}{1-\|A\|_\infty}\cdot\|x^{(1)}-x^{(0)}\|_\infty$$

从而有

$$k\geqslant\frac{\ln\dfrac{10^{-4}(1-\|A\|_\infty)}{\|x^{(1)}-x^{(0)}\|}}{\ln\|A\|_\infty}\geqslant\frac{\ln\dfrac{10^{-4}(1-0.4)}{8.4}}{\ln 0.4}\geqslant 12.93$$

所以需要迭代 13 次才能满足精度。

2.3.3　雅可比迭代法

1. 雅可比迭代法的基本思想

对于线性方程组

$$\begin{cases}a_{11}x_1+a_{12}x_2+\cdots+a_{1n}x_n=b_1\\a_{21}x_1+a_{22}x_2+\cdots+a_{2n}x_n=b_2\\\cdots\cdots\cdots\cdots\\a_{n1}x_1+a_{n2}x_2+\cdots+a_{nn}x_n=b_n\end{cases}$$

若 $a_{ii}\neq 0(i=1,2,\cdots,n)$，从每个方程里解出变量 x_i，即

$$\begin{cases}x=-\dfrac{a_{12}}{a_{11}}x_2-\cdots-\dfrac{a_{1n}}{a_{11}}x_n+\dfrac{b_1}{a_{11}}\\x_2=-\dfrac{a_{21}}{a_{22}}x_1-\cdots-\dfrac{a_{2n}}{a_{22}}x_n+\dfrac{b_2}{a_{22}}\\\cdots\cdots\cdots\cdots\\x_n=\dfrac{a_{n1}}{a_{nn}}x_1-\dfrac{a_{n2}}{a_{nn}}x_2-\cdots-\dfrac{a_{nn-1}}{a_{nn}}x_{n-1}+\dfrac{b_n}{a_{nn}}\end{cases}$$

据此建立迭代格式为

$$\begin{cases}x_1^{(k+1)}=\dfrac{1}{a_{11}}(-a_{12}x_2^{(k)}-a_{13}x_3^{(k)}-\cdots-a_{1n}x_n^{(k)}+b_1)\\x_2^{(k+1)}=\dfrac{1}{a_{22}}(-a_{21}x_1^{(k)}-a_{23}x_3^{(k)}-\cdots-a_{2n}x_n^{(k)}+b_2)\\\cdots\cdots\cdots\cdots\\x_n^{(k+1)}=\dfrac{1}{a_{nn}}(-a_{n1}x_1^{(k)}-a_{n2}x_2^{(k)}-\cdots-a_{n(n-1)}x_{n-1}^{(k)}+b_n)\end{cases}\tag{2.3.5}$$

上式称为解方程组的雅可比迭代公式。

2. 雅可比迭代法的矩阵表示

设方程组 $Ax=b$ 的系数矩阵 A 非奇异，且主对角元素 $a_{ii}\neq 0$，$(i=1,2,\cdots,n)$，则可将系数矩阵 A 分解成三角阵与对角阵之和，即

$$A=\begin{pmatrix}0 & & & & \\a_{21} & 0 & & & \\a_{31} & a_{32} & 0 & & \\\vdots & \vdots & \vdots & \ddots & \\a_{n1} & a_{n2} & \cdots & a_{n(n-1)} & 0\end{pmatrix}+\begin{pmatrix}a_{11} & & & \\ & a_{22} & & \\ & & \ddots & \\ & & & a_{nn}\end{pmatrix}+\begin{pmatrix}0 & a_{12} & a_{13} & \cdots & a_{1n}\\ & 0 & a_{23} & \cdots & a_{2n}\\ & & & & \vdots\\ & & & \ddots & a_{(n-1)n}\\ & & & & 0\end{pmatrix}$$

记

$$L=\begin{pmatrix}0&&&&\\a_{21}&0&&&\\a_{31}&a_{32}&0&&\\\vdots&\vdots&\vdots&\ddots&\\a_{n1}&a_{n2}&\cdots&a_{n(n-1)}&0\end{pmatrix},\quad D=\begin{pmatrix}a_{11}&&&\\&a_{22}&&\\&&\ddots&\\&&&a_{nn}\end{pmatrix},\quad U=\begin{pmatrix}0&a_{12}&a_{13}&\cdots&a_{1n}\\&0&a_{23}&\cdots&a_{2n}\\&&&&\vdots\\&&&\ddots&a_{(n-1)n}\\&&&&0\end{pmatrix}$$

则

$$A=L+D+U$$

于是方程组 $\boldsymbol{Ax}=\boldsymbol{b}$ 等价于 $(\boldsymbol{L}+\boldsymbol{D}+\boldsymbol{U})\boldsymbol{x}=\boldsymbol{b}$，即

$$Dx=-(L+U)x+b$$

由 $a_{ii}\neq 0(i=1,2,\cdots,n)$，得

$$x=-D^{-1}(L+U)x+D^{-1}b$$

据此得到迭代公式为

$$\begin{aligned}x^{(k+1)}&=-D^{-1}(L+U)x^{(k)}+D^{-1}b=-D^{-1}(A-D)x^{(k)}+D^{-1}b\\&=(I-D^{-1}A)x^{(k)}+D^{-1}b\end{aligned}$$

令 $\boldsymbol{B}=(\boldsymbol{I}-\boldsymbol{D}^{-1}\boldsymbol{A})$，$\boldsymbol{f}=\boldsymbol{D}^{-1}\boldsymbol{b}$ 得

$$x^{(k+1)}=Bx^{(k)}+f\quad(k=0,1,2,\cdots)\tag{2.3.6}$$

式(2.3.6)称为雅可比迭代公式，$\boldsymbol{B}$ 称为雅可比迭代矩阵。其中

$$B=(I-D^{-1}A)=\begin{pmatrix}0&-\frac{a_{12}}{a_{11}}&\cdots&-\frac{a_{1n}}{a_{11}}\\-\frac{a_{21}}{a_{22}}&0&\cdots&-\frac{a_{2n}}{a_{22}}\\\vdots&\vdots&&\vdots\\-\frac{a_{n1}}{a_{nn}}&-\frac{a_{n2}}{a_{nn}}&\cdots&0\end{pmatrix}\tag{2.3.7}$$

由定理 2.10 立即得到下面的定理。

定理 2.12 设 $\boldsymbol{B}$ 为雅可比迭代法的迭代矩阵，如果 $\|\boldsymbol{B}\|<1$ 则该雅可比迭代法收敛；进一步，雅可比迭代法收敛的充分必要条件为 $\rho(\boldsymbol{B})<1$。

例 2.3.2 用雅可比迭代法求解方程组

$$\begin{cases}x_1+2x_2-2x_3=6\\x_1+x_2+x_3=6\\2x_1+2x_2+x_3=11\end{cases}\tag{2.3.8}$$

解 将原方程组化为等价方程组

$$\begin{cases}x_1=-2x_2+2x_3+6\\x_2=-x_1-x_3+6\\x_3=-2x_1-2x_2+11\end{cases}$$

由迭代公式(2.3.5)得雅可比迭代格式为

$$\begin{cases}x_1^{(k+1)}=-2x_2^{(k)}+2x_3^{(k)}+6\\x_2^{(k+1)}=-x_1^{(k)}-x_3^{(k)}+6\\x_3^{(k+1)}=-2x_1^{(k)}-2x_2^{(k)}+11\end{cases}$$

其对应的雅可比迭代矩阵为

$$B=\begin{pmatrix}0&-2&2\\-1&0&-1\\-2&-2&0\end{pmatrix}$$

其特征值为 $\lambda_1=\lambda_2=\lambda_3=0$，所以其谱半径 $\rho(\boldsymbol{B})<1$，该迭代格式收敛。取初始向量为 $\boldsymbol{x}^{(0)}=(x_1^{(0)},x_2^{(0)},x_3^{(0)})^{\mathrm{T}}=(0,0,0)^{\mathrm{T}}$，迭代 3 次得到表 2-1。

表 2-1　迭代 3 次的结果

k	0	1	2	3
$x_1^{(k)}$	0	6	16	2
$x_2^{(k)}$	0	6	−11	3
$x_3^{(k)}$	0	11	−13	1

该方程的精确解为 $\boldsymbol{x}^*=(2,3,1)^{\mathrm{T}}$。

2.3.4　高斯-赛德尔迭代法

1. 高斯-赛德尔迭代法的基本思想

在雅可比迭代法中，每次迭代只用到前一次的迭代值。若每次迭代充分利用当前最新的迭代值，即在求第 $k+1$ 次迭代时的第 i 个分量 $x_i^{(k+1)}$，用新分量 $x_1^{(k+1)},x_2^{(k+1)},\cdots,x_{i-1}^{(k+1)}$ 代替旧分量 $x_1^{(k)},x_2^{(k)},\cdots,x_{i-1}^{(k)}$，在整个迭代过程中只要使用一组单元存放迭代向量，这样建立起来的迭代格式称为高斯-赛德尔迭代。其迭代法格式如下：

$$x_i^{(k+1)}=\frac{1}{a_{ii}}\left[b_i-\sum_{j=1}^{i-1}a_{ij}x_j^{(k+1)}-\sum_{j=i+1}^{n}a_{ij}x_j^{(k)}\right]\quad(i=1,2,3,\cdots,n;k=0,1,2,\cdots)\qquad(2.3.9)$$

即

$$\begin{cases}x_1^{(k+1)}=\dfrac{1}{a_{11}}(-a_{12}x_2^{(k)}-a_{13}x_3^{(k)}-a_{14}x_4^{(k)}-\cdots-a_{1n}x_n^{(k)}+b_1)\\ x_2^{(k+1)}=\dfrac{1}{a_{22}}(-a_{21}x_1^{(k+1)}-a_{23}x_3^{(k)}-a_{24}x_4^{(k)}-\cdots-a_{2n}x_n^{(k)}+b_2)\\ x_3^{(k+1)}=\dfrac{1}{a_{33}}(-a_{31}x_1^{(k+1)}-a_{32}x_2^{(k+1)}-a_{34}x_4^{(k)}-\cdots-a_{3n}x_n^{(k)}+b_3)\\ \cdots\cdots\cdots\cdots\\ x_n^{(k+1)}=\dfrac{1}{a_{nn}}(-a_{n1}x_1^{(k+1)}-a_{n2}x_2^{(k+1)}-a_{n3}x_3^{(k+1)}-\cdots-a_{n(n-1)}x_{n-1}^{(k+1)}+b_n)\end{cases}$$

2. 高斯-赛德尔迭代法的矩阵表示

将线性方程组的系数矩阵 $\boldsymbol{A}$ 分解成 $\boldsymbol{A}=\boldsymbol{L}+\boldsymbol{D}+\boldsymbol{U}$，则方程组 $\boldsymbol{Ax}=\boldsymbol{b}$ 等价于

$$(\boldsymbol{L}+\boldsymbol{D}+\boldsymbol{U})\boldsymbol{x}=\boldsymbol{b}$$

于是高斯-赛德尔迭代格式为

$$\boldsymbol{D}\boldsymbol{x}^{(k+1)}=-\boldsymbol{L}\boldsymbol{x}^{(k+1)}-\boldsymbol{U}\boldsymbol{x}^{(k)}+\boldsymbol{b}$$

因为 $|\boldsymbol{D}|\neq0$，所以 $|\boldsymbol{D}+\boldsymbol{L}|=|\boldsymbol{D}|\neq0$，故

$$\boldsymbol{x}^{(k+1)}=-(\boldsymbol{D}+\boldsymbol{L})^{-1}\boldsymbol{U}\boldsymbol{x}^{(k)}+(\boldsymbol{D}+\boldsymbol{L})^{-1}\boldsymbol{b}\qquad(2.3.10)$$

令

$$\boldsymbol{G}_1=-(\boldsymbol{D}+\boldsymbol{L})^{-1}\boldsymbol{U},\quad \boldsymbol{d}_1=(\boldsymbol{D}+\boldsymbol{L})^{-1}\boldsymbol{b}\qquad(2.3.11)$$

则高斯-赛德尔迭代公式为

$$\boldsymbol{x}^{(k+1)}=\boldsymbol{G}_1\boldsymbol{x}^{(k)}+\boldsymbol{d}_1\qquad(2.3.12)$$

3. 高斯-赛德尔迭代法的收敛性

由定理 2.10 立即得到下面的定理。

定理 2.13　解线性方程组的高斯-赛德尔迭代法收敛的充分必要条件为其迭代矩阵的谱半

径小于 1，即 $\rho(\boldsymbol{G}_1)<1$，其中 $\boldsymbol{G}_1=-(\boldsymbol{D}+\boldsymbol{L})^{-1}\boldsymbol{U}$ 为迭代矩阵。

例 2.3.3 用高斯-赛德尔迭代法求解方程组(2.3.8)。

解 由迭代公式(2.3.9)得高斯-赛德尔迭代格式为

$$\begin{cases}x_1^{(k+1)}=-2x_2^{(k)}+2x_3^{(k)}+6\\x_2^{(k+1)}=-x_1^{(k+1)}-x_3^{(k)}+6\\x_3^{(k+1)}=-2x_1^{(k+1)}-2x_2^{(k+1)}+11\end{cases}$$

其对应的高斯-赛德尔迭代矩阵为

$$\boldsymbol{G}_1=-(\boldsymbol{D}+\boldsymbol{L})^{-1}\boldsymbol{U}=-\begin{pmatrix}1&0&0\\1&1&-1\\2&-2&1\end{pmatrix}^{-1}\begin{pmatrix}0&-2&-2\\0&0&-1\\0&0&0\end{pmatrix}=\begin{pmatrix}0&-2&2\\0&2&-3\\0&0&-2\end{pmatrix}$$

其特征值为 $\lambda_1=0,\lambda_2=2,\lambda_3=3$，所以其谱半径 $\rho(\boldsymbol{B})>1$，该迭代格式不收敛。取初始向量为 $\boldsymbol{x}^{(0)}=(x_1^{(0)},x_2^{(0)},x_3^{(0)})^{\mathrm{T}}=(0,0,0)^{\mathrm{T}}$，迭代结果见表 2-2。

表 2-2 迭代结果

k	0	1	2	3	4	5	6	7	8	9	10
$x_1^{(k)}$	0	4	−6	−38	−126	−350	−894	−2 174	−5 118	−11 774	−26 622
$x_2^{(k)}$	0	3	15	51	147	387	963	2 307	5 379	12 291	27 651
$x_3^{(k)}$	0	−3	−7	−15	−31	−63	−127	−255	−511	−1 023	−2 047

例 2.3.4 给定线性方程组

$$\begin{cases}8x_1-x_2+x_3=8\\2x_1+10x_2-x_3=11\\x_1+x_2-5x_3=-3\end{cases}$$

讨论采用雅可比迭代法和高斯-赛德尔迭代法求解时的收敛性，该方程组精确解为 $\boldsymbol{x}^*=(1,1,1)^{\mathrm{T}}$。

解 将原方程组化为等价方程组

$$\begin{cases}x_1=\dfrac{1}{8}(x_2-x_3+8)\\x_2=\dfrac{1}{10}(-2x_1+x_3+11)\\x_3=\dfrac{1}{5}(x_1+x_2+3)\end{cases}$$

(1)雅可比迭代法的迭代格式为

$$\begin{cases}x_1^{(k+1)}=\dfrac{1}{8}(x_2^{(k)}-x_3^{(k)}+8)\\x_2^{(k+1)}=\dfrac{1}{10}(-2x_1^{(k)}+x_3^{(k)}+11)\\x_3^{(k+1)}=\dfrac{1}{5}(x_1^{(k)}+x_2^{(k)}+3)\end{cases}$$

取初始向量 $\boldsymbol{x}^{(0)}=(0,0,0)^{\mathrm{T}}$，迭代 5 次的结果见表 2-3。

表 2-3 雅可比迭代法迭代 5 次的结果

$x^{(k)}$	$x^{(0)}$	$x^{(1)}$	$x^{(2)}$	$x^{(3)}$	$x^{(4)}$	$x^{(5)}$
$x_1^{(k)}$	0	1.0	1.062 5	0.992 5	0.998 125	1.000 693 8
$x_2^{(k)}$	0	1.1	0.96	0.989 5	1.001 95	1.000 015
$x_3^{(k)}$	0	0.6	1.02	1.004 5	0.996 4	1.000 015

且第五次迭代误差为 $\| x^{(5)}-x^{*} \|_{\infty} \leqslant 0.0007$。

(2)高斯-赛德尔迭代法的迭代格式为

$$\begin{cases} x_1^{(k+1)}=\dfrac{1}{8}(x_2^{(k)}-x_3^{(k)}+8) \\ x_2^{(k+1)}=\dfrac{1}{10}(-2x_1^{(k+1)}+x_3^{(k)}+11), \\ x_3^{(k+1)}=\dfrac{1}{5}(x_1^{(k+1)}+x_2^{(k+1)}+3) \end{cases}$$

取初始向量 $x^{(0)}=(0,0,0)^{T}$,迭代 4 次结果见表 2-4。

表 2-4　高斯-赛德尔迭代法迭代 4 次的结果

$x^{(k)}$	$x^{(0)}$	$x^{(1)}$	$x^{(2)}$	$x^{(3)}$	$x^{(4)}$
$x_1^{(k)}$	0	1.0	0.99	1.000 25	0.999 968 75
$x_2^{(k)}$	0	0.9	1.0	0.999 75	1.000 006 25
$x_3^{(k)}$	0	0.98	0.998	1.0	0.999 995

且第 3 次、第 4 次迭代误差分别为 $\| x^{(3)}-x^{*} \|_{\infty} \leqslant 0.00025$,$\| x^{(4)}-x^{*} \|_{\infty} \leqslant 3.2\times 10^{-5}$。

显然,由此例可以看出,用高斯-赛德尔迭代法解此方程组比用雅可比方法解此方程组收敛速度快(即在初始向量 $x^{(0)}$ 相同时,要达到同样精度,所需迭代次数较少),这个结论只当 A 满足一定条件时才是成立的。有些方程组如例 2.3.2 中的方程组(2.3.8),用雅可比迭代法收敛,而用高斯-赛德尔迭代法却是发散的。

在科学和工程计算中常常会遇到一类特殊线性方程组,其系数矩阵 A 满足矩阵的对角元素大于它所在的行或列其他元素的合计,称这类矩阵为对角占优矩阵,对这类特殊方程组的迭代法收敛问题有如下定理。

定理 2.14　线性方程组 $Ax=b$ 的系数矩阵 A 为严格对角占优矩阵,则解此方程组的雅可比法和高斯-赛德尔迭代法都是收敛的。

证明　由于系数矩阵 A 为严格对角占优矩阵,所以 A 为非奇异矩阵,雅可比迭代公式的迭代矩阵为

$$B=I-D^{-1}A=\begin{pmatrix} 0 & -\dfrac{a_{12}}{a_{11}} & \cdots & -\dfrac{a_{1n}}{a_{11}} \\ -\dfrac{a_{21}}{a_{22}} & 0 & \cdots & -\dfrac{a_{2n}}{a_{22}} \\ \vdots & \vdots & & \vdots \\ -\dfrac{a_{n1}}{a_{nn}} & -\dfrac{a_{n2}}{a_{nn}} & \cdots & 0 \end{pmatrix}$$

利用对角占优知

$$\| B \|_{\infty}=\| I-D^{-1}A \|_{\infty}=\max_{1\leqslant i\leqslant n}\left\{\sum_{\substack{j=1\\ j\neq i}}\frac{|a_{ij}|}{|a_{ii}|}\right\}=\max_{1\leqslant i\leqslant n}\left\{\frac{1}{|a_{ii}|}\sum_{\substack{j=1\\ j\neq i}}|a_{ij}|\right\}<1 \tag{2.3.13}$$

由定理 2.11 知雅可比迭代法收敛。

考察高斯-赛德尔迭代公式的迭代矩阵为 $G_1=-(D+L)^{-1}U$,令 $y=G_1x$,则有 $y=-(D+L)^{-1}Ux$,即 $(D+L)y=-Ux$,于是有

$$y=-D^{-1}Ly-D^{-1}Ux$$

写成分量形式为

$$y_i=-\sum_{j=1}^{i-1}\frac{a_{ij}}{a_{ii}}y_i-\sum_{j=i+1}^{n}\frac{a_{ij}}{a_{ii}}x_i,\quad i=1,2,\cdots,n \tag{2.3.14}$$

设 $\|\boldsymbol{x}\|_\infty=\max\limits_{1\leqslant i\leqslant n}|x_i|=1$，而 $\|\boldsymbol{y}\|_\infty=\max\limits_{1\leqslant i\leqslant n}|y_i|=|y_k|(1\leqslant k\leqslant n)$，则有(2.3.14)得

$$\|\boldsymbol{y}\|_\infty=|y_k|\leqslant\sum_{j=1}^{k-1}\frac{|a_{kj}|}{|a_{kk}|}\|\boldsymbol{y}\|_\infty+\sum_{j=k+1}^{n}\frac{|a_{kj}|}{|a_{kk}|}$$

化简整理得

$$\|\boldsymbol{y}\|_\infty\leqslant\frac{\sum\limits_{j=k+1}^{n}\frac{|a_{kj}|}{|a_{kk}|}}{1-\sum\limits_{j=1}^{k-1}\frac{|a_{kj}|}{|a_{kk}|}}$$

由于对角占优条件知上式右端必小于 1，所以有

$$\|\boldsymbol{G}_1\|_\infty=\max_{\|\boldsymbol{x}\|_\infty=1}\|\boldsymbol{y}\|_\infty<1$$

由定理 2.11 知高斯-赛德尔迭代法收敛。

2.3.5 超松弛迭代法

迭代法的困难在于难以估计其计算量，有时迭代过程虽然收敛，但由于收敛速度缓慢，使计算量变得很大而失去使用价值。因此，迭代过程的加速具有重要意义。超松弛迭代法(successive over relaxatic method，SOR 方法)，可以看作带参数的高斯-赛德尔迭代法，它是将前一步的结果 $x_i^{(k)}$ 与高斯-赛德尔迭代方法的迭代值 $\tilde{x}_i^{(k+1)}$ 适当加权平均，期望获得更好的近似值 $x_i^{(k+1)}$，其实质上是高斯-赛德尔迭代的一种加速方法。该方法是解大型稀疏矩阵方程组的有效方法之一，有着广泛的应用。

1. SOR 迭代法的基本思想

对方程组为 $\boldsymbol{Ax}=\boldsymbol{b}$，用高斯-赛德尔迭代法定义辅助变量：

$$\tilde{x}_i^{(k+1)}=\frac{1}{a_{ii}}\left(b_i-\sum_{j=1}^{i-1}a_{ij}x_j^{(k+1)}-\sum_{j=i+1}^{n}a_{ij}x_j^{(k)}\right)\quad(i=1,2,\cdots,n)\tag{2.3.15}$$

引入一个加速收敛的参数 ω(ω 为实数)，称为松弛因子，将 $x_i^{(k)}$ 与 $\tilde{x}_i^{(k+1)}$ 加权平均得 $x_i^{(k+1)}$

$$x_i^{(k+1)}=(1-\omega)x_i^{(k)}+\omega\tilde{x}_i^{(k+1)}=x_i^{(k)}+\omega(\tilde{x}_i^{(k+1)}-x_i^{(k)})\tag{2.3.16}$$

将式(2.3.15)代入式(2.3.16)化简得

$$x_i^{(k+1)}=(1-\omega)x_i^{(k)}+\frac{\omega}{a_{ii}}\left(b_i-\sum_{j=1}^{i-1}a_{ij}x_j^{(k+1)}-\sum_{j=i+1}^{n}a_{ij}x_j^{(k)}\right)\tag{2.3.17}$$

式(2.3.17)称为超松弛迭代公式。

显然当 $\omega=1$ 时，式(2.3.17)为高斯-赛德尔迭代法。通常为了保证迭代过程收敛，要求 $0<\omega<2$。当 $0<\omega<1$ 时，式(2.3.17)称为低松弛法；当 $1<\omega<2$ 时，式(2.3.17)称为超松弛法。

2. SOR 迭代法的矩阵表示

将线性方程组的系数矩阵 $\boldsymbol{A}$ 分解成 $\boldsymbol{A}=\boldsymbol{L}+\boldsymbol{D}+\boldsymbol{U}$，则方程组 $\boldsymbol{Ax}=\boldsymbol{b}$ 等价于

$$(\boldsymbol{L}+\boldsymbol{D}+\boldsymbol{U})\boldsymbol{x}=\boldsymbol{b}$$

由高斯-赛德尔迭代得 $\boldsymbol{Dx}^{(k+1)}=-\boldsymbol{Lx}^{(k+1)}-\boldsymbol{Ux}^{(k)}+\boldsymbol{b}$，于是

$$\tilde{\boldsymbol{x}}^{(k+1)}=\boldsymbol{D}^{-1}(-\boldsymbol{Lx}^{(k+1)}-\boldsymbol{Ux}^{(k)}+\boldsymbol{b})$$

于是 SOR 迭代格式为

$$\boldsymbol{x}^{(k+1)}=(1-\omega)\boldsymbol{x}^{(k)}+\omega\tilde{\boldsymbol{x}}^{(k+1)}=(1-\omega)\boldsymbol{x}^{(k)}+\omega\boldsymbol{D}^{-1}(-\boldsymbol{Lx}^{(k+1)}-\boldsymbol{Ux}^{(k)}+\boldsymbol{b})$$

即

$$(\boldsymbol{D}+\omega\boldsymbol{L})\boldsymbol{x}^{(k+1)}=[(1-\omega)\boldsymbol{D}-\omega\boldsymbol{U}]\boldsymbol{x}^{(k)}+\omega\boldsymbol{b}$$

对任意 ω，由于 $a_{ii}\neq0,i=1,2,\cdots,n$，所以 $\boldsymbol{D}+\omega\boldsymbol{L}$ 为非奇异阵，于是有

$$\boldsymbol{x}^{(k+1)}=(\boldsymbol{D}+\omega\boldsymbol{L})^{-1}[(1-\omega)\boldsymbol{D}-\omega\boldsymbol{U}]\boldsymbol{x}^{(k)}+\omega(\boldsymbol{D}+\omega\boldsymbol{L})^{-1}\boldsymbol{b}\tag{2.3.18}$$

令

$$L_\omega=(D+\omega L)^{-1}[(1-\omega)D-\omega U],f_\omega=\omega(D+\omega L)^{-1}b \tag{2.3.19}$$

则 SOR 迭代公式为

$$x^{(k+1)}=L_\omega x^{(k)}+f_\omega \tag{2.3.20}$$

例 2.3.5　用 SOR 迭代法解线性方程组

$$\begin{cases}4x_1-2x_2-4x_3=10\\-2x_1+17x_2+10x_3=3\\-4x_1+10x_2+9x_3=-7\end{cases}$$

解　方程组的精确解为 $x^*=(2,1,-1)^T$，取初始向量 $x^{(0)}=(0,0,0)^T$，松弛因子取 $\omega=1.46$，迭代误差取 $\|x^{(k+1)}-x^{(k)}\|_\infty<10^{-6}$，SOR 迭代格式为

$$\begin{cases}x_1^{(k+1)}=(1-\omega)x_1^{(k)}+\dfrac{\omega}{4}(10+2x_2^{(k)}+4x_3^{(k)})\\x_2^{(k+1)}=(1-\omega)x_2^{(k)}+\dfrac{\omega}{17}(3+2x_1^{(k+1)}-10x_3^{(k)})\\x_3^{(k+1)}=(1-\omega)x_3^{(k)}+\dfrac{\omega}{9}(-7+4x_1^{(k+1)}-10x_2^{(k+1)})\end{cases}$$

只需迭代 20 次便可达到精度要求。如果取 $\omega=1$（即高斯-赛德尔迭代法）和同一初值 $x^{(0)}=(0,0,0)^T$，要达到同样精度，需要迭代 110 次。这说明松弛因子 ω 的选择对收敛速度影响很大。

对于 SOR 迭代法的收敛性，根据迭代法收敛性条件有以下结论：

定理 2.15　设 $L_\omega=(D+\omega L)^{-1}[(1-\omega)D-\omega U]$ 为解线性方程组的 SOR 迭代法的超松弛迭代矩阵，如果 $\|L_\omega\|<1$，则该超松弛迭代收敛；进一步，该超松弛迭代收敛的充分必要条件为 $\rho(L_\omega)<1$。

但在实际应用中由于 L_ω 的计算比较复杂，通常不用上面的结论，而是根据方程组的系数矩阵 A 来判断 SOR 迭代法的收敛性，在此不做证明地给出如下结论。

定理 2.16　线性方程组 $Ax=b$ 系数矩阵 A 为对称正定矩阵，则当 $0<\omega<2$ 时，SOR 迭代法收敛。

例 2.3.6　用 SOR 法解方程组（分别取 $\omega=1.03$，$\omega=1.1$）

$$\begin{cases}4x_1-x_2=1\\-x_1+4x_2-x_3=4,\\-x_2+4x_3=-3\end{cases}$$

精确解 $x^*=\left(\dfrac{1}{2},1,-\dfrac{1}{2}\right)^T$，要求当 $\|x^*-x^{(k)}\|_\infty<5\times10^{-6}$ 时迭代终止。

解　SOR 法的迭代格式为

$$\begin{cases}x_1^{(k+1)}=(1-\omega)x_1^{(k)}+\dfrac{\omega}{4}(1+x_2^{(k)})\\x_2^{(k+1)}=(1-\omega)x_2^{(k)}+\dfrac{\omega}{4}(4+x_1^{(k+1)}+x_3^{(k)}),\quad k=0,1,\cdots\\x_3^{(k+1)}=(1-\omega)x3^{(k)}+\dfrac{\omega}{4}(-3+x_2^{(k+1)})\end{cases}$$

取初始值 $x^{(0)}=(0,0,0)^T$，

（1）当 $\omega=1.03$ 时，迭代 5 次达到要求，此时

$$x^{(5)}=(0.500\,004\,31,1.000\,000\,2,-0.499\,999\,5)^T$$

（2）当 $\omega=1.1$ 时，迭代 6 次达到要求，此时

$$x^{(6)}=(0.500\,003\,5,0.999\,998\,9,-0.500\,000\,3)^T$$

2.4 矩阵特征值计算

工程技术上许多问题，如电磁振荡、机械振荡及物理学中某些临界值的确定等问题，都归结为求矩阵特征值及特征向量问题，但是当矩阵的阶数较高时，直接求矩阵的特征值是很困难的，因此需要研究求矩阵特征值和特征向量的数值解法。本节主要介绍常用的迭代法（幂法及反幂法）、变换法（豪斯霍尔德及 QR）。

2.4.1 幂法与反幂法

幂法是求矩阵按模最大特征值（主特征值）及相应特征向量的简单而有效的方法，特别适用于大型矩阵或稀疏矩阵，也是计算谱半径的有效方法，反幂法又称反迭代法，是用来计算非奇异矩阵按模最小特征值及相应的特征向量的有效方法，特别适用于计算对应于一个给定近似特征值的特征向量。

1. 幂法的基本原理

设 $\mathbf{A}$ 为 $n\times n$ 的实方阵，$\lambda_i(i=1,2,\cdots,n)$ 为其 n 个特征值且满足

$$|\lambda_1|>|\lambda_2|\geqslant|\lambda_3|\geqslant\cdots\geqslant|\lambda_n| \tag{2.4.1}$$

相应的 n 个特征向量 $\boldsymbol{x}_i(i=1,2,\cdots,n)$ 线性无关，故可构成 $\mathbf{R}^n$ 中一组基，且满足 $\mathbf{A}\boldsymbol{x}_i=\lambda\boldsymbol{x}_i(i=1,2,\cdots,n)$，于是对任意的非零实向量 $\boldsymbol{u}^{(0)}\neq\mathbf{0}$，有

$$\boldsymbol{u}^{(0)}=\alpha_1\boldsymbol{x}_1+\alpha_2\boldsymbol{x}_2+\cdots+\alpha_n\boldsymbol{x}_n=\sum_{i=1}^{n}\alpha_i\boldsymbol{x}_i \tag{2.4.2}$$

在式(2.4.2)两端分别左乘矩阵 $\mathbf{A}$，并令

$$\boldsymbol{u}^{(1)}=\mathbf{A}\boldsymbol{u}^{(0)}=\alpha_1\mathbf{A}\boldsymbol{x}_1+\alpha_2\mathbf{A}\boldsymbol{x}_2+\cdots+\alpha_n\mathbf{A}\boldsymbol{x}_n$$
$$\boldsymbol{u}^{(2)}=\mathbf{A}\boldsymbol{u}^{(1)}=\alpha_1\mathbf{A}^2\boldsymbol{x}_1+\alpha_2\mathbf{A}^2\boldsymbol{x}_2+\cdots+\alpha_n\mathbf{A}^2\boldsymbol{x}_n$$
$$\cdots\cdots\cdots\cdots$$

依此类推，构造迭代格式

$$\boldsymbol{u}^{(k)}=\mathbf{A}\boldsymbol{u}^{(k-1)}=\cdots=\mathbf{A}^k\boldsymbol{u}^{(0)}=\alpha_1\mathbf{A}^k\boldsymbol{x}_1+\alpha_2\mathbf{A}^k\boldsymbol{x}_2+\cdots+\alpha_n\mathbf{A}^k\boldsymbol{x}_n \tag{2.4.3}$$

于是有

$$\begin{aligned}\boldsymbol{u}^{(k)}&=\alpha_1\lambda_1^k\boldsymbol{x}_1+\alpha_2\lambda_2^k\boldsymbol{x}_2+\cdots+\alpha_n\lambda_n^k\boldsymbol{x}_n\\&=\lambda_1^k\left[\alpha_1\boldsymbol{x}_1+\alpha_2\left(\frac{\lambda_2}{\lambda_1}\right)^k\boldsymbol{x}_2+\cdots+\alpha_n\left(\frac{\lambda_n}{\lambda_1}\right)^k\boldsymbol{x}_n\right]\\&=\lambda_1^k\left[\alpha_1\boldsymbol{x}_1+\sum_{i=2}^{n}\alpha_i\left(\frac{\lambda_i}{\lambda_1}\right)^k\boldsymbol{x}_i\right]\end{aligned}$$

由于 $\left|\dfrac{\lambda_i}{\lambda_1}\right|<1(i=2,3,\cdots,n)$，当 $k\to\infty$ 时，有

$$\boldsymbol{u}^{(k)}\approx\lambda_1^k\alpha_1\boldsymbol{x}_1 \tag{2.4.4}$$

$$\lim_{k\to\infty}\frac{u_j^{(k+1)}}{u_j^{(k)}}=\lim_{k\to\infty}\frac{\lambda_1^{k+1}\left[\alpha_1x_1+\sum\limits_{i=2}^{n}\alpha_i\left(\dfrac{\lambda_i}{\lambda_1}\right)^{k+1}x_i\right]_j}{\lambda_1^k\left[\alpha_1x_1+\sum\limits_{i=2}^{n}\alpha_i\left(\dfrac{\lambda_i}{\lambda_1}\right)^{k}x_i\right]_j}=\lambda_1 \tag{2.4.5}$$

这里 $u_j^{(k)}$ 表示向量 $\boldsymbol{u}^{(k)}$ 的第 j 个分量。上面讨论给出了计算矩阵 $\mathbf{A}$ 的特征值及其对应的特征向量的幂法，式(2.4.4)及式(2.4.5)表明当 k 充分大时，$\boldsymbol{u}^{(k)}$ 可以作为矩阵 $\mathbf{A}$ 的与 λ_1 相对应的特征向量的近似值。

基于式(2.4.4)及式(2.4.5)可知，当 $k\to\infty$ 时，若 $|\lambda_1|>1$，则 $\boldsymbol{u}^{(k)}$ 的分量会趋于无穷，若 $|\lambda_1|<$

1,则 $\boldsymbol{u}^{(k)}$ 的分量又会趋于 0,这样会引起计算过程发生上溢或下溢。为了克服这一缺点,采用标准化措施,即在迭代的每一步,引入函数 $\max(\boldsymbol{u}^{(k)})$,它表示取向量 $\boldsymbol{u}^{(k)}$ 中按模最大的分量,称向量 $\boldsymbol{v}^{(k)}=\dfrac{\boldsymbol{u}^{(k)}}{\max(\boldsymbol{u}^{(k)})}$为向量 $\boldsymbol{u}^{(k)}$ 的规范化向量。例如,$\boldsymbol{u}^{(k)}=(1,-3,4)^{\mathrm{T}}$,则 $\max(\boldsymbol{u}^{(k)})=3$,这样 $\boldsymbol{v}^{(k)}$ 的最大分量为 1,即完成了规范化。于是幂法迭代格式变成如下形式:

对任意的初始向量 $\boldsymbol{u}^{(0)}\neq 0$,令

$$\begin{cases} m_k=\max(\boldsymbol{u}^{(k)})=\max(\boldsymbol{A}\boldsymbol{u}^{(k-1)}) \\ \boldsymbol{v}^{(k)}=\dfrac{\boldsymbol{u}^{(k)}}{m_k} \\ \boldsymbol{u}^{(k+1)}=\boldsymbol{A}\boldsymbol{v}^{(k)} \end{cases} \tag{2.4.6}$$

则

$$\begin{cases} \lim\limits_{k\to\infty} m_k=\lambda_1 \\ \lim\limits_{k\to\infty} \boldsymbol{v}^{(k)}=\dfrac{\boldsymbol{x}_1}{\max(x_1)} \end{cases} \tag{2.4.7}$$

例 2.4.1 用幂法求解矩阵的按模最大特征值及其相应的特征向量,精确值 $\lambda_1=9.605\,551\,27\cdots$,$\varepsilon=10^{-5}$。

$$\boldsymbol{A}=\begin{pmatrix} 7 & 3 & -2 \\ 3 & 4 & -1 \\ -2 & -1 & 3 \end{pmatrix}$$

解 取初始向量 $\boldsymbol{u}^{(0)}=(1,1,1)^{\mathrm{T}}$,应用算法计算结果见表 2-5。

表 2-5　矩阵 A 的最大特征值幂法结果

k	$\boldsymbol{u}^{(k)}$	$\boldsymbol{v}^{(k)}$	m_k
0	1.000 000,1.000 000, 1.000 000	1.000 000,1.000 000,1.000 000	1.000 000
1	8.000 000,6.000 000, 0.000 000	1.000 000,0.750 000,0.000 000	8.000 000
2	9.250 000,6.000 000,−2.750 000	1.000 000,0.648 649,−0.297 297	9.250 000
3	9.540 541,5.891 892,−3.540 541	1.000 000,0.617 564,−0.371 105	9.540 541
4	9.594 901,5.841 360,−3.730 878	1.000 000,0.608 798,−0.388 840	9.594 901
5	9.604 074,5.824 033,−3.775 317	1.000 000,0.606 413,−0.393 095	9.604 074
6	9.605 429,5.818 746,−3.785 699	1.000 000,0.605 777,−0.394 121	9.605 429
7	9.605 572,5.817 228,−3.778 139	1.000 000,0.605 777,−0.394 369	9.605 572
8	9.605 567,5.816 808,−3.788 717	1.000 000,0.605 566,−0.394 429	9.605 567

由表 2-5 知,$|m_8-m_7|<10^{-5}$,故取 $\lambda_1\approx m_8=9.605\,567$,相应特征向量为 $\boldsymbol{x}_1\approx\boldsymbol{v}^{(8)}=(1.000\,000,0.605\,566,-0.374\,429)^{\mathrm{T}}$。

由于幂法的收敛速度由比值$\left|\dfrac{\lambda_i}{\lambda_1}\right|$来确定,比值越小收敛速度就越快,当$\left|\dfrac{\lambda_i}{\lambda_1}\right|\approx 1$ 时,收敛速度很慢,因此需要对幂法进行加速。实际计算中常采用原点位移法进行幂法加速。

引进矩阵 $\boldsymbol{B}$:

$$\boldsymbol{B}=\boldsymbol{A}-p\boldsymbol{I} \tag{2.4.8}$$

其中 p 为一待定常数,若 $\boldsymbol{A}$ 的特征值为 λ_i,则 $\boldsymbol{B}$ 的特征值为 $\lambda_i-p(i=1,2,\cdots)$,矩阵 $\boldsymbol{A}$ 及 $\boldsymbol{B}$ 具有相同的特征向量。若选取 p 满足

$$|\lambda_1-p|>|\lambda_i-p| \quad (i=2,3,\cdots) \tag{2.4.9}$$

和

$$\max_{2\leqslant i\leqslant n}\left|\frac{\lambda_i-p}{\lambda_1-p}\right|<\left|\frac{\lambda_2}{\lambda_1}\right| \tag{2.4.10}$$

则将幂法应用到矩阵 $\boldsymbol{B}$,求得 $\boldsymbol{B}$ 的按模最大特征值 λ_1-p,进而求得 $\boldsymbol{A}$ 的按模最大特征值 λ_1,起到了加速收敛的目的。

例 2.4.2 用原点位移的幂法求解矩阵 $\boldsymbol{A}$ 的按模最大特征值及其相应的特征向量,取 $p=0.75$,其中

$$\boldsymbol{A}=\begin{pmatrix}1 & 1 & 0.5\\ 1 & 1 & 0.25\\ 0.5 & 0.25 & 2\end{pmatrix}$$

解 做变换 $\boldsymbol{B}=\boldsymbol{A}-p\boldsymbol{I}$,则 $\boldsymbol{B}=\begin{pmatrix}0.25 & 1 & 0.5\\ 1 & 0.25 & 0.25\\ 0.5 & 0.25 & 1.25\end{pmatrix}$,对 $\boldsymbol{B}$ 应用幂法,选取初始值 $\boldsymbol{u}^{(0)}=(1,1,1)^{\mathrm{T}}$,计算结果见表 2-6。

表 2-6 矩阵 $\boldsymbol{B}=\boldsymbol{A}-0.75\boldsymbol{I}$ 的特征值幂法结果

k		$\boldsymbol{v}^{(k)}$		m_k
0	1	1	1	
5	0.751 6	0.652 2	1	1.791 401
6	0.749 1	0.651 1	1	0.178 884 4
7	0.748 8	0.650 1	1	1.787 330
8	0.748 4	0.649 9	1	1.786 915
9	0.748 3	0.649 7	1	1.786 659
10	0.748 2	0.649 7	1	1.786 591

由表得 $\boldsymbol{B}$ 的按模最大特征值为 $\mu_1\approx m_{10}=1.786\ 591$,$\boldsymbol{A}$ 的按模最大特征值为 $\lambda_1\approx\mu_1+p=2.536\ 591$,对应的特征向量为(0.748 2,0.649 7,1)。

2. 反幂法的基本原理

反幂法是幂法的变形,是用来计算 $\boldsymbol{A}$ 的按模最小的特征值和相应的特征向量。

设矩阵 $\boldsymbol{A}\in\mathbf{R}^{n\times n}$非奇异,$\lambda$ 与 $\boldsymbol{x}$ 是 $\boldsymbol{A}$ 的特征值及特征向量,即 $\boldsymbol{Ax}=\lambda\boldsymbol{x}$。如果 $\lambda\neq0$,则有 $\boldsymbol{A}^{-1}\boldsymbol{x}=\lambda^{-1}\boldsymbol{x}$,这表明 $\boldsymbol{A}^{-1}$的特征值是 $\boldsymbol{A}$ 的特征值的倒数,而特征向量不变。因此若对 $\boldsymbol{A}^{-1}$实行幂法,则可求出 $\boldsymbol{A}^{-1}$的按模最大特征值,其倒数恰为 $\boldsymbol{A}$ 的按模最小特征值,这就是反幂法的基本思想。

对任意的初始向量 $\boldsymbol{u}^{(0)}\neq0$,作迭代

$$\begin{cases}m_k=\max(\boldsymbol{u}^{(k)})\\ \boldsymbol{v}^{(k)}=\dfrac{\boldsymbol{u}^{(k)}}{m_k}\\ \boldsymbol{u}^{(k+1)}=\boldsymbol{A}^{-1}\boldsymbol{v}^{(k)}\end{cases}\quad(k=0,1,2,\cdots) \tag{2.4.11}$$

则

$$\mu_n=\frac{1}{\lambda_n}=\lim_{k\to\infty}m_k,\quad \lim_{k\to\infty}v^{(k)}=\frac{x_n}{\max(x_n)} \tag{2.4.12}$$

实际计算时,在迭代格式(2.4.11)中并不是先求出 $\boldsymbol{A}^{-1}$,而是直接求解以 $\boldsymbol{A}$ 为系数矩阵的线性方程组 $\boldsymbol{Au}^{(k+1)}=\boldsymbol{v}^{(k)}$,由于每次所需求解的方程组的系数矩阵相同,为了节省计算量,通常会先将 $\boldsymbol{A}$ 进行 LU 分解,这样每次迭代只需求解两个三角形方程组,大大减少了计算量。在反幂法中也可用原点位移来加速迭代或求其他特征值。

令 $\boldsymbol{B}=\boldsymbol{A}-p\boldsymbol{I}$，若$(\boldsymbol{A}-p\boldsymbol{I})^{-1}$存在，则特征值$\frac{1}{\lambda_1-p},\frac{1}{\lambda_2-p},\cdots,\frac{1}{\lambda_n-p}$对应的特征向量为 x_1，$x_2,\cdots x_n$。对任意的初始向量 $\boldsymbol{u}^{(0)}\neq\boldsymbol{0}$，计算

$$\begin{cases}\boldsymbol{v}^{(k)}=\dfrac{\boldsymbol{u}^{(k)}}{\max(\boldsymbol{u}^{(k)})} \\ \boldsymbol{u}^{(k+1)}=(\boldsymbol{A}-p\boldsymbol{I})^{-1}\boldsymbol{v}^{(k)}\end{cases}\quad(k=0,1,2,\cdots)\tag{2.4.13}$$

如果 p 是 $\boldsymbol{A}$ 的特征值 λ_j 的近似，且满足 $0<|\lambda_j-p|<<|\lambda_i-p|\ (i\neq j)$，选择 $p=\frac{\lambda_1+\lambda_{n-1}}{2}$，收敛速度由比值 $r=\frac{|\lambda_j-p|}{\min\limits_{i\neq j}|\lambda_i-p|}$确定。只要 p 是 λ_j 较好近似且特征值分离较好，一般 r 很小，迭代一两次即可完成计算。

例 2.4.3　求解矩阵 $\boldsymbol{A}$ 的给定近似特征值 $p=-13$ 的特征值及其相应的特征向量，其中

$$\boldsymbol{A}=\begin{pmatrix}-12 & 3 & 3\\ 3 & 1 & -2\\ 3 & -2 & 7\end{pmatrix}$$

解　取初始向量 $\boldsymbol{u}^{(0)}=(1,1,1)^{\mathrm{T}}$，由原点位移的反幂法公式(2.4.13)，由于 $p=-13$，做变换 $\boldsymbol{B}=\boldsymbol{A}-p\boldsymbol{I}$，则 $\boldsymbol{B}=\begin{pmatrix}1 & 3 & 3\\ 3 & 14 & -2\\ 3 & -2 & 20\end{pmatrix}$，将 $\boldsymbol{B}$ 进行 LU 分解，得

$$\boldsymbol{B}=\boldsymbol{LU}=\begin{pmatrix}1 & 0 & 0\\ 3 & 1 & 0\\ 3 & -\frac{11}{5} & 1\end{pmatrix}\begin{pmatrix}1 & 3 & 3\\ 0 & 5 & -11\\ 0 & 0 & -\frac{66}{5}\end{pmatrix}$$

则带原点位移的反幂法公式为

$$\boldsymbol{u}^{(0)}\neq\boldsymbol{0},\quad \boldsymbol{L}\boldsymbol{y}_k=\boldsymbol{v}_{k-1},\quad \boldsymbol{U}\boldsymbol{u}_k=\boldsymbol{y}_k,\quad \boldsymbol{v}_k=\frac{\boldsymbol{u}_k}{\max(\boldsymbol{u}_k)},\quad k=0,1,2,\cdots$$

取初始值 $\boldsymbol{u}^{(0)}=(1,1,1)^{\mathrm{T}}$，计算结果见表 2-7。

表 2-7　矩阵的特征值的反幂法结果

k	$\boldsymbol{v}^{(k)}$			$p+1/\max(\boldsymbol{u}_k)$
0	1	1	1	
1	1	−0.271 604 938	−0.197 530 864	−13.407 407 41
2	1	−0.234 537 76	−0.171 305 338	−13.217 529 30
3	1	−0.235 114 344	−0.171 625 203	−13.220 218 64
4	1	−0.235 105 35	−0.171 621 118	−13.220 179 41
5	1	−0.235 105 489	−0.171 621 172	−13.220 179 98

故 $\boldsymbol{A}$ 的与给定近似特征值 $p=-13$ 接近的特征值为 $\lambda\approx-13.220\ 179\ 98$，与之对应的特征向量为(1，−0.235 105 489，−0.171 621 172)。

2.4.2　基于豪斯霍尔德变换的 QR 分解

前面介绍用迭代法(幂法及反幂法)求解实矩阵的全部特征值问题，在本部分将介绍基于豪斯霍尔德(Householder)变换的 QR 分解方法。该方法是一种用于将矩阵分解为正交矩阵和上三角矩阵的方法，具有数值稳定性好，且收敛速度快等优点，是计算一般矩阵(中小型矩阵)全部特征值最有效的方法之一。

1. 豪斯霍尔德变换

豪斯霍尔德变换也称初等反射矩阵或镜像变换，是线性代数中常用的变换方法，由著名的数值分析专家豪斯霍尔德在 1958 年为讨论矩阵特征值问题而提出。

定义 2.7 形如

$$\boldsymbol{H}=\boldsymbol{I}-2\boldsymbol{w}\boldsymbol{w}^{\mathrm{T}} \tag{2.4.14}$$

的矩阵称为豪斯霍尔德矩阵，其中 $\boldsymbol{I}$ 为 n 阶单位矩阵，$\boldsymbol{w}$ 为 n 维实向量，且

$$\|\boldsymbol{w}\|_2=\sqrt{\boldsymbol{w}^{\mathrm{T}}\boldsymbol{w}}=1 \tag{2.4.15}$$

容易验证豪斯霍尔德矩阵具有如下性质：

$\boldsymbol{H}^{\mathrm{T}}=\boldsymbol{H}$（对称性），$\boldsymbol{H}^{-1}=\boldsymbol{H}^{\mathrm{T}}$（正交性），$\boldsymbol{H}^{-1}=\boldsymbol{H}$（自逆性），$\boldsymbol{H}^2=\boldsymbol{I}$（对合性）。

定理 2.17 设 $\boldsymbol{x}\in\mathbf{R}^n$ 为任意非零列向量及任意单位向量 $\boldsymbol{e}\in\mathbf{R}^n$，则存在一个豪斯霍尔德矩阵 $\boldsymbol{H}$，满足

$$\boldsymbol{H}\boldsymbol{x}=\|\boldsymbol{x}\|_2\boldsymbol{e} \tag{2.4.16}$$

证明 若 $\boldsymbol{x}=\|\boldsymbol{x}\|_2\boldsymbol{e}$，只需取 $\boldsymbol{w}$ 为与 $\boldsymbol{x}$ 正交的向量（$\boldsymbol{w}^{\mathrm{T}}\boldsymbol{x}=\boldsymbol{0}$），此时 $\boldsymbol{H}\boldsymbol{x}=(\boldsymbol{I}-2\boldsymbol{w}\boldsymbol{w}^{\mathrm{T}})\boldsymbol{x}=\boldsymbol{0}$。

若 $\boldsymbol{x}\neq\|\boldsymbol{x}\|_2\boldsymbol{e}$，令 $\boldsymbol{y}=\|\boldsymbol{x}\|_2\boldsymbol{e}$，取 $\boldsymbol{w}=\dfrac{\boldsymbol{x}-\boldsymbol{y}}{\|\boldsymbol{x}-\boldsymbol{y}\|_2}$，构造豪斯霍尔德矩阵

$$\boldsymbol{H}=\boldsymbol{I}-2\boldsymbol{w}\boldsymbol{w}^{\mathrm{T}}=\boldsymbol{I}-2\,\frac{\boldsymbol{x}-\boldsymbol{y}}{\|\boldsymbol{x}-\boldsymbol{y}\|_2}\frac{(\boldsymbol{x}-\boldsymbol{y})^{\mathrm{T}}}{\|\boldsymbol{x}-\boldsymbol{y}\|_2}=\frac{(\boldsymbol{x}-\boldsymbol{y})(\boldsymbol{x}^{\mathrm{T}}-\boldsymbol{y}^{\mathrm{T}})}{\|\boldsymbol{x}-\boldsymbol{y}\|_2^2}$$

由于 $\|\boldsymbol{x}\|_2=\|\boldsymbol{y}\|_2$，即 $\boldsymbol{x}^{\mathrm{T}}\boldsymbol{x}=\boldsymbol{y}^{\mathrm{T}}\boldsymbol{y}$，因此

$$\|\boldsymbol{x}-\boldsymbol{y}\|_2^2=(\boldsymbol{x}-\boldsymbol{y})^{\mathrm{T}}(\boldsymbol{x}-\boldsymbol{y})=\boldsymbol{x}^{\mathrm{T}}\boldsymbol{x}-\boldsymbol{y}^{\mathrm{T}}\boldsymbol{x}-\boldsymbol{x}^{\mathrm{T}}\boldsymbol{y}+\boldsymbol{y}^{\mathrm{T}}\boldsymbol{y}=2(\boldsymbol{x}^{\mathrm{T}}\boldsymbol{x}-\boldsymbol{y}^{\mathrm{T}}\boldsymbol{x})$$

从而

$$\boldsymbol{H}\boldsymbol{x}=\boldsymbol{x}-\frac{2(\boldsymbol{x}^{\mathrm{T}}\boldsymbol{x}-\boldsymbol{y}^{\mathrm{T}}\boldsymbol{x})(\boldsymbol{x}-\boldsymbol{y})}{\|\boldsymbol{x}-\boldsymbol{y}\|_2^2}=\boldsymbol{x}-\frac{2(\boldsymbol{x}^{\mathrm{T}}\boldsymbol{x}-\boldsymbol{y}^{\mathrm{T}}\boldsymbol{x})(\boldsymbol{x}-\boldsymbol{y})}{2(\boldsymbol{x}^{\mathrm{T}}\boldsymbol{x}-\boldsymbol{y}^{\mathrm{T}}\boldsymbol{x})}=\boldsymbol{x}-(\boldsymbol{x}-\boldsymbol{y})=\boldsymbol{y}$$

证毕。

设 $\boldsymbol{x}=(x_1,x_2,\cdots,x_n)^{\mathrm{T}}\in\mathbf{R}^n$，称 $\boldsymbol{y}=\boldsymbol{H}\boldsymbol{x}$ 为 $\boldsymbol{x}$ 的豪斯霍尔德变换。记 $\mathrm{sgn}(x_1)$ 为 x_1 的符号，令

$$\alpha=\|\boldsymbol{x}\|_2\,\mathrm{sgn}(x_1),\quad \boldsymbol{y}=-\alpha\boldsymbol{e}_1,\quad 其中\ \boldsymbol{e}_1=(1,0,\cdots,0)^{\mathrm{T}}$$

则对应

$$\boldsymbol{w}=\frac{\boldsymbol{x}-\boldsymbol{y}}{\|\boldsymbol{x}-\boldsymbol{y}\|_2}=\frac{\boldsymbol{x}+\alpha\boldsymbol{e}_1}{\|\boldsymbol{x}+\alpha\boldsymbol{e}_1\|_2} \tag{2.4.17}$$

的豪斯霍尔德矩阵 $\boldsymbol{H}$ 为

$$\boldsymbol{H}=\boldsymbol{I}-2\boldsymbol{w}\boldsymbol{w}^{\mathrm{T}}=\boldsymbol{I}-2\,\frac{(\boldsymbol{x}+\alpha\boldsymbol{e}_1)(\boldsymbol{x}+\alpha\boldsymbol{e}_1)^{\mathrm{T}}}{\|\boldsymbol{x}+\alpha\boldsymbol{e}_1\|_2} \tag{2.4.18}$$

它使 $\boldsymbol{H}\boldsymbol{x}$ 的后 $n-1$ 个分量为 0。

利用豪斯霍尔德变换矩阵(2.4.18)可以在一个向量中引入零元素，并不局限于 $\boldsymbol{H}\boldsymbol{x}=\alpha\boldsymbol{e}_1$ 的形式，其实它可以将向量中任何若干相邻的元素化为零。例如，欲在 $\boldsymbol{x}\in\mathbf{R}^n$ 中从 $k+1$ 至 i 位置引入零元素，只需定义 $\boldsymbol{w}$ 为

$$\boldsymbol{w}=(0,\cdots,0,x_k-\alpha,x_{k+1},\cdots,x_i,0,\cdots,0)^{\mathrm{T}}$$

即可，其中 $\alpha^2=\sum\limits_{j=k}^{n}x_j^2$。

例 2.4.4 试给出一个豪斯霍尔德矩阵 $\boldsymbol{H}$，将向量 $\boldsymbol{x}=(1,1,1,1)^{\mathrm{T}}$ 变为 $2\,(1,0,0,0)^{\mathrm{T}}$。

解 令 $\boldsymbol{u}=(1,1,1,1)^{\mathrm{T}}-2\,(1,0,0,0)^{\mathrm{T}}=(-1,1,1,1)^{\mathrm{T}}$，则 $\|\boldsymbol{u}\|_2=2$，于是有

$$\boldsymbol{w}=\frac{\boldsymbol{u}}{\|\boldsymbol{u}\|_2}=\frac{1}{2}\begin{pmatrix}-1\\1\\1\\1\end{pmatrix}$$

从而

$$H=I-2ww^{\mathrm{T}}=\begin{pmatrix}1&&&\\&1&&\\&&1&\\&&&1\end{pmatrix}-2\cdot\frac{1}{2}\begin{pmatrix}-1\\1\\1\\1\end{pmatrix}\cdot\frac{1}{2}(-1\quad 1\quad 1\quad 1)$$

$$=\begin{pmatrix}\frac{1}{2}&\frac{1}{2}&\frac{1}{2}&\frac{1}{2}\\\frac{1}{2}&\frac{1}{2}&-\frac{1}{2}&-\frac{1}{2}\\\frac{1}{2}&-\frac{1}{2}&\frac{1}{2}&-\frac{1}{2}\\\frac{1}{2}&-\frac{1}{2}&-\frac{1}{2}&\frac{1}{2}\end{pmatrix}$$

2. 矩阵的 QR 分解

QR 分解是工程中应用最为广泛的一类矩阵分解，它是将一个矩阵分解为正交矩阵 $\boldsymbol{Q}$ 和上三角矩阵 $\boldsymbol{R}$ 的乘积。这里仅给出基于豪斯霍尔德变换的 QR 分解方法。

第一步　设 $\boldsymbol{A}=(a_{ij})_{n\times n}$ 为 n 阶实方阵，记 $\boldsymbol{A}=(\boldsymbol{a}_1,\boldsymbol{a}_2,\cdots,\boldsymbol{a}_n)$，对 $\boldsymbol{A}$ 的第一列 $\boldsymbol{a}_1$，取 $\boldsymbol{w}_1=\dfrac{\boldsymbol{a}_1-\alpha_1\boldsymbol{e}_1}{\|\boldsymbol{a}_1-\alpha_1\boldsymbol{e}_1\|_2}$，$\alpha_1=\|\boldsymbol{a}_1\|_2$ 构造 $\boldsymbol{H}_1=\boldsymbol{I}-2\boldsymbol{w}_1\boldsymbol{w}_1^{\mathrm{T}}$，使得 $\boldsymbol{H}_1\boldsymbol{a}_1=(\alpha_1,0,\cdots,0)^{\mathrm{T}}$，于是

$$\boldsymbol{H}_1\boldsymbol{A}=(\boldsymbol{H}_1\boldsymbol{a}_1,\boldsymbol{H}_1\boldsymbol{a}_2,\cdots,\boldsymbol{H}_1\boldsymbol{a}_n)^{\mathrm{T}}=\begin{pmatrix}\alpha_1&a_{12}^{(1)}&\cdots&a_{1n}^{(1)}\\0&a_{22}^{(1)}&\cdots&a_{2n}^{(1)}\\\vdots&\vdots&&\vdots\\0&a_{n2}^{(1)}&\cdots&a_{nn}^{(1)}\end{pmatrix}=\boldsymbol{A}^{(1)}=\begin{pmatrix}\alpha_1&*\\\boldsymbol{0}&\boldsymbol{B}\end{pmatrix}$$

此处将 $\boldsymbol{A}^{(1)}$ 写成分块矩阵，其中 $\boldsymbol{B}=\begin{pmatrix}a_{22}^{(1)}&\cdots&a_{2n}^{(1)}\\\vdots&&\vdots\\a_{n2}^{(1)}&\cdots&a_{nn}^{(1)}\end{pmatrix}$ 为 $(n-1)\times(n-1)$ 子块。

第二步　记 $\boldsymbol{B}=(\boldsymbol{b}_2,\boldsymbol{b}_3,\cdots,\boldsymbol{b}_n)$，对 $\boldsymbol{B}$ 的 $\boldsymbol{b}_2$ 列，取 $\boldsymbol{w}_2=\dfrac{\boldsymbol{b}_2-\alpha_2\boldsymbol{e}_1}{\|\boldsymbol{b}_2-\alpha_2\boldsymbol{e}_1\|_2}$，$\alpha_2=\|\boldsymbol{b}_2\|_2$，构造 $\widetilde{\boldsymbol{H}}_2=\boldsymbol{I}-2\boldsymbol{w}_2\boldsymbol{w}_2^{\mathrm{T}}$，使得 $\boldsymbol{H}_2\boldsymbol{b}_2=(\alpha_2,0,\cdots,0)^{\mathrm{T}}$，于是对 $\boldsymbol{A}^{(1)}$，构造的 $\boldsymbol{H}$ 矩阵为

$$\boldsymbol{H}_2=\begin{pmatrix}1&\boldsymbol{0}^{\mathrm{T}}\\\boldsymbol{0}&\widetilde{\boldsymbol{H}}_2\end{pmatrix}$$

于是有

$$\boldsymbol{H}_2\boldsymbol{A}^{(1)}=\boldsymbol{H}_2(\boldsymbol{H}_1\boldsymbol{A}^{(0)})=\boldsymbol{H}_2\begin{pmatrix}\alpha_1&a_{12}^{(1)}&\cdots&a_{1n}^{(1)}\\0&a_{22}^{(1)}&\cdots&a_{1n}^{(1)}\\\vdots&\vdots&&\vdots\\0&a_{n2}^{(1)}&\cdots&a_{nn}^{(1)}\end{pmatrix}=\begin{pmatrix}\alpha_1&a_{12}^{(1)}&a_{13}^{(1)}&\cdots&a_{1n}^{(1)}\\0&\alpha_2&a_{23}^{(2)}&\cdots&a_{2n}^{(2)}\\0&0&a_{33}^{(2)}&\cdots&a_{3n}^{(2)}\\\vdots&\vdots&\vdots&&\vdots\\0&0&a_{n3}^{(2)}&\cdots&a_{nn}^{(2)}\end{pmatrix}$$

$$=\boldsymbol{A}^{(2)}=\begin{pmatrix}\alpha_1&*&*&\cdots&*\\0&\alpha_2&*&\cdots&*\\\boldsymbol{0}&\boldsymbol{0}&&\boldsymbol{C}&\end{pmatrix}$$

此处 $\boldsymbol{C}=\begin{pmatrix}a_{33}^{(2)}&\cdots&a_{3n}^{(2)}\\\vdots&&\vdots\\a_{n3}^{(2)}&\cdots&a_{nn}^{(2)}\end{pmatrix}$ 为 $(n-2)\times(n-2)$ 子块。

第三步　依次进行，最后得到第 $n-1$ 个 n 阶的豪斯霍尔德矩阵 $\boldsymbol{H}_{n-1}$，使得

$$\boldsymbol{H}_{n-1}\cdots\boldsymbol{H}_2\boldsymbol{H}_1\boldsymbol{A}=\begin{pmatrix}\alpha_1 & * & \cdots & * \\ & \alpha_2 & \cdots & \vdots \\ & & \ddots & * \\ & & & \alpha_n\end{pmatrix}=\boldsymbol{R}$$

第四步　因为 $\boldsymbol{H}_i$ 是正交矩阵，所以令 $\boldsymbol{Q}=\boldsymbol{H}_1\boldsymbol{H}_2\cdots\boldsymbol{H}_{n-1}$，有 $\boldsymbol{Q}^{\mathrm{T}}\boldsymbol{A}=\boldsymbol{R}$，从而 $\boldsymbol{A}=\boldsymbol{QR}$。

例 2.4.5　设 $\boldsymbol{A}=\begin{pmatrix}0 & 3 & 1\\ 0 & 4 & -2\\ 2 & 1 & 1\end{pmatrix}$，试做矩阵 QR 分解。

解　记 $\boldsymbol{a}_1=(0,0,2)^{\mathrm{T}}$，$\alpha_1=\|\boldsymbol{a}_1\|_2=2$，取 $\boldsymbol{w}_1=\dfrac{\boldsymbol{a}_1-\alpha_1\boldsymbol{e}_1}{\|\boldsymbol{a}_1-\alpha_1\boldsymbol{e}_1\|_2}=\dfrac{1}{\sqrt{2}}(-1,0,1)^{\mathrm{T}}$，对 $\boldsymbol{A}$ 的第一列 $\boldsymbol{a}_1$，构造

$$\boldsymbol{H}_1=\boldsymbol{I}-2\boldsymbol{w}_1\boldsymbol{w}_1^{\mathrm{T}}=\begin{pmatrix}1 & 0 & 0\\ 0 & 1 & 0\\ 0 & 0 & 1\end{pmatrix}-2\cdot\frac{1}{\sqrt{2}}\begin{pmatrix}-1\\ 0\\ 1\end{pmatrix}\cdot\frac{1}{\sqrt{2}}(-1,0,1)=\begin{pmatrix}0 & 0 & 1\\ 0 & 1 & 0\\ 1 & 0 & 0\end{pmatrix}$$

从而

$$\boldsymbol{H}_1\boldsymbol{A}=\begin{pmatrix}0 & 0 & 1\\ 0 & 1 & 0\\ 1 & 0 & 0\end{pmatrix}\begin{pmatrix}0 & 3 & 1\\ 0 & 4 & -2\\ 2 & 1 & 1\end{pmatrix}=\begin{pmatrix}2 & 1 & 2\\ 0 & 4 & -2\\ 0 & 3 & 1\end{pmatrix}$$

记 $\boldsymbol{b}_2=(4,3)^{\mathrm{T}}$，$\alpha_2=\|\boldsymbol{b}_2\|_2=5$，取 $\boldsymbol{w}_2=\dfrac{\boldsymbol{b}_2-\alpha_2\boldsymbol{e}_1}{\|\boldsymbol{b}_2-\alpha_2\boldsymbol{e}_1\|_2}=\dfrac{1}{\sqrt{10}}(-1,3)^{\mathrm{T}}$，令

$$\widetilde{\boldsymbol{H}}_2=\boldsymbol{I}-2\boldsymbol{w}_2\boldsymbol{w}_2^{\mathrm{T}}=\begin{pmatrix}1 & 0\\ 0 & 1\end{pmatrix}-2\cdot\frac{1}{\sqrt{10}}\begin{pmatrix}-1\\ 3\end{pmatrix}\cdot\frac{1}{\sqrt{10}}(-1,3)=\frac{1}{5}\begin{pmatrix}4 & 3\\ 3 & -4\end{pmatrix}$$

则

$$\boldsymbol{H}_2=\begin{pmatrix}1 & \boldsymbol{0}^{\mathrm{T}}\\ \boldsymbol{0} & \widetilde{\boldsymbol{H}}_2\end{pmatrix}=\begin{pmatrix}1 & 0 & 0\\ 0 & 4 & 3\\ 0 & 3 & -4\end{pmatrix}$$

于是有

$$\boldsymbol{H}_2(\boldsymbol{H}_1\boldsymbol{A})=\begin{pmatrix}2 & 1 & 2\\ 0 & 5 & -1\\ 0 & 0 & -2\end{pmatrix}=\boldsymbol{R}$$

取 $\boldsymbol{Q}=\boldsymbol{H}_1\boldsymbol{H}_2=\dfrac{1}{5}\begin{pmatrix}0 & 3 & -4\\ 0 & 4 & 3\\ 5 & 0 & 0\end{pmatrix}$，则 $\boldsymbol{A}=\boldsymbol{QR}$。

3. QR 算法

我们知道相似矩阵具有相同的特征值，通过寻找矩阵 $\boldsymbol{A}$ 的更容易求解特征值的相似矩阵 $\boldsymbol{B}$，可以减少求解 $\boldsymbol{A}$ 的特征值问题的工作量，基于豪斯霍尔德变换的 QR 算法是构造这种相似矩阵的有效方法。

由线性代数知识知道，若 $\boldsymbol{A}$ 为非奇异矩阵，则 $\boldsymbol{A}$ 可以分解为正交矩阵 $\boldsymbol{Q}$ 与上三角矩阵 $\boldsymbol{R}$ 的乘积，且当 $\boldsymbol{R}$ 的对角线元素符号取定时，分解式是唯一的。

设 $\boldsymbol{A}\in\mathbf{R}^{n\times n}$ 为 n 阶实方阵，令 $\boldsymbol{A}_1=\boldsymbol{A}$，对 $\boldsymbol{A}_1$ 进行 QR 分解，即把 $\boldsymbol{A}_1$ 分解为正交矩阵 $\boldsymbol{Q}_1$ 与上三角矩阵 $\boldsymbol{R}_1$ 的乘积，记 $\boldsymbol{A}_1=\boldsymbol{A}=\boldsymbol{Q}_1\boldsymbol{R}_1$。令 $\boldsymbol{A}_2=\boldsymbol{R}_1\boldsymbol{Q}_1$，由于 $\boldsymbol{R}_1=\boldsymbol{Q}_1^{\mathrm{T}}\boldsymbol{A}_1$，于是有 $\boldsymbol{A}_2=\boldsymbol{R}_1\boldsymbol{Q}_1=\boldsymbol{Q}_1^{\mathrm{T}}\boldsymbol{A}_1\boldsymbol{Q}_1$，显

然 $\boldsymbol{A}_1 \sim \boldsymbol{A}_2$，因而 $\boldsymbol{A}_1$ 与 $\boldsymbol{A}_2$ 具有相同的特征值。对 $\boldsymbol{A}_2$ 做 QR 分解得 $\boldsymbol{A}_2=\boldsymbol{Q}_2\boldsymbol{R}_2$，再构造矩阵 $\boldsymbol{A}_3=\boldsymbol{R}_2\boldsymbol{Q}_2=\boldsymbol{Q}_2^{\mathrm{T}}\boldsymbol{A}_2\boldsymbol{Q}_2$。

重复上述过程，得递推公式

$$\begin{cases}\boldsymbol{A}_1=\boldsymbol{A}\\ \boldsymbol{A}_k=\boldsymbol{Q}_k\boldsymbol{R}_k\\ \boldsymbol{A}_{k+1}=\boldsymbol{R}_k\boldsymbol{Q}_k=\boldsymbol{Q}_k^{\mathrm{T}}\boldsymbol{A}_k\boldsymbol{Q}_k\end{cases},\quad k=1,2,\cdots \tag{2.4.19}$$

由此构造矩阵序列 $\{\boldsymbol{A}_k\}$ 的方法称为 QR 方法。显然只要 $\boldsymbol{A}$ 为非奇异矩阵，通过上述迭代法一定可以确定矩阵序列 $\{\boldsymbol{A}_k\}$。

QR 方法有如下收敛定理。

定理 2.18　设 $\boldsymbol{A}\in\mathbf{R}^{n\times n}$ 为 n 阶实方阵，其特征值满足 $|\lambda_1|>|\lambda_2|>\cdots>|\lambda_n|>0$，相应的特征向量为 $\boldsymbol{x}_i(i=1,2,\cdots)$，记 $\boldsymbol{X}=(\boldsymbol{x}_1,\boldsymbol{x}_2,\cdots,\boldsymbol{x}_n)$，若 $\boldsymbol{X}^{-1}$ 有 LU 分解 $\boldsymbol{X}^{-1}=\boldsymbol{LU}$（$\boldsymbol{L}$ 为单位下三角阵，$\boldsymbol{U}$ 为上三角阵），则 QR 方法构造的序列 $\{\boldsymbol{A}_k\}$，当 $k\to\infty$ 时，$\boldsymbol{A}_k$ 的主对角线下方元素都收敛于 0，$\boldsymbol{A}_k$ 的主对角线元素 $a_{ii}^{(k)}$ 收敛于 $\lambda_i(i=1,2,\cdots)$，即 $\lim\limits_{k\to\infty}a_{ii}^{(k)}=\lambda_i,i=1,2,\cdots$。

该定理证明可参见文献①。

对一般的 n 阶实方阵，QR 方法的每一次迭代都需要对 $\boldsymbol{A}_k$ 做 QR 分解，并进行一次矩阵乘法，共需 n^3 倍次乘法运算，计算量非常大，因此，在实际计算时，为节省计算量，总是先通过相似变换（豪斯霍尔德变换）将 $\boldsymbol{A}$ 转化成上海森伯格（Hessenberg）矩阵（简称 $\boldsymbol{H}$ 矩阵，即主对角线下面一条对角线上的元素可以为零），再对该 $\boldsymbol{H}$ 矩阵运用 QR 方法求解特征值。

例 2.4.6　设 $\boldsymbol{A}=\begin{pmatrix}2&1&0\\1&3&1\\0&1&4\end{pmatrix}$，试用 QR 算法求其特征值。$\boldsymbol{A}$ 的特征值为 $3+\sqrt{3}\approx4.7321,3,3-\sqrt{3}\approx1.2679$。

解　令 $\boldsymbol{A}_1=\boldsymbol{A}$，用豪斯霍尔德变换将 $\boldsymbol{A}_1$ 作 QR 分解得

$$\boldsymbol{A}_1=\boldsymbol{Q}_1\boldsymbol{R}_1=\begin{pmatrix}-0.894427&0.408248&0.182574\\-0.447214&-0.816497&-0.365148\\0&-0.408248&0.912871\end{pmatrix}\begin{pmatrix}-\sqrt{5}&-2.236068&-0.447214\\0&-2.449490&-2.449490\\0&0&3.286335\end{pmatrix}$$

将 $\boldsymbol{Q}_1$ 与 $\boldsymbol{R}_1$ 逆序相乘，求出 $\boldsymbol{A}_2$

$$\boldsymbol{A}_2=\boldsymbol{R}_1\boldsymbol{Q}_1=\begin{pmatrix}3.0000&1.0954&0\\1.09544&3.0000&-1.3416\\0&-1.3416&3.0000\end{pmatrix}$$

对 $\boldsymbol{A}_2$ 作 QR 分解，又有

$$\boldsymbol{A}_3=\boldsymbol{R}_2\boldsymbol{Q}_2=\begin{pmatrix}3.7059&0.9558&0\\0.9558&3.5214&0.9738\\0&0.9738&1.7727\end{pmatrix}$$

如此继续下去，可得

$$\boldsymbol{A}_9=\boldsymbol{R}_9\boldsymbol{Q}_9=\begin{pmatrix}4.7233&0.1299&0\\0.1299&3.0087&0.0048\\0&0.0048&1.2680\end{pmatrix}$$

$$\boldsymbol{A}_{10}=\boldsymbol{R}_{10}\boldsymbol{Q}_{10}=\begin{pmatrix}4.7282&0.0781&0\\0.0781&3.0035&-0.0020\\0&0.0048&1.2680\end{pmatrix}$$

---

① 黄铎，陈兰平，王风. 数值分析[M]. 北京：科学出版社，2000.

从 $\boldsymbol{A}_{10}$ 可以看出，$\boldsymbol{A}_{10}$ 已近似接近对角矩阵，主对角线元素与矩阵 $\boldsymbol{A}$ 的三个精确解非常接近，即有特征值 $\lambda_1 \approx 4.728\ 2$，$\lambda_2 \approx 3.003\ 5$，$\lambda_3 \approx 1.268\ 0$，随着迭代次数增加，$\boldsymbol{A}_n$ 将收敛到矩阵 $\boldsymbol{A}$ 的三个精确特征值。

2.5 Python 程序在数值代数中的应用

在求解数值代数问题的过程中，使用 Python 程序设计以实现数值算法，也可以调用第三方工具包中的相关函数来直接实现数值算法。前者有助于加深对算法的理解，后者则为未来的工作提供了有益的工具。

2.5.1 线性方程组的直接解法的实现

1. 高斯消元法的实现

要实现 2.1.1 节定义的高斯消元法，即求解线性方程组 $\boldsymbol{Ax}=\boldsymbol{b}$，可以以系数矩阵 $\boldsymbol{A}$ 和常数向量作为输入参数，设计函数来实现算法。其中消去（elimination）部分，可以如下定义：

```
def gauss_elimination_0(A, b):
    A_aug =np.hstack((A, b))
    rows, cols =A_aug.shape
    for i in range(rows - 1):
        m0 =A_aug[i, i]
        for j in range(i + 1, rows):
            m1 =-A_aug[j, i] / m0
            for k in range(i, cols):
                A_aug[j, k] =m1 * A_aug[i, k] + A_aug[j, k]
    return A_aug
```

代码中 A_aug 是将系数矩阵 $\boldsymbol{A}$ 和常数向量 $\boldsymbol{b}$ 按水平方向合并而成增广矩阵。函数 gauss_elimination_0 会依次在 A_aug 每行获取主对角线元素，并通过行初等变换将其下的各行首个非 0 系数修改为 0，从而得到最后的上三角矩阵。例如：

```
A =np.array([[2., -1., 3.], [4., 2., 5.], [1., 2., 2.]])
b =np.array([[1.], [1.], [1.]])
B =gauss_elimination_0(A, b)
```

结果为：

```
array([[ 2.    , -1.    ,  3.    ,  1.    ],
       [ 0.    ,  4.    , -1.    , -1.    ],
       [ 0.    ,  0.    ,  1.125,  1.125]])
```

而后设计回代过程：

```
defback_substitution(A_aug):
    rows, cols =A_aug.shape
    A =A_aug[:, :-1].copy()
    b =A_aug[:, -1].copy().reshape((rows, 1))
    res =np.zeros((rows, 1), np.float64)
    for i in range(rows -1, -1, -1):
        s =0
        for j in range(i + 1, rows):
            s +=A[i, j] * res[j]
```

```
        res[i] = (b[i] -  s) / A[i, i]
    return res
```

继续前例的计算，则有：

```
>>> back_substitution(B)
array([[-1.],
       [ 0.],
       [ 1.]])
```

在高斯消元法的基础上增加一个搜索列主值的步骤就得到了列主元素法(见 2.1.2 节)：

```
def gauss_elimination(A,b):
    A_aug =np.c_[A,b].astype(np.float64)
    rows,cols =A_aug.shape
    for i in range(rows- 1):
        # 判断 A_aug[i,i]是否为绝对值最大的元素，如果不是，则交换两行
        max_index =np.argmax(np.abs(A_aug[i:,i]))
        if  max_index! =0:
            max_index =max_index+ i
            A_aug[[i,max_index],:] =A_aug[[max_index,i],:]
        m0 =A_aug[i,i]
        for j in range(i+ 1,rows):
            m1 =-A_aug[j,i]/m0
            for k in range(i,cols):
                A_aug[j,k] =m1 *  A_aug[i,k] +  A_aug[j,k]
    return A_aug
```

回代部分不需要修改。下面尝试使用刚刚定义的函数求解例 2.1.3：

```
A=np.array([[10.,-19.,-2.],
            [-20.,40.,1],
            [1.,4.,5.]] ,dtype=np.float64)
b =np.array([3.,4.,5.] ,dtype=np.float64).reshape((3,1))
B=gauss_elimination(A,b)
```

结果为：

```
>>> print(B)
[[-20.          40.          1.          4.        ]
 [  0.           6.          5.05        5.2       ]
 [  0.           0.         -2.34166667  4.13333333]]
```

回代后有：

```
>>> back_substitution(B)
array([[ 4.41637011],
       [ 2.35231317],
       [- 1.76512456]])
```

2. 矩阵的三角分解法的实现

2.1.3 节中介绍了矩阵杜利特尔分解的基本方法，按照式(2.1.10)和式(2.1.11)可以编写杜利特尔分解的 Python 函数：

```
def doolittle(A):
    n =A.shape[0]
```

```
    L =np.zeros((n,n), np.float64)
    U =np.zeros((n,n), np.float64)
    for i in range(n):
        for k in range(i,n):
            s1 =0  # 求 L(i, j)* U(j, k)的和
            for j in range(i):
                s1 +=L[i,j]* U[j,k]
            U[i,k] =A[i,k] -s1
        for k in range(i,n):
            if i==k:
              L[i,i] =1
            else:
                s2 =0 # 求 L(k, j)* U(j, i)的和
                for j in range(i):
                    s2 +=L[k,j]* U[j,i]
                L[k,i] = (A[k,i] -s2)/U[i,i]
    return L, U
```

函数 doolittle 可以把系数矩阵 $\boldsymbol{A}$ 分解为单位下三角阵 $\boldsymbol{L}$ 和非奇异上三角阵 $\boldsymbol{U}$。例如,针对例 2.1.4 可以使用以下 doolittle 函数进行分解:

```
>>> A=np.array([[2, 5, -6], [4, 13, -19], [-6, -3, -6]], dtype=np.float64)
>>> L, U =doolittle(A)
>>> print(L)
[[ 1.  0.  0.]
 [ 2.  1.  0.]
 [-3.  4.  1.]]
>>> print(U)
[[ 2.  5. -6.]
 [ 0.  3. -7.]
 [ 0.  0.  4.]]
```

类似高斯的回代过程,编写杜利特尔求解方程组的回代函数 back_sub_for_dool:

```
def back_sub_for_dool(L,U,b):
    rows, cols =L.shape
    y =np.zeros((rows, 1), np.float64)
    for i in range(rows):
        s =0
        for j in range(i):
            s +=L[i, j] *  y[j]
        y[i] = (b[i] -s)
    x =np.zeros((rows, 1), np.float64)
    for i in range(rows -1, -1, -1):
        s =0
        for j in range(i +1, rows):
            s +=U[i, j] *  x[j]
        x[i] = (y[i] -s) / U[i, i]
    return x, y
```

则继续上例:

```
>>> b =np.array([[10], [19], [-30]], dtype=np.float64)
>>> x, y =back_sub_for_dool(L, U, b)
```

```
>>> x
array([[3.],
       [2.],
       [1.]])
>>> y
array([[10.],
       [-1.],
       [ 4.]])
```

于是例 2.1.4 中的方程组得到了求解。

楚列斯基分解法的实现与杜利特尔分解法的实现步骤类似,这里不再赘述。

对三对角矩阵可以直接应用杜利特尔分解,也可以编程实现式(2.1.20)～式(2.1.22):

```
def tridiagmatrixalg(A, f):
    rows, cols =A.shape
    u =np.zeros((rows,), dtype=np.float64)
    l =np.zeros((rows -1,), dtype=np.float64)
    a =[A[i+ 1, i] for i in range(rows-1)]
    b =[A[i, i] for i in range(rows)]
    c =[A[i, i+1] for i in range(rows-1)]
    u[0] =b[0]
    for i in range(1, rows):
        l[i-1] =a[i-1] / u[i-1]
        u[i] =b[i] -l[i-1]* c[i-1]
    y =np.zeros((rows,1),dtype=np.float64)
    y[0] =f[0]
    for i in range(1,rows):
        y[i] =f[i] -  l[i-1]* y[i-1]
    x =np.zeros((rows, 1), dtype=np.float64)
    x[-1] =y[-1] / u[-1]
    for i in range(-2, -rows-1, -1):
        x[i] = (y[i] -c[i+1] *  x[i +1])/u[i]
    return x,y,l,u
```

于是例 2.1.6 可以如下求解:

```
A =np.array([[2, 1, 0, 0],
             [1, 3, 1, 0],
             [0, 1, 1, 1],
             [0, 0, 2, 1]], dtype=np.float64)
b =np.array([1,2,2,0],dtype=np.float64).reshape((4,1))
x, y, l, u =tridiagmatrixalg(A,b)
print(x)
```

在函数 tridiagmatrixalg 中使用列表推导式获取了矩阵的对角线元素,但实际上也可以调用 NumPy 中的 diag 函数,这个函数可以返回矩阵的主对角线元素,并通过第二个参数 k(默认值为 0),获取相应偏移量的平行于主对角线的元素向量。调用这个函数比使用循环或列表推导式更加简单。

3. SciPy 工具包 linalg 模块的相关应用

在 NumPy 中有一个子包 numpy. linalg,其中包括很多常用线性代数操作函数,在此基础上 SciPy 工具包也开发了类似的线性算法工具包 scipy. linalg,由于后者基本上覆盖前者,所以下面以 scipy. linalg 工具包为例,介绍一些常用的功能。

导入工具包：

```
import numpy as np
from scipy import linalg as la
```

以例 2.1.5 的系数矩阵 **A** 为例，求其逆矩阵：

```
>>> A =np.array([[ 1, -1,   1],
...              [-1,  3,  -2],
...              [ 1, -2, 4.5]], dtype=np.float64)
>>> B =la.inv(A)
>>> print(B)
[[ 1.58333333  0.41666667 -0.16666667]
 [ 0.41666667  0.58333333  0.16666667]
 [- 0.16666667  0.16666667  0.33333333]]
>>> print(A @ B)
[[ 1.00000000e+00-2.77555756e-17  0.00000000e+00]
 [ 5.55111512e-17  1.00000000e+00  0.00000000e+00]
 [ 0.00000000e+00  0.00000000e+00  1.00000000e+00]]
```

代码中“@”符号是 NumPy 定义的矩阵乘法运算符号。由线性代数的知识知线性方程组 $\boldsymbol{Ax}=\boldsymbol{b}$ 的解为 $\boldsymbol{x}=\boldsymbol{A}^{-1}\boldsymbol{b}$，则对于方程组

$$\begin{pmatrix} 1 & -1 & 1 \\ -1 & 3 & -2 \\ 1 & -2 & 4.5 \end{pmatrix}\begin{pmatrix} x_1 \\ x_2 \\ x_3 \end{pmatrix}=\begin{pmatrix} 4 \\ -8 \\ 12 \end{pmatrix}$$

可以如下求解：

```
>>> b =np.array([[4],[- 8],[12]],dtype=np.float64)
>>> print(la.inv(A) @ b)
[[ 1.]
 [-1.]
 [ 2.]]
```

实际上，scipy. linalg 提供了直接求解线性方程组的函数 solve，上述方程可以直接如下求解：

```
>>> la.solve(A, b)
array([[ 1.],
       [-1.],
       [ 2.]])
```

除了求解线性方程组外，scipy. linalg 还可以用于计算矩阵的一些属性，如特征值、范数、行列式的计算等。

行列式：

```
>>> la.det(A)
6.0
```

矩阵和向量范数 la. norm(A,ord)，其中 ord 可以是范数的阶，如 1、2、无穷(np. inf)等，也可以是一些特殊定义的范数，如 Frobenius 范数、核范数等。

```
>>> la.norm(A,2)
6.25541011396569
>>> la.norm(A,1)
7.5
```

```
>>> la.norm(A,np.inf)
7.5
>>> la.norm(A,'fro')
6.5
```

可以使用 scipy. linalg 来计算矩阵的特征值和特征向量：

```
>>> lam, v = la.eig(A)
>>> print(lam)
[6.25541011+0.j 0.57422906+0.j 1.67036083+0.j]
>>> print(v)
[[ 0.25655917 -0.94175439 -0.2174306 ]
 [- 0.56193644 -0.32837159  0.75920981]
 [ 0.7863872   0.07260006  0.61345285]]
>>> A @  v[:,0] / v[:,0]
array([6.25541011, 6.25541011, 6.25541011])
```

向量 lam 中的每个元素都是矩阵 $\boldsymbol{A}$ 的特征值，$\boldsymbol{v}$ 中的每个列向量是对应的特征向量，这组例子中最后一行的用于验证特征值的定义 $\boldsymbol{A}\boldsymbol{v}_0=\lambda_0\boldsymbol{v}_0$。

在 scipy. linalg 中实现了常见的矩阵分解方法。例如，类似于之前实现的杜利特尔分解，可以使用 lu 函数对矩阵做 LU 分解。

```
>>> P,L,U = la.lu(A)
>>> print(L)
[[ 1.   0.   0.]
 [-1.   1.   0.]
 [ 1.  -0.5  1.]]
>>> print(U)
[[ 1.-1.  1.]
 [ 0.  2.-1.]
 [ 0.  0.  3.]]
```

与杜利特尔分解不同的地方是，lu 函数在分解中还包括一个重排列矩阵 $\boldsymbol{P}$，最终分解的目标是 $\boldsymbol{PLU}=\boldsymbol{A}$，其中 $\boldsymbol{L}$ 和 $\boldsymbol{U}$ 的定义与杜利特尔相同。在本例中，重排矩阵 $\boldsymbol{P}$ 是单位矩阵，则结果与杜利特尔分解相同。

此外，scipy. linalg 还提供了在矩阵分析中非常重要的其他矩阵分解公式，如奇异值分解(svd)和 QR 分解：

```
>>> la.svd(A)
(array([[-0.25655917,  0.2174306 , -0.94175439],
       [ 0.56193644, -0.75920981, -0.32837159],
       [- 0.7863872 , - 0.61345285,  0.07260006]]), array ([6.25541011, 1.67036083,
0.57422906]),
 array([[-0.25655917,  0.56193644, -0.7863872 ],
       [ 0.2174306 , -0.75920981, -0.61345285],
       [-0.94175439, -0.32837159,  0.07260006]]))>>>
>>> la.qr(A)
(array([[-0.57735027, -0.70710678, -0.40824829],
       [ 0.57735027, -0.70710678,  0.40824829],
       [-0.57735027,  0.        ,  0.81649658]]),
 array([[-1.73205081,  3.46410162, -4.33012702],
       [ 0.        , -1.41421356,  0.70710678],
       [ 0.        ,  0.        ,  2.44948974]]))
```

限于篇幅，这里不展开介绍奇异值分解，读者可以参考相关线性代数参考书。QR 分解在后续的矩阵特征值计算中有重要价值，在本章 2.4 节有相关介绍。

2.5.2 线性方程组的迭代解法的实现

1. 雅可比迭代法的实现

迭代法与直接法不同，除了系数矩阵和常数向量外，还需要输入初值，精度终止条件 ep 和迭代上限 M，在本节中初值 x 全部各个函数内设为 **0** 向量。根据式(2.3.5)，可以得到雅可比迭代法的函数：

```
def solver_jacobi(A, b, ep=1e-8, M=100):
    k =0
    n =len(b)
    x =np.zeros((n, 1), dtype=np.float64())
    y =x.copy()
    while k <M:
        for i in range(n):
            s =0
            for j in range(i):
                s +=A[i][j] *  x[j]
            for j in range(i +1, n):
                s +=A[i][j] *  x[j]
            y[i] = (b[i] -s) / A[i][i]
        if max(np.abs(x -y)) <ep:
            return y, k +1
        k +=1
        x =y.copy()
    print(f"stoped when iteration is greater than {M:d}")
```

则例 2.3.2 可以通过以下代码求解：

```
>>> A =np.array([[1, 2, -2],
...              [1, 1, 1],
...              [2, 2, 1]], dtype=np.float64)
>>> b =np.array([[6], [6], [11]], dtype=np.float64)
>>> x, k =solver_jacobi(A, b)
>>> print(x)
[[2.]
 [3.]
 [1.]]
>>> print(k)
4
```

由此就完成了雅可比法的程序设计。在实际应用中需要注意参数的格式必须匹配，否则可能会出现错误。

2. 高斯-赛德尔迭代法的实现

在雅可比法的基础上稍加修改就得到了高斯-赛德尔迭代法的函数：

```
def solver_gs(A,b,ep=1e-8,M=100):
    k =0
    n =len(b)
    x =np.zeros((n,1),dtype=np.float64())
```

```
    y =x.copy()
    while k<M:
        for i in range(n):
            s=0
            for j in range(i):
                s +=A[i][j]* y[j]
            for j in range(i+1,n):
                s +=A[i][j]* x[j]
            y[i] = (b[i] -s)/A[i][i]
        if max(np.abs(x-y))<ep:
            return y,k+1
        k +=1
        x =y.copy()
    print(f"stoped when iteration is greater than {M:d}")
```

将函数用于例 2.3.2，有：

```
>>> A =np.array([[1, 2, -2],
...              [1, 1, 1],
...              [2, 2, 1]], dtype= np.float64)
>>> b =  np.array([[6], [6], [11]], dtype= np.float64)
>>> solver_gs(A,b)
stoped when iteration is greater than 100
```

在循环达到了默认的循环上限(100)后程序没有得到结果，由 2.3.4 节的讨论知，此时高斯-赛德尔迭代法发散。

针对例 2.3.4，可以执行以下代码：

```
>>> A =  np.array([[8, -1, 1],
...                [2, 10, -1],
...                [1, 1, -5]], dtype=np.float64)
>>> b =np.array([[8], [11], [-3]], dtype=np.float64)
>>> solver_jacobi(A,b,ep=1e-4)
(array([[1.0000052 ],
        [1.00000423],
        [0.99999586]]), 8)
>>> solver_gs(A,b,ep=1e-4)
(array([[1.00000141],
        [0.99999922],
        [1.00000013]]), 5)
```

由此就得到了符合精度要求的解与最终循环次数。

3. 超松弛迭代法(SOR)法的实现

与前两类迭代算法的代码类似，增加一个参数 w，就得到了超松弛法的实现函数：

```
def solver_sor(A, b ,w=1.5 ,ep=1e-8 ,M=100):
k =0
n =len(b)
x =np.zeros((n,1),dtype=np.float64())
y =x.copy()
while k<M:
    for i in range(n):
        s=0
```

```
        for j in range(i):
            s +=A[i][j]* y[j]
        for j in range(i+1,n):
            s +=A[i][j]* x[j]
        xk = (b[i] -s)/A[i][i]
        y[i] = (1-w)* x[i]+w* xk
    if max(np.abs(x- y))<ep:
        return y,k+1
    k +=1
    x =y.copy()
print(f"stoped when iteration is greater than {M:d}")
```

针对例 2.3.5，执行以下代码：

```
>>> A =np.array([[4, -2, -4],
...               [-2, 17, 10],
...               [-4, 10, 9]], dtype=np.float64)
>>> b =  np.array([[10], [3], [-7]], dtype=np.float64)
>>> solver_sor(A, b, w=1.46, ep=1e-6)
(array([[ 1.9999978 ],
       [ 1.00000144],
       [-1.0000026 ]]), 21)
```

可以看到 SOR 的运算结果。读者也可以调整其中的 w 参数，观察收敛所需的步骤。

2.5.3 矩阵特征值的 Python 计算

1. 幂法与反幂法的实现

根据式(2.4.6)，可以实现幂法求解矩阵绝对值最大的特征值：

```
def pow_method(A, u0, ep):
    k =1
    m0 =np.max(abs(u0))
    while True:
        v =u0 / m0
        u0 =A @  v
        mk =np.max(np.abs(u0))
        print(f"第{k:2d}次循环时,m_k={mk:10.8f}")
        if np.abs(mk -m0) <ep:
            return (mk, v)
        m0 =mk
        k +=1
```

则例 2.4.1 可以通过如下代码求解：

```
>>> A =np.array([[7, 3, -2],
...               [3, 4, -1],
...               [-2,-1, 3]],dtype=np.float64)
>>> l,v =pow_method(A, np.array([[1.], [1.], [1.]]), 1e-5)
第 1次循环时,m_k=8.00000000
第 2次循环时,m_k=9.25000000
第 3次循环时,m_k=9.54054054
第 4次循环时,m_k=9.59490085
第 5次循环时,m_k=9.60407440
```

```
第 6 次循环时,m_k=9.60542900
第 7 次循环时,m_k=9.60557200
第 8 次循环时,m_k=9.60556710
```

2. 基于 QR 分解的特征值求法

要实现 QR 算法，首先要实现豪斯霍尔德变换，结合式(2.4.17)，可以设计用于 QR 分解的豪斯霍尔德变换函数，注意此函数的目标是计算 $\boldsymbol{H}_1$ 使得 $\boldsymbol{H}_1\boldsymbol{a}_1=(\alpha_1,0,\cdots,0)^{\mathrm{T}}$。

```
def householder(w):
    n =len(w)
    w =w.copy().reshape((n,1))
    m =la.norm(w,2)
# 尽量使新 w[0]的绝对值变大,于是按原 w[0]的符号计算新 w[0]
    if w[0]<0:
        w[0] =w[0] -m
    else:
        w[0] =w[0] +m
    w =w/la.norm(w, 2)
    H =np.eye(n) -2* w @  w.T
    return H
```

而后生成 qr 函数，将矩阵 $\boldsymbol{A}$ 分解为正交矩阵 $\boldsymbol{Q}$ 和上三角矩阵 $\boldsymbol{R}$。

```
def qr(A):
    R =A.copy()
    n =A.shape[0]
    Q =np.eye(n)
    for k in range(n-1):
        Hk =np.eye(n)
        w =R[k:,k]
        H =householder(w)
        Hk[k:,k:] =H
        R =Hk @  R
        Q =Q @  Hk
    return Q,R
```

则例 2.4.5 可以如下求解：

```
A=np.array([[0, 3, 1],
            [0, 4, -2],
            [2, 1, 1]], dtype=np.float64)
q,r =qr(A)
```

事实上，如前文所述，scipy. linalg 工具包中提供了 qr 函数来实现 QR 分解过程，可供直接调用。于是根据式(2.4.19)，有矩阵特征值的 qr 算法：

```
def qr_eig(A,n=10):
    res =A.copy()
    for k in range(n):
        q,r =qr(res)
        res =r @  q
    return res
```

当 n 增加时，qr_eig 函数的对角线将逼近矩阵 $\boldsymbol{A}$ 的特征值。例 2.4.6 可以用如下代码求解

```
A=np.array([[2, 1, 0],
            [1, 4, 1],
            [0, 1, 4]],dtype=np.float64)
>>> np.diag(qr_eig(A,n=10))
array([4.73062973, 3.00142065, 1.26794962])
```

对照 scipy. linalg 中的 eig 函数的结果：

```
>>> la.eig(A)[0]
array([1.26794919+ 0.j, 3.+ 0.j, 4.73205081+ 0.j])
```

以上就是 QR 特征值算法的 Python 实验过程。

练　习　题

1. 用楚列斯基分解法求解方程组

$$\begin{pmatrix} 5 & -4 & 1 & 0 \\ -4 & 6 & -4 & 1 \\ 1 & -4 & 6 & -4 \\ 0 & 1 & -4 & 5 \end{pmatrix}\begin{pmatrix} x_1 \\ x_2 \\ x_3 \\ x_4 \end{pmatrix}=\begin{pmatrix} 2 \\ -1 \\ -1 \\ 2 \end{pmatrix}$$

2. 用列主元法解方程组

$$\begin{pmatrix} 1 & 20 & -1 & 0.001 \\ 2 & -5 & 30 & -0.1 \\ 5 & 1 & -100 & -10 \\ 2 & -100 & -1 & 1 \end{pmatrix}\begin{pmatrix} x_1 \\ x_2 \\ x_3 \\ x_4 \end{pmatrix}=\begin{pmatrix} 0 \\ 1 \\ 0 \\ 0 \end{pmatrix}$$

3. 用追赶法求解三对角方程组

$$\begin{pmatrix} 2 & 1 & & \\ 1 & 3 & 1 & \\ & 1 & 1 & 1 \\ & & 2 & 1 \end{pmatrix}\begin{pmatrix} x_1 \\ x_2 \\ x_3 \\ x_4 \end{pmatrix}=\begin{pmatrix} 1 \\ 2 \\ 2 \\ 0 \end{pmatrix}$$

4. 求 4 阶希尔伯特矩阵

$$\boldsymbol{H}_4=\begin{pmatrix} 1 & \frac{1}{2} & \frac{1}{3} & \frac{1}{4} \\ \frac{1}{2} & \frac{1}{3} & \frac{1}{4} & \frac{1}{5} \\ \frac{1}{3} & \frac{1}{4} & \frac{1}{5} & \frac{1}{6} \\ \frac{1}{4} & \frac{1}{5} & \frac{1}{6} & \frac{1}{7} \end{pmatrix}$$

的条件数$\mathrm{Cond}_\infty(\boldsymbol{H}_4)$。

5. 求解 n 阶希尔伯特矩阵。

6. 用高斯消元、雅可比迭代、高斯-赛德尔迭代求解方程组

$$\begin{cases} 9x_1+2x_2+3x_3=1 \\ 2x_1+8x_2+2x_3=1 \\ 3x_1+x_2+7x_3=2 \end{cases}$$

取初始值 $\boldsymbol{x}^{(0)}=(x_1^{(0)},x_2^{(0)},x_3^{(0)})^{\mathrm{T}}=(0,0,0)^{\mathrm{T}}$，要求 $\|\boldsymbol{x}^{(k+1)}-\boldsymbol{x}^{(k)}\|_\infty\leqslant 10^{-5}$ 时迭代终止。

7. 用 SOR 迭代求解方程组

$$\begin{pmatrix} 2 & -1 & & \\ -1 & 2 & -1 & \\ & -1 & 2 & -1 \\ & & -1 & 2 \end{pmatrix}\begin{pmatrix} x_1 \\ x_2 \\ x_3 \\ x_4 \end{pmatrix}=\begin{pmatrix} 1 \\ 0 \\ 1 \\ 0 \end{pmatrix}$$

取初始值 $\boldsymbol{x}^{(0)}=(1\quad 1\quad 1\quad 1)^T$，松弛因子分别取 $\omega=1.01$，$\omega=1.03$，$\omega=1.46$，要求 $\|\boldsymbol{x}^{(k+1)}-\boldsymbol{x}^{(k)}\|_\infty \leqslant 10^{-5}$。

8. 求解矩阵的按模最大特征值及其相应的特征向量，精度 $\varepsilon=10^{-5}$。

(1) $\boldsymbol{A}=\begin{pmatrix} 3 & -4 & -2 \\ -4 & 6 & 3 \\ 3 & 3 & 1 \end{pmatrix}$；　　(2) $\boldsymbol{B}=\begin{pmatrix} -4 & 14 & 0 \\ -5 & 13 & 0 \\ -1 & 0 & 2 \end{pmatrix}$。

9. 用反幂法求矩阵 $\boldsymbol{A}$ 的对应特征值 $\tilde{\lambda}=1.2679$（精确特征值为 $\lambda=3-\sqrt{3}$）的近似特征向量。

$$\boldsymbol{A}=\begin{pmatrix} 2 & 1 & 0 \\ 1 & 3 & 1 \\ 0 & 1 & 4 \end{pmatrix}$$

10. 用豪斯霍尔德变换将矩阵 $\boldsymbol{A}$ 化为上海森伯格矩阵，并用 QR 方法求实矩阵 $\boldsymbol{A}$ 的全部特征值，其中

$$\boldsymbol{A}=\begin{pmatrix} 67 & -12 & 34 & -12 & 17 & -51 \\ -56 & 7 & 2 & 0 & 32 & -17 \\ 3 & 2 & 5 & 1 & 72 & -63 \\ -1 & 0 & 1 & 12 & 21 & -94 \\ -32 & -78 & -10 & 98 & -72 & 11 \\ 31 & -41 & -78 & 37 & -19 & 34 \end{pmatrix}$$

第 3 章

数值逼近基础

在科学计算与工程应用中,经常会遇到计算函数值和描绘函数曲线的问题。当函数仅在某区间内的有限点集上给定函数值时,要在该区间上给出近似于该函数的简单表达式,或当函数表达式相对复杂时,要得到与它相近的简单函数,这就是逼近问题。本章主介绍插值逼近与曲线拟合。

3.1 插值逼近

3.1.1 问题的提出

在许多实际问题中经常会遇到函数在某区间上存在,但函数关系很复杂,或者函数解析式未知的情况,例如通过实验观测得到的一组数据,即在某个区间$[a,b]$上给出一系列点的函数值$y_i=f(x_i)$或者给出函数表,欲根据观测数据构造一个既能反映函数的特征又便于计算的较为简单的函数$P(x)$来代替$f(x)$。这就是本节要介绍的插值法。

1. 插值法的基本原理

设函数$y=f(x)$定义在区间$[a,b]$上,$x_0,x_1,\cdots,x_n$是$[a,b]$上取定的$n+1$个互异节点,且在这些点处的函数值$f(x_0),f(x_1),\cdots,f(x_n)$为已知,即$y_i=f(x_i)$,若存在一个$f(x)$的近似函数$P(x)$,满足

$$P(x_i)=f(x_i)\quad(i=0,1,2,\cdots,n)\tag{3.1.1}$$

则称$P(x)$为$f(x)$的一个插值函数,$f(x)$为被插函数,点x_i为插值节点,称式(3.1.1)为插值条件,而误差$R(x)=f(x)-P(x)$称为插值余项,区间$[a,b]$称为插值区间,当插值节点在插值区间内时,这种插值法称为内插;当插值点在插值区间外时,插值法称外插。

用$P(x)$的值作为$f(x)$的近似值,不仅希望$P(x)$能较好地逼近$f(x)$,而且还希望它计算简单。由于代数多项式具有数值计算和理论分析方便的优点,所以本节主要介绍代数插值,即求一个次数不超过n次的多项式

$$P(x)=a_nx^n+a_{n-1}x^{n-1}+\cdots+a_1x+a_0$$

满足

$$P(x_i)=f(x_i)\quad(i=0,1,2,\cdots,n)$$

则称$P(x)$为$f(x)$的n次插值多项式。这种插值法通常称为代数插值法。其几何意义如图 3-1 所示。

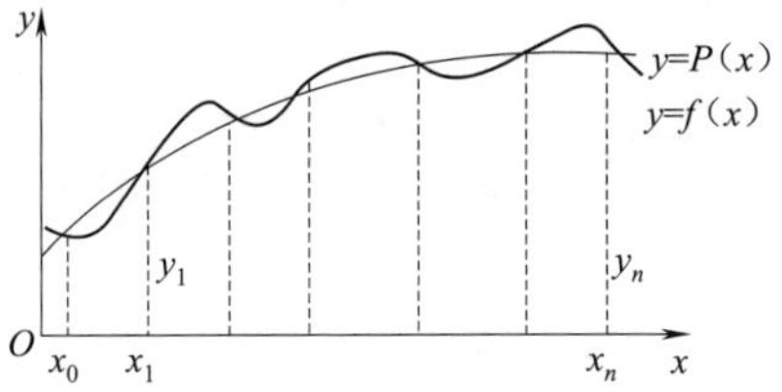

图 3-1 代数插值法几何意义

2. 插值问题解存在唯一性

定理 3.1 由 $n+1$ 个互异的插值节点 $x_0,x_1,\cdots,x_n$ 可以唯一确定一个 n 次多项式 $P_n(x)$ 满足插值条件(3.1.1)。

证明 设 n 次多项式

$$P(x)=a_nx^n+a_{n-1}x^{n-1}+\cdots+a_1x+a_0$$

是函数 $f(x)$ 在区间 $[a,b]$ 上的 $n+1$ 个互异节点 $x_0,x_1,\cdots,x_n$ 上的插值多项式，则求插值多项式 $P(x)$ 的问题就归结为求它的系数 $a_i(i=0,1,\cdots,n)$。由插值条件

$$P(x_i)=f(x_i)\quad(i=1,2,\cdots,n)$$

有

$$\begin{cases}a_nx_0^n+a_{n-1}x_0^{n-1}+\cdots+a_1x_0+a_0=f(x_0)\\a_nx_1^n+a_{n-1}x_1^{n-1}+\cdots+a_1x_1+a_0=f(x_1)\\\cdots\cdots\cdots\cdots\\a_nx_n^n+a_{n-1}x_n^{n-1}+\cdots+a_1x_n+a_0=f(x_n)\end{cases}\tag{3.1.2}$$

该方程组的系数矩阵行列式为范德蒙(Vandemonde)行列式

$$V=\begin{vmatrix}1&x_0&x_0^2&\cdots&x_0^n\\1&x_1&x_1^2&\cdots&x_1^n\\\vdots&\vdots&\vdots&&\vdots\\1&x_n&x_n^2&\cdots&x_n^n\end{vmatrix}=\prod_{i=1}^{n}\prod_{j=0}^{i-1}(x_i-x_j)$$

因为插值节点互异，即 $x_i\neq x_j$(当 $i\neq j$ 时)，故 $V\neq0$。根据解线性方程组的克拉默法则，方程组存在唯一的解 $a_0,a_1,\cdots,a_n$，从而 $P(x)$ 被唯一确定。证毕。

由以上证明可知，根据克拉默法则求解线性方程组(3.2)的解 a_i，从而确定插值多项式 $P(x)$。但是当 n 较大时需花费较大的工作量(需要求解 $n+1$ 个 n 阶行列式)，为此下面介绍几种常用的构造 $P(x)$ 的方法。

3.1.2 拉格朗日插值法

为了构造满足插值条件(3.1.1)的插值多项式 $P(x)$，我们先从最简单的线性插值开始，进而讨论抛物插值，然后再推广到拉格朗日(Lagrange)的一般形式。

1. 线性插值

给定函数 $f(x)$ 在两个互异点 x_0,x_1 的值 $f(x_0),f(x_1)$，现要求用线性函数 $p(x)=ax+b$ 近似地代替 $f(x)$。选择参数 a 和 b，使 $p(x_i)=f(x_i)(i=0,1)$。称这样的线性函数 $p(x)$ 为 $f(x)$ 的线性插值函数。

如图 3-2 所示，用通过点 $(x_0,f(x_0))$ 和 $(x_1,f(x_1))$ 的直线近似地代替曲线 $y=f(x)$，这条直线方程用点斜式表示为

$$p(x)=y_0+\frac{y_1-y_0}{x_1-x_0}(x-x_0)$$

变形得

$$p(x)=\frac{x-x_1}{x_0-x_1}y_0+\frac{x-x_0}{x_1-x_0}y_1$$

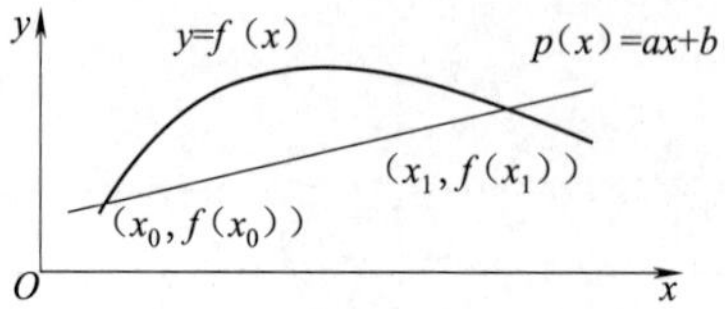

图 3-2　两点线性插值示意图

令

$$l_0(x)=\frac{x-x_1}{x_0-x_1},\quad l_1(x)=\frac{x-x_0}{x_1-x_0}$$

显然 $l_0(x)$,$l_1(x)$为一次线性函数且满足

$$l_0(x_0)=1\ ,\quad l_0(x_1)=0,\quad l_1(x_0)=0\ ,\quad l_1(x_1)=1,\quad l_0(x)+l_1(x)=1$$

可以看出

$$l_k(x_i)=\delta_{ki}=\begin{cases}1 & (i=k)\\ 0 & (i\neq k)\end{cases}$$

称 $l_0(x)$,$l_1(x)$为线性插值基函数。于是线性插值函数 $p(x)$可以表示为基函数的线性组合,即

$$p(x)=l_0(x)y_0+l_1(x)y_1 \tag{3.1.3}$$

例如,由 $\sqrt{49}=7$,$\sqrt{81}=9$,利用线性插值公式(3.3)有

$$p(x)=\frac{x-81}{49-81}\times 7+\frac{x-49}{81-49}\times 9$$

从而得

$$y=\sqrt{75}\approx p(75)=8.625$$

2. 二次插值(抛物线性插值)

已知 $f(x)$在三个互异点 x_0,x_1,x_2 的函数值 y_0,y_1,y_2,要构造次数不超过二次的多项式

$$P(x)=a_2x^2+a_1x+a_0$$

满足二次插值条件:$P(x_i)=y_i(i=0,1,2)$,这就是二次插值问题。用经过三点(x_0,y_0),(x_1,y_1),(x_2,y_2)的二次曲线 $y=P(x)$近似代替曲线 $y=f(x)$,如图 3-3 所示。

由插值条件(3.1.1),多项式中参数 a_0,a_1,a_2 满足下面的代数方程组

$$\begin{cases}a_0+a_1x_0+a_2x_0^2=y_0\\ a_0+a_1x_1+a_2x_1^2=y_1\\ a_0+a_1x_2+a_2x_2^2=y_2\end{cases}$$

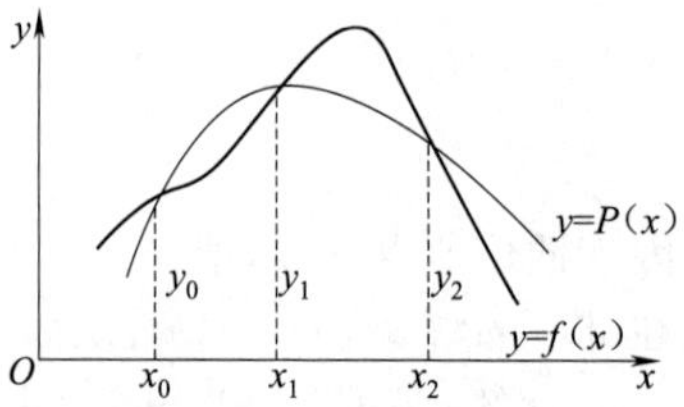

图 3-3　二次插值

该方程组的系数矩阵的行列式是一个范德蒙行列式,由于 $x_0\neq x_1\neq x_2$,故

$$\begin{vmatrix}1 & x_0 & x_0^2\\ 1 & x_1 & x_1^2\\ 1 & x_2 & x_2^2\end{vmatrix}=(x_1-x_0)(x_2-x_0)(x_2-x_1)\neq 0$$

该线性方程组存在唯一解 a_0,a_1,a_2,因此二次曲线 $y=P(x)$唯一确定。类似于线性插值基函数的方法,此处构造满足条件:

$$l_0(x_0)=1\ ,\quad l_0(x_1)=0\ ,\quad l_0(x_2)=0 \tag{3.1.4}$$

$$l_1(x_1)=1\ ,\quad l_1(x_0)=0\ ,\quad l_1(x_2)=0 \tag{3.1.5}$$

$$l_2(x_2)=1\ ,\quad l_2(x_0)=0\ ,\quad l_2(x_1)=0 \tag{3.1.6}$$

的二次插值基函数。

由条件(3.1.4)知 x_1,x_2 是 $l_0(x)$的两个零点,于是令

$$l_0(x)=c(x-x_1)(x-x_2)$$

为了确定系数 c,将 $l_0(x_0)=1$ 代入,得系数

$$c=\frac{1}{(x_0-x_1)(x_0-x_2)}$$

从而

$$l_0(x)=\frac{(x-x_1)(x-x_2)}{(x_0-x_1)(x_0-x_2)}$$

类似得满足条件(3.1.5)及(3.1.6)的 $l_1(x)$及 $l_2(x)$

$$l_1(x)=\frac{(x-x_0)(x-x_2)}{(x_1-x_0)(x_1-x_2)},\quad l_2(x)=\frac{(x-x_0)(x-x_1)}{(x_2-x_0)(x_2-x_1)}$$

于是取已知函数值作为基函数 $l_0(x)$,$l_1(x)$及 $l_2(x)$线性组合的系数,得满足插值条件(3.1.1)的二次插值函数(也称抛物插值)

$$P(x)=\frac{(x-x_1)(x-x_2)}{(x_0-x_1)(x_0-x_2)}y_0+\frac{(x-x_0)(x-x_2)}{(x_1-x_0)(x_1-x_2)}y_1+\frac{(x-x_0)(x-x_1)}{(x_2-x_0)(x_2-x_1)}y_2 \qquad (3.1.7)$$

3. 拉格朗日插值

给定 $n+1$ 个互异的插值节点$(x_i,y_i)(i=0,1,\cdots,n)$,构造一个次数为 n 的代数多项式 $P_n(x)$。类似地,与推导抛物插值的方法一样,先构造一组特殊的 n 次多项式 $l_i(x)$,使其在各节点 x_i 上满足

$$l_k(x_i)=\delta_{ki}=\begin{cases}1 & (i=k)\\ 0 & (i\neq k)\end{cases} \qquad (3.1.8)$$

即

$$l_k(x_0)=0,\cdots,l_k(x_{k-1})=0,l_k(x_k)=1,l_k(x_{k+1})=0,\cdots,l_k(x_n)=0 \qquad (3.1.9)$$

由条件(3.1.8)$l_k(x_i)=0\ (i\neq k)$知,$x_0,x_1,\cdots,x_{k-1},x_{k+1},\cdots,x_n$ 都是 n 次多项式 $l_k(x)$的零点,故可设

$$l_k(x)=A_k(x-x_0)(x-x_1)\cdots(x-x_{k-1})(x-x_{k+1})\cdots(x-x_n) \qquad (3.1.10)$$

其中 A_k 为待定常数,代入条件 $l_k(x_k)=1$,得

$$l_k(x_k)=A_k(x_k-x_0)(x_k-x_1)\cdots(x_k-x_{k-1})(x_k-x_{k+1})\cdots(x_k-x_n)=1$$

于是求得

$$A_k=\frac{1}{(x_k-x_0)(x_k-x_1)\cdots(x_k-x_{k-1})(x_k-x_{k+1})\cdots(x_k-x_n)}=\frac{1}{\prod\limits_{\substack{j=0\\ j\neq k}}^{n}(x_k-x_j)}$$

代入式(3.1.10)得

$$l_k(x)=\frac{(x-x_0)(x-x_1)\cdots(x-x_{k-1})(x-x_{k+1})\cdots(x-x_n)}{(x_k-x_0)(x_k-x_1)\cdots(x_k-x_{k-1})(x_k-x_{k+1})\cdots(x_k-x_n)}=\prod_{\substack{j=0\\ j\neq k}}^{n}\frac{x-x_j}{x_k-x_j} \qquad (3.1.11)$$

称 $l_k(x)$为关于插值节点 $x_i(i=0,1,\cdots,n)$的 n 次插值基函数。

由于每个插值基函数都是 n 次多项式,所以它们的线性组合

$$L_n(x)=l_0(x)y_0+l_1(x)y_1+\cdots+l_n(x)y_n==\sum_{k=0}^{n}l_k(x)y_k \qquad (3.1.12)$$

是次数不超过 n 次的多项式,称式(3.1.12)为 n 次拉格朗日插值多项式。

4. 插值多项式的误差估计

在插值区间$[a,b]$上用插值多项式 $P(x)$近似代替 $f(x)$,除了在插值节点 x_i 上没有误差外,在其他点上一般是存在误差的,记

$$R(x)=f(x)-P(x)$$

则称 $R(x)$为插值多项式 $P(x)$近似代替 $f(x)$时的截断误差,或称插值余项。

定理 3.2 设函数 $f(x)\in C^n[a,b]$，且 $f^{(n+1)}(x)$ 在开区间 (a,b) 内存在。$x_0,x_1,\cdots,x_n$ 为 $[a,b]$ 上 $n+1$ 个互异的节点，$L_n(x)$ 为满足 $L_n(x_i)=f(x_i)\ (i=0,1,\cdots,n)$ 的 n 次插值多项式，则对于任何 $x\in[a,b]$，插值多项式 $L_n(x)$ 近似代替 $f(x)$ 时的截断误差满足如下估计式：

$$R_n(x)=f(x)-L_n(x)=\frac{f^{(n+1)}(\xi)}{(n+1)!}\omega_{n+1}(x),\quad \xi\in(a,b) \tag{3.1.13}$$

其中 $\omega_{n+1}(x)=(x-x_0)(x-x_1)\cdots(x-x_n)=\prod\limits_{i=0}^{n}(x-x_i)$

证明 显然当 $x=x_i$ 时，由于 $L_n(x_i)=f(x_i)$，$\omega_{n+1}(x_i)=0(i=0,1,\cdots,n)$ 知式(3.1.13)成立。

现设 $x\neq x_i(i=0,1,\cdots,n)$，作辅助函数

$$\eta(t)=f(t)-L_n(t)-k(x)\omega_{n+1}(t) \tag{3.1.14}$$

其中 $k(x)$ 是与 x 有关的待定函数。对于式(3.1.14)，根据假设 f 在 (a,b) 内存在 $n+1$ 阶导数，$L_n(t)$ 是次数不超过 n 的多项式，$k(x)\omega_{n+1}(t)$ 是 t 的 $n+1$ 次多项式，所以 $\eta(t)$ 在 (a,b) 内具有 $n+1$ 阶导数，而且 $\eta(t)$ 在 $[a,b]$ 上存在 $n+2$ 个互异的零点 $x,x_0,x_1,\cdots,x_n$。由 Rolle 定理知：$\eta'(t)$ 在 $\eta(t)$ 的相邻两个零点之间至少存在一个零点，即 $\eta'(t)$ 在 (a,b) 内至少有 $n+1$ 个互异零点。进一步对 $\eta(t)$ 应用 Rolle 定理得，$\eta''(t)$ 在 (a,b) 内至少有 n 个互异零点，如此反复应用 Rolle 定理 $n+1$ 次可知，$\eta^{(n+1)}(t)$ 在区间 (a,b) 内至少存在一个零点 ξ，使得

$$\eta^{(n+1)}(\xi)=f^{(n+1)}(\xi)-0+k(x)(n+1)!=0$$

从而有

$$k(x)=\frac{f^{(n+1)}(\xi)}{(n+1)!},\quad \xi\in(a,b) \tag{3.1.15}$$

由式(3.1.15)可得式(3.1.13)成立。证毕。

若 $f(x)\in C^{(n+1)}[a,b]$，则

$$|R_n(x)|\leqslant\frac{M}{(n+1)!}\omega_{n+1}(x)$$

其中

$$M=\max_{a\leqslant x\leqslant b}|f^{(n+1)}(x)| \tag{3.1.16}$$

特别地，当 $n=1$ 时有

$$|R_1(x)|\leqslant\frac{M}{8}(b-a)^2$$

其中

$$M=\max_{a\leqslant x\leqslant b}|f''(x)| \tag{3.1.17}$$

例 3.1.1 已知 $x_0=100$，$x_1=121$，$x_2=144$，用线性插值和抛物插值估计 $f(x)=\sqrt{x}$ 在 $x=115$ 的近似值，并估计其截断误差。

解 此处 $y_0=\sqrt{x_0}=10$，$y_1=\sqrt{x_1}=11$，$y_2=\sqrt{x_2}=12$。

(1)线性插值。由于 $x=115\in[x_0,x_1]$，所以在区间 $[x_0,x_1]$ 上利用线性插值函数(3.1.3)

$$\sqrt{115}\approx p(115)=\frac{115-x_1}{x_0-x_1}\times y_0+\frac{115-x_0}{x_1-x_0}\times y_1=10.714$$

由插值余项公式(3.1.13)知 $R_1(x)=\frac{1}{2}f''(\xi)\omega_2(x)$，又因为 $f''(x)=-\frac{1}{4}x^{-\frac{3}{2}}$，所以

$$R_1(x)=-\frac{1}{8}\xi^{-\frac{3}{2}}(x-x_0)(x-x_1)$$

$$|R_1(115)|=\left|\frac{1}{8}\xi^{-\frac{3}{2}}(115-100)(115-121)\right|\leqslant\frac{1}{8}\times|(115-100)(115-121)|\times\max_{\xi\in[100,121]}\xi^{-\frac{3}{2}}$$

$$\leqslant\frac{1}{8}\times10^{-3}\times|(115-100)(115-121)|=\frac{1}{8}\times15\times6\times10^{-3}=0.01125$$

(2)抛物插值。由抛物插值公式(3.1.12)得

$$\sqrt{115}\approx L_2(115)=\frac{(115-x_1)(115-x_2)}{(x_0-x_1)(x_0-x_2)}y_0+\frac{(115-x_0)(115-x_2)}{(x_1-x_0)(x_1-x_2)}y_1+\frac{(115-x_0)(115-x_1)}{(x_2-x_0)(x_2-x_1)}y_2$$
$$=10.772\,756$$

由插值余项公式(3.1.13)及 $f'''(x)=\frac{3}{8}x^{-\frac{5}{2}}$,知

$$R_2(x)=\frac{1}{6}f^{(3)}(\xi)(x-x_0)(x-x_1)(x-x_2)$$
$$=\frac{1}{16}x^{-\frac{5}{2}}(x-100)(x-121)(x-144)$$

所以

$$|R_2(115)|\leqslant\frac{1}{16}|(115-100)(115-121)(115-144)|\times10^{-5}<0.001\,7$$

从例3.1.1可以看出,抛物插值的计算精度要比线性插值的计算精度高很多。

3.1.3　牛顿插值法

拉格朗日插值多项式结构直观、对称,使用方便。但由于拉格朗日插值法是用基函数构成的插值多项式,为了提高精度有时需要增加插值节点,这时每增加一个节点,所有的基函数必须全部重新计算,不具备承袭性,造成计算量的浪费。这就启发我们去构造一种具有承袭性的插值多项式来克服这个不足,即增加新的节点时原来计算的结果仍然可以利用,这就是牛顿插值多项式。

我们知道,任何一个不高于 n 次的多项式都可以表示成下述函数组的线性组合

$$1,x-x_0,(x-x_0)(x-x_1),\cdots,(x-x_0)(x-x_1)\cdots(x-x_{n-1})$$

于是满足插值条件(3.1.1)的 n 次插值多项式 $P_n(x)$ 可以表示为

$$a_0+a_1(x-x_0)+a_2(x-x_0)(x-x_1)+\cdots+a_n(x-x_0)(x-x_1)\cdots(x-x_{n-1})$$

其中 $a_k(k=0,1,\cdots,n)$ 为待定系数,这种形式的插值多项式称为牛顿(Newton)插值多项式,记为 $N_n(x)$,即

$$N_n(x)=a_0+a_1(x-x_0)+a_2(x-x_0)(x-x_1)+\cdots+a_n(x-x_0)(x-x_1)\cdots(x-x_{n-1}) \tag{3.1.18}$$

显然,式(3.1.18)满足

$$N_n(x)=N_{n-1}(x)+a_n(x-x_0)(x-x_1)\cdots(x-x_{n-1})$$

即它不仅克服了拉格朗日插值法中“增加一个节点时整个计算工作重新开始”的缺点,且可以节省乘除法运算次数。为了确定式(3.1.18)中的待定系数 $a_k(k=0,1,\cdots,n)$,下面首先引入差商的概念,然后给出牛顿插值公式。

1. 差商及其性质

由导数的定义,定义差商如下:

定义3.1　设函数 $y=f(x)$ 在区间 $[a,b]$ 上 $n+1$ 个互异节点处的值为 $y_i=f(x_i)(i=0,1,\cdots,n)$。

(1)称 $f[x_i,x_j]=\frac{f(x_j)-f(x_i)}{x_j-x_i}$ 为 $f(x)$ 关于点 x_i,x_j 的一阶差商,它表示 $f(x)$ 在区间 $[x_i,x_j]$ 的平均变化率;

(2)称一阶差商 $f[x_i,x_j]$,$f[x_j,x_k]$ 的差商

$$f[x_i,x_j,x_k]=\frac{f[x_j,x_k]-f[x_i,x_j]}{x_k-x_i}$$

为 $f(x)$ 关于点 x_i, x_j, x_k 的二阶差商；

(3)一般地，称 $f(x)$ 的 $n-1$ 阶差商的差商

$$f[x_0, x_1, \cdots, x_n]=\frac{f[x_1, x_2, \cdots, x_n]-f[x_0, x_1, \cdots, x_{n-1}]}{x_n-x_0}$$

为 $f(x)$ 关于点 $x_0, x_1, \cdots, x_n$ 的 n 阶差商。

规定 $f(x_i)$ 为 $f(x)$ 在点 x_i 的零阶差商。

由定义 3.1，可以依次计算出函数 $f(x)$ 的各阶差商，表 3-1 列出了差商表计算的排列方式。

表 3-1 差商计算表

x_i	$f(x_i)$	一阶差商	二阶差商	三阶差商	四阶差商
x_0	$f(x_0)$				
x_1	$f(x_1)$	$f[x_0, x_1]$			
x_2	$f(x_2)$	$f[x_1, x_2]$	$f[x_0, x_1, x_2]$		
x_3	$f(x_3)$	$f[x_2, x_3]$	$f[x_1, x_2, x_3]$	$f[x_0, x_1, x_2, x_3]$	
x_4	$f(x_4)$	$f[x_3, x_4]$	$f[x_2, x_3, x_4]$	$f[x_1, x_2, x_3, x_4]$	$f[x_0, x_1, x_2, x_3, x_4]$
$\vdots$	$\vdots$	$\vdots$	$\vdots$	$\vdots$	$\vdots$

由定义 3.1 所定义的差商具有如下性质：

性质 3.1 函数 $f(x)$ 的关于节点 $x_0, x_1, \cdots, x_n$ 的 n 阶差商 $f[x_0, x_1, \cdots, x_n]$ 可由函数值 $f(x_0), f(x_1), \cdots, f(x_n)$ 的线性组合表示，即

$$f[x_0, x_1, \cdots, x_n]=\sum_{k=0}^{n}\frac{f(x_k)}{(x_k-x_0)(x_k-x_1)\cdots(x_k-x_{k-1})(x_k-x_{k+1})\cdots(x_k-x_n)} \quad (3.1.19)$$

性质 3.1 可以用数学归纳法加以证明。

性质 3.2 函数 $f(x)$ 的关于节点 $x_0, x_1, \cdots, x_n$ 的差商 $f[x_0, x_1, \cdots, x_n]$ 与关于所含节点的顺序无关，也称差商关于节点的对称性，即

$$f[x_0, x_1, \cdots, x_n]=f[x_1, x_0, \cdots, x_n]=\cdots=f[x_n, x_{n-1}, \cdots, x_0]$$

性质 3.3 若 $f[x, x_0, x_1, \cdots, x_n]$ 是 x 的 n 次多项式，则 $f[x, x_0, x_1, \cdots, x_n, x_{n+1}]$ 是 x 的 $n-1$ 次多项式。

事实上，由差商定义

$$f[x, x_0, x_1, \cdots, x_n, x_{n+1}]=\frac{f[x_0, x_1, \cdots, x_n, x_{n+1}]-f[x, x_0, x_1, \cdots, x_n]}{x_{n+1}-x} \quad (3.1.20)$$

等式右端分子为 n 次多项式，且当 $x=x_{n+1}$ 时为零，故分子含有因子 $x_{n+1}-x$，与分母相消后，便知右端为 $n-1$ 次多项式。

性质 3.4 设 $f(x)$，在区间 $[a,b]$ 存在 n 阶导数，且 $x_0, x_1, \cdots, x_n \in [a,b]$，则存在 $\xi \in (a,b)$，使得

$$f[x_0, x_1, \cdots, x_n]=\frac{f^{(n)}(\xi)}{n!} \quad (3.1.21)$$

该性质揭示了差商与导数之间的关系，我们可直接用罗尔(Rolle)定理来证明。

例 3.1.2 已知 $f(x)=x^7+x^4+3x+1$，求 $f[2^0, 2^1, \cdots, 2^7]$ 及 $f[2^0, 2^1, \cdots, 2^7, 2^8]$。

解 由性质 3.4 差商与导数之间的关系得

$$f[x_0, x_1, \cdots, x_n]=\frac{1}{n!}f^{(n)}(\xi)$$

及

$$f^{(7)}(x)=7!, \quad f^{(8)}(x)=0$$

知

$$f[2^0,2^1,\cdots,2^7]=\frac{f^{(7)}(\xi)}{7!}=\frac{7!}{7!}=1$$

$$f[2^0,2^1,\cdots,2^7,2^8]=\frac{f^{(8)}(\xi)}{8!}=\frac{0}{8!}=0$$

2. 牛顿插值公式

由差商的概念,可以给出牛顿插值公式。

设 x 是包含插值节点 $x_0,x_1,\cdots,x_n$ 的区间$[a,b]$上任意一点,$x\neq x_i(i=0,1,\cdots,n)$,由差商定义得

$$f(x)=f(x_0)+f[x,x_0](x-x_0)$$
$$f[x,x_0]=f[x_0,x_1]+f[x,x_0,x_1](x-x_1)$$
$$f[x,x_0,x_1]=f[x_0,x_1,x_2]+f[x,x_0,x_1,x_2](x-x_2)$$
$$\cdots\cdots\cdots\cdots$$
$$f[x,x_0,\cdots,x_{n-1}]=f[x_0,x_1,\cdots,x_n]+f[x,x_0,x_1,\cdots,x_n](x-x_n)$$

依次将后一式代入前一式得

$$\begin{aligned}f(x)=&f(x_0)+f[x_0,x_1](x-x_0)+f[x_0,x_1,x_2](x-x_0)(x-x_1)+\\&\cdots+f[x_0,x_1,\cdots,x_n](x-x_0)(x-x_1)\cdots(x-x_{n-1})+\\&f[x,x_0,x_1,\cdots,x_n](x-x_0)(x-x_1)\cdots(x-x_{n-1})(x-x_n)\end{aligned}\tag{3.1.22}$$

记

$$\begin{aligned}N_n(x)=&f(x_0)+f[x_0,x_1](x-x_0)+f[x_0,x_1,x_2](x-x_0)(x-x_1)+\\&\cdots+f[x_0,x_1,\cdots,x_n](x-x_0)(x-x_1)\cdots(x-x_{n-1})\end{aligned}\tag{3.1.23}$$

称式(3.1.23)为 $f(x)$在插值 $x_0,x_1,\cdots,x_n$ 上的牛顿插值多项式，其余项是式(3.1.22)的最后一项

$$f[x,x_0,x_1,\cdots,x_n](x-x_0)(x-x_1)\cdots(x-x_{n-1})(x-x_n)=f[x,x_0,x_1,\cdots,x_n]\omega_{n+1}(x)$$

由插值多项式的唯一性,$L_n(x)\equiv N_n(x)$,而且余项也是相同的,由式(3.1.13)，可以得到

$$\omega_{n+1}(x)f[x,x_0,x_1,\cdots,x_n]=\frac{f^{(n+1)}(\xi)}{(n+1)!}\omega_{n+1}(x)$$

故有差商与导数的关系

$$f[x,x_0,x_1,\cdots,x_n]=\frac{f^{(n+1)}(\xi)}{(n+1)!},\quad a<\xi<b$$

此也证明了性质 3.1.4,于是式(3.1.22)可以写成

$$f(x)=N_n(x)+\frac{f^{(n+1)}(\xi)}{(n+1)!}\omega_{n+1}(x)\tag{3.1.24}$$

即

$$\begin{aligned}f(x)=&f(x_0)+f'(\xi_1)(x-x_0)+\frac{f''(\xi_2)}{2!}(x-x_0)(x-x_1)+\\&\cdots+\frac{f^{(n)}(\xi_n)}{n!}(x-x_0)(x-x_1)\cdots(x-x_{n-1})\end{aligned}\tag{3.1.25}$$

称式(3.1.24)为带余项的牛顿插值公式。当 $x_0,x_1,\cdots,x_n$ 都趋于x_0时,式(3.1.25)就是常用的泰勒公式

例 3.1.3　设$(x_i,f(x_i))$的值见表 3-2。

表 3-2　$(x_i,f(x_i))$的值

x	…	100	121	144	169	…
$\sqrt{x}$	…	10	11	12	13	…

试用牛顿插值多项式计算$\sqrt{115}$的值,并估计余项。

解 先构造差商表,见表 3-3。

表 3-3 差商表

x	$\sqrt{x}$	一阶差商	二阶差商	三阶差商
100	10			
		0.047 619		
121	11		−0.000 094 11	
		0.043 478		0.000 000 313 8
144	12		−0.000 072 46	
		0.040 000		
169	13			

故牛顿线性插值多项式为

$$N_1(x)=10+0.047\ 619(x-100)$$

所求近似值为 $\sqrt{115}\approx N_1(115)=10+0.047\ 169(115-100)=10.714\ 3$

牛顿二次插值多项式为

$$N_2(x)=10+0.047\ 169(x-100)-0.000\ 094\ 11(x-100)(x-121)$$

所求近似值为

$$\sqrt{115}\approx N_2(115)=10+0.047\ 169(115-100)-0.000\ 094\ 11(115-100)(115-121)=10.722\ 8$$

由性质 3.1.4 差商与倒数的关系,估计插值的截断误差为

$$\begin{aligned}|R_2(115)|&\approx f[x_0,x_1,x_2,x_3]=0.000\ 000\ 313\ 8(115-100)(115-121)(115-144)\\&\approx 0.000\ 82\end{aligned}$$

与实际误差$\sqrt{115}-N_2(115)\approx 0.001$ 非常接近。

3.1.4 等距节点的牛顿插值公式

前面讨论的插值公式中插值节点是任意分布的,但在实际应用中,经常遇到插值节点的间隔是等距的,即节点为

$$x_k=a+kh\quad(k=0,1,2,\cdots,n)$$

其中,h 为正常数,称为步长。这时牛顿插值公式将得到简化,为此引入差分的概念。

1. 差分的概念

定义 3.2 设 $f(x)$在等距节点 $x_k=x_0+kh$ 处的函数值为 $f_k(k=0,1,\cdots,n)$,称:

(1)$\Delta f_k=f(x_k+h)-f(x_k)=f_{k+1}-f_k,k=0,1,\cdots,n-1$ 为 $f(x)$在 x_k 处的一阶向前差分;

(2)$\nabla f_k=f(x_k)-f(x_k-h)=f_k-f_{k-1},k=1,2,\cdots,n$ 为 $f(x)$在 x_k 处的一阶向后差分;

(3)$\delta f(x_k)=f\left(x_k+\frac{h}{2}\right)-f\left(x_k-\frac{h}{2}\right)$为一阶中心差;

(4)一阶差分的差分为二阶差分:

$\Delta^2 f_k=\Delta(\Delta f_k)=\Delta f_{k+1}-\Delta f_k=f_{k+2}-2f_{k+1}+f_k$ 为 $f(x)$在 x_k 处的二阶向前差分;

$\nabla^2 f_k=\nabla(\nabla f_k)=\nabla f_k-\nabla f_{k-1}=f_k-2f_{k-1}+f_{k-2}$ 为 $f(x)$在 x_k 处的二阶向后差分;

$\delta^2 f(x_k)=\delta(\delta f(x_k))=\delta f\left(x_k+\frac{h}{2}\right)-\delta f\left(x_k-\frac{h}{2}\right)$为二阶中心差;

(5)一般地,$n-1$ 阶差分的差分定义为 n 阶差分:

$\Delta^n f_k=\Delta^{n-1}f_{k+1}-\Delta^{n-1}f_k$ 为 $f(x)$在 x_k 处的 n 阶向前差分;

$\nabla^n f_k=\nabla^{n-1} f_k-\nabla^{n-1} f_{k-1}$ 为 $f(x)$ 在 x_k 处的 n 阶向后差分；

$\delta^n f(x_k)=\delta(\delta^{n-1} f(x_k))=\delta^{n-1} f\left(x_k+\dfrac{h}{2}\right)-\delta^{n-1} f\left(x_k-\dfrac{h}{2}\right)$ 为 n 阶中心差。

此处符号 Δ,∇,δ 分别称为向前差分算子、向后差分算子、中心差分算子。规定

$$\Delta^0 f(x_k)=f(x_k),\quad \nabla^0 f(x_k)=f(x_k),\quad \delta^0 f(x_k)=f(x_k),\quad k=0,1,\cdots,n$$

计算各阶差分可列表进行，见表 3-4。

表 3-4　各阶差分计算表

x_k	f_k	一阶差分	二阶差分	三阶差分
x_0	f_0			
		$\Delta f_0(\nabla f_1)$		
			$\Delta^2 f_0(\nabla^2 f_2)$	
x_1	f_1			
		$\Delta f_1(\nabla f_2)$		$\Delta^3 f_0(\nabla^3 f_3)$
			$\Delta^2 f_1(\nabla^2 f_3)$	
x_2	f_2			
		$\Delta f_2(\nabla f_3)$		
x_3	f_3			
…	…			

2. 差分与差商的关系

考虑到节点是等距的，由差商与向前差分的定义，有

$$f[x_k,x_{k+1}]=\frac{f_{k+1}-f_k}{x_{k+1}-x_k}=\frac{1}{h}\Delta f_k$$

$$f[x_k,x_{k+1},x_{k+2}]=\frac{f[x_{k+1},x_{k+2}]-f[x_k,x_{k+1}]}{x_{k+2}-x_k}=\frac{\dfrac{\Delta f_{k+1}}{h}-\dfrac{\Delta f_k}{h}}{2!\ h}==\frac{1}{2!\ h^2}\Delta^2 f_k$$

一般地，有

$$f[x_k,\cdots,x_{k+n}]=\frac{1}{n!\ h^n}\Delta^n f_k \tag{3.1.26}$$

同理，对向后差分有

$$f[x_k,x_{k-1},\cdots,x_{k-n}]=\frac{1}{n!\ h^n}\nabla^n f_k \tag{3.1.27}$$

又由性质 3.1.4 得 n 阶导数与 n 阶差分的关系为

$$\Delta^n f_k=h^n f^{(n)}(\xi)$$

即

$$f^{(n)}(\xi)=\frac{\Delta^n f_k}{h^n} \tag{3.1.28}$$

3. 等距节点的牛顿插值公式

(1)牛顿向前插值公式

设插值节点为等距节点为 $x_k=x_0+kh\ (k=0,1,2,\cdots,n)$，$h=\dfrac{b-a}{n}$，在牛顿插值公式中用向前差分代替差商，令 $x=x_0+th$，可得

$$N_n(x)==f_0+\sum_{k=1}^{n} f[x_0,x_1,\cdots,x_k]\omega_k(x)$$

这里

$$\omega_k(x)=\prod_{j=0}^{k-1}(x-x_j)=\prod_{j=0}^{k-1}(x_0+th-x_0-jh)=\prod_{j=0}^{k-1}(t-j)h$$

于是

$$
\begin{aligned}
N_n(x) &= N_n(x_0+th) \\
&= f_0+\frac{t}{1!}\Delta f_0+\frac{t(t-1)}{2!}\Delta^2 f_0+\cdots+\frac{t(t-1)\cdots(t-n+1)}{n!}\Delta^n f_0
\end{aligned}
\tag{3.1.29}
$$

称式(3.1.29)为牛顿向前插值公式。其对应的插值余项为

$$
R_n(x)=\frac{h^{n+1}}{(n+1)!}t(t-1)\cdots(t-n)f^{(n+1)}(\xi),\quad \xi\in(x_0,x_0+h) \tag{3.1.30}
$$

(2)牛顿向后插值公式

改变插值节点 $x_0,x_1,\cdots,x_n$ 的次序为 $x_n,x_{n-1},\cdots,x_0$，在牛顿插值公式中用向后差分代替差商，令 $x=x_n+th(-1\leqslant t\leqslant 0)$，有

$$
\begin{aligned}
N_n(x)= & f(x_n)+f[x_n,x_{n-1}](x-x_n)+f[x_n,x_{n-1},x_{n-2}](x-x_n)(x-x_{n-1})+\cdots+ \\
& f[x_n,x_{n-1},\cdots x_0](x-x_n)\cdots(x-x_1)
\end{aligned}
$$

于是有

$$
N_n(x)=f_n+t\nabla f_n+\frac{t(t+1)}{2!}\nabla^2 f_n+\cdots+\frac{t(t+1)\cdots(t+n-1)}{n!}\nabla^n f_n \tag{3.1.31}
$$

称式(3.1.31)为牛顿向后插值公式。其对应的插值余项为

$$
R_n(x)=f(x)-N_n(x_n+th)=\frac{t(t+1)\cdots(t+n)h^{n+1}f^{(n+1)}(\xi)}{(n+1)!},\quad \xi\in(x_0,x_n) \tag{3.1.32}
$$

通常牛顿向前插值和向后插值只是形式上不一样，其实质是一样的。当插值节点接近左端点时，一般采用向前插值公式；当插值节点接近右端点时，一般采用向后插值公式。

例 3.1.4 给出余弦函数表见表 3-5，试分别用牛顿前差和后差公式计算 $\cos 0.048$ 及 $\cos 0.566$ 的近似值，并估计误差。

表 3-5 余弦函数表

k	0	1	2	3	4	5	6
x_k	0.0	0.1	0.2	0.3	0.4	0.5	0.6
$\cos x_k$	1.000 0	0.995 0	0.980 07	0.955 34	0.921 06	0.877 58	0.825 34

解 作差分表，见表 3-6。

表 3-6 差分表

$f(x_k)$	$\Delta f(\nabla f)$	$\Delta^2 f(\nabla^2 f)$	$\Delta^3 f(\nabla^3 f)$	$\Delta^4 f(\nabla^4 f)$	$\Delta^5 f(\nabla^5 f)$
1.000 00					
	−0.005 00				
0.995 00		**−0.009 93**			
	−0.014 93		**0.000 13**		
0.980 07		−0.009 80		**0.000 12**	
	−0.024 73		0.000 25		−0.000 02
0.955 34		−0.009 55		0.000 10	
	−0.034 28		0.000 35		−0.000 01
0.921 06		−0.009 20		**0.000 09**	
	−0.043 48		**0.000 44**		
0.877 58		**−0.008 76**			
	−0.052 24				
0.825 34					

注：表中加粗数据为 x_0 点的各阶向前差分，加底纹数据为 x_6 点的各阶向后差分。

(1)由于 $x=0.048$ 接近 x_0,所以应用 Newton 向前插值公式计算。

取 $x=0.048,h=0.1$ 则 $t=\frac{x-x_0}{h}=\frac{0.048-0}{0.1}=0.48$,得

$$
\begin{aligned}
f(0.048)&=\cos 0.048\approx N_4(0.048)\\
&=1.00000+0.48\times(-0.00500)+\frac{(0.48)(0.48-1)}{2}(-0.00993)+\\
&\quad\frac{1}{3!}(0.48)(0.48-1)(0.48-2)(0.00013)+\\
&\quad\frac{1}{4!}(0.48)(0.48-1)(0.48-2)(0.48-3)(0.00012)\\
&=0.99885
\end{aligned}
$$

余项误差估计为

$$|R_4(0.048)|\leqslant\frac{M_5}{5!}|t(t-1)(t-2)(t-3)(t-4)|h^5\leqslant 1.5845\times10^{-7}$$

其中

$$|M_5|\leqslant|\sin 0.6|\leqslant 0.565$$

(2)由于 $x=0.566$ 接近 x_6,所以应用牛顿向后插值公式计算。

取 $x=0.566,x_6=0.6,h=0.1$,则 $t=\frac{x-x_6}{h}=-0.34$,得

$$
\begin{aligned}
&f(0.566)=\cos 0.566\approx N_4(0.566)\\
&N_4(0.566)=0.82534-0.34\left[-0.05224+0.66\times\frac{-0.00876}{2}+\right.\\
&\qquad\left.(1.66)\left(\frac{0.00044}{6}+2.66\times\frac{0.00009}{24}\right)\right]\\
&\qquad=0.84405
\end{aligned}
$$

余项误差估计为

$$|R_5(0.566)|\leqslant\frac{M_5}{5!}|t(t+1)(t+2)(t+3)(t+4)|h^5\leqslant 1.7064\times10^{-7}$$

其中

$$|M_5|\leqslant|\sin 0.6|\leqslant 0.565$$

3.1.5 埃尔米特插值

拉格朗日插值和牛顿插值虽然构造比较简单,要求在插值节点处函数值相等(即要求在节点上具有连续性),但是都存在插值曲线在节点处有尖点、不光滑等缺点。在许多实际问题中还需要插值函数在节点处的(高阶)导数值也相等(即要求在节点上具有一定的光滑度)。如现代仿生学的一个典型的例子,在设计交通具的外形时,参照海豚的标本上已知点及已知点的导数,做插值在计算机上模拟海豚的外形,制成飞机、汽车等外形。满足上述要求的插值问题就称为埃尔米特(Hermite)插值。

设函数 $f(x)$ 在 $n+1$ 个插值节点 $x_0,x_1,\cdots,x_n$ 上的函数值及各阶导数值分别为

$$
\begin{aligned}
&f(x_0),f(x_1),\cdots,f(x_n)\\
&f'(x_0),f'(x_1),\cdots,f'(x_n)\\
&\cdots\cdots\cdots\cdots\\
&f^{(k_0)}(x_0),f^{(k_1)}(x_1),\cdots,f^{(k_n)}(x_n)
\end{aligned}
$$

现构造一个插值多项式 $H(x)$,使它满足

$$\begin{cases} H(x_i)=f(x_i) \\ H^{(k_i)}(x_i)=f^{(k_i)}(x_i) \quad (i=0,1,2,\cdots,n) \end{cases} \tag{3.1.33}$$

其中 $k_i(i=0,1,\cdots,n)$为正整数。则称 $H(x)$为 $f(x)$关于节点 $x_0,x_1,\cdots,x_n$ 的埃尔米特插值多项式。下面只讨论函数值与一阶导数值分别相等的情况。

1. 埃尔米特插值多项式的构造

式(3.1.33)给出了 $2n+1$ 个条件,因此可唯一确定一个次数不超过 $2n+1$ 的多项式 $H_{2n+1}(x)$,仿照求拉格朗日插值多项式方法,令

$$H(x)=\sum_{i=0}^{n}\alpha_i(x)f(x_i)+\sum_{i=0}^{r}\beta_i(x)f'(x_i) \tag{3.1.34}$$

其中 $\alpha_i(x)$和 $\beta_i(x)(i=0,1,\cdots,n)$都是 $2n+1$ 次待定多项式,并且它们满足以下条件:

$$\alpha_i(x_j)=\delta_{ij}=\begin{cases}1, & i=j\\ 0, & i\neq j\end{cases} \quad (\alpha'_i(x_j)=0,i,j=0,1,\cdots,n) \tag{3.1.35}$$

和

$$\beta_i(x_j)=0,\quad \beta'_i(x_j)=\delta_{ij}=\begin{cases}1, & i=j\\ 0, & i\neq j\end{cases} \quad (i,j=0,1,\cdots,n) \tag{3.1.36}$$

(1)确定 $\alpha_i(x)$。由条件(3.1.35)知,$x_0,x_1,\cdots,x_{i+1},x_{i-1},\cdots,x_n$ 都是 $\alpha_i(x)$的二重根,不妨令

$$\alpha_i(x)=A(x)\frac{(x-x_0)^2(x-x_1)^2\cdots(x-x_{i-1})^2(x-x_{i+1})^2\cdots(x-x_n)^2}{(x_i-x_0)^2(x_i-x_1)^2\cdots(x_i-x_{i-1})^2(x_i-x_{i+1})^2\cdots(x_i-x_n)^2}=\Omega_i(x)$$

由于 $H(x)$是 $2n+1$ 次多项式,等式右端的分式是 $2n$ 次多项式,因此 $A(x)$为一次多项式,令 $A(x)=ax+b$,由 $\alpha_i(x_i)=1,\alpha'_i(x_i)=0$ 得

$$1=ax_i+b,\quad 0=\alpha'_i(x_i)=a+(ax_i+b)\sum_{\substack{j=0\\ j\neq k}}^{n}\frac{2}{x_i-x_j}$$

解得

$$a=-\sum_{\substack{j=0\\ j\neq k}}^{n}\frac{2}{x_i-x_j},\quad b=1+2x_i\sum_{\substack{j=0\\ j\neq k}}^{n}\frac{1}{x_i-x_j}$$

从而

$$\alpha_i(x)=\left\{1-2(x-x_i)\sum_{\substack{j=0\\ j\neq k}}^{n}\frac{1}{x_i-x_j}\right\}\Omega_i(x) \tag{3.1.37}$$

(2)确定 $\beta_i(x)$。由条件(3.1.35)知,$x_0,x_1,\cdots,x_{i-1},x_{i+1},\cdots,x_n$ 都是 $\beta_i(x)$的二重根,且 x_i 是它的一个单根。令

$$\beta_i(x)=C(x-x_i)(x-x_0)^2(x-x_1)^2\cdots(x-x_{i-1})^2(x-x_{i+1})^2\cdots(x-x_n)^2$$

由 $\beta'_i(x_i)=1$ 得

$$C=\frac{1}{(x_i-x_0)^2(x_i-x_1)^2\cdots(x_i-x_{i-1})^2(x_i-x_{i+1})^2\cdots(x_i-x_n)^2}$$

因此

$$\begin{aligned}\beta_i(x)&=\frac{(x-x_i)(x-x_0)^2(x-x_1)^2\cdots(x-x_{i-1})^2(x-x_{i+1})^2\cdots(x-x_n)^2}{(x_i-x_0)^2(x_i-x_1)^2\cdots(x_i-x_{i-1})^2(x_i-x_{i+1})^2\cdots(x_i-x_n)^2}\\ &=(x-x_i)\Omega_i(x)\end{aligned} \tag{3.1.38}$$

将式(3.1.37)和式(3.1.38)代入式(3.1.34)得埃尔米特插值多项式 $H_{2n+1}(x)$。

定理 3.3 满足插值条件 $H(x_i)=f(x_i),H'(x_i)=f'(x_i)(i=0,1,\cdots,n)$ 的埃尔米特插值多项式是唯一的。

证明 设 $H_{2n+1}(x)$和 $J_{2n+1}(x)$都满足上述插值条件,令

$$\varphi(x)=H_{2n+1}(x)-J_{2n+1}(x)$$

则每个节点 $x_i(i=0,1,\cdots,n)$ 均为 $\varphi(x)$ 的二重根，即 $\varphi(x)$ 有 $2n+2$ 个根，但 $\varphi(x)$ 是不高于 $2n+1$ 次的多项式，所以 $\varphi(x)\equiv 0$，即 $H_{2n+1}(x)=J_{2n+1}(x)$，唯一性得证。

2. 埃尔米特插值多项式的余项估计

定理 3.4　若 $f(x)$ 在 $[a,b]$ 上存在 $2n+2$ 阶导数，则 $2n+1$ 次埃尔米特插值多项式的余项为

$$R_{2n+1}(x)=f(x)-H_{2n+1}(x)=\frac{f^{(2n+2)}(\xi)}{(2n+2)!}\omega_n^2(x) \tag{3.1.39}$$

其中

$$\omega_n(x)=(x-x_0)(x-x_1)\cdots(x-x_n),\quad \xi\in(a,b)$$

该定理的证明与拉格朗日插值的误差余项估计式证明类似，证明由读者自己完成。

例 3.1.5　已知函数 $y=f(x)$ 在节点 1,2 处的函数值为 $f(1)=2$，$f(2)=3$，导数值为 $f'(1)=0$，$f'(2)=-1$，求次数不超过三次的埃尔米特的插值多项式 $H_3(x)$，及 $f(x)$ 在点 1.5，1.7 处的函数值。

解　由式(3.1.34)，埃尔米特的插值多项式为

$$\begin{aligned}H_3(x)&=\alpha_0(x)f(x_0)+\beta_0(x)f'(x_0)+\alpha_1(x)f'(x_1)+\beta_1(x)f'(x_1)\\&=f(x_0)\left(1+2\frac{x-x_0}{x_0-x_1}\right)\left(\frac{x-x_1}{x_0-x_1}\right)^2+f(x_1)\left(1+2\frac{x-x_1}{x_0-x_1}\right)\left(\frac{x-x_0}{x_1-x_0}\right)^2+\\&\quad f'(x_0)(x-x_0)\left(\frac{x-x_1}{x_0-x_1}\right)^2+f'(x_1)(x-x_1)\left(\frac{x-x_0}{x_1-x_0}\right)^2\end{aligned}$$

代入 $x_0=1$，$x_1=2$，$f(1)=2$，$f(2)=3$，$f'(1)=0$，$f'(2)=-1$ 得

$$\begin{aligned}H_3(x)&=2[1+2(x-1)](x-2)^2+3[1-2(x-2)](x-1)^2-(x-2)(x-1)^2\\&=-3x^3+13x^2-17x+9\end{aligned}$$

$$f(1.5)\approx H_3(1.5)=2.625,\quad f(1.7)\approx H_3(1.7)=2.931$$

3.1.6　分段线性插值

由插值余项的误差估计可以看出：插值多项式与被插函数的逼近程度与插值节点的数目和位置有关，一般地，节点越多，逼近程度越好。但也有例外，考察函数

$$f(x)=\frac{1}{1+x^2},\quad -5\leqslant x\leqslant 5$$

设将区间 $[-5,5]$ 分为 n 等份，$p_n(x)$ 表示取 $n+1$ 个等分点作节点的插值多项式，如图 3-4 所示，当 n 增大时，$p_n(x)$ 在两端会发出激烈的振荡，这就是龙格现象。为克服在区间上进行高次插值所造成的龙格现象，采用分段插值的方法，将插值区间分成若干小的区间，在每个小区间使用低次插值，然后将每个小区间上的插值多项式相互连接，得到整个区间上的插值函数，这种把插值区间分段的方法就是分段低次插值法。

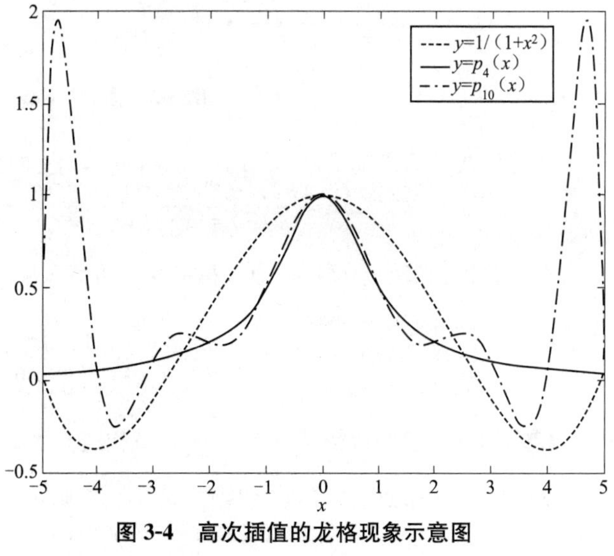

图 3-4　高次插值的龙格现象示意图

1. 分段线性插值

在区间$[a,b]$上，给定$n+1$个插值节点

$$\Delta: a=x_0<x_1<\cdots<x_{n-1}<x_n=b$$

和其相应的函数值$f(x_0),f(x_1),\cdots,f(x_n)$，求作一个插值函数$S_1(x)$，具有如下性质：

(1)$S_1(x)\in C[a,b]$；

(2)$S_1(x_i)=f(x_i),i=0,1,\cdots,n$；

(3)$S_1(x)$在每个小区间上都是线性函数。

则称$S_1(x)$为分段线性插值函数。在几何上就是用经过点$(x_0,f(x_0)),(x_1,f(x_1)),\cdots,(x_n,f(x_n))$的折线来逼近曲线$f(x)$。

下面采用基函数方法来构造分段线性插值函数。

每个插值区间$[x_i,x_{i+1}]$ $(i=0,1,\cdots,n)$上的分段线性插值基函数$l_i(x)$满足

(1)$l_i(x_j)=\delta_{ij}=\begin{cases}1, & i=j\\ 0, & i\neq j\end{cases}$；

(2)在每个小区间上$l_i(x)$都是线性函数，于是

$$\begin{cases} l_0(x)=\begin{cases}\dfrac{x-x_1}{x_0-x_1}, & x\in[x_0,x_1]\\ 0, & \text{其他}\end{cases}\\ l_i(x)=\begin{cases}\dfrac{x-x_{i-1}}{x_i-x_{i-1}}, & x\in[x_{i-1},x_i]\\ \dfrac{x-x_{i+1}}{x_i-x_{i+1}}, & x\in[x_i,x_{i+1}]\\ 0, & \text{其他}\end{cases}\\ l_n(x)=\begin{cases}\dfrac{x-x_{n-1}}{x_n-x_{n-1}}, & x\in[x_{n-1},x_n]\\ 0, & \text{其他}\end{cases}\end{cases} \tag{3.1.40}$$

它们的几何图形如图3-5所示，显然，它们具有局部非零性。

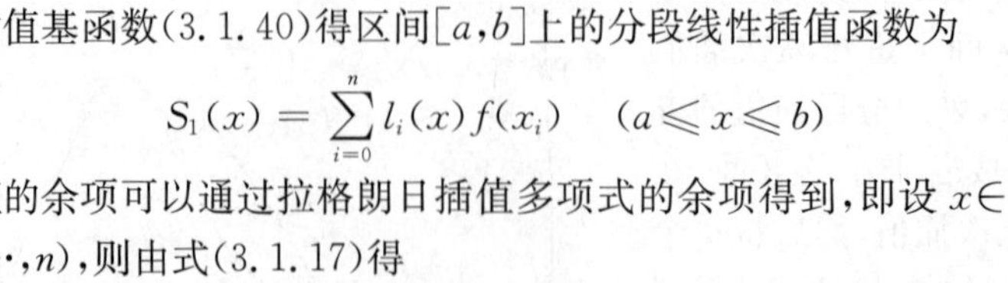

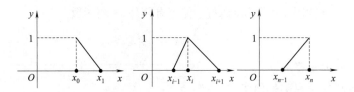

图3-5　插值基函数的图示

由分段线性插值基函数(3.1.40)得区间$[a,b]$上的分段线性插值函数为

$$S_1(x)=\sum_{i=0}^{n}l_i(x)f(x_i)\quad(a\leqslant x\leqslant b) \tag{3.1.41}$$

分段线性插值的余项可以通过拉格朗日插值多项式的余项得到，即设$x\in[x_i,x_{i+1}]$，令$h_i=x_{i+1}-x_i(i=0,1,\cdots,n)$，则由式(3.1.17)得

$$|f(x)-S(x)|\leqslant\frac{h_i^2}{8}\max_{x_i\leqslant x\leqslant x_{i+1}}|f''(x)|$$

例 3.1.6　已知函数$f(x)=\dfrac{1}{1+x^2}$，试构造分段线性插值函数，并计算$f(2.3)$。

解　取等距节点$x_0=0,x_1=1,x_2=2,x_3=3$，则在小区间$[0,1]$，$[1,2]$，$[2,3]$上由式(3.1.41)得

$S_1(x)$在三个区间上的表达式分别为

当 $x\in[0,1]$时，$S_1(x)=\dfrac{x-x_1}{x_0-x_1}f(x_0)+\dfrac{x-x_0}{x_1-x_0}f(x_1)=\dfrac{x-1}{0-1}\times 1+\dfrac{x-0}{1-0}\times 0.5=1-0.5x$；

当 $x\in[1,2]$时，$S_1(x)=\dfrac{x-x_2}{x_1-x_2}f(x_1)+\dfrac{x-x_1}{x_2-x_1}f(x_2)=\dfrac{x-2}{1-2}\times 0.5+\dfrac{x-1}{2-1}\times 0.2=-0.3x+0.8$；

当 $x\in[2,3]$时，$S_1(x)=\dfrac{x-x_3}{x_2-x_3}f(x_2)+\dfrac{x-x_2}{x_3-x_2}f(x_3)=\dfrac{x-3}{2-3}\times 0.2+\dfrac{x-2}{3-2}\times 0.1=-0.1x+0.4$。

所以分段线性插值函数为

$$S_1(x)=\begin{cases}1-0.5x, & x\in[0,1]\\ -0.3x+0.8, & x\in[1,2]\\ -0.1x+0.4, & x\in[2,3]\end{cases}$$

$$f(2.3)=-0.1\times 2.3+0.4=0.17$$

2. 分段三次埃尔米特插值

分段线性插值保证了插值函数在插值节点上的连续性，但是在插值节点上光滑性不高，若需要得到光滑性更好的插值函数，需要对函数的导数进行约束。下面讨论分段三次埃尔米特插值。

设在区间$[a,b]$上，给定 $n+1$ 个插值节点

$$\Delta: a=x_0<x_1<\cdots<x_{n-1}<x_n=b$$

和其相应的函数值 $f(x_0),f(x_1),\cdots,f(x_n)$及导数值 $f'(x_0),f'(x_1),\cdots,f'(x_n)$，求作一个插值函数 $H_3(x)$，具有如下性质：

$$H_3(x_i)=f(x_i),\quad H_3'(x_i)=f'(x_i)\quad (i=0,1,\cdots,n)$$

同样采用基函数方法来构造分段三次埃尔米特插值函数。

在每个插值区间$[x_i,x_{i+1}]$ $(i=0,1,\cdots,n)$上构造分段三次插值基函数 $\alpha_i(x)$，$\beta_i(x)$应满足：

$$\begin{cases}\alpha_0(x)=\begin{cases}\left(1+2\dfrac{x-x_0}{x_1-x_0}\right)\left(\dfrac{x-x_1}{x_0-x_1}\right)^2, & x\in[x_0,x_1]\\ 0, & \text{其他}\end{cases}\\ \alpha_i(x)=\begin{cases}\left(1+2\dfrac{x-x_i}{x_{i-1}-x_i}\right)\left(\dfrac{x-x_{i-1}}{x_i-x_{i-1}}\right)^2, & x\in[x_{i-1},x_i]\\ \left(1+2\dfrac{x-x_i}{x_{i+1}-x_i}\right)\left(\dfrac{x-x_{i+1}}{x_i-x_{i+1}}\right)^2, & x\in[x_i,x_{i+1}]\\ 0, & \text{其他}\end{cases}\\ \alpha_n(x)=\begin{cases}\left(1+2\dfrac{x-x_n}{x_{n-1}-x_n}\right)\left(\dfrac{x-x_{n-1}}{x_n-x_{n-1}}\right)^2, & x\in[x_{n-1},x_n]\\ 0, & \text{其他}\end{cases}\end{cases}\tag{3.1.42}$$

$$\begin{cases}\beta_0(x)=\begin{cases}(x-x_0)\left(\dfrac{x-x_1}{x_0-x_1}\right)^2, & x\in[x_0,x_1]\\ 0, & \text{其他}\end{cases}\\ \beta_i(x)=\begin{cases}(x-x_i)\left(\dfrac{x-x_{i-1}}{x_i-x_{i-1}}\right)^2, & x\in[x_{i-1},x_i]\\ (x-x_i)\left(\dfrac{x-x_{i+1}}{x_i-x_{i+1}}\right)^2, & x\in[x_i,x_{i+1}]\\ 0, & \text{其他}\end{cases}\\ \beta_n(x)=\begin{cases}(x-x_n)\left(\dfrac{x-x_{n-1}}{x_n-x_{n-1}}\right)^2, & x\in[x_{n-1},x_n]\\ 0, & \text{其他，}\end{cases}\end{cases}\tag{3.1.43}$$

将式(3.1.42)及式(3.1.43)代入式(3.1.34)可得区间$[a,b]$上的分段三次埃尔米特插值函数为

$$H_3(x)=\sum_{i=0}^{n}\alpha_i(x)f(x_i)+\sum_{j=0}^{n}\beta_i(x)f'(x_i) \tag{3.1.44}$$

分段三次埃尔米特插值函数的余项估计有如下定理：

定理 3.5 如果函数 $f(x)$在区间$[a,b]$上具有四阶导数，则分段三次埃尔米特插值函数的余项估计为

$$\max_{x_k\leqslant x\leqslant x_{k+1}}|f(x)-H_3(x)|\leqslant\frac{M_4}{4!}\max_{x_k\leqslant x\leqslant x_{k+1}}|(x-x_k)^2(x-x_{k+1})^2|$$

或

$$\max_{x_k\leqslant x\leqslant x_{k+1}}|f(x)-H_3(x)|\leqslant\frac{M_4}{4!}\left(\frac{x_{j+1}-x_j}{2}\right)^4\leqslant\frac{M_4}{384}h^4$$

其中

$$h=\max_k h_k\ h_k=x_{k+1}-x_k\quad M_4=\max_{a\leqslant x\leqslant b}|f^{(4)}(x)|$$

该定理的证明与拉格朗日插值的误差余项估计式证明类似，证明由读者自己完成。

例 3.1.7 设函数 $f(x)=\dfrac{1}{1+25x^2}$，在区间$[-1,1]$上取等距节点(x_i,y_i)，$i=0,1,2,\cdots,10$，构造分段三次埃尔米特插值函数 $H_3(x)$。

解 记节点坐标为 $x_i=-1+ih$，$h=0.2$，$i=0,1,2,\cdots,10$，则插值节点相应的值见表 3-7。

表 3-7 插值节点相应的值

x_i	-1	$-\frac{4}{5}$	$-\frac{3}{5}$	$-\frac{2}{5}$	$-\frac{1}{5}$	0	$\frac{1}{5}$	$\frac{2}{5}$	$\frac{3}{5}$	$\frac{4}{5}$	1
$f(x_i)$	$\frac{1}{26}$	$\frac{1}{17}$	$\frac{1}{10}$	$\frac{1}{5}$	$\frac{1}{2}$	1	$\frac{1}{2}$	$\frac{1}{5}$	$\frac{1}{10}$	$\frac{1}{17}$	$\frac{1}{26}$
$f'(x_i)$	$\frac{25}{338}$	$\frac{40}{289}$	$\frac{3}{10}$	$\frac{4}{5}$	$\frac{5}{2}$	0	$-\frac{5}{2}$	$-\frac{4}{5}$	$-\frac{3}{10}$	$-\frac{40}{289}$	$-\frac{25}{338}$

由式(3.1.42)和式(3.1.43)，在每个子区间$[x_i,x_{i+1}]$$(i=0,1,2,\cdots,10)$上构造分段三次埃尔米特插值基函数为

$$\alpha_i(x)=\left(1+2\frac{x-x_i}{x_{i+1}-x_i}\right)\left(\frac{x-x_{i+1}}{x_i-x_{i+1}}\right)^2=(10x+13-2i)(5x+5-i)^2$$

$$\alpha_{i+1}(x)=\left(1+2\frac{x-x_{i+1}}{x_i-x_{i+1}}\right)\left(\frac{x-x_i}{x_{i+1}-x_i}\right)^2=(-10x-9+2i)(5x+6-i)^2$$

$$\beta_i(x)=(x-x_i)\left(\frac{x-x_{i-1}}{x_i-x_{i-1}}\right)^2=(x+1.2-0.2i)(5x+5-i)^2$$

$$\beta_{i+1}(x)=(x-x_{i+1})\left(\frac{x-x_i}{x_{i+1}-x_i}\right)=(x+1-0.2i)(5x+6-i)^2$$

例如，在子区间$[-1,-0.8]$上的插值基函数为

$$\alpha_0(x)=\left(1+2\frac{x-x_0}{x_1-x_0}\right)\left(\frac{x-x_1}{x_0-x_1}\right)^2=(10x+11)(5x+4)^2$$

$$\alpha_1(x)=\left(1+2\frac{x-x_1}{x_0-x_1}\right)\left(\frac{x-x_0}{x_1-x_0}\right)^2=-25(10x+7)(x+1)^2$$

$$\beta_0(x)=(x-x_0)\left(\frac{x-x_1}{x_0-x_1}\right)^2=(x+1)(5x+4)^2$$

$$\beta_1(x)=(x-x_1)\left(\frac{x-x_0}{x_1-x_0}\right)^2=5(5x+4)(x+1)^2$$

代入式(3.1.44)得 $f(x)=\dfrac{1}{1+25x^2}$在区间$[-1,-0.8]$上分段三次埃尔米特插值函数为

$$H_3(x)=\alpha_0(x)f(x_0)+\beta_0(x)f'(x_0)+\alpha_1(x)f(x_1)+\beta_1(x)f'(x_1)$$
$$=\frac{1}{26}(10x+11)(5x+4)^2+\frac{25}{338}(x+1)(5x+4)^2-\frac{25}{17}(10x+7)(x+1)^2+$$
$$\frac{200}{289}(5x+4)(x+1)^2$$

同理可得 $f(x)=\dfrac{1}{1+25x^2}$ 在其他区间上的分段三次埃尔米特插值函数。

3.1.7　三次样条插值

分段低次插值函数具有整体连续性、计算简便及很好的数值稳定性等优点，但是这类插值方法不能保证所得的整条曲线具有较好的光滑性。在工业设计中往往对曲线的光滑性要求比较高，如飞机、汽车、船舶等的外形设计，不仅要求曲线连续，而且要有二阶光滑度，即有连续的二阶导数。这就要求分段插值函数在整个区间上具有连续的二阶导数。因此，有必要寻求一种新的插值方法，这就是样条函数插值法。

早期工程师在制图时，把富有弹性的细长木条（所谓样条）用压铁固定在样点上，在其他地方让它自由弯曲，然后沿木条画下曲线，称为样条曲线。三次样条插值是通过一系列形值点的一条光滑曲线，数学上是通过求解三弯矩方程组得出曲线函数组的过程。

1. 三次样条函数的构造

定义 3.3　设函数 $f(x)$ 是区间 $[a,b]$ 上的二次连续可微函数，在区间 $[a,b]$ 上给定一个划分：

$$\Delta: a=x_0<x_1<\cdots<x_{n-1}<x_n=b$$

如果函数 $S(x)$ 满足：

(1) $S(x_i)=f(x_i)\quad(i=0,1,2,\cdots,n)$；

(2) 在每个小区间 $[x_{i-1},x_i]\,(i=1,2,\cdots,n)$ 上 $S(x)$ 是三次多项式。

则称 $S(x)$ 为区间 $[a,b]$ 上对应于划分 Δ 的三次样条插值函数。

下面构造三次样条插值函数。由定义可知，三次样条插值函数 $S(x)$ 是一个分段三次多项式，设 $S(x)$ 在每个子区间 $[x_{i-1},x_i]$ 上的表达式为

$$S(x)=S_i(x)=a_ix^3+b_ix^2+c_ix+d_i,\quad x\in(x_{i-1},x_i), i=1,2,\cdots,n$$

其中 a_i,b_i,c_i,d_i 为待定常数，子区间共有 n 个，所以在整个区间 $[a,b]$ 上要确定 $S(x)$ 需要 $4n$ 个待定常数。而满足的条件共有：

(1) 插值条件 $S(x_i)=f(x_i)\,(i=0,1,2,\cdots,n)$；

(2) 连续与光滑性条件

$$\begin{aligned}&S(x_i-0)=S(x_i+0)\\&S'(x_i-0)=S'(x_i+0)\quad(i=1,2,\cdots,n-1)\\&S''(x_i-0)=S''(x_i+0)\end{aligned}$$

插值条件(1)和连续与光滑性条件(2)给出了 $4n-2$ 个条件，而需要确定的待定常数为 $4n$ 个。由此可见，仅仅根据连续性和插值条件还不能唯一的确定 $S(x)$。为了唯一确定 $S(x)$，通常需要在区间端点上补充两个条件，称为边界条件。常用的边界条件有以下三种类型：

第一类边界条件：给定两端点 $f(x)$ 的一阶导数值

$$S'(x_0)=f'(x_0),\quad S'(x_n)=f'(x_n)\tag{3.1.45}$$

第二类边界条件：给定两端点 $f(x)$ 的二阶导数值

$$S''(x_0)=f''(x_0),\quad S''(x_n)=f''(x_n)\tag{3.1.46}$$

特别地，若 $S''(x_0)=S''(x_n)=0$，则称为自然边界条件。

第三类边界条件：当 $f(x)$ 是以 x_n-x_0 为周期的函数时，则要求 $S(x)$ 也是周期函数，这时边

界条件应满足当 $f(x_0)=f(x_n)$ 时

$$S'(x_0+0)=S'(x_n-0),\quad S''(x_0+0)=S''(x_n-0) \tag{3.1.47}$$

2. 三次样条函数的求法

构造三次样条插值函数通常有两种方法：一是以给定插值节点处的二阶导数值作为未知数来求解，在工程上称二阶导数为弯矩，这种方法称为三弯矩插值，二是以给定插值节点处的一阶导数作为未知数来求解，而一阶导数又称为斜率，这种方法称为三斜率插值。下面重点介绍三弯矩插值。

令 $S''(x_i)=M_i(i=0,1,2,\cdots,n)$ 为未知数。由于 $S(x)$ 在区间 $[x_{i-1},x_i]$ 上是三次多项式，所以 $S''(x_i)$ 是一次多项式，令 $h_i=x_i-x_{i-1}$，由线性插值得

$$S''_i(x)=M_{i-1}\frac{x-x_i}{x_{i-1}-x_i}+M_i\frac{x-x_{i-1}}{x_i-x_{i-1}}=M_{i-1}\frac{x_i-x}{h_i}+M_i\frac{x-x_{i-1}}{h_i}$$

连续积分两次得

$$S_i(x)=M_{i-1}\frac{(x_i-x)^3}{6h_i}+M_i\frac{(x-x_{i-1})^3}{6h_i}+A_i(x_i-x)+B_i(x-x_{i-1})$$

其中 A_i,B_i 是积分常数，由插值条件 $S(x_{i-1})=f(x_{i-1}),S(x_i)=f(x_i)$ 即可确定，即有

$$S(x_{i-1})=\frac{1}{6}M_{i-1}h_i^2+A_ih_i=f(x_{i-1})=y_{i-1}$$

$$S(x_i)=\frac{1}{6}M_ih_i^2+B_ih_i=f(x_i)=y_i$$

于是解得

$$A_i=\frac{1}{h_i}\left(y_{i-1}-\frac{1}{6}M_{i-1}h_i^2\right),\qquad B_i=\frac{1}{h_i}\left(y_i-\frac{1}{6}M_ih_i^2\right)$$

从而得

$$\begin{aligned}S_i(x)=&M_{i-1}\frac{(x_i-x)^3}{6h_i}+M_i\frac{(x-x_{i-1})^3}{6h_i}+\\&\left(y_{i-1}-\frac{M_{i-1}}{6}h_i^2\right)\frac{(x_i-x)}{h_i}+\left(y_i-\frac{M_i}{6}h_i^2\right)\frac{(x-x_{i-1})}{h_i}\end{aligned} \tag{3.1.48}$$

为了求出 $M_i(i=0,1,\cdots,n)$，由连续与光滑性条件 $S'(x_i-0)=S'(x_i+0)$，对式(3.1.48)求一阶导数

$$S'_i(x)=-M_{i-1}\frac{(x_i-x)^2}{2h_i}+M_i\frac{(x-x_{i-1})^2}{2h_i}+\frac{y_i-y_{i-1}}{h_i}-\frac{h_i}{6}(M_i-M_{i-1}) \tag{3.1.49}$$

于是在区间 $[x_{i-1},x_i]$ 上，

$$S'_i(x_i-0)=\frac{h_i}{2}M_i-\frac{h_i}{6}(M_i-M_{i-1})+\frac{y_i-y_{i-1}}{h_i}=\frac{h_i}{6}M_{i-1}+\frac{h_i}{3}M_i+\frac{y_i-y_{i-1}}{h_i}$$

$$S'_i(x_{i-1}+0)=-\frac{h_i}{2}M_{i-1}-\frac{h_i}{6}(M_i-M_{i-1})+\frac{y_i-y_{i-1}}{h_i}=-\frac{h_i}{3}M_{i-1}-\frac{h_i}{6}M_i+\frac{y_i-y_{i-1}}{h_i}$$

在区间 $[x_i,x_{i+1}]$ 上，

$$S'_{i+1}(x_i+0)=-\frac{h_{i+1}}{3}M_i-\frac{h'_{i+1}}{6}M_{i+1}+\frac{y_{i+1}-y_i}{h_{i+1}}$$

由 $S'_i(x_i-0)=S'_{i+1}(x_i+0)$ 得关于参数 M_{i-1},M_i,M_{i+1} 的方程

$$\frac{h_i}{6}M_{i-1}+\frac{h_i+h'_{i+1}}{3}M_i+\frac{h_{i+1}}{6}M_{i+1}=\frac{y_{i+1}-y_i}{h_{i+1}}-\frac{y_i-y_{i-1}}{h_i}$$

两边同乘 $\frac{6}{h_i+h_{i+1}}$ 得方程

$$\frac{h_i}{h_i+h'_{i+1}}M_{i-1}+2M_i+\frac{h_{i+1}}{h_i+h'_{i+1}}M_{i+1}=\frac{6}{h_i+h'_{i+1}}\left(\frac{y_{i+1}-y_i}{h_{i+1}}-\frac{y_i-y_{i-1}}{h_i}\right) \tag{3.1.50}$$

记

$$\begin{cases}\mu_i=\dfrac{h_i}{h_i+h'_{i+1}}\\ \lambda_i=\dfrac{h_{i+1}}{h_i+h'_{i+1}}=1-\mu_i\\ g_i=\dfrac{6}{h_i+h'_{i+1}}(f[x_i,x_{i+1}]-f[x_{i-1},x_i])\end{cases}\tag{3.1.51}$$

则方程(3.1.49)可简记为

$$\mu_iM_{i-1}+2M_i+\lambda_iM_{i+1}=g_i\quad(i=1,2,\cdots,n-1)\tag{3.1.52}$$

即

$$\begin{cases}\mu_1M_0+2M_1+\lambda_1M_2=g_1\\ \mu_2M_1+2M_2+\lambda_2M_3=g_2\\ \cdots\cdots\cdots\cdots\\ \mu_{n-1}M_{n-2}+2M_{n-1}+\lambda_{n-1}M_n=g_{n-1}\end{cases}\tag{3.1.53}$$

方程(3.1.52)便是三弯矩方程组。由于$1<\mu_i<1$，$0<\lambda_i<1$，方程组(3.1.53)是严格对角占优方程组，故存在唯一解。

(1)对于第一类边界条件$S'(x_0)=f'(x_0)$，$S'(x_n)=f'(x_n)$，由式(3.1.19)得在子区间$[x_0,x_1]$上的导数为

$$S'_1(x)=-M_0\,\frac{(x_1-x)^2}{2h_1}+M_1\,\frac{(x-x_0)^2}{2h_1}+\frac{y_1-y_0}{h_1}-\frac{h_1}{6}(M_1-M_0)$$

由条件$S'(x_0)=f'(x_0)=y'_0$得

$$y'_0=-M_0\,\frac{h_1}{2}+\frac{y_1-y_0}{h_1}-\frac{h_1}{6}(M_1-M_0)$$

即

$$2M_0+M_1=\frac{6}{h_1}\left(\frac{y_1-y_0}{h_1}-y'_0\right)\tag{3.1.54}$$

同理由$S'(x_n)=f'(x_n)=y'_n$得

$$M_{n-1}+2M_n=\frac{6}{h_n}\left(y'_n-\frac{y_n-y_{n-1}}{h_n}\right)\tag{3.1.55}$$

合并式(3.1.53)～式(3.1.55)得关于$M_0,M_1,\cdots,M_n$的方程组

$$\begin{pmatrix}2 & 1 & & & \\ \mu_1 & 2 & \lambda_1 & & \\ & \ddots & \ddots & \ddots & \\ & & \mu_{n-1} & 2 & \lambda_{n-1}\\ & & & 1 & 2\end{pmatrix}\begin{pmatrix}M_0\\ M_1\\ \vdots\\ M_{n-1}\\ M_n\end{pmatrix}=\begin{pmatrix}g_0\\ g_1\\ \vdots\\ g_{n-1}\\ g_n\end{pmatrix}\tag{3.1.56}$$

其中

$$\begin{cases}g_0=\dfrac{6}{h_1}(f[x_0,x_1]-y'_0)\\ g_n=\dfrac{6}{h_n}(y'_n-f[x_{n-1},x_n])\end{cases}$$

方程组(3.1.56)称为满足第一边界条件的三弯矩方程组。

(2)类似地，对于第二边界条件，利用$S''(x_0)=f''(x_0)=M_0$，$S''(x_n)=f''(x_n)=M_n$可得关于$M_1,M_2,\cdots,M_{n-1}$的三弯矩方程组

$$\begin{pmatrix} 2 & \lambda_1 & & & \\ \mu_2 & 2 & \lambda_2 & & \\ & \ddots & \ddots & \ddots & \\ & & \mu_{n-2} & 2 & \lambda_{n-2} \\ & & & \mu_{n-1} & 2 \end{pmatrix} \begin{pmatrix} M_1 \\ M_2 \\ \vdots \\ M_{n-2} \\ M_{n-1} \end{pmatrix} = \begin{pmatrix} g_1-\mu_1 y''_0 \\ g_2 \\ \vdots \\ g_{n-2} \\ g_{n-1}-\lambda_{n-1} y''_n \end{pmatrix} \tag{3.1.57}$$

该方程组同样是严格对角占优方程组，利用追赶法可以解得唯一解 $M_1, M_2, \cdots, M_{n-1}$。

(3)对于第三边界条件，由 $S''(x_0+0)=S''(x_n-0)$ 及 $S'(x_0+0)=S'(x_n-0)$ 得

$$M_0=M_n \tag{3.1.58}$$

$$\lambda_n M_1+\mu_n M_{n-1}+2M_n=g_n \tag{3.1.59}$$

其中

$$\begin{cases} \mu_n=\dfrac{h_n}{h_1+h_n} \\ \lambda_n=\dfrac{h_n}{h_1+h_n}=1-\mu_n \\ g_n=\dfrac{6}{h_1+h_n}(f[x_0,x_1]-f[x_{n-1},x_n]) \end{cases}$$

于是合并式(3.1.53)、式(3.1.58)和式(3.1.59)得关于 $M_1, M_2, \cdots, M_n$ 的三弯矩方程组

$$\begin{pmatrix} 2 & \lambda_1 & & & \mu_1 \\ \mu_2 & 2 & \lambda_2 & & \\ & \ddots & \ddots & \ddots & \\ & & \mu_{n-1} & 2 & \lambda_{n-1} \\ \lambda_n & & & \mu_n & 2 \end{pmatrix} \begin{pmatrix} M_1 \\ M_2 \\ \vdots \\ M_{n-1} \\ M_n \end{pmatrix} = \begin{pmatrix} g_1 \\ g_2 \\ \vdots \\ g_{n-1} \\ g_n \end{pmatrix} \tag{3.1.60}$$

用三次样条函数 $S(x)$ 逼近 $f(x)$ 是收敛的，且数值稳定，但其误差估计与收敛定理的证明都比较复杂，这里只给出结论。

定理 3.6 设 $f(x)$ 是 $[a,b]$ 上二次连续可微函数，在 (a,b) 上，以 $a=x_0<x_1<\cdots<x_n=b$ 为节点的三次样条插值函数 $S(x)$ 满足

$$|f(x)-S(x)|\leqslant\frac{M_2}{2}\max_i|x_i-x_{i-1}|$$

其中

$$M_2=\max_{a\leqslant x\leqslant b}|f''(x)|$$

例 3.1.8 设在节点上插值条件 $x_i=i(i=0,1,2,3)$ 上，函数 $f(x)$ 的 $f(x_0)=0$，$f(x_1)=0.5$，$f(x_2)=2$，$f(x_3)=1.5$，试求满足如下条件的三次样条插值函数 $S(x)$。

(1) $S'(x_0)=0.2, S'(x_3)=-1$； (2) $S''(x_0)=-0.3, S''(x_3)=3.3$。

解 (1)由式(3.1.51)进行求解。

$$\begin{cases} \mu_i=\dfrac{h_i}{h_i+h'_{i+1}} \\ \lambda_i=\dfrac{h_{i+1}}{h_i+h'_{i+1}}=1-\mu_i \\ g_i=\dfrac{6}{h_i+h'_{i+1}}(f[x_i,x_{i+1}]-f[x_{i-1},x_i]) \end{cases}$$

可得

$$\begin{cases} \mu_1=\mu_2=0.5 \\ \lambda_1=\lambda_2=0.5 \\ g_1=3, g_2=-6 \end{cases}$$

由第一类边界条件 $S'(x_0)=0.2, S'(x_3)=-1$

$$g_0=\frac{6}{h_0}\left(\frac{y_1-y_0}{h_0}-f'_0\right)=1.8,\quad g_3=\frac{6}{h_2}\left(f'_3-\frac{y_3-y_2}{h_2}-\right)=-3$$

代入式(3.1.56)，化简得

$$\begin{pmatrix} 2 & 1 & & \\ 0.5 & 2 & 0.5 & \\ & 0.5 & 2 & 0.5 \\ & & 1 & 2 \end{pmatrix}\begin{pmatrix} M_1 \\ M_2 \\ M_3 \\ M_4 \end{pmatrix}=\begin{pmatrix} 1.8 \\ 3 \\ -6 \\ -3 \end{pmatrix}$$

解得　$M_0=-0.36, M_1=2.52, M_2=-3.72, M_3=0.36$，代入三次样条插值函数公式(3.1.48)化简得

$$S(x)=\begin{cases} 0.48x^3-0.18x^2+0.2x, & x\in[0,1] \\ -1.04(x-1)^3+1.268(x-1)^2+1.28(x-1)+0.5, & x\in[1,2] \\ 0.68(x-2)^3-1.86(x-2)^2+0.68(x-2)+2, & x\in[2,3] \end{cases}$$

(2)仍用方程组进行求解，由第二类边界条件 $S''(x_0)=-0.3, S''(x_3)=3.3$ 由于 $M_0=-0.36$，$M_3=0.36$ 已知，故化简得

$$\begin{pmatrix} 4 & 1 \\ 1 & 4 \end{pmatrix}\begin{pmatrix} M_1 \\ M_2 \end{pmatrix}=\begin{pmatrix} 6.3 \\ -15.3 \end{pmatrix}$$

由此解得 $M_1=2.7, M_2=-4.5$。将 M_0, M_1, M_2, M_3，代入三次样条插值函数公式(3.1.48)化简得

$$S(x)=\begin{cases} 0.5x^3-0.15x^2+0.15x, & x\in[0,1] \\ -1.2(x-1)^3+1.35(x-1)^2+1.35(x-1)+0.5, & x\in[1,2] \\ 1.3(x-2)^3-2.25(x-2)2+0.45(x-2)+2, & x\in[2,3] \end{cases}$$

3.2　曲线拟合

前面介绍了已知函数在若干点处的函数值，根据插值原理建立插值多项式来逼近变量之间的函数关系。但是在科学实验和生产实践中，往往得到的是由实验或观测得到的数据，它们不可避免地带有测量误差，当逼近函数曲线通过所有的观察点 (x_i, y_i) 时，就会使曲线保留所有的测量误差，从而失去原数据表示的规律，并且当个别数据的误差较大时，插值效果显然是不理想的。另外，由实验或观测往往获得大量数据，用插值法获得次数较高的近似多项式明显地缺乏实用价值。下面介绍构建逼近函数的另一种方法——基于最小二乘原理的曲线拟合法。

设实验获得的某函数关系 $y=f(x)$ 在某些离散点上的函数值见表 3-8。

表 3-8　$y=f(x)$ 的部分函数值

x	x_1	x_2	…	x_{n-1}	x_n
y	y_1	y_2	…	y_{n-1}	y_n

寻求一条近似函数曲线 $y=\varphi(x)$（见图 3-6），使 $\varphi(x)$ 在某种准则下与所有数据点最为接近，即曲线拟合得最好。

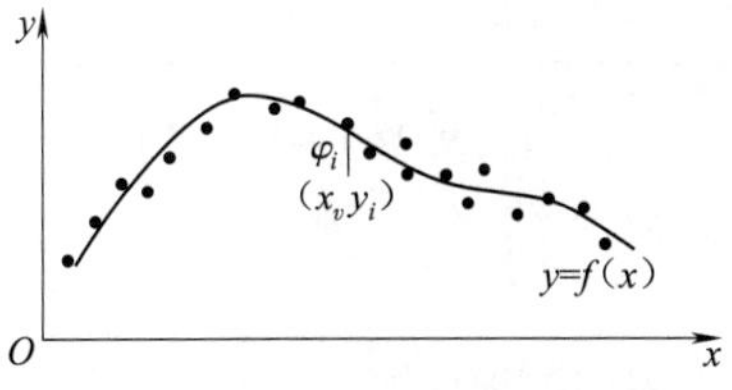

图 3-6　曲线拟合的示意图

定义 $y=\varphi(x)$ 与实验数据在 x_i 点的偏差（误差）为

$$\delta_i=f(x_i)-\varphi(x_i),\quad i=1,2,\cdots,n$$

记偏差平方和为

$$Q=\sum_{i=1}^{n}\delta_i^2=\sum_{i=1}^{n}[f(x_i)-\varphi(x_i)]^2 \tag{3.2.1}$$

若偏差平方和 Q 达到最小时，$y=\varphi(x)$ 逼近函数关系 $y=f(x)$，则这种求近似逼近函数的方法为曲线拟合的最小二乘法。

用最小二乘法求拟合曲线时，最困难和关键的问题是确定 $\varphi(x)$ 的形式，这需要与所研究问题的运动规律及实验数据 (x_i, y_i) 有关。通常是画出观察数据的草图，并结合实际问题的运动规律，确定 $\varphi(x)$ 的形式。下面介绍常用的线性拟合、多项式拟合及非线性拟合方法。

3.2.1 线性拟合

设已知数据点 $(x_i, y_i)(i=1,2,\cdots,n)$ 分布近似于一条直线。求作一次拟合函数

$$y=\varphi(x)=a_0+a_1x \tag{3.2.2}$$

其中 a_0, a_1 为待定系数，使偏差平方和

$$Q(a_0,a_1)=\sum_{i=1}^{n}\delta_i^2=\sum_{i=1}^{n}(a_0+a_1x_i-y_i)^2$$

达到最小。

根据最小二乘法原理，要使 $Q(a_0,a_1)$ 有极小值，a_0, a_1 应满足以下条件：

$$\begin{cases}\dfrac{\partial Q(a_0,a_1)}{\partial a_0}=2\sum\limits_{i=1}^{n}(a_0+a_1x_i-y_i)=0\\[2ex]\dfrac{\partial Q(a_0,a_1)}{\partial a_1}=2\sum\limits_{i=1}^{n}(a_0+a_1x_i-y_i)x_i=0\end{cases}$$

化简上式得关于 a_0, a_1 的线性方程组

$$\begin{cases}a_0n+a_1\sum\limits_{i=1}^{n}x_i=\sum\limits_{i=1}^{n}y_i\\[2ex]a_1\sum\limits_{i=1}^{n}x_i^2+a_0\sum\limits_{i=1}^{n}x_i=\sum\limits_{i=1}^{n}x_iy_i\end{cases} \tag{3.2.3}$$

解该方程组得

$$a_0=\frac{\left(\sum\limits_{i=1}^{n}x_i^2\right)\left(\sum\limits_{i=1}^{n}y_i\right)-\left(\sum\limits_{i=1}^{n}x_i\right)\left(\sum\limits_{i=1}^{n}x_iy_i\right)}{n\left(\sum\limits_{i=1}^{n}x_i^2\right)-\left(\sum\limits_{i=1}^{n}x_i\right)^2} \tag{3.2.4}$$

$$a_1=\frac{n\left(\sum\limits_{i=1}^{n}x_iy_i\right)-\left(\sum\limits_{i=1}^{n}x_i\right)\left(\sum\limits_{i=1}^{n}y_i\right)}{n\left(\sum\limits_{i=1}^{n}x_i^2\right)-\left(\sum\limits_{i=1}^{n}x_i\right)^2} \tag{3.2.5}$$

例 3.2.1 试根据表 3-9 所示实验数据做拟合函数。

表 3-9 实验数据

x_i	1.36	1.37	1.95	2.28
y_i	14.094	16.844	18.475	20.963

解 表中数据作一草图，可以看出表中数据分布可以用直线来近似描述。设所求的拟合曲线为

$$y=\varphi(x)=a_0+a_1x$$

由表中数据计算得

$$\sum_{i=1}^{4}x_i=7.32,\quad \sum_{i=1}^{4}x_i^2=13.843\,4,\quad \sum_{i=1}^{4}y_i=70.376,\quad \sum_{i=1}^{4}x_iy_i=132.129\,85$$

代入正规方程组(3.2.3)得

$$\begin{cases}4a_0+7.32a_1=70.376\\7.32a_0+13.8434a_1=132.12985\end{cases}$$

解得

$$a_0=3.9374,\quad a_1=7.4626$$

因此拟合曲线为

$$y=3.9374+7.4626x$$

3.2.2　多项式拟合

当所给数据点的分布不近似地呈一条直线时，可用多项式拟合。对于给定的一组离散数据$(x_i,y_i)(i=1,2,\cdots,n)$，寻求次数不超过 n 的多项式

$$y=P_n(x)=a_0+a_1x+a_2x^2+\cdots+a_nx^n$$

使得总偏差平方和

$$Q(a_0,a_1,\cdots,a_n)=\sum_{i=1}^{n}[P_n(x_i)-y_i]^2=\sum_{i=1}^{n}(a_0+a_1x_i+\cdots+a_nx_i^n-y_i)^2$$

达到最小。因此，确定拟合多项式 $P_n(x)$问题就转化为求多元函数极值问题。

令

$$\frac{\partial Q}{\partial a_k}=0\quad(k=0,1,2,\cdots,n)$$

显然 $a_0,a_1,\cdots a_n$ 应满足以下条件：

$$\sum_{i=1}^{n}(a_0+a_1x_i+\cdots+a_nx_i^n-y_i)x_i^k=0\quad(k=0,1,\cdots,n)$$

即

$$a_0\sum_{i=1}^{n}x_i^k+a_1\sum_{i=1}^{n}x_i^{k+1}+\cdots+a_n\sum_{i=1}^{n}x_i^{k+n}=\sum_{i=1}^{n}x_i^ky_i\quad(k=0,1,\cdots,n)\tag{3.2.6}$$

也就是

$$\begin{cases}a_0n+a_1\sum_{i=1}^{n}x_i+\cdots+a_n\sum_{i=1}^{n}x_i^n=\sum_{i=1}^{n}y_i\\a_0\sum_{i=1}^{n}x_i+a_1\sum_{i=1}^{n}x_i^2+\cdots+a_n\sum_{i=1}^{n}x_i^{n+1}=\sum_{i=1}^{n}x_iy_i\\\cdots\cdots\cdots\cdots\\a_0\sum_{i=1}^{n}x_i^n+a_1\sum_{i=1}^{n}x_i^{n+1}+\cdots+a_n\sum_{i=1}^{n}x_i^{2n}=\sum_{i=1}^{n}x_i^ny_i\end{cases}\tag{3.2.7}$$

方程组(3.2.7)的矩阵表示为

$$\begin{pmatrix}n&\sum_{i=1}^{n}x_i&\sum_{i=1}^{n}x_i^2&\cdots&\sum_{i=1}^{n}x_i^n\\\sum_{i=1}^{n}x_i&\sum_{i=1}^{n}x_i^2&\sum_{i=1}^{n}x_i^3&\cdots&\sum_{i=1}^{n}x_i^{n+1}\\\vdots&\vdots&\vdots&&\vdots\\\sum_{i=1}^{n}x_i^n&\sum_{i=0}^{n}x_i^{n+1}&\sum_{i=1}^{n}x_i^{n+2}&\cdots&\sum_{i=1}^{n}x_i^{2n1}\end{pmatrix}\begin{pmatrix}a_0\\a_1\\\vdots\\a_n\end{pmatrix}=\begin{pmatrix}\sum_{i=1}^{n}y_i\\\sum_{i=1}^{n}x_iy_i\\\vdots\\\sum_{i=1}^{n}x_i^my_i\end{pmatrix}\tag{3.2.8}$$

称方程组(3.2.7)或方程组(3.2.8)为关于拟合系数 a_i 的线性方程组，显然其系数矩阵是对称阵，可以证明该方程组存在唯一解。

例 **3.2.2** 试根据表 3-10 所示实验数据做拟合函数。

表 3-10 实验数据

x_i	0	1	2	3	4	5
y_i	5	2	1	1	2	3

解 将表中数据作一草图(见图 3-7),可以看出表中数据分布近似于一条抛物线。

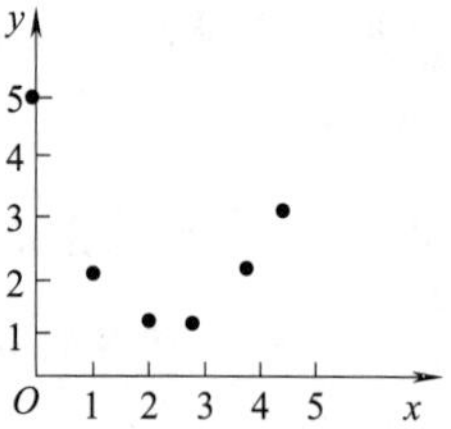

图 3-7 实验数据的散点图

因此设所求的拟合曲线为

$$y=P_2(x)=a_0+a_1x+a_2x^2$$

由表中数据计算得

$$\sum_{i=1}^{6}x_i=15,\quad \sum_{i=1}^{6}x_i^2=55,\quad \sum_{i=1}^{6}x_i^3=225,$$

$$\sum_{i=1}^{6}x_i^4=979,\quad \sum_{i=1}^{6}y_i=14,\quad \sum_{i=1}^{6}x_iy_i=30,\quad \sum_{i=1}^{6}x_i^2y_i=122$$

代入方程组(3.2.7)得

$$\begin{cases}6a_0+15a_1+55a_2=14\\15a_0+55a_1+225a_2=30\\55a_0+225a_1+979a_2=122\end{cases}$$

解得

$$a_0=4.714\ 3,\quad a_1=-2.785\ 7,\quad a_2=0.500\ 0$$

因此拟合曲线为

$$y=4.714\ 3-2.785\ 7x+0.500\ 0x^2$$

3.2.3 可化为线性拟合的非线性拟合

非线性拟合是一种比线性拟合更具实用性的数据拟合技术。非线性拟合中,通常对实际问题中的数据进行曲线拟合时,选用的数学模型不仅仅局限于直线,也可以使用多种不同的曲线进行拟合。一些非线性拟合曲线可以通过适当的变量替换转化为线性曲线,从而用线性拟合进行处理。表 3-11 列举了几类经适当变换后化为线性拟合求解的曲线拟合方程及变换关系。

表 3-11 几类非线性拟合求解的曲线拟合方程及变换关系

类型	曲线拟合方程	图形	变换关系	变换后线性拟合方程
幂函数	$y=ax^b$	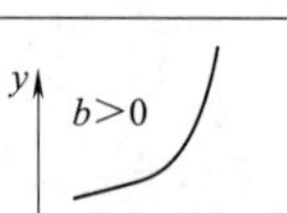 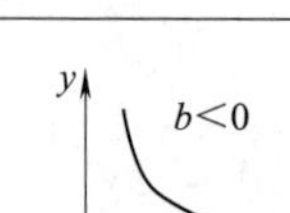	$\bar{y}=\ln y$, $\bar{x}=\ln x$	$\bar{y}=\bar{a}+b\bar{x}$ ($\bar{a}=\ln a$)
指数函数	$y=ae^{bx}$	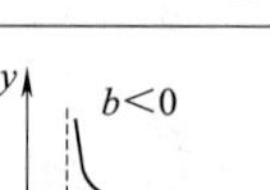 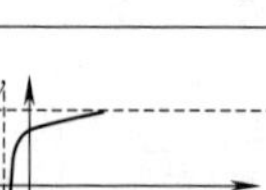	$\bar{y}=\ln y$	$\bar{y}=\bar{a}+bx$ ($\bar{a}=\ln a$)
双曲线函数	$y=\dfrac{x}{ax+b}$		$\bar{y}=\dfrac{1}{y}$ $\bar{x}=\dfrac{1}{x}$	$\bar{y}=a+b\bar{x}$

续上表

类型	曲线拟合方程	图形	变换关系	变换后线性拟合方程
对数函数	$y=a+b\ln x$	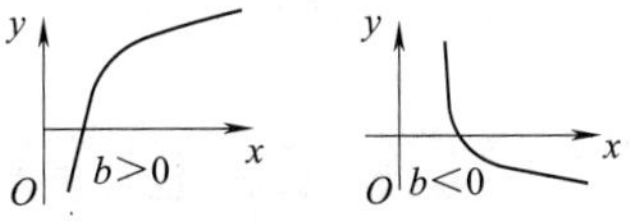	$\bar{x}=\ln x$	$y=a+b\bar{x}$
逻辑斯谛(Logistic)模型	$y=\frac{k}{1+ae^{-bx}}$	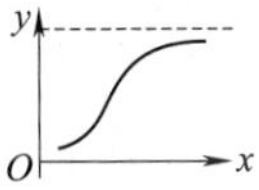	$\bar{y}=\ln\left(\frac{c}{y}-1\right)$	$\bar{y}=\bar{a}+\bar{b}x$ $(\bar{a}=\ln a,\bar{b}=-b)$
贡培兹(Gomperty)模型	$y=k\exp(-ae^{-bx})$	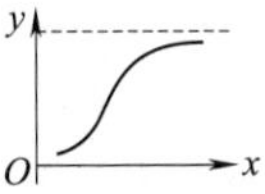	$\bar{y}=\ln\left(\ln\left(\frac{y}{k}\right)\right)$	$\bar{y}=\bar{a}+\bar{b}x$ $(\bar{a}=\ln(-a),\bar{b}=-b)$

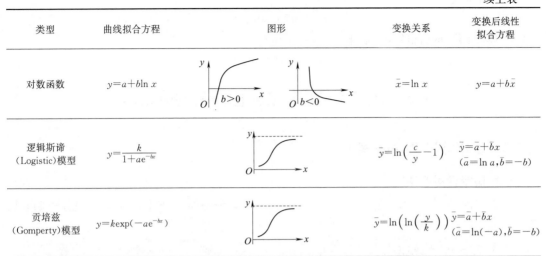

例 3.2.3　假设室内血药浓度均匀，药物排除速率与血药浓度成正比，比例系数 $k(k>0)$。对某人用快速静脉注射一单室模型，注入药物后在一定时刻 t(h)采集血药，测得血药浓度 c(μg/mL)随时间变化见表 3-12。

表 3-12　血药浓度随时间变化

t/h	1	2	3	4	6	8	10
c/μg/mL	2.040 5	1.905 0	1.769 5	1.633 9	1.362 7	1.091 7	0.820 2

试给出血药浓度(单位体积血液中的药物含量)随时间的变化规律。

解　对血药浓度数据作拟合，符合指数变化规律。设血液容积 V，$t=0$ 时注射药物剂量为 l，血药浓度立即为$\frac{l}{V}$，则由假设得

$$\frac{\mathrm{d}c}{\mathrm{d}t}=-kc,\quad c(0)=l/V$$

解此微分方程得非线性拟合方程

$$c(t)=\frac{l}{V}e^{-kt}$$

两边取对数将其线性化得　$\ln c=\ln(l/V)-kt$

令

$$\bar{c}=\ln c,\quad a_1=-k,\quad a_0=\ln(l/V)$$

得

$$\bar{c}=a_0+a_1 t$$

由表中数据计算得

$$\sum_{i=1}^{7} t_i=34,\quad \sum_{i=1}^{7} t_i^2=230,\quad \sum_{i=1}^{7} \bar{c}_i=10.62,\quad \sum_{i=1}^{7} t_i\bar{c}_i=42.806\,4$$

代入正规方程组(3.2.3)得

$$\begin{cases}7a_0+34a_1=10.623\,5\\34a_0+230a_1=42.80\end{cases}$$

解得

$$a_0=2.176,\quad a_1=-0.135\,5$$

于是有拟合曲线为

$$\bar{c}=2.176-0.1355t$$

因此得血药浓度随时间的变化规律为

$$\lg c=2.176-0.1355t$$

3.3 Python 程序在数值逼近中的应用

3.3.1 差值算法 Python 实验

1. 拉格朗日插值法

由 3.1.2 节的讨论以及公式 3.1.11 和 3.1.12，可以编写如下 Python 函数，实现拉格朗日插值法：

```
def lagrange_interp(x_data,y_data,x_value):
    n =len(x_data)
    y =0
    for i in range(n):
        p=1
        for j in range(i):
            p =p* (x_value- x_data[j])/(x_data[i]- x_data[j])
        for j in range(i+ 1,n):
            p =p* (x_value- x_data[j])/(x_data[i]- x_data[j])
        y =y +y_data[i]* p
    return y
```

代码中参数 x_data 和 y_data 是插值点的自变量和函数值，x_value 是待求差值函数值的自变量值，为了同步计算多个点的差值函数值，x_value 可以使用 NumPy 数组，则例 3.1.1 可以如下解决：

```
import numpy as np
x_data =np.array([100, 121, 144], dtype=np.float64)
y_data =np.sqrt(x_data)
lagrange_interp(x_data, y_data, np.array([115]))
```

结果为：

```
array([10.72275551])
```

对比真值：

```
>>> np.sqrt(115)
10.723805294763608
```

2. 牛顿差值法的实现

首先根据定义 3.1 编写差商表计算函数：

```
def get_divided_differences(x, y):
    n =len(x)
    dd_matrix =np.zeros((n, n), dtype=float)
    dd_matrix[:, 0] =y
    for j in range(1, n):
        for i in range(j, n):
            dd_matrix[i, j] =\\
```

```
                (dd_matrix[i, j-1] -dd_matrix[i-1, j-1]) / (x[i] -x[i -j])
    return dd_matrix
```

函数中的符号"\\"是 Python 中的换行提示符，表示出于书写的原因本行的代码需与下一行代码一起执行。则例 3.1.2 可以如下计算：

```
>>> f =lambda x: x** 7 +x** 4 +3* x +1
>>> x_data =[2** i for i in range(9)]
>>> x_data =np.array(x_data,dtype=np.float64)
>>> y_data =f(x_data)
>>> dd_matrix =get_divided_differences(x_data,y_data)
>>> dd_matrix[7,7]
1.0
>>> dd_matrix[8,8]
0.0
```

可以发现差商表对角线元素中的最后两个就是所求的差商。

在差商表的基础上根据式(3.1.23)，可以编写牛顿差值法的函数：

```
def newton_interp(x_data,y_data,x_value):
    n =len(x_data)
    dd_matrix=get_divided_differences(x_data,y_data)
    p =dd_matrix[n-1,n-1]
    for k in range(n-2,-1,-1):
        p =dd_matrix[k,k] + (x_value -x_data[k])* p
    return p
```

则例 3.1.3 的牛顿解法为：

```
>>> x_data =np.array([100, 121, 144, 169], dtype=np.float64)
>>> y_data =np.sqrt(x_data)
>>> newton_interp(x_data, y_data, 115)
10.723574251835121
```

3. Python 中的插值函数

Numpy 工具包中有一个基本的差值函数 interp，而 SciPy 工具包更是包含一个专门的子包 interpolate 用于插值计算。这些包含了多种分段插值方法的实现，如常用的分段线性插值函数、三次样条插值类等。

例 3.3.1　已知正弦函数 $y=\sin x$ 在$[0,2\pi]$上的九个均匀分布点的函数值，使用 Python 函数求其线性插值和三次样条插值。

解　本题可以由如下代码完成：

```
import numpy as np
from scipy import interpolate
x =np.linspace(0, 2* np.pi, 9)
y =np.sin(x)
spl =interpolate.CubicSpline(x, y)
x_value =np.linspace(0, 2* np.pi, 100)
y_value_spl =spl(x_value)
y_value_lin =np.interp(x_value,x,y)
```

其中，spl 是由 scipy. interpolate. CubicSpline 和节点数据计算出的差值函数，y_value_spl 即为三次样条插值的结果。而 y_value_lin 则是由函数 numpy. interp 计算出的线性插值结果。下面通过

matplotlib 绘出插值图像：

```
import matplotlib.pyplot as plt
plt.figure(figsize=(8,6),dpi=600)
plt.plot(x, y, 'kd')
plt.plot(x_value,y_value_lin,'k:')
plt.plot(x_value,y_value_spl,'k-')
plt.legend(['Nodes', 'Linear', 'Cubic Spline'])
plt.show()
```

结果如图 3-8 所示。

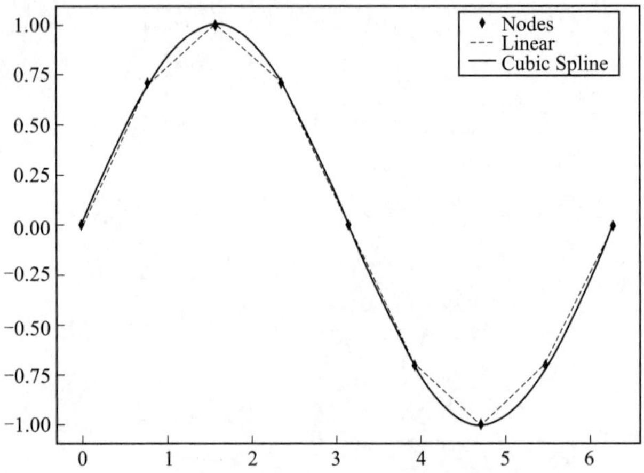

图 3-8　线性插值和三次样条插值图

除了上述两种基本插值方法外，scipy. interpolate 子包还提供了单调插值(monotone interpolant)，B 样条插值(B-Splines)等一元函数插值的实现方法。相关对象或函数包括 Akima1DInterpolator、PchipInterpolator、make_interp_spline、splrep 等工具以及 scipy. interpolate 子包中已经不推荐使用的 interp1d 函数，可以比较方便地创建插值函数。此外，scipy. interpolate 还提供了多维插值的实现方法，读者可以在 SciPy 的官方网站获取相关的帮助信息。

3. 3. 2　拟合算法 Python 实验

1. 线性拟合

由式(3. 2. 4)可以编写 Python 代码：

```
def lin_fit(x, y):
    n = len(x)
    s_x = sum(x)
    s_y = sum(y)
    s_xy = sum(x * y)
    s_x2 = sum(x ** 2)
    a0 = (s_x2* s_y - s_x* s_xy)/(n* s_x2-s_x** 2)
    a1 = (n* s_xy-s_x* s_y)/(n* s_x2-s_x** 2)
    return a1,a0
```

本例中涉及 NumPy 数组的运算，参数中的 x 和 y 须是数组才能正确运行。则例 3. 2. 1 可由如下代码求解：

```
>>> x_data =np.array([1.36, 1.37, 1.95, 2.28])
>>> y_data =np.array([14.094,16.844,18.475,20.963])
>>> lin_fit(x_data,y_data)
(5.853760129659651, 7.408457374392223)
```

2. 多项式拟合

由式(3.2.8),可以定义多项式拟合函数 poly_fit,其代码如下:

```
import numpy as np
from scipy import linalg as la

def poly_fit(x, y, n):
    n =n +1
    s_x_list =np.array([sum(x** i) for i in range(2* n)])
    s_xy_list =np.array([sum(x** i* y) for i in range(n)])
    A =np.zeros((n,n))
    for i in range(n):
        A[i,:] =s_x_list[i:(i+n)]
    s_xy_list.reshape((n,1))
    a_list =la.inv(A) @  s_xy_list
    return a_list[::- 1]
```

这里参数 n 是拟合多项式的次数。为了简便计算,在函数中直接调用 scipy. linalg. inv 函数,并用 NumPy 矩阵运算计算了线性方程组的解。出于习惯性的目的,最后返回结果按照降幂排列。则例 3. 2. 2 可以如下求解:

```
>>> x_data =np.array([0,1,2,3,4,5],dtype=np.float64)
>>> y_data =np.array([5,2,1,1,2,3],dtype=np.float64)
>>> poly_fit(x_data,y_data,2)
array([ 0.5        , -2.78571429,  4.71428571])
```

3. Python 中的插值函数

在 NumPy 工具包中提供了 polyfit 函数,用于一般的多项式拟合。例如,例 3. 2. 2 可以如下计算:

```
>>> np.polyfit(x_data,y_data,2)
array([ 0.5        , -2.78571429,  4.71428571])
```

这里参数的意义与上一小节自定义的函数相同,返回结果是降幂排列的多项式系数。NumPy 还提供了函数 polyval 用于求系数向量形式的多项式函数值。

在 SciPy 工具包的优化子包 optimize 中,还包含有 curve_fit 函数,可以求解一般曲线拟合问题。如例 3. 3. 3 可以如下求解:

```
from scipy.optimize import curve_fit

def func(t, a, k):
    return a* np.exp(-k* t)

t_data =np.array([1,2,3,4,6,8,10],dtype=np.float64)
c_data =
np.array([2.0405,1.9050,1.7695,1.6339,1.3627,1.0917,0.8202],dtype=np.float64)
popt, pcov=curve_fit(func,t_data,c_data)
```

其中 func 是待拟合的函数模型,第一个参数是自变量数据,其后的参数是需要拟合的系数,如在本例中待拟合函数为 $c(t)=\frac{l}{v}e^{-kt}$，其中 $\frac{l}{v}$ 可以由参数 a 来表示，于是模型共包含两个参数：a 和 k。curve_fit 返回值中的第一个 popt 是参数的拟合值，第二个则是参数的近似协方差矩阵。在本例中返回的 popt 值为：

```
>>> print(popt)
[2.30174063 0.09349889]
```

即拟合后模型为

$$C(t)=2.301\,740\,63\,e^{-0.093\,498\,89t}$$

可以绘图以查看拟合效果：

```
t_value =np.linspace(1,10,100)
c_value =func(t,* popt)
from matplotlib import pyplot as plt
plt.figure(figsize=(8,6),dpi=600)
plt.plot(t_value,c_value,'k-')
plt.plot(t_data,c_data,'kd')
plt.show()
```

其中 c_value = func(t, * popt) 中的 * popt 是指将序列 popt 打开，其中的元素依次作为参数输入函数。结果如图 3-9 所示。

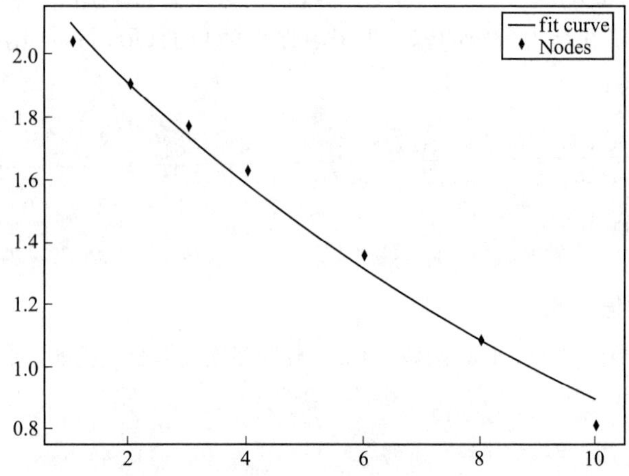

图 3-9　曲线拟合图

练　习　题

1. 给出节点数据 $f(-3.15)=37.03$，$f(-1)=7.24$，$f(0.01)=10.05$，$f(1.02)=2.03$，$f(2.03)=17.06$，$f(3.022)=23.05$，做五阶牛顿插值多项式，并写出误差估计式。

2. 已知函数 $f(x)$ 在 $[1,3]$ 上具有二阶连续的导数，$|f''(x)|\leqslant 5$ 且满足条件 $f(1)=1$，$f(3)=2$，求线性插值多项式及函数值 $f(1.5)$，并估计其误差。

3. 设函数 $f(x)=0.5x-\cos x$，在区间 $[-\pi,\pi]$ 上取等距节点 (x_i,y_i)，$i=0,1,2,\cdots,7$，分别构造分段线性插值函数 $S_n(x)$ 和分段三次埃尔米特插值函数 $H(x)$，并计算误差限。

4. 已知 $f(1)=2$，$f(2)=3$，$f'(1)=1$，$f'(2)=-1$，构造分段三次埃尔米特插值函数，求解当 $x=1.5$ 时 y 的值。

5. 已知函数值如下：$f(1)=1, f(2)=3, f(4)=4, f(5)=2$，在区间$[1,5]$上求满足边界条件 $S''(1)=0, S''(5)=0$ 的三次样条插值函数。

6. 设函数 $f(x)=\sqrt{1-x^2}$，$-1\leqslant x\leqslant 1$，分别构造拉格朗日插值函数、分段线性插值函数、分段三次 Hermit 插值函，将差值结果与精确值进行比较，并计算其相对误差。

7. 表 3-13 给出了兔角膜条状试样单轴拉伸应变 ε(%)与应力 σ(MPa)的试验数据，试用幂函数拟合该数据。

表 3-13　试验数据

应变 ε/%	应力 σ/MPa	应变 ε/%	应力 σ/MPa
0.000 0	0.595 3	0.042 2	10.845 4
0.003 3	1.638 4	0.046 5	12.695 2
0.007 5	2.712 6	0.051 0	14.351 9
0.011 7	3.894 2	0.055 4	17.381 2
0.016 0	4.094 7	0.059 9	22.381 6
0.020 3	3.884 7	0.064 5	29.653 5
0.024 7	5.399 5	0.069 0	42.326 2
0.029 0	6.656 8	0.073 6	56.227 4
0.033 5	7.238 6	0.078 1	76.929 9
0.037 8	8.559 8	0.082 5	97.854 8

8. 表 3-14 给出了某水库灌区钉螺生态学某年的数据(其中对 8～11 月的两次数据进行了平均)。

表 3-14　某水库灌区钉螺生态学某年的数据

时间	1月	2月	3月	4月	5月	6月
活螺密度	5	12.44	12.022	12.356	6	0.604
钉螺死亡率/%	1.338	0.995	1.601	1.243	1.527	12.121
时间	7月	8月	9月	10月	11月	12月
活螺密度	3.067	4.886	1.896	5.667	4.428	4.362
钉螺死亡率/%	0	0.6425	2.632	1.6	5.711	6.98

试用周期性的三角函数拟合以上数据。

9. 用 $y=\sqrt{x}$ 在 $x=0,1,4,6,9,16$ 产生 6 个节点 $P_1, P_2, P_3, P_4, P_5, P_6$，用不同的节点构造拟合曲线(如用 $P_1,\cdots,P_4$；$P_1,\cdots,P_6$；$P_2,\cdots,P_5$ 等)，计算 $x=5$ 处的插值，并与精确值比较。

第 4 章 数值微积分基础

在科学计算和工程应用中，经常会遇到定积分的计算。当被积函数表达式复杂或其原函数不能用初等函数表达时，定积分计算就是一个迫切要解决的问题。本章主要介绍几种定积分的计算和数值微分。

4.1 数值积分的基本思想

我们知道求积分常用微积分基本定理

$$S=\int_a^b f(x)\mathrm{d}x=F(b)-F(a)$$

其中 $F(x)$是连续的被积函数 $f(x)$的一个原函数，然而实际问题中应用这一公式常遇到两类困难：其一是有些被积函数，如 e^{-x^2}，$\frac{\sin x}{x}(x\neq 0)$等，其原函数不能用初等函数表达，而且问题本身必须求其积分，例如求一个周期上正弦曲线的长度，即

$$l=\int_0^{2\pi}\sqrt{1+\cos^2 x}\,\mathrm{d}x$$

其二是有的情况是虽然原函数能够得到，但求解十分困难，如 $f(x)=\frac{1}{1+x^6}$。此外，如果被积函数是由测量或计算给出的数表表示，也当属第一类原函数不能用初等函数表达的情况。因此研究用数值方法求定积分是必要的。

根据定积分中值公式，对于连续函数 $f(x)$，有

$$S=\int_a^b f(x)\mathrm{d}x=f(\xi)(b-a)$$

从几何角度看曲边梯形的面积等于某一矩形的面积，但 ξ 点取在哪里一般是未知的，如果取区间中点，即 $\xi=\frac{a+b}{2}$，可以得到近似公式(中矩公式)：

$$\int_a^b f(x)\mathrm{d}x\approx f\left(\frac{a+b}{2}\right)(b-a) \tag{4.1.1}$$

同样地，如果取 ξ 使 $f(\xi)=\frac{f(a)+f(b)}{2}$，可以到近似公式(梯形求积公式)：

$$\int_a^b f(x)\mathrm{d}x\approx\frac{b-a}{2}[f(a)+f(b)] \tag{4.1.2}$$

式(4.1.1)和式(4.1.2)的几何意义如图 4-1 所示。

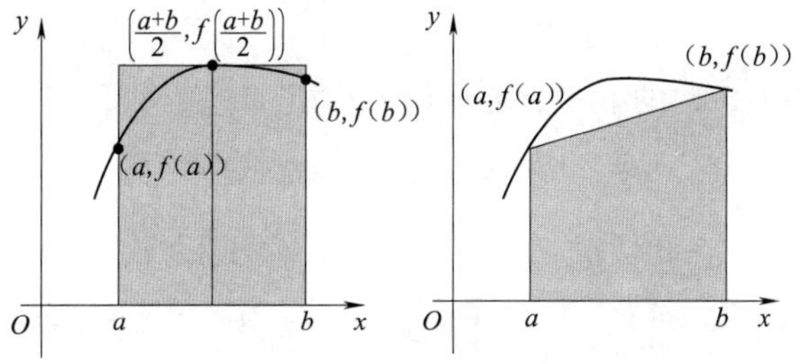

（a）中矩公式的几何解释　　（b）梯形求积公式的几何解释

图 4-1　中矩公式和梯形求积公式的几何解释

上述中矩公式、梯形公式以及机械求积公式都是计算定积分的近似公式，自然地问题是近似程度如何，即精确程度问题，这就提出了代数精度的概念。

定义 4.1　如果用某一近似公式对于 n 次多项式可以计算出精确结果，而对于 $n+1$ 次多项式该近似公式计算出的结果不再精确，则这个近似公式被称为具有 n 阶代数精度。

可以验证梯形公式、中矩公式具有 1 阶代数精度。

4.2　机械求积公式

如果在区间 $[a,b]$ 上适当多取几个点 x_k，然后用 $f(x_k)$ 的加权平均值近似 $f(\xi)$，这样就得到公式

$$\int_a^b f(x)\mathrm{d}x \approx \sum_{k=1}^{n} A_k f(x_k) \tag{4.2.1}$$

其中 x_k 称为求积节点，而 A_k 称为求积系数，也是伴随节点 x_k 的函数值的权重系数。该公式称为机械求积公式。其特点是将求积分的问题转化为被积函数的数值，这样就可以避开用牛顿-莱布尼茨公式需要求原函数的困难，而且这样的算法很适合计算机计算。

一般地，对函数 $f(x)=1,x,x^2,\cdots,x^m$，利用机械求积公式，使其精确地成立，即可得到

$$\begin{cases} \int_a^b \mathrm{d}x = b-a = \sum_{k=1}^{n} A_k \\ \int_a^b x\mathrm{d}x = \frac{1}{2}(b^2-a^2) = \sum_{k=1}^{n} A_k x_k \\ \cdots\cdots\cdots\cdots \\ \int_a^b x^m\mathrm{d}x = \frac{1}{m+1}(b^{m+1}-a^{m+1}) = \sum_{k=1}^{n} A_k x_k^m \end{cases} \tag{4.2.2}$$

因此，为了构造式(4.2.1)的求积公式，原则上只要确定式(4.2.2)中的求积节点 x_k 和系数 A_k 就可以确保其具有 m 阶代数精度，而这是一个代数方程求解问题。既要确定 x_k 同时又要确定 A_k 一般不是一件容易的事。如果实现选定求积节点 x_k，再依据式(4.2.2)确定 A_k，就容易很多。例如，将积分区间 $[a,b]$ 等分成 n 个小区间，以等分点作为 x_k，那么可以求解线性方程组(4.2.2)确定 A_k。此时 $m=n$，注意到关于 $A_k(k=0,1,\cdots,n)$ 的线性方程组(4.2.2)的系数行列式为范德蒙行列式，由于求积节点 x_k 各不相同，线性方程组有唯一解。从而对应的积分公式(4.2.1)具有至少 n 阶代数精度，不难证明其代数精度为 n 阶。

特别地，取 $n=1$，$x_0=a$，$x_1=b$，考虑式(4.2.2)中 $m=1$ 的情况，容易得到 $A_0=\dfrac{b-a}{2}$，即梯形求积公式

$$\int_a^b f(x)\mathrm{d}x \approx (b-a)\frac{f(a)+f(b)}{2}$$

注意到，$f(x)=x^2$ 时式(4.2.2)的第三个式子不成立，即

$$\int_a^b x^2\mathrm{d}x = \frac{1}{3}(b^3-a^3) \neq (b-a)\frac{a^2+b^2}{2}$$

从而梯形求积公式只能是1阶代数精度的。

再考虑 $n=2, x_0=a, x_1=\frac{a+b}{2}, x_2=b$，考虑式(4.2.2)中 $m=2$ 的情况，得到

$$\begin{cases}\int_a^b \mathrm{d}x = b-a = A_0+A_1+A_2\\ \int_a^b x\mathrm{d}x = \frac{1}{2}(b^2-a^2) = aA_0+\frac{a+b}{2}A_1+bA_2\\ \int_a^b x^2\mathrm{d}x = \frac{1}{3}(b^3-a^3) = a^2A_0+\left(\frac{a+b}{2}\right)^2A_1+b^2A_2\end{cases}$$

此时依据克拉默法则，有

$$D=\begin{vmatrix}1 & 1 & 1\\ a & \frac{(a+b)}{2} & b\\ a^2 & \frac{(a+b)^2}{4} & b^2\end{vmatrix}=\frac{1}{4}(b-a)^3$$

$$A_0=\frac{D_0}{D}=\frac{1}{\frac{1}{4}(b-a)^3}\begin{vmatrix}b-a & 1 & 1\\ \frac{(b^2-a^2)}{2} & \frac{(a+b)}{2} & b\\ \frac{(b^3-a^3)}{2} & \frac{(a+b)^2}{4} & b^2\end{vmatrix}=\frac{1}{6}(b-a)$$

$$A_1=\frac{D_1}{D}=\frac{1}{\frac{1}{4}(b-a)^3}\begin{vmatrix}1 & b-a & 1\\ a & \frac{(b^2-a^2)}{2} & b\\ b & \frac{(b^3-a^3)}{3} & b^2\end{vmatrix}=\frac{2}{3}(b-a)$$

$$A_2=\frac{D_2}{D}=\frac{1}{\frac{1}{4}(b-a)^3}\begin{vmatrix}1 & 1 & b-a\\ a & \frac{(a+b)}{2} & \frac{(b^2-a^2)}{2}\\ a^2 & \frac{(a+b)^2}{4} & \frac{(b^3-a^3)}{2}\end{vmatrix}=\frac{1}{6}(b-a)$$

这样一来式(4.2.2)给出了近似积分公式

$$\int_a^b f(x)\mathrm{d}x \approx \frac{b-a}{6}\left[f(a)+4f\left(\frac{b+a}{2}\right)+f(b)\right] \tag{4.2.3}$$

其几何思路是，过平面上三点 $(a,f(a))$，$\left(\frac{a+b}{2}, f\left(\frac{a+b}{2}\right)\right)$，$(b,f(b))$ 作一条抛物线(见图4-2)，计算该抛物线 $y=p(x)$ 和 $x=a, x=b$ 以及 x 轴所围的面积

$$\int_a^b p(x)\mathrm{d}x = \frac{b-a}{6}\left[f(a)+4f\left(\frac{b+a}{2}\right)+f(b)\right]$$

用于近似该定积分，所以式(4.2.3)称为抛物线求积公式，也称辛普森(Simpson)公式。

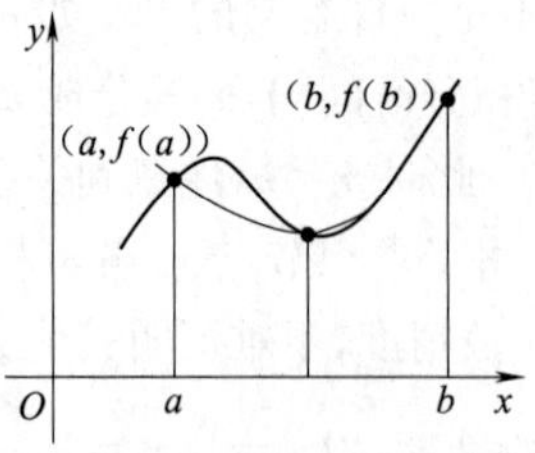

图4-2　抛物线求积公式的几何解释

注意到，$f(x)=x^3$ 时，式(4.2.3)给出的近似结果即

$$\frac{1}{6}(b-a)\left(a^3+b^3+4\frac{(a+b)^3}{8}\right)=\frac{1}{4}(b^4-a^4)=\int_a^b x^3\mathrm{d}x$$

从而抛物线求积公式至少是 3 阶代数精度的，可以证明只能是 3 阶代数精度的。

例 4.2.1　分别利用梯形求积公式、抛物线求积公式计算定积分 $\int_0^\pi \sin x\mathrm{d}x$ 。

解　此处 $a=0,b=\pi,f(x)=\sin x$，梯形公式(4.1.2)、辛普森公式(4.2.3)的计算分别是

$$\int_0^\pi \sin x\mathrm{d}x\approx\frac{\pi}{2}(\sin 0+\sin\pi)=0$$

$$\int_0^\pi \sin x\mathrm{d}x\approx\frac{\pi}{6}\left(\sin 0+4\sin\frac{\pi}{2}+\sin\pi\right)=\frac{2\pi}{3}\approx 2.094\ 4$$

可以看出两个公式给出的结果都与精确结果 2 相差甚远，尽管它们的代数精度分别是 1、3，但结果也很不理想。

4.3　二、三节点的高斯求积公式

形如式(4.2.1)的机械求积公式含有 $2n+2$ 个待定参数 $A_k,x_k(k=0,1,2,\cdots,n)$，如果适当选择 $x_k(k=0,1,2,\cdots,n)$，有可能使求积公式具有更高(如 $2n+1$)阶代数精度。

对于 $n=1$ 的简单情况说明如下，对于 $n>1$ 的情况，我们留在后续讨论。$n=1$ 时式(4.2.2)是如下求积公式

$$\int_{-1}^1 f(x)\mathrm{d}x\approx A_0f(x_0)+A_1f(x_1)\tag{4.3.1}$$

确定节点 x_0,x_1 和系数 A_0,A_1，使其有尽可能高($2n+1=3$)的代数精度。

对于函数 $f(x)=1,x,x^2,x^3$，使上式精确成立，则得到

$$\begin{cases}A_0+A_1=2\\A_0x_0+A_1x_1=0\\A_0x_0^2+A_1x_1^2=\dfrac{2}{3}\\A_0x_0^3+A_1x_1^3=0\end{cases}\tag{4.3.2}$$

利用第 4 式减去第 2 式的 x_0^2 倍，得到 $x_1=\pm x_0$。再用 x_0 乘第 1 式减去第 2 式得到

$$A_1(x_0-x_1)=2x_0$$

第 3 式减去第 2 式的 x_0 倍得到

$$A_1x_1(x_1-x_0)=\frac{2}{3}$$

结合此二式有 $x_0x_1=-\dfrac{1}{3}$，因此 x_1,x_0 异号，且 $x_0^2=\dfrac{1}{3},A_1=1$。因此可以取 $x_0=-\dfrac{\sqrt{3}}{3},x_1=\dfrac{\sqrt{3}}{3}$，$A_0=A_1=1$。于是有

$$\int_{-1}^1 f(x)\mathrm{d}x\approx f\left(-\frac{\sqrt{3}}{3}\right)+f\left(\frac{\sqrt{3}}{3}\right)\tag{4.3.3}$$

式(4.3.3)称为两点高斯求积公式。容易证明式(4.3.3)的代数精度为 3。

注意到上述节点 x_0,x_1 和系数 A_0,A_1 都与被积函数无关，它们来自式(4.3.2)。而式(4.3.2)是来自假定式(4.3.1)对于三次多项式 $f(x)$ 成立，假定任一个三次多项式 $f(x)$ 有下式成立

$$f(x)=(a_1x+b_1)(x-x_0)(x-x_1)+(a_0x+b_0)$$

积分有

$$\int_{-1}^{1} f(x)\mathrm{d}x = \int_{-1}^{1} (a_1 x + b_1)(x - x_0)(x - x_1)\mathrm{d}x + \int_{-1}^{1} (a_0 x + b_0)\mathrm{d}x$$

假想对任意一次多项式(a_1x+b_1)积分

$$\int_{-1}^{1} (a_1 x + b_1)(x - x_0)(x - x_1)\mathrm{d}x = 0 \tag{4.3.4}$$

都成立，则有

$$A_0 f(x_0) + A_1 f(x_1) = \int_{-1}^{1} f(x)\mathrm{d}x = \int_{-1}^{1} (a_0 x + b_0)\mathrm{d}x = 2b_0$$

另外，根据式(4.3.1)对于三次多项式 $f(x)$成立，即有

$$\begin{aligned}\int_{-1}^{1} f(x)\mathrm{d}x &= A_0 f(x_0) + A_1 f(x_1) \\ &= A_0(a_0 x_0 + b_0) + A_1(a_0 x_1 + b_0) \\ &= a_0(A_0 x_0 + A_1 x_1) + b_0(A_0 + A_1)\end{aligned}$$

从而有

$$\begin{cases} A_0 x_0 + A_1 x_1 = 0 \\ A_0 + A_1 = 1 \end{cases} \tag{4.3.5}$$

再来考虑式(4.3.4)，它等价于

$$\begin{cases} \int_{-1}^{1} x(x - x_0)(x - x_1)\mathrm{d}x = -\dfrac{2}{3}(x_0 + x_1) = 0 \\ \int_{-1}^{1} (x - x_0)(x - x_1)\mathrm{d}x = \dfrac{2}{3} + 2x_0 x_1 = 0 \end{cases} \tag{4.3.6}$$

令 $x_0 < x_1$ 得到，$x_0 = -\dfrac{\sqrt{3}}{3}$，$x_1 = \dfrac{\sqrt{3}}{3}$。这里可以看到节点完全是由式(4.3.6)所确定。结合式(4.3.5)得到 $A_0 = A_1 = 1$。

为此，考虑 $n=2$ 的情况，对于求积公式

$$\int_{-1}^{1} f(x)\mathrm{d}x \approx A_0 f(x_0) + A_1 f(x_1) + A_2 f(x_2) \tag{4.3.7}$$

对于五次多项式 $f(x)$成立，以确定节点 x_0, x_1, x_2 和系数 A_0, A_1, A_2。令

$$f(x) = (a_1 x^2 + b_1 x + c_1)(x - x_0)(x - x_1)(x - x_2) + (a_0 x^2 + b_0 x + c_0)$$

积分有

$$\int_{-1}^{1} f(x)\mathrm{d}x = \int_{-1}^{1} (a_1 x^2 + b_1 x + c_1)(x - x_0)(x - x_1)(x - x_2)\mathrm{d}x + \int_{-1}^{1} (a_0 x^2 + b_0 x + c_0)\mathrm{d}x$$

假定对任意二次多项式$(a_1x^2+b_1x+c_1)$积分

$$\int_{-1}^{1} (a_1 x^2 + b_1 x + c_1)(x - x_0)(x - x_1)(x - x_2)\mathrm{d}x = 0 \tag{4.3.8}$$

都成立，则有

$$A_0 f(x_0) + A_1 f(x_1) + A_2 f(x_2) = \int_{-1}^{1} f(x)\mathrm{d}x = \int_{-1}^{1} (a_0 x^2 + b_0 x + c_0)\mathrm{d}x = \frac{2}{3}a_0 + 2c_0$$

另外，根据式(4.3.7)对于五次多项式 $f(x)$成立，即有

$$\begin{aligned}\int_{-1}^{1} f(x)\mathrm{d}x &= A_0 f(x_0) + A_1 f(x_1) + A_2 f(x_2) \\ &= A_0(a_0 x_0^2 + b_0 x_0 + c_0) + A_1(a_0 x_1^2 + b_0 x_1 + c_0) + A_2(a_0 x_2^2 + b_0 x_2 + c_0) \\ &= a_0(A_0 x_0^2 + A_1 x_1^2 + A_2 x_2^2) + b_0(A_0 x_0 + A_1 x_1 + A_2 x_2) + c_0(A_0 + A_1 + A_2)\end{aligned}$$

从而有

$$\begin{cases} A_0x_0^2+A_1x_1^2+A_2x_2^2=\dfrac{2}{3} \\ A_0x_0+A_1x_1+A_2x_2=0 \\ A_0+A_1+A_2=2 \end{cases} \tag{4.3.9}$$

再来考虑式(4.3.8)，它等价于

$$\begin{cases} \int_{-1}^{1}x^2(x-x_0)(x-x_1)(x-x_2)\mathrm{d}x=-\dfrac{2}{5}(x_0+x_1+x_2)-\dfrac{2}{3}x_0x_1x_2=0 \\ \int_{-1}^{1}x(x-x_0)(x-x_1)(x-x_2)\mathrm{d}x=\dfrac{2}{5}+\dfrac{2}{3}(x_0x_1+x_1x_2+x_2x_0)=0 \\ \int_{-1}^{1}(x-x_0)(x-x_1)(x-x_2)\mathrm{d}x=-\dfrac{2}{3}(x_0+x_1+x_2)-2x_0x_1x_2=0 \end{cases} \tag{4.3.10}$$

第一、三两式意味着 $x_0+x_1+x_2=x_0x_1x_2=0$，不妨设 $x_1=0$，从而有 $x_0+x_2=0, x_0x_2=-\dfrac{3}{5}$，因此有 $x_0=-\sqrt{\dfrac{3}{5}}, x_1=0, x_2=\sqrt{\dfrac{3}{5}}$ 。这里再次看到节点完全是由式(4.3.10)所确定。再由式(4.3.10)不难解出 $A_0=\dfrac{5}{9}, A_1=\dfrac{8}{9}, A_2=\dfrac{5}{9}$，因此得到

$$\int_{-1}^{1}f(x)\mathrm{d}x\approx\frac{5}{9}f\left(-\frac{\sqrt{15}}{5}\right)+\frac{8}{9}f(0)+\frac{5}{9}f\left(\frac{\sqrt{15}}{5}\right) \tag{4.3.11}$$

式(4.3.11)称为三点高斯求积公式。容易证明式(4.3.11)的代数精度为 5。

事实上，上述方法可以进一步考虑更大的 n，其中的节点 $x_k(k=0,1,2,\cdots,n)$ 完全由下式确定

$$\int_{-1}^{1}x^i(x-x_0)(x-x_1)\cdots(x-x_k)\mathrm{d}x=0,\quad i=0,1,\cdots,k$$

这一式子也称与幂函数 $x^i(i=0,1,\cdots,k)$（积分）正交的。关于一般情况下的 Guass 求积公式，不再展开，读者可参阅其他材料。

关于 Guass 求积公式的应用，对于积分区间为 $[a,b]$ 的积分，对应于式(4.3.3)有

$$\begin{aligned} \int_a^b f(x)\mathrm{d}x &= \frac{b-a}{2}\int_{-1}^{1}f\left(\frac{a+b}{2}+\frac{b-a}{2}t\right)\mathrm{d}t \\ &\approx\frac{b-a}{2}\left[f\left(\frac{a+b}{2}-\frac{\sqrt{3}}{3}\cdot\frac{b-a}{2}\right)+f\left(\frac{a+b}{2}+\frac{\sqrt{3}}{3}\cdot\frac{b-a}{2}\right)\right] \end{aligned} \tag{4.3.12}$$

对应于三点 Guass 公式(4.3.11)，有

$$\begin{aligned} &\int_a^b f(x)\mathrm{d}x = \frac{b-a}{2}\int_{-1}^{1}f\left(\frac{a+b}{2}+\frac{b-a}{2}t\right)\mathrm{d}t \\ &\approx\frac{b-a}{2}\left[\frac{5}{9}f\left(\frac{a+b}{2}-\frac{\sqrt{15}}{5}\cdot\frac{b-a}{2}\right)+\frac{8}{9}f\left(\frac{a+b}{2}\right)+\frac{5}{9}f\left(\frac{a+b}{2}+\frac{\sqrt{15}}{5}\cdot\frac{b-a}{2}\right)\right] \end{aligned} \tag{4.3.13}$$

例 4.3.1　分别根据二、三节点高斯公式计算定积分 $\int_0^{\pi}\sin x\mathrm{d}x$。

解　此处 $a=0, b=\pi, f(x)=\sin x$，二节点高斯公式(4.3.12)的计算是

$$\begin{aligned} \int_0^{\pi}\sin x\mathrm{d}x &\approx\frac{\pi}{2}\left[\sin\left(\frac{\pi}{2}-\frac{\sqrt{3}}{3}\ \frac{\pi}{2}\right)+\sin\left(\frac{\pi}{2}+\frac{\sqrt{3}}{3}\ \frac{\pi}{2}\right)\right] \\ &\frac{\pi}{2}\left[\sin\left(\frac{3-\sqrt{3}}{6}\pi\right)+\sin\left(\frac{3+\sqrt{3}}{6}\pi\right)\right]\approx 1.935\ 819\ 575 \end{aligned}$$

三节点高斯公式(4.3.13)的计算是

$$\begin{aligned} \int_0^{\pi}\sin x\mathrm{d}x &\approx\frac{\pi}{2}\left[\frac{5}{9}\sin\left(\frac{\pi}{2}-\frac{\sqrt{15}}{5}\ \frac{\pi}{2}\right)+\frac{8}{9}\sin\frac{\pi}{2}+\frac{5}{9}\sin\left(\frac{\pi}{2}+\frac{\sqrt{15}}{5}\ \frac{\pi}{2}\right)\right] \\ &=\frac{\pi}{2}\left[\frac{5}{9}\sin\left(\frac{5-\sqrt{15}}{10}\pi\right)+\frac{8}{9}+\frac{5}{9}\sin\left(\frac{5+\sqrt{15}}{10}\pi\right)\right]\approx 2.001\ 389\ 14 \end{aligned}$$

可以看出三节点高斯公式给出的结果比二节点高斯公式的结果更接近于精确结果 2。

4.4 机械求积公式的误差估计

4.4.1 插值型求积公式

对于机械求积公式(4.2.1)，在要求一定代数精度的条件下，上节讨论了几种不同的简单确定求积节点 x_k 和系数 A_k 的方法，得到了几个简单公式。再回忆抛物线法公式中，过曲线上三点作一条抛物线，用抛物线下面积近似所求积分。如果考虑一组节点

$$a\leqslant x_0<x_1<\cdots<x_n\leqslant b \tag{4.4.1}$$

由于被积函数 $f(x)$ 在这些节点的函数值已知，故可以考虑作插值函数 $L_n(x)$，并用其积分值近似被积函数 $f(x)$ 的积分，即

$$\int_a^b f(x)\mathrm{d}x\approx\int_a^b L_n(x)\mathrm{d}x=I_n$$

由于插值函数 $L_n(x)$ 是多项式，其积分 I_n 易求

$$I_n=\int_a^b L_n(x)\mathrm{d}x=\int_a^b\sum_{k=0}^{n}f(x_k)l_k(x)\mathrm{d}x=\sum_{k=0}^{n}f(x_k)\int_a^b l_k(x)\mathrm{d}x=\sum_{k=0}^{n}A_kf(x_k) \tag{4.4.2}$$

这里系数 A_k 是 $f(x)$ 插值基函数在区间 $[a,b]$ 上的积分，上述通过插值函数所得的求积公式称为插值型求积公式。

4.4.2 求积公式的误差估计

利用插值函数的误差估计，对于插值型求积公式的误差(见第 3 章定理 3.2)，如果函数 $f(x)$ 具有 $n+1$ 阶导数，那么有

$$R(f)=\int_a^b[f(x)-L_n(x)]\mathrm{d}x=\int_a^b\frac{f^{(n+1)}(\xi)}{(n+1)!}\omega_{n+1}(x)\mathrm{d}x \tag{4.4.3}$$

其中 ξ 依赖于 x，且

$$\omega_{n+1}(x)=(x-x_0)(x-x_1)\cdots(x-x_n)$$

注意到次数不超过 n 的多项式 $p_n(x)$，利用插值型求积公式，得到误差 $R(p_n)=0$，即该求积公式至少具有 n 阶代数精度。

式(4.4.3)给出了求积公式的误差，对于常用的梯形求积公式、抛物线求积公式的误差可作具体讨论。虽然抛物线求积公式涉及三个节点，对应于式(4.2.1)中的 $n=3$，但注意到抛物线求积公式有 3 阶代数精度，故考虑构造一个三次插值函数 $p_3(x)$ 满足条件

$$p_3(a)=f(a),\quad p_3(b)=f(b),\quad p_3\left(\frac{a+b}{2}\right)=f\left(\frac{a+b}{2}\right),\quad p_3'\left(\frac{a+b}{2}\right)=f'\left(\frac{a+b}{2}\right)$$

根据第 3 章定理 3.4 有

$$f(x)-p_3(x)=\frac{f^{(4)}(\xi)}{4!}(x-a)\left(x-\frac{a+b}{2}\right)^2(x-b),\quad a<\xi<b$$

积分得

$$\int_a^b[f(x)-p_3(x)]\mathrm{d}x=\frac{1}{4!}\int_a^b f^{(4)}(\xi)(x-a)\left(x-\frac{a+b}{2}\right)^2(x-b)\mathrm{d}x$$

由于 $p_3(x)$ 是三次多项式，那么其积分可以用抛物线求积公式精确表达，即

$$\begin{aligned}\int_a^b p_3(x)\mathrm{d}x&=\frac{b-a}{6}\left[p_3(a)+4p_3\left(\frac{a+b}{2}\right)+p_3(b)\right]\\&=\frac{b-a}{6}\left[f(a)+4f\left(\frac{a+b}{2}\right)+f(b)\right]\end{aligned}$$

因此

$$R(f)=\int_a^b f(x)\mathrm{d}x-\frac{b-a}{6}\left[f(a)+4f\left(\frac{a+b}{2}\right)+f(b)\right]$$
$$=\frac{1}{4!}\int_a^b f^{(4)}(\xi)(x-a)\left(x-\frac{a+b}{2}\right)^2(x-b)\mathrm{d}x$$

由于函数 $f(x)$具有 4 阶连续导数，因此 $f^{(4)}(\xi)$在区间$[a,b]$上连续，注意到$(x-a)\left(x-\frac{a+b}{2}\right)^2(x-b)\leqslant 0$，利用积分中值定理，在$[a,b]$存在一点 η，使

$$\int_a^b f^{(4)}(\xi)(x-a)\left(x-\frac{a+b}{2}\right)^2(x-b)\mathrm{d}x=f^{(4)}(\eta)\int_a^b(x-a)\left(x-\frac{a+b}{2}\right)^2(x-b)\mathrm{d}x$$
$$=-\frac{(b-a)^5}{120}f^{(4)}(\eta)$$

因此抛物线求积公式(4.2.3)有误差估计：

$$R(f)=\int_a^b f(x)\mathrm{d}x-\frac{b-a}{6}\left[f(a)+4f\left(\frac{a+b}{2}\right)+f(b)\right]=-\frac{(b-a)^5}{2\ 880}f^{(4)}(\eta),\quad a<b \tag{4.4.4}$$

类似地可以讨论梯形求积公式(4.1.2)的误差估计。如果函数 $f(x)$具有 2 阶连续导数，那么梯形求积公式(4.1.2)的误差估计是

$$R(f)=\int_a^b f(x)\mathrm{d}x-\frac{b-a}{2}[f(a)+f(b)]=-\frac{(b-a)^3}{12}f''(\eta),\quad a<b \tag{4.4.5}$$

在例 4.2.1 中抛物线求积公式得到

$$\int_0^\pi \sin x\mathrm{d}x\approx\frac{2\pi}{3}\approx 2.094\ 4$$

即计算误差小于 0.094 4，而根据抛物线求积公式的误差估计式(4.4.4)，有

$$\left|-\frac{(b-a)^5}{2\ 880}f^{(4)}(\eta)\right|=\left|\frac{\pi^5}{2\ 880}\sin\eta\right|\leqslant\frac{\pi^5}{2\ 880}\approx 0.106\ 3$$

可见，估计式(4.4.4)只是给出了一个上界估计。

4.5　牛顿-科茨公式

如果插值型求积公式中，考虑节点(4.4.1)是等距节点，即

$$x_k=a+kh,\quad h=\frac{(b-a)}{n},\quad k=0,1,\cdots,n$$

构造出的插值型求积公式

$$I_n=(b-a)\sum_{k=0}^{n}C_k^{(n)}f(x_k)$$

称为牛顿-科茨(Newton-Cotes)公式，式中系数 $C_k^{(n)}$ 称为科茨(Cotes)系数。注意到式(4.4.2)中的 n 次插值基函数(参见第 3 章)为

$$l_k(x)=\prod_{\substack{j=0\\ j\neq k}}^{n}\frac{x-x_j}{x_k-x_j}=h\prod_{\substack{j=0\\ j\neq k}}^{n}\frac{x-(a+jh)}{k-j}$$

因此

$$C_k^{(n)}=\frac{1}{b-a}\int_a^b l_k(x)\mathrm{d}x=\frac{h}{b-a}\int_a^b\prod_{\substack{j=0\\ j\neq k}}^{n}\frac{x-(a+jh)}{k-j}\mathrm{d}x=\frac{h}{b-a}\int_0^n\prod_{\substack{j=0\\ j\neq k}}^{n}\frac{t-j}{k-j}\mathrm{d}t$$

不难算出，当 $n=1$ 时，$C_0^{(1)}=C_1^{(1)}=\frac{1}{2}$，得到梯形求积公式(4.1.2)，$n=2$ 时，

$$C_0^{(2)}=\frac{h}{b-a}\int_0^2 \frac{t-1}{0-1}\cdot\frac{t-2}{0-2}\mathrm{d}t=\frac{1}{4}\int_0^2(t-1)(t-2)\mathrm{d}t=\frac{1}{6}$$

$$C_1^{(2)}=\frac{h}{b-a}\int_0^2 \frac{t-0}{1-0}\cdot\frac{t-2}{1-2}\mathrm{d}t=-\frac{1}{2}\int_0^2 t(t-2)\mathrm{d}t=\frac{4}{6}$$

$$C_2^{(2)}=\frac{h}{b-a}\int_0^2 \frac{t-0}{2-0}\cdot\frac{t-1}{2-1}\mathrm{d}t=\frac{1}{4}\int_0^2 t(t-1)\mathrm{d}t=\frac{1}{6}$$

得到抛物线求积公式(4.2.3)。当 $n=4$ 时，牛顿-科茨公式给出了

$$\int_a^b f(x)\mathrm{d}x\approx\frac{b-a}{90}\left[7f(a)+32f\left(a+\frac{b-a}{4}\right)+12f\left(a+2\,\frac{b-a}{4}\right)+32f\left(a+3\,\frac{b-a}{4}\right)+7f(b)\right] \tag{4.5.1}$$

称为科茨(Cotes)求积公式。

例 4.5.1 利用科茨求积公式(4.5.1)计算定积分 $\int_{-1}^1\frac{1}{1+x^2}\mathrm{d}x$，并与抛物线求积公式的结果进行比较。

解 此处 $a=-1,b=1,f(x)=\frac{1}{1+x^2}$，精确结果是 $\frac{\pi}{2}$。科茨求积公式(4.5.1)给出了

$$\int_{-1}^1\frac{1}{1+x^2}\mathrm{d}x\approx\frac{2}{90}\left[7\,\frac{1}{1+(-1)^2}+32\,\frac{1}{1+(-0.5)^2}+12\,\frac{1}{1+0^2}+32\,\frac{1}{1+0.5^2}+7\,\frac{1}{1+1^2}\right]$$
$$=\frac{39}{25}=1.56$$

抛物线求积公式给出了

$$\int_{-1}^1\frac{1}{1+x^2}\mathrm{d}x\approx\frac{2}{6}\left[\frac{1}{1+(-1)^2}+4\,\frac{1}{1+0^2}+\frac{1}{1+1^2}\right]=\frac{5}{3}=1.666\ 7$$

显然抛物线求积公式给出的结果不如科茨求积公式接近于真值 $\frac{\pi}{2}$。

上例显示，$n=4$ 时的牛顿-科茨公式给出了更精确的结果，考虑到科茨系数 $C_k^{(n)}$ 是一些简单积分，易于计算，可以取 $n=8$ 计算 $\int_{-1}^1\frac{1}{1+x^2}\mathrm{d}x$。

$$\int_{-1}^1\frac{1}{1+x^2}\mathrm{d}x\approx\frac{2}{28\ 350}\left[989\,\frac{1}{1+(-1)^2}+5\ 888\,\frac{1}{1+(-0.25)^2}-928\,\frac{1}{1+(-0.5)^2}+\right.$$
$$10\ 496\,\frac{1}{1+(-0.75)^2}-4\ 540\,\frac{1}{1+0^2}+10\ 496\,\frac{1}{1+0.25^2}-928\,\frac{1}{1+0.5^2}+$$
$$\left.5\ 888\,\frac{1}{1+0.75^2}+989\,\frac{1}{1+1^2}\right]$$
$$=\frac{1\ 051\ 073}{669\ 375}\approx1.570\ 23$$

这里科茨系数 $C_k^{(n)}$ 的计算被省略了。可以看出计算结果与真值 $\frac{\pi}{2}$ 相差 0.000 566，更近似于抛物线求积公式与科茨求积公式的结果。但是，显然 n 越大计算越复杂，计算过程中也可能代入了一些误差。

牛顿-科茨公式是插值型求积公式，因而至少具有 n 阶代数精度。注意到抛物线求积公式是 $n=2$时的牛顿-科茨公式，它具有 3 阶代数精度，要高出一阶。事实上，可以证明，当 n 是偶数时，牛顿-科茨公式具有 $n+1$ 阶代数精度。

考虑 $f(x)=x^{n+1}$，依据式(4.2.3)有

$$
\begin{aligned}
R(f) &= \int_a^b \frac{f^{(n+1)}(\xi)}{(n+1)!}\omega_{n+1}(x)\mathrm{d}x = \int_a^b \omega_{n+1}(x)\mathrm{d}x \\
&= \int_a^b (x-x_0)(x-x_1)\cdots(x-x_n)\mathrm{d}x = \int_a^b \prod_{k=0}^{n}(x-a-kh)\mathrm{d}x \\
&= h^{n+2}\int_0^n \prod_{j=0}^{n}(t-j)\mathrm{d}t
\end{aligned}
$$

这里用到了积分变量的代换 $x=a+th$，由于$\frac{n}{2}$为整数，再令 $t=u+\frac{n}{2}$，则有

$$
R(f) = h^{n+2}\int_0^n \prod_{j=0}^{n}(t-j)\mathrm{d}t = h^{n+2}\int_{-\frac{n}{2}}^{\frac{n}{2}} \prod_{j=0}^{n}\left(u+\frac{n}{2}-j\right)\mathrm{d}u
$$

由于被积函数有 $n+1$(奇数)项相乘，它关于变量可能是奇函数，事实上

$$
\begin{aligned}
q(u) &= \prod_{j=0}^{n}\left(u+\frac{n}{2}-j\right) \\
&= \left(u+\frac{n}{2}\right)\left(u+\frac{n}{2}-1\right)\left(u+\frac{n}{2}-2\right)\cdots\left(u+\frac{n}{2}-n+1\right)\left(u+\frac{n}{2}-n\right)
\end{aligned}
$$

$$
\begin{aligned}
q(-u) &= \left(-u+\frac{n}{2}\right)\left(-u+\frac{n}{2}-1\right)\left(-u+\frac{n}{2}-2\right)\cdots\left(-u+\frac{n}{2}-n+1\right)\left(-u+\frac{n}{2}-n\right) \\
&= (-1)^{n+1}\left(u-\frac{n}{2}\right)\left(u-\frac{n}{2}+1\right)\left(u-\frac{n}{2}+2\right)\cdots\left(u-\frac{n}{2}+n-1\right)\left(u-\frac{n}{2}+n\right) \\
&= -\left(u+\frac{n}{2}-n\right)\left(u+\frac{n}{2}-n+1\right)\left(u+\frac{n}{2}-n+2\right)\cdots\left(u+\frac{n}{2}-1\right)\left(u+\frac{n}{2}\right) \\
&= -q(u)
\end{aligned}
$$

因此 $R(f)=0$，这说明当 n 是偶数时，牛顿-科茨公式具有 $n+1$ 阶代数精度。

4.6　复合求积公式及其误差估计

为了提高精确度，人们通常采用把积分区间若干等分的技巧。例如，把积分区间分成 n 等份，再在每一个子区间上应用简单的求积公式，如梯形求积公式、抛物线求积公式与两点高斯求积公式，用这种方法得到对应的复合梯形求积公式、复合抛物线求积公式与复合高斯求积公式。

考虑区间$[a,b]$分成 n 等份，分点为

$$
x_k=a+kh,\quad h=\frac{(b-a)}{n},\quad k=0,1,\cdots,n
$$

在每一个子区间$[a+(k-1)h,a+kh]$上利用抛物线求积公式，得

$$
\begin{aligned}
\int_a^b f(x)\mathrm{d}x &= \sum_{k=1}^{n}\int_{a+(k-1)h}^{a+kh} f(x)\mathrm{d}x \\
&= \frac{h}{6}\sum_{k=1}^{n}\left[f(a+(k-1)h)+4f\left(a+\left(k-\frac{1}{2}\right)h\right)+f(a+kh)\right] \qquad (4.6.1)
\end{aligned}
$$

类似地，得到复合梯形求积公式

$$
\int_a^b f(x)\mathrm{d}x = \sum_{k=1}^{n}\int_{a+(k-1)h}^{a+kh} f(x)\mathrm{d}x = \frac{h}{2}\sum_{k=1}^{n}[f(a+(k-1)h)+f(a+kh)] \qquad (4.6.2)
$$

$$
\begin{aligned}
\int_a^b f(x)\mathrm{d}x &= \sum_{k=1}^{n}\int_{a+(k-1)h}^{a+kh} f(x)\mathrm{d}x = \sum_{k=1}^{n}\frac{h}{2}\int_{-1}^{1} f\left(a+\left(k-\frac{1}{2}\right)h+\frac{h}{2}t\right)\mathrm{d}t \\
&= \frac{h}{2}\sum_{k=1}^{n}\left[f\left(a+\left(k-\frac{1}{2}\right)h-\frac{\sqrt{3}h}{6}\right)+f\left(a+\left(k-\frac{1}{2}\right)h+\frac{\sqrt{3}h}{6}\right)\right] \qquad (4.6.3)
\end{aligned}
$$

根据二点高斯求积公式(4.3.12)和三点高斯求积公式(4.3.13)，有

$$\int_a^b f(x)\mathrm{d}x = \sum_{k=1}^{n} \int_{a+(k-1)h}^{a+kh} f(x)\mathrm{d}x$$

$$\approx \frac{h}{2}\sum_{k=1}^{n}\left[f\left(a+kh-\frac{h}{2}-\frac{\sqrt{3}h}{6}\right)+f\left(a+kh-\frac{h}{2}+\frac{\sqrt{3}h}{6}\right)\right]$$

对应于三点高斯公式(4.3.11),有

$$\int_a^b f(x)\mathrm{d}x = \sum_{k=1}^{n} \int_{a+(k-1)h}^{a+kh} f(x)\mathrm{d}x$$

$$\approx \frac{h}{2}\sum_{k=1}^{n}\left[\frac{5}{9}f\left(a+kh-\frac{h}{2}-\frac{\sqrt{15}h}{10}\right)+\frac{8}{9}f\left(a+kh-\frac{h}{2}\right)+\frac{5}{9}f\left(a+kh-\frac{h}{2}+\frac{\sqrt{15}h}{10}\right)\right]$$

进一步可以讨论关于复合梯形求积公式、复合抛物线求积公式的误差估计结果。可以不加证明地指出,如果函数 $f(x)$ 具有 2 阶连续导数,那么复合梯形求积公式(4.6.2)有误差估计

$$R(f) = -\frac{(b-a)}{12}h^2 f''(\eta), \quad a<\eta<b \tag{4.6.4}$$

设函数 $f(x)$ 具有 4 阶连续导数,那么抛物线求积公式(4.3.1)有误差估计

$$R(f) = -\frac{b-a}{2\,880}h^4 f^{(4)}(\eta), \quad a<\eta<b \tag{4.6.5}$$

例 4.6.1 对于函数 $f(x)=\dfrac{\sin x}{x}$,取 $n=4$,利用复合抛物线求积公式(4.6.1)与牛顿-科茨公式(4.5.1)计算积分 $\int_1^2 \dfrac{\sin x}{x}\mathrm{d}x$,并估计误差。

解 将区间进行 4 等分,用复合梯形求积公式(4.6.1)得到

$$\int_1^2 \frac{\sin x}{x}\mathrm{d}x \approx \frac{1}{24}\sum_{k=1}^{n}\left[f\left(1+\frac{k-1}{4}\right)+4f\left(1+\frac{2k-1}{8}\right)+f\left(1+\frac{k}{4}\right)\right]\approx 0.659\,3$$

用牛顿-科茨公式(4.5.1)得到

$$\int_1^2 \frac{\sin x}{x}\mathrm{d}x \approx \frac{1}{90}\left[7f(1)+32f\left(a+\frac{1}{4}\right)+12f\left(a+\frac{2}{4}\right)+32f\left(a+\frac{3}{4}\right)+7f(2)\right]\approx 0.674\,2$$

例 4.6.2 对于积分 $\int_0^\pi \sin x\mathrm{d}x$,若利用复合梯形求积公式(4.6.2),对区间[0,π]分多少等份才可以使误差不超过$\dfrac{1}{2}\times 10^{-3}$? 若改用复合抛物线求积公式,要达到同样精度,区间[0,π]应分多少等份?

解 根据复合梯形求积公式余项估计式(4.6.4)

$$|R(f)| = \left|\frac{\pi}{12}\left(\frac{\pi}{n}\right)^2 \sin\eta\right| \leqslant \frac{\pi^3}{12n^2} \leqslant \frac{1}{2}\times 10^{-3}$$

解得 $n^2 \geqslant \dfrac{\pi^3}{6}10^3 \approx 5\,167.712\,8$,因此 $n\geqslant 72$。根据复合抛物线求积公式余项估计式(4.6.5)

$$|R(f)| \leqslant \frac{\pi}{2\,880}\left(\frac{\pi}{n}\right)^4 \leqslant \frac{1}{2}\times 10^{-3}$$

解得 $n^4 \geqslant \dfrac{\pi^5}{1\,440}10^3 \approx 212.513\,8$,因此 $n\geqslant 4$ 即可满足条件。

4.7 积分区间逐次分半求积方法

上节例 4.6.2 通过估计误差来确定积分区间的分点数目,一般而言,误差随分点数增加而减

少,但这种方法不是对所有被积函数都易于使用。如何确定适当(最少)的分点数使真值与近似值之差在允许的范围之内是一个令人们关注的问题。将积分区间逐次分半是解决方法之一。

4.7.1 梯形求积公式的逐次分半法

对梯形公式用逐次分半处理:

对于区间$[a,b]$用梯形公式,得

$$T_1=T_{2^0}=(b-a)\left[\frac{1}{2}f(a)+\frac{1}{2}f(b)\right]$$

将区间$[a,b]$二等分,分别用梯形公式,再相加得

$$\begin{aligned}T_2=T_{2^1}&=\frac{(b-a)}{2}\left[\frac{1}{2}f(a)+\frac{1}{2}f(x_1^{(1)})\right]+\frac{(b-a)}{2}\left[\frac{1}{2}f(x_1^{(1)})+\frac{1}{2}f(b)\right]\\&=\frac{(b-a)}{2}\left[\frac{1}{2}f(a)+\frac{1}{2}f(b)+f(x_1^{(1)})\right]\\&=\frac{1}{2}T_1+\frac{(b-a)}{2^1}f(x_1^{(1)})\end{aligned}$$

其中 $x_1^{(1)}=\frac{a+b}{2}$。将区间再等分,分别用梯形公式,再相加得

$$\begin{aligned}T_4=T_{2^2}&=\frac{(b-a)}{2^2}\left[\frac{1}{2}f(a)+\frac{1}{2}f(b)+f(x_1^{(2)})+f(x_1^{(1)})+f(x_2^{(2)})\right]\\&=\frac{1}{2}T_{2^1}+\frac{(b-a)}{2^2}[f(x_1^{(2)})+f(x_2^{(2)})]\end{aligned}$$

其中 $x_j^{(2)}=a+(2j-1)\frac{b-a}{2^2}(j=1,2)$是第二次等分区间的三个分点。可以看出,每次对每个小区间二等分,利用梯形公式,与原分点的函数值不必计算,指出要计算新分点的函数值,一般地有

$$T_{2^{n+1}}=\frac{1}{2}T_{2^n}+\frac{(b-a)}{2^{n+1}}\sum_{i=1}^{n}f\left(a+(2i-1)\frac{(b-a)}{2^{n+1}}\right)$$

由复化梯形求积公式的误差估计式(4.6.4),可以看出

$$R(f,T_{2^n})=\int_a^b f(x)\mathrm{d}x-T_{2^n}\approx ch^2$$

这里 c 为常数,仅与被积函数及积分区间相关。当再二分区间后,误差为

$$R(f,T_{2^{n+1}})=\int_a^b f(x)\mathrm{d}x-T_{2^{n+1}}\approx c\left(\frac{h}{2}\right)^2$$

两式相减得到

$$T_{2^{n+1}}-T_{2^n}=3c\left(\frac{h}{2}\right)^2$$

因此,可以利用 $T_{2^{n+1}}$,T_{2^n} 估计误差

$$\int_a^b f(x)\mathrm{d}x-T_{2^{n+1}}\approx\frac{1}{3}(T_{2^n}-T_{2^{n+1}})$$

由此,可以判断近似值 $T_{2^{n+1}}$ 是否以满足要求,只需考查

$$|T_{2^n}-T_{2^{n+1}}|<3\varepsilon$$

是否满足,这里 ε 是容许误差。如果该条件成立,说明近似值 $T_{2^{n+1}}$ 满足计算要求,否则可以将区间继续二分,直到满足为止。

4.7.2 抛物线求积公式的逐次分半法

对抛物线求积公式用逐次分半处理:

对于区间$[a,b]$抛物线求积公式(4.4.5)给出

$$R(f)=\int_a^b f(x)\mathrm{d}x-S(a,b)=-\frac{b-a}{180}\left(\frac{b-a}{2}\right)^4 f^{(4)}(\eta),\quad a<\eta<b \tag{4.7.1}$$

其中 $S(a,b)=\frac{b-a}{6}\left[f(a)+4f\left(\frac{a+b}{2}\right)+f(b)\right]$，将区间 $[a,b]$ 二等分，分别于 $\left[a,\frac{a+b}{2}\right]$，$\left[\frac{a+b}{2},b\right]$ 上用抛物线求积公式，得

$$\begin{aligned}R(f)&=\int_a^b f(x)\mathrm{d}x-S\left(a,\frac{a+b}{2}\right)-S\left(\frac{a+b}{2},b\right)\\&=\int_a^{\frac{a+b}{2}} f(x)\mathrm{d}x-S\left(a,\frac{a+b}{2}\right)+\int_{\frac{a+b}{2}}^b f(x)\mathrm{d}x-S\left(\frac{a+b}{2},b\right)\\&\approx-\frac{b-a}{180}\left(\frac{b-a}{2\times 2}\right)^4\frac{f^{(4)}(\xi_1)+f^{(4)}(\xi_2)}{2}\\&=-\frac{b-a}{180}\left(\frac{b-a}{4}\right)^4 f^{(4)}(\xi),\quad a<\xi<b\end{aligned} \tag{4.7.2}$$

与式(4.7.1)比较，粗略地假定 $f^{(4)}(\eta)$ 与 $f^{(4)}(\xi)$ 近似相等，则有

$$\frac{16}{15}\left[S(a,b)-S\left(a,\frac{a+b}{2}\right)-S\left(\frac{a+b}{2},b\right)\right]\approx-\frac{b-a}{180}\left(\frac{b-a}{2}\right)^4 f^{(4)}(\eta)$$

与式(4.7.2)比较得

$$\left|\int_a^b f(x)\mathrm{d}x-S\left(a,\frac{a+b}{2}\right)-S\left(\frac{a+b}{2},b\right)\right|\approx\frac{1}{15}\left|S(a,b)-S\left(a,\frac{a+b}{2}\right)-S\left(\frac{a+b}{2},b\right)\right|$$

由此，可以判断近似值 $S\left(a,\frac{a+b}{2}\right)+S\left(\frac{a+b}{2},b\right)$ 是否以满足要求，只需考查

$$\left|S(a,b)-S\left(a,\frac{a+b}{2}\right)-S\left(\frac{a+b}{2},b\right)\right|<15\varepsilon$$

是否满足，这里 ε 是容许误差。如果该条件成立，说明近似值 $S\left(a,\frac{a+b}{2}\right)+S\left(\frac{a+b}{2},b\right)$ 满足计算要求，否则可以将区间继续二分，直到满足为止。

例 4.7.1 对于积分 $\int_0^\pi \sin x\mathrm{d}x$，利用逐次分半的梯形求积公式，逐次分半的抛物线求积公式考查积分值。

解 逐次将区间分半，分别利用逐次分半的梯形求积公式，逐次分半的抛物线求积公式进行计算，将计算结果列于表 4-1 中。

表 4-1 计算结果

h	梯形公式	抛物线公式	h	梯形公式	抛物线公式
π	0	2.094 395 102	$\frac{\pi}{8}$	1.974 231 602	2.000 016 591
$\frac{\pi}{2}$	1.570 796 333	2.004 559 755	$\frac{\pi}{16}$	1.993 570 344	2.000 001 033
$\frac{\pi}{4}$	1.896 118 898	2.000 269 170	$\frac{\pi}{32}$	1.998 393 361	2.000 000 065

可以看出，随着积分区间半分，计算结果逐步接近于真值 2，同时可以随时根据容许误差终止计算。如果要像例 4.6.2 一样考虑容许误差 $\varepsilon=\frac{1}{2}\times 10^{-3}$，那么梯形公式需要到小区间长度为 $\frac{\pi}{32}$ 时终止，因为 $1.998\,393\,361-1.993\,570\,344=0.004\,823\,02<1.5\times 10^{-3}$。注意到例 4.6.2 给出复合梯形公式给出的结果是要将区间进行 72 等分，小区间长度远小于区间逐次半分的结果。对于抛物线公式，需要到小区间长度为 $\frac{\pi}{4}$ 时终止，因为 $2.004\,559\,755-2.000\,269\,170=$

$0.00429058 < 15 \times 0.5 \times 10^{-3} = 0.0075$ 。注意到例 4.6.2 给出复合抛物线公式给出的结果是要将区间进行 4 等分，两者差不多一致。

4.8 数值微分

当函数 $f(x)$的解析形式没有给出，而又需要计算函数 $f(x)$在某些数据点处的导数值时，需要用数值方法进行计算。这种根据函数在一些离散点上的函数值推算它在某点处导数的近似值的方法为数值微分。本节介绍较为常用的差商方法和插值型求导公式。

4.8.1 差商求导公式

在高等数学的学习中，导数被定义为因变量增量与自变量增量的比值当自变量增量趋向于 0 时的极限。即如果有函数 $y=f(x)$在包含x_0的邻域上有定义，定义 $\Delta x = x - x_0$ 为自变量增量，$\Delta y = f(x) - f(x_0) = f(x_0 + \Delta x) - f(x_0)$为函数增量，则如果极限

$$\lim_{\Delta x \to 0} \frac{\Delta y}{\Delta x} = \lim_{\Delta x \to 0} \frac{f(x_0 + \Delta x) - f(x_0)}{\Delta x}$$

存在，则称函数 $y=f(x)$在点x_0处可导，记作

$$\frac{\mathrm{d}y}{\mathrm{d}x} = f'(x_0)$$

由此定义，可以发现当自变量增量较小时，在数值计算中可以用差商，来近似计算函数在某定点处的导数。

在实际计算中通常可以由以下三种方式之一来近似计算函数在某个定点x_0处的导数：

$$f'(x_0) \approx D_1(h) = \frac{f(x_0+h) - f(x_0)}{h} \tag{4.8.1}$$

$$f'(x_0) \approx D_2(h) = \frac{f(x_0) - f(x_0-h)}{h} \tag{4.8.2}$$

$$f'(x_0) \approx D_3(h) = \frac{f(x_0+h) - f(x_0-h)}{2h} \tag{4.8.3}$$

其中 h 代表计算中选取的自变量增量，通常称为步长(step length)。在这三个公式中，都需要使用两个已知点的函数值来进行计算，因此也称两点估计法。根据差商的方向，也分别称为一阶导数的向前差商公式、向后差商公式和中心差商公式。其中，中心差商公式是前两个公式的算术平均值，也称中点公式，下面将会证明它的误差阶数是三个公式中最高的，因而是目前最常用的公式。

分析这三个公式和导数的定义可以发现，当 h 足够小时，公式计算结果将逼近极限值，但由数值计算的误差分析原理知，当步长很小时，公式中的分子部分是两个非常相近的数的差，直接相减将造成有效数字的损失，同时，公式中较小的分母也可能导致舍入误差被放大，因此需要进行误差分析来选择合适的步长。

首先来分析公式的截断误差。使用差商公式估计点x_0处函数的导数$f'(x_0)$时，为了分析近似公式的截断误差，以 h 为步长参数，使用待估计函数 $f(x)$在x_0处的泰勒展开来进行分析。

将 $f(x_0+h)$用一阶泰勒公式展开：

$$f(x_0+h) = f(x_0) + f'(x_0) \cdot h + \frac{1}{2} f''(\xi) \cdot h^2$$

其中 $\xi \in (x_0, x_0+h)$。

则有

$$\frac{f(x_0+h)-f(x_0)}{h}=f'(x_0)+\frac{1}{2}f''(\xi)\cdot h$$

即

$$D_1(h)-f'(x_0)=\frac{1}{2}f''(\xi)\cdot h$$

于是有

$$|f'(x_0)-D_1(h)|=\frac{1}{2}|f''(\xi)||h|\leqslant\frac{1}{2}M|h|$$

其中 $M=\max\limits_{x\in[x_0,x_0+h]}|f''(x)|$。

即使用公式(4.8.1)计算导数，其截断误差的大小与 h 是同阶的，步长 h 越小，则截断误差越小。

同理展开 $f(x_0-h)$，有

$$f(x_0-h)=f(x_0)-f'(x_0)\cdot h+\frac{1}{2}f''(\xi)\cdot h^2$$

其中 $\xi\in(x_0-h,x_0)$。

容易看到使用公式(4.8.2)计算导数时截断误差的与公式(4.8.1)的结论相同。即

$$|f'(x_0)-D_2(h)|=\frac{1}{2}|f''(\xi)||h|\leqslant\frac{1}{2}M|h|$$

其中 $M=\max\limits_{x\in[x_0-h,x_0]}|f''(x)|$。

当时用式(4.8.3)时，使用二阶泰勒公式分别展开 $f(x_0+h)$和 $f(x_0-h)$

$$f(x_0+h)=f(x_0)+f'(x_0)\cdot h+\frac{1}{2}f''(x_0)\cdot h^2+\frac{1}{3!}f'''(\xi_1)\cdot h^3$$

$$f(x_0-h)=f(x_0)-f'(x_0)\cdot h+\frac{1}{2}f''(x_0)\cdot h^2-\frac{1}{3!}f'''(\xi_2)\cdot h^3$$

其中$\xi_1\in(x_0,x_0+h)$，$\xi_2\in(x_0-h,x_0)$。将两个等式左右两侧分别做减法，经整理有

$$D_3(h)=\frac{f(x_0+h)-f(x_0-h)}{2h}=f'(x_0)+\left[\frac{1}{3!}f'''(\xi_1)+\frac{1}{3!}f'''(\xi_2)\right]\cdot\frac{h^2}{2}$$

即

$$|f'(x_0)-D_3(h)|=\frac{1}{6}\left|\frac{f'''(\xi_1)+f'''(\xi_2)}{2}\right|h^2\leqslant\frac{1}{6}Mh^2$$

其中 $M=\max\limits_{x\in[x_0-h,x_0+h]}|f'''(x)|$

即式(4.8.3)的截断误差阶数为 $O(h^2)$，比前两个公式的截断误差随步长减小得更快。

下面来考虑当使用中点公式计算导数时误差累积的情况，设 $f(x_0+h)$和 $f(x_0-h)$的近似值分别为f_{x_0+h}和f_{x_0-h}，舍入误差分别为ε_1和ε_2，则有导数数值结果的舍入误差界：

$$\delta(f'(x_0))=\left|\frac{f(x_0+h)-f(x_0-h)}{2h}-\frac{f_{x_0+h}-f_{x_0-h}}{2h}\right|\leqslant\frac{|\varepsilon_1|+|\varepsilon_2|}{2h}\leqslant\frac{\varepsilon}{h}$$

其中 $\varepsilon=\max\{|\varepsilon_1|,|\varepsilon_2|\}$。

由此可以看出，随着 h 的缩小，舍入误差会增大，这与截断误差部分的计算不一致。在选择步长时，需要同时考虑到两种误差的影响。

例 4.8.1 求函数e^x在 2 处的导数，分别取步长为 1，0.5，0.2，0.1，0.01 和 0.001，选点函数值精确到小数点后第 3 位。

解 使用中点公式计算函数在定点的导数，有

$$f'(x_0)\approx\frac{f(x_0+h)-f(x_0-h)}{2h}=\frac{\ln(x_0+h)-\ln(x_0-h)}{2h}$$

则将 h 等于 1,0.5,0.2,0.1,0.01 和 0.001 分别带入,有表 4-2。

表 4-2　计算结果

h	f_{x_0+h}	f_{x_0-h}	$D_3(h)$
1	20.086	2.718	8.684
0.5	12.182	4.482	7.700
0.2	9.025	6.050	7.438
0.1	8.166	6.686	7.400
0.01	7.463	7.316	7.350
0.001	7.396	7.382	7.000

e^x在 2 处的导数精确到小数点后 3 位为 7.389,从表中可以看到中心差商公式所计算的近似值随 h 的变化情况,当 $h=0.1$ 时,取得了最接近真实结果的近似值,之后步长减小,误差增加。

类似于一阶导数的中心差商公式,可以得到二阶导数的中心差商计算公式

$$f(x_0+h)=f(x_0)+f'(x_0)\cdot h+\frac{1}{2!}f''(x_0)\cdot h^2+\frac{1}{3!}f'''(x_0)\cdot h^3+\frac{1}{4!}f^{(4)}(\xi_1)\cdot h^4$$

将两式相加,整理可以得到

$$f''(x_0)=\frac{f(x_0+h)-2f(x_0)+f(x_0-h)}{h^2}+\frac{1}{12}f^{(4)}(\xi)\cdot h^2$$

其中 $\xi\in[\xi_2,\xi_1]$。即

$$f''(x_0)\approx D(h)=\frac{f(x_0+h)-2f(x_0)+f(x_0-h)}{h^2}$$

这个公式就是二阶导数的中心差商计算公式,它的截断误差为$\frac{1}{12}f^{(4)}(\xi)h^2$。观察二阶导数的中心差商计算公式可以发现它是一个三点公式,需要知道三个点的函数值才能计算。此公式的截断误差的阶数为 $O(h^2)$,随着 h 变小,截断误差也会变小,但与前文讨论类似,舍入误差的传播是病态的,因此必须要选择合适的 h 以便更好地控制误差。

为了选择合适的步长 h,可以进一步通过误差分析的结果,将误差限视为关于步长的函数,通过对误差界函数求极值的方式来找到能够较优的步长。以一阶导数的中心差商公式为例,定义误差函数

$$E(h)=\frac{1}{6}Mh^2+\frac{\varepsilon}{h}$$

其中 $M=\max\limits_{x\in[x_0-h,x_0+h]}|f'''(x)|$,$\varepsilon=\max\{|\varepsilon_1|,|\varepsilon_2|\}$,$\varepsilon_1$ 和ε_2 是插值点函数值的舍入误差。由上文分析知,误差函数的第一项是中点公式的截断误差限,第二项是其舍入误差限。

对误差函数 $E(h)$求导,有

$$E'(h)=\frac{1}{3}Mh-\varepsilon\frac{1}{h^2}$$

令$E'(h)=0$,可以解出 $h=\sqrt[3]{\frac{3\varepsilon}{M}}$为误差函数 $E(h)$的稳定点,且根据极值判别准则,容易验证其为极小值点。

上述方法的缺点是需要对 ε 和 M 进行估计,而很多时候这一要求并不容易达到,在实际操作中,也可以考虑采用变步长估计的方法。同样以一阶导数的中心差商公式为例,当 h 足够小时,可以假设以$f'''(x)$变化很小,则可以通过$f'''(x_0)$估计截断误差。即

$$D_3(h)-f'(x_0)\approx\frac{1}{6}f'''(x_0)h^2$$

取新步长为$\frac{h}{2}$，有

$$D_3\left(\frac{h}{2}\right)-f'(x_0)\approx\frac{1}{6}f'''(x_0)\frac{h^2}{4}$$

同时可以发现，步长减小后近似公式的截断误差变为原误差的$\frac{1}{4}$，即

$$D_3\left(\frac{h}{2}\right)-f'(x_0)\approx\frac{1}{4}[D_3(h)-f'(x_0)]$$

整理后可以得到

$$f'(x_0)-D_3\left(\frac{h}{2}\right)\approx\frac{1}{3}\left[D_3\left(\frac{h}{2}\right)-D_3(h)\right]$$

于是知当$D_3(h)$与$D_3\left(\frac{h}{2}\right)$之差足够小，则$D_3\left(\frac{h}{2}\right)$的截断误差也会很小，则可以不断将步长缩减为原来的一半计算导数近似值，并以两次迭代的结果之差小于给定精度阈值作为终止条件。

同时通过上述公式还可以整理得到新的导数计算公式：

$$f'(x_0)\approx-\frac{1}{3}D_3(h)+\frac{4}{3}D_3\left(\frac{h}{2}\right)$$

可以以这个公式为基础构建加速公式，加快收敛速度。经检验，在一定的连续性条件下，此公式的截断误差阶数可以达到$O(h^4)$。

4.8.2 插值型求导公式

如果所计算的函数是以表格的形式提供的，可以通过差值公式获得函数的近似函数，由此可以获得数值计算导数的方法，这就是数值微分的差值式法。

如果函数以数据表的形式提供：

x	x_0	x_1	$\cdots$	x_n
y	y_0	y_1	$\cdots$	y_n

则可以通过插值方法获得一个插值函数$p(x)$作为函数$y=f(x)$的近似。也可以将插值函数的导函数$p'(x)$作为$f'(x)$的近似，即

$$p'(x)\approx f'(x)$$

如以$n+1$点拉格朗日插值法，$p_n(x)$为n次多项式函数，则有余项式

$$f(x)-p_n(x)=\frac{f^{(n+1)}(\xi)}{(n+1)!}\omega_{n+1}(x)$$

其中ξ依赖于x，$\omega_{n+1}(x)=\prod_{j=0}^{n}(x-x_j)$。可以通过此公式求导来分析误差的余项。在公式两端同时对x求导，有

$$f'(x)-p'_n(x)=\frac{f^{(n+1)}(\xi(x))}{(n+1)!}\omega'_{n+1}(x)+\frac{\omega_{n+1}(x)}{(n+1)!}\frac{\mathrm{d}}{\mathrm{d}x}f^{(n+1)}(\xi(x))$$

此公式中第二项很难确定，但当考查插值点处的导数时由于$\omega_{n+1}(x)=0$，只考虑第一项就可以了，即

$$f'(x_k)-p'_n(x_k)=\frac{f^{(n+1)}(\xi)}{(n+1)!}\omega'_{n+1}(x_k)$$

除了$f'(x)\approx p'_n(x)$外，也可以用插值多项式求高阶导数，即$f^{(k)}(x)\approx p_n^{(k)}(x)$，$k=2,3,\cdots$，一般称这种方法为插值型求导公式。

下面讨论比较常用的两点公式和三点公式。

(1)两点公式，当 $n=1$ 时，数据表如下表：

x	x_0	x_1
y	$f(x_0)$	$f(x_1)$

则有插值公式

$$p_1(x)=\frac{x-x_1}{x_0-x_1}f(x_0)+\frac{x-x_0}{x_1-x_0}f(x_1)$$

则

$$p'_1(x)=\frac{1}{x_0-x_1}f(x_0)+\frac{1}{x_1-x_0}f(x_1)$$

$$=\frac{f(x_1)-f(x_0)}{x_1-x_0}$$

设 $x_1-x_0=h$，则有函数在插值点的导数：

$$p'_1(x_0)=\frac{f(x_0+h)-f(x_0)}{h}$$

$$p'_1(x_1)=\frac{f(x_1)-f(x_1-h)}{h}$$

可以发现，这正是一阶导数的向前差商公式和向后差商公式。

下面考虑两点公式的截断误差，为了计算余项的导数，先计算 $\omega'_2(x)$：

$$\omega'_2(x)=[(x-x_0)(x-x_1)]'$$

$$=(x-x_0)+(x-x_1)$$

此时截断误差分别为

$$f'(x_0)-p'_1(x_0)=\frac{f''(\xi_0)}{2!}\omega'_2(x_0)=-\frac{h}{2}f''(\xi_0)$$

同理有

$$f'(x_1)-p'_1(x_1)=\frac{f''(\xi_1)}{2!}\omega'_2(x_1)=\frac{h}{2}f''(\xi_1)$$

注意：在 x_0 点和 x_1 点处 $p'_1(x_0)=p'_1(x_1)$，这是因为它们实际上都是通过这两点间函数弦的斜率来估计的。但两者的截断误差是不相同的。

(2)三点公式。当 $n=1$ 时，数据表如下表：

x	x_0	x_1	x_2
y	$f(x_0)$	$f(x_1)$	$f(x_2)$

则有插值公式

$$p_2(x)=\frac{x-x_1}{x_0-x_1}\frac{x-x_2}{x_0-x_2}f(x_0)+\frac{x-x_0}{x_1-x_0}\frac{x-x_2}{x_1-x_2}f(x_1)+\frac{x-x_0}{x_2-x_0}\frac{x-x_1}{x_2-x_1}f(x_2)$$

两端对 x 求导，则有

$$p'_2(x)=\frac{2x-x_1-x_2}{(x_0-x_1)(x_0-x_2)}f(x_0)+\frac{2x-x_0-x_2}{(x_1-x_0)(x_1-x_2)}f(x_1)+\frac{2x-x_0-x_1}{(x_2-x_0)(x_2-x_1)}f(x_2)$$

为方便计算，考虑等距离取点情形，即 $x_1-x_0=x_2-x_1=h$，则三点公式可以写为

$$p'_2(x)=\frac{2x-x_1-x_2}{2h^2}f(x_0)-\frac{2x-x_0-x_2}{h^2}f(x_1)+\frac{2x-x_0-x_1}{2h^2}f(x_2)$$

则在插值点处的导数为

$$p'_2(x_0)=\frac{2x_0-x_1-x_2}{2h^2}f(x_0)-\frac{2x_0-x_0-x_2}{h^2}f(x_1)+\frac{2x_0-x_0-x_1}{2h^2}f(x_2)$$
$$=\frac{-3h}{2h^2}f(x_0)-\frac{-2h}{h^2}f(x_1)+\frac{-h}{2h^2}f(x_2)$$
$$=\frac{1}{2h}[-3f(x_0)+4f(x_1)-f(x_2)]$$
$$p'_2(x_1)=\frac{2x_1-x_1-x_2}{2h^2}f(x_0)-\frac{2x_1-x_0-x_2}{h^2}f(x_1)+\frac{2x_1-x_0-x_1}{2h^2}f(x_2)$$
$$=\frac{-h}{2h^2}f(x_0)-\frac{0}{h^2}f(x_1)+\frac{h}{2h^2}f(x_2)$$
$$=\frac{1}{2h}[-f(x_0)+f(x_2)]$$
$$p'_2(x_2)=\frac{2x_2-x_1-x_2}{2h^2}f(x_0)-\frac{2x_2-x_0-x_2}{h^2}f(x_1)+\frac{2x_2-x_0-x_1}{2h^2}f(x_2)$$
$$=\frac{h}{2h^2}f(x_0)-\frac{2h}{h^2}f(x_1)+\frac{3h}{2h^2}f(x_2)$$
$$=\frac{1}{2h}[f(x_0)-4f(x_1)+3f(x_2)]$$

可以发现x_1处的求导公式$p'_2(x_1)$正是上节讨论的一阶导数的中心差商公式。下面讨论三点公式的截断误差。

考虑三点公式的截断误差，为了计算余项的导数，先计算$\omega'_3(x)$：

$$\omega'_3(x)=[(x-x_0)(x-x_1)(x-x_2)]'$$
$$=(x-x_1)(x-x_2)+(x-x_0)(x-x_2)+(x-x_0)(x-x_1)$$

由此，有

$$f'(x_0)-p'_2(x_0)=\frac{f'''(\xi_0)}{3!}\omega'_2(x_0)=\frac{h^2}{3}f'''(\xi_0)$$
$$f'(x_1)-p'_2(x_1)=\frac{f'''(\xi_1)}{3!}\omega'_2(x_1)=-\frac{h^2}{6}f'''(\xi_1)$$
$$f'(x_2)-p'_2(x_2)=\frac{f'''(\xi_2)}{3!}\omega'_2(x_0)=\frac{h^2}{3}f'''(\xi_2)$$

可以看到三点公式在插值点处的阶段误差均为$O(h^2)$。

对一阶导数的三点公式两端再求导，就可以得到二阶导数的三点公式：

$$p'_2(x)=\frac{2x-x_1-x_2}{2h^2}f(x_0)-\frac{2x-x_0-x_2}{h^2}f(x_1)+\frac{2x-x_0-x_1}{2h^2}f(x_2)$$
$$p''_2(x)=\frac{2}{2h^2}f(x_0)-\frac{2}{h^2}f(x_1)+\frac{2}{2h^2}f(x_2)$$
$$=\frac{f(x_0)-2f(x_1)+f(x_2)}{h^2}$$

当$x=x_1$时，有

$$p''_2(x_1)=\frac{f(x_0)-2f(x_1)+f(x_2)}{h^2}$$

可以发现这与上节讨论的二阶导数的中心差商公式相同，其截断误差为$O(h^2)$。

经过以上的讨论，可以发现可以通过插值型求导公式计算更高阶的导数，但需要注意的是，即便在插值点处函数值很接近，插值型求导公式的截断误差仍可能很大，需要注意其中的误差分析。

此外，除了多项式插值法外，通过对样条插值函数求导，也能得到函数导数的近似值，特别是针对非插值点处，样条插值也可以得到较为精确的近似值。

4.9　计算数值实验

4.9.1　复合求积分公式的实现

由式(4.6.2)很容易得到复合梯形公式(composite-trapezoidal rule)的求积算法。其 Python 函数定义如下：

```
def com_trap(f,a,b,N):
    h = (b-a)/N
    T =0
    for i in range(1,N):
        T +=f(a+i* h)
    T =h* (f(a)+f(b)+2* T)/2
    return T
```

其中 f 是被积函数，a 和 b 是积分下限和积分上限，N 定义了积分的分段数，复合求积公式就是在每段上应用梯形公式，并将所得近似面积相加所得的结果。

类似的还可以定义复合辛普森公式(Composite-Simpson's Rule)：

```
def comp_simp(f, a, b, N):
    h = (b -a) / N
    x =a +h / 2
    S1 =f(x)
    S2 =0
    for i in range(1, N):
        S1 +=f(x +i *  h)
        S2 +=f(a +i *  h)
    T =h *  (f(a) +f(b) +4 *  S1 +2 *  S2) / 6
    return T
```

例 4.9.1　对于积分 $\int_0^\pi \sin x\mathrm{d}x$，分别利用 $N=10$ 的复合梯形公式和复合辛普森公式计算其结果。

解　为了方便计算，需要载入 numpy 工具包，并利用之前编写的复合积分函数进行计算，代码如下：

```
import numpy as np

f =lambda x: np.sin(x)
T1 =comp_trap(f, 0, np.pi, 10)
T2 =comp_simp(f, 0, np.pi, 10)
print(f"复合梯形公式计算结果为{T1:.6f},复合辛普森公式计算结果为{T2:.6f}")
```

结果显示：

```
复合梯形公式计算结果为 1.983524,复合辛普森公式计算结果为 2.000007
```

显然在本例中采用同样的分段数，复合辛普森函数的结果更为精确，这个结论对多数情况来说都是正确的。

4.9.2　积分区间逐次分半求积方法的 Python 实现

如果在复合梯形公式的基础上逐次将每个区间分半，就有了变步长的梯形公式，可以用Python

编写代码如下：

```
def stepped_comp_trap(f, a, b, ep):
    h =b -a
    T1 =0
    T2 =1 / 2 *  h *  (f(a) +f(b))
    k =1
    while abs(T2 -T1) >  ep:
        T1 =T2
        h =h / 2
        S =0
        x =a +h
        while x <  b:
            S +=f(x)
            x +=2 *  h
        T2 =T1 / 2 +h *  S
        k +=1
    return T2, k
```

这里的参数 f，a，和 b 与复合梯形公式中的定义一致，分别为被积函数、积分下限和积分上限，ep 参数则是停止条件，当两次复合梯形公式计算结果的差值的绝对值小于 ep 参数时，程序终止并返回计算结果和分半次数。类似还可以得到变步长的辛普森公式。

例 4.9.2 对于积分 $\int_0^1 e^{-x}dx$，利用变步长梯形公式计算其结果。

解 为了方便计算，需要载入 numpy 工具包，并利用之前编写的复合积分函数进行计算，代码如下：

```
import numpy as np

f =lambda x: np.exp(- x)
T, k =stepped_comp_trap(f, 0, 1, 1e-8)
print(f"变步长梯形公式计算结果为{T:.9f},区间分半次数为{k:2d}")
```

结果显示：

```
变步长梯形公式计算结果为 0.632120562,区间分半次数为 13
```

也就是说，经过 13 次分半后得到了达到精度要求的解。对比真实结果 $1-e^{-1}\approx 0.632\ 120\ 559$，可以看到计算结果有 8 位有效数字。

4.9.3 数值微分实验

在 Python 中可以通过程序设计来实现导数的运算，也可以使用第三方的工具包，如 findiff、numdifftools 等提供的数值求导函数进行运算。在本节中简单介绍程序设计方法和 findiff 工具包的基本使用。

如可以用如下代码，定义一个函数 fun_diff_3points 以实现三点插值型求导公式：

```
import numpy as np
def fun_diff_3points(yd, h=1):
    n =len(yd)
    res =np.zeros_like(yd, dtype=np.float64)
    # 计算最左侧端点导数
    res[0] =(-1.5* yd[0]+2* yd[1]-0.5* yd[2])/h
    # 计算中间端点导数
```

```
    for i in range(1,n-1):
        res[i] = (yd[i+1]-yd[i-1])/2/h
    # 计算最右侧端点导数
    res[-1] = (0.5* yd[-3]-2* yd[-2]+1.5* yd[-1])/h
    return res
```

下面通过一个例题来展示程序实现部分。

例 4.9.3　已知函数由表 4-3 给出，求各点处的导数值。

表 4-3　数据

x	−4	−3	−2	−1	0	1	2	3	4
y	0.058 8	0.1	0.2	0.5	1	0.5	0.2	0.1	0.058 8

解　首先载入需要运行的 numpy 工具包，输入数据，然后用 fun_diff_3points()函数计算导数。

```
import numpy as np
y_data =np.array([0.0588,0.1,0.2,0.5,1,0.5,0.2,0.1,0.0588], dtype=float)
diff_value1 =fun_diff_3points(yd=y_data,h=1)
```

结果为：

```
array([ 0.0118,  0.0706,  0.2   ,  0.4   ,  0.    , -0.4   , -0.2   ,     -0.0706, -0.0118])
```

也可以使用 findiff 工具包来进行计算：

```
from findiff import FinDiff
d_dx =FinDiff(0, 1, 1)
diff_value2 =d_dx(y_data)
```

结果与 fun_diff_3points 函数的输出一致。

使用 findiff 工具包需要提前安装，安装命令为：

```
pip install- - upgrade findiff
```

使用 findiff 工具包计算导数，需要先定义 FinDiff 对象，定义 FinDiff 对象可以使用参数表(axis，spacing，count)，其中 axis 定义了求导的维度，对于一元函数插值问题，默认为 0；spacing 是等步长情况下步长的大小；count 定义了求导的阶数。FinDiff 对象本身是可调用的，以插值点数据向量作为输入，就可以得到相应的导数值。如在上例中，d_dx =FinDiff(0,1,1)定义了步长为 1 的一阶求导对象 d_dx，它可以被作为求导函数，来计算数据向量 y_data 中的导数值。

findiff 工具包还有一个有用的函数 coefficients，它可以展示在给定精度要求和求导阶数的情况下，向前、中心和向后的系数表。例如，例 1.1.2 所求为一阶导数，精度是三点公式的精度要求 $O(h^2)$，即二阶精度求，则可以使用命令：

```
from findiff import coefficients
coefficients(deriv=1, acc=2)
```

结果为：

```
{'center': {'coefficients': array([-0.5,  0.,  0.5]),
  'offsets': array([-1,  0,  1]),
  'accuracy': 2},
 'forward': {'coefficients': array([-1.5,  2., -0.5]),
  'offsets': array([0, 1, 2]),
```

```
    'accuracy': 2},
  'backward': {'coefficients': array([ 0.5, -2.,  1.5]),
    'offsets': array([-2, -1,  0]),
    'accuracy': 2}}
```

其中 coefficients 字段是各插值点处函数值对应的系数，offsets 字段返回所求导数的插值点位置的偏移量，accuracy 返回的是精度值。

例 4.9.4 角膜是眼球前部的透明组织，具有保护眼睛和屈光作用。角膜的屈光力约占全部眼球屈光力的 70%，作为类似于旋转抛物面的角膜，其屈光力与角膜前后表面曲率密切相关。已知角膜前表面沿水平方向曲线弧的数据点坐标（见表 4-4），求角膜前表面水平方向顶点的曲率和以顶点为中心 3 mm 范围内的平均曲率。

表 4-4 数据点坐标

x/mm	y/mm	x/mm	y/mm	x/mm	y/mm
−1.998	0.414 4	−0.654	0.613 3	0.690	0.576 1
−1.914	0.434 2	−0.570	0.617 8	0.774	0.565 9
−1.830	0.452 9	−0.486	0.621 4	0.858	0.554 7
−1.746	0.470 6	−0.402	0.624 0	0.942	0.542 6
−1.662	0.487 3	−0.318	0.625 8	1.026	0.529 5
−1.578	0.503 0	−0.234	0.626 7	1.110	0.515 5
−1.494	0.517 7	−0.150	0.626 7	1.194	0.500 5
−1.410	0.531 5	−0.066	0.625 7	1.278	0.484 4
−1.326	0.544 3	0.018	0.623 9	1.362	0.467 4
−1.242	0.556 2	0.102	0.621 2	1.446	0.449 4
−1.158	0.567 2	0.186	0.617 5	1.530	0.430 4
−1.074	0.577 1	0.270	0.612 9	1.614	0.410 4
−0.990	0.586 2	0.354	0.607 4	1.698	0.389 4
−0.906	0.594 4	0.438	0.601 0	1.782	0.367 3
−0.822	0.601 6	0.522	0.593 6	1.866	0.344 2
−0.738	0.607 9	0.606	0.585 3	1.950	0.320 1

解 函数 $y=f(x)$在 x 点的曲率，可以通过如下公式计算：

$$K=\frac{|y''|}{(1+y'^2)^{3/2}}$$

则只需计算函数在数据点处的一阶和二阶导数，带入公式就可以得到对应点的曲率。使用 findiff 工具包计算的代码如下：

```
# 首先载入必要的工具包和对象
import numpy as np
from findiff import FinDiff
# 输入数据
x =[-1.998, -1.914, -1.83, -1.746, -1.662, -1.578, -1.494, -1.41, -1.326, -1.242,
-1.158, -1.074, -0.99, -0.906, -0.822, -0.738, -0.654, -0.57, -0.486, -0.402, -0.318,
-0.234, -0.15, -0.066, 0.018, 0.102, 0.186, 0.27, 0.354, 0.438, 0.522, 0.606, 0.69, 0.774,
0.858, 0.942, 1.026, 1.11, 1.194, 1.278, 1.362, 1.446, 1.53, 1.614, 1.698, 1.782, 1.866, 1.95]
y =[0.4144, 0.4342, 0.4529, 0.4706, 0.4873, 0.503, 0.5177, 0.5315, 0.5443, 0.5562,
0.5672, 0.5771, 0.5862, 0.5944, 0.6016, 0.6079, 0.6133, 0.6178, 0.6214, 0.624, 0.6258,
0.6267, 0.6267, 0.6257, 0.6239, 0.6212, 0.6175, 0.6129, 0.6074, 0.601, 0.5936, 0.5853,
```

```
0.5761, 0.5659, 0.5547, 0.5426, 0.5295, 0.5155, 0.5005, 0.4844, 0.4674, 0.4494, 0.4304,
0.4104, 0.3894, 0.3673, 0.3442, 0.3201]
    # 将数据转化为 np.ndarray 数据类型
    x =np.array(x)
    y =np.array(y)
    # 使用 np.diff 函数计算自变量的步长
    steps =np.diff(x)
    # 使用 np.allcolse 函数判断是否为等步长问题
    np.allclose(steps,steps[0])
    # 经判断本问题为等步长问题,定义步长 dx
    dx =steps[0]
    # 定义求导对象
    d_dx =FinDiff(0,dx,1)
    d2_dx2 =FinDiff(0,dx,2)
    # 计算导数
    dy_dx =d_dx(y)
    d2y_dx2 =d2_dx2(y)
    # 计算曲率
    K =np.abs(d2y_dx2)/(1+ dy_dx** 2)** (3/2)
    #  获取顶点索引
    max_id =y.argmax()
    #  计算顶点周围 3 mm 包含区间,并将相应数据点对应曲率保存到 K_mid 变量
    num_points =int(1.5//dx)
    K_mid =K[(max_id- num_points):(max_id+ num_points+ 1)]
    print("顶点处的曲率为:% 5.3f"% K[max_id])
    print("以顶点为中心 3mm 范围内的平均曲率为:% 5.3f"% K_mid.mean())
    # 保留小数点后第三位的结果为:
    顶点处的曲率为:0.128
    以顶点为中心 3mm 范围内的平均曲率为:0.130
```

在实践工作中,还有一种分析思路,即通过拟合方法,获得数据表的近似曲线,并通过近似曲线方程来计算曲率。下面通过二阶多项式拟合方法来计算曲率。

代码如下:

```
    p =np.polyfit(x, y ,2)
    #  array([-0.06596562, -0.02646651,  0.62494982])
```

即拟合曲线为 $y=p[0]x^2+p[1]x+p[2]$,则可以定义一阶导数多项式 fp1 和二阶导数多项式 fp2,并通过它们计算数据点对应的导数值和曲率值。

```
    fp1 =np.array([p[0]* 2,p[1]])
    fp2 =fp1[0]
    fp1_y =np.polyval(fp1,x)
    fp2_y =fp2[0]
    K_fit =np.abs(fp2_y)/(1+ fp1_y** 2)** (3/2)
```

表 4-5 列出了计算结果,限于篇幅,只保留部分结果。

表 4-5　部分计算结果

x	y	dy_dx	d2y_dx2	k	fp1_y	fp2_y	K_fit
−1.998	0.414	0.242	−0.170	0.156	0.237	−0.132	0.122
−1.914	0.434	0.229	−0.156	0.144	0.226	−0.132	0.122
−1.83	0.453	0.217	−0.142	0.132	0.215	−0.132	0.123
…	…	…	…	…	…	…	…

续上表

x	y	dy_dx	d2y_dx2	k	fp1_y	fp2_y	K_fit
1.782	0.367	−0.269	−0.142	0.128	−0.262	−0.132	0.119
1.866	0.344	−0.281	−0.142	0.126	−0.273	−0.132	0.118
1.950	0.320	−0.293	−0.142	0.125	−0.284	−0.132	0.117

使用 matplotlib 工具包可以实现数据的可视化，图 4-3 展示了使用数值微分计算和拟合曲线计算结果的对比。

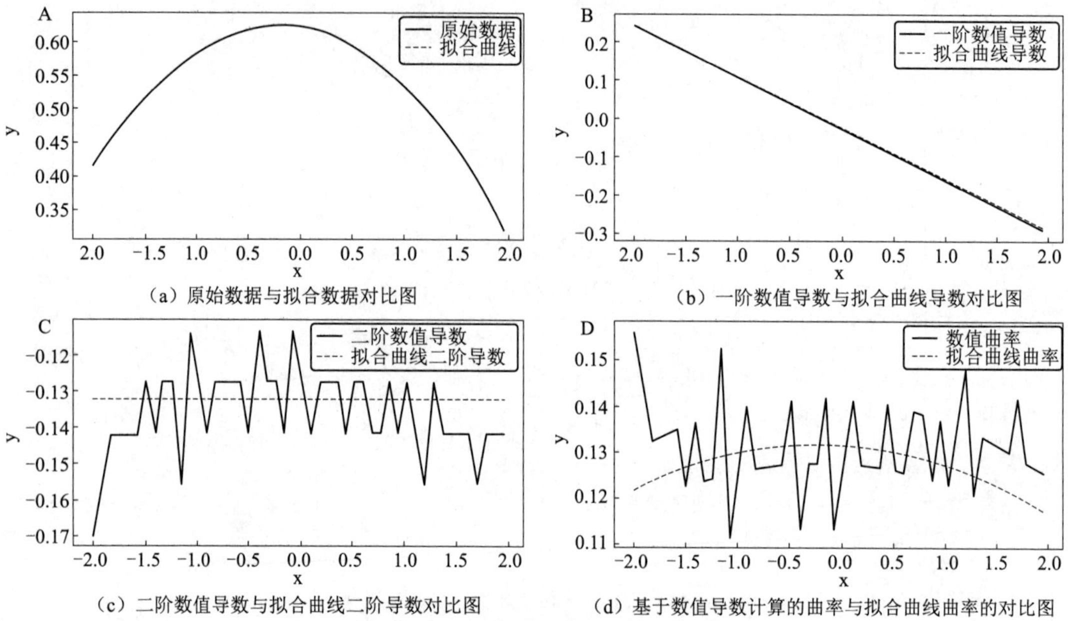

（a）原始数据与拟合数据对比图

（b）一阶数值导数与拟合曲线导数对比图

（c）二阶数值导数与拟合曲线二阶导数对比图

（d）基于数值导数计算的曲率与拟合曲线曲率的对比图

图 4-3　数值微分与拟合曲线计算对比图

从输出数据和图像上可以看到，数值计算的结果依赖数据点附近点的函数值，受测量误差的影响较大，结果波动也较大，基于整体的拟合方法结果更稳定，但对局部数据的变化不敏感。在应用中应当了解所使用方法的特征，选择更为合适的方法。

练　习　题

1. 用抛物线求积公式、三点高斯公式计算积分 $\int_0^1 \frac{\sqrt{(1-e^{-x})}}{1+x}dx$。

2. 用复化抛物线求积公式、复化三点高斯公式计算积分 $\int_0^1 \frac{4}{1+x^2}dx$，并考查随区间的细分积分精度的变化情况。

3. 用逐次分半抛物线求积方法计算积分 $\int_0^1 e^x \sin x dx$，并考查随着区间的细分积分精度的变化情况。

4. 求一个周期内正弦曲线、余弦曲线的长。

5. 卫星轨道是一个椭圆，椭圆的周长计算公式为

$$s=\int_0^{\frac{\pi}{2}}\sqrt{1-\left(\frac{c}{a}\right)^2\sin^2\theta}\,d\theta$$

其中 a 为椭圆的长半轴，c 是地球中心与轨道中心的距离，记 h 为近地点距离，H 为远地点距离，$R=6\,371$ km 为地球半径，则

$$a=\frac{1}{2}(2R+H+h),\qquad c=\frac{1}{2}(H-h)$$

我国第一颗人造地球卫星近地点距离为 439 km，远地点距离为 2 384 km，求卫星轨道的周长。

6. 一段时间内经由导管传输的物质总质量为

$$M=\int_{t_1}^{t_2} Q(t)C(t)\mathrm{d}t$$

其中，M 为质量(mg)，t_1，t_2 分别为起始与终止时间(min)，$Q(t)$ 为导管内物质的流通率($\mathrm{m}^3/\mathrm{min}$)，$C(t)$ 为导管内物质的浓度($\mathrm{mg/m}^3$)。若流通率和浓度分别为

$$Q(t)=9+4\cos^2(0.4t),\qquad C(t)=5\mathrm{e}^{-0.5t}+2\mathrm{e}^{0.15t}$$

去容许率为 0.1%，计算从 $t_1=2$ 到 $t_2=8$ 的时间内导管内传输的物质质量。

7. 表 4-6 所示数据是从某条河的横截面上收集的，其中 y 是与河岸的距离，H 是深度，U 是速度。

表 4-6　横截面数据

y/m	0	1	3	5	7	8	9	10
H/m	0	1	1.5	3	3.5	3.2	2	0
U/m/s	0	0.1	0.12	0.2	0.25	0.3	0.15	0

使用数值积分计算平均深度 $\bar{H}=\frac{1}{10}\int_0^{10} H(y)\mathrm{d}y$，横截面积 $A=\int_0^{10} H(y)\mathrm{d}y$，平均速度 $\bar{U}=\frac{1}{10}\int_0^{10} U(y)\mathrm{d}y$，流率 $Q=\int_0^{y} H(x)U(x)\mathrm{d}x$。

第 5 章 非线性方程的数值解法

在科学研究和工程设计中，经常会遇到一类求解非线性方程

$$f(x)=0 \tag{5.1.1}$$

的根的问题。例如，半径为 r 的球形容器内液体体积 V 与液面高度 h 的关系为

$$V=\frac{1}{3}\pi h^2(3r-h)$$

若已知半径 r 和体积 V，欲知液面高度 h。

方程 $f(x)=0$ 的根亦称函数 $f(x)$ 的零点。一般地，若 $f(x)$ 为多项式，称方程

$$a_n x^n+a_{n-1}x^{n-1}+\cdots+a_1 x+a_0=0 \quad (a_n\neq 0) \tag{5.1.2}$$

为 n 次代数方程，当 $n>1$ 时，方程显然是非线性的；而称三角方程、指数方程、对数方程等为超越方程。稍微复杂的 3 次以上的代数方程或超越方程，很难甚至无法求得精确解。本章将主要介绍常用的求解非线性方程根的数值解法，包括二分法、牛顿迭代法、弦截法等。对于非线性方程组的求解，将介绍不动点迭代法、牛顿迭代法、最速下降法等。

5.1 非线性方程的近似求根

通常方程根的求解需要从判定根的存在性、确定根的分布范围及根的精确化三方面考虑。函数 $f(x)$ 在闭区间 $[a,b]$ 上连续，且 $f(a)f(b)<0$，根据连续函数介值定理，$f(x)=0$ 在 (a,b) 内必有实根，此时称区间 $[a,b]$ 为有根区间。在有根区间如何计算根的近似值是研究的主要问题，主要的方法有二分法、不动点迭代法、牛顿迭代法、弦截法与抛物线法。

5.1.1 二分法

二分法的基本思想是将有根区间二等分，通过判断 $f(x)$ 的符号，逐步对半缩小有根区间，直至有根区间缩小到容许误差范围之内，然后取区间的中点为根 x^* 的近似值。具体过程如下：

第一步　令 $a_0=a$，$b_0=b$，计算有根区间 $[a_0,b_0]$ 的中点 $x_0=\frac{a_0+b_0}{2}$ 和 $f(x_0)$。

(1)若 $f(x_0)=0$，则 $x^*=x_0$，结束计算。

(2) $f(a_0)f(x_0)<0$，则令 $a_1=a_0$，$b_1=x_0$，否则令 $a_1=x_0$，$b_1=b_0$，这样得到新的有根区间 $[a_1,b_1]$ 且 $[a_1,b_1]\subset[a,b]$，$b_1-a_1=\frac{b_0-a_0}{2}$。

第二步　令 $x_1=\frac{a_1+b_1}{2}$，若 $f(x_1)=0$，则 $x^*=x_1$，否则类似可得新的有根区间 $[a_2,b_2]$。

第三步　如此反复上述过程，仅当出现 $f(x_k)=0$ 时过程中断$\left(\text{其中 } x_k=\frac{a_k+b_k}{2}\right)$。记第 n 次过程得到的有根区间为$[a_n,b_n]$，则

$$[a_0,b_0]\supset[a_1,b_1]\supset[a_2,b_2]\supset\cdots\supset[a_n,b_n]\supset\cdots$$

$$a_n<x^*<b_n,\quad n=0,1,2,\cdots$$

$$b_n-a_n=\frac{1}{2}(b_{n-1}-a_{n-1})=\cdots=\frac{1}{2^k}(b_0-a_0)=\frac{1}{2^k}(b-a) \tag{5.1.3}$$

故有

$$\lim_{n\to\infty}(b_n-a_n)=0,\quad \lim_{n\to\infty}x_n=\lim_{n\to\infty}\frac{a_n+b_n}{2}=x^*$$

因此当 n 充分大时，$x_n=\frac{a_n+b_n}{2}$可作为方程 $f(x)=0$ 的根 x^* 的近似值，且有误差估计式

$$|x_n-x^*|\leqslant\frac{b_n-a_n}{2}=\frac{b-a}{2^{n+1}} \tag{5.1.4}$$

对于预先给定的精度 $\varepsilon>0$，只要$\frac{b-a}{2^{n+1}}<\varepsilon$，即

$$n>\frac{\ln(b-a)-\ln 2\varepsilon}{\ln 2}=\log_2\frac{b-a}{2\varepsilon} \tag{5.1.5}$$

便有$|x_n-x^*|<\varepsilon$，这时 x_n 就是满足精度要求的近似值。

例 5.1.1　证明方程 $f(x)=x^3-x-1=0$ 在区间$[1.0,1.5]$内有且只有一个实根，且使用二分法求误差不超过 0.005 根至少需要迭代 6 次。

证明　因为 $f(1)=-1<0, f(1.5)=0.875>0$，故在区间$[1.0,1.5]$内有根。又由于

$$f'(x)=2x^2-1>0,\quad \forall x\in[1.0,1.5]$$

知 $f(x)=x^3-x-1$ 是区间$[1.0,1.5]$上的单调递增函数，故方程在区间$[1.0,1.5]$内有且只有一个实根。由式(3.4.5)，对给定的误差不超过 0.005，有

$$n>\frac{\ln(1.5-1.0)-\ln 0.01}{\ln 2}\approx 5.644$$

故只要迭代 $n=6$ 次便能达到所要求的精度。

二分法的优点是算法简单可靠、易于在计算机上实现，不管有根区间$[a,b]$多大，总能求出满足精度要求的根，且对函数 $f(x)$ 只要连续即可；它的局限性是只能用于求函数的实根，不能用于求复根及重根，它的收敛速度与比值为$\frac{1}{2}$的等比级数相同。

5.1.2　不动点迭代法

迭代法是一种逐次逼近的求根方法，通常使用某个固定公式反复校正根的近似值，使之逐步精确化，最后得到满足精度要求的结果。

1. 不动点迭代法的基本思想

非线性方程 $f(x)=0$ 的等价方程为

$$x=\varphi(x) \tag{5.1.6}$$

其中 $\varphi(x)$为 x 的连续函数。方程(5.1.6)的解称为函数 $\varphi(x)$的不动点。任取一个初值 x_0，代入式(5.1.6)的右端，得到 $x_1=\varphi(x_0)$，再将 x_1 代入式(5.1.6)的右端，得到 $x_2=\varphi(x_1)$，依此类推，得到如下数列

$$x_{k+1}=\varphi(x_k),\quad k=0,1,\cdots \tag{5.1.7}$$

式(5.1.7)称为求解非线性方程的不动点迭代法，$\varphi(x)$称为迭代函数。如果迭代序列$\{x_k\}$有极限

x^*，即 $\lim\limits_{k\to\infty} x_k=x^*$，而且 $\varphi(x)$ 为连续函数，那么 x^* 是 $\varphi(x)$ 的一个不动点，即 $x^*=\varphi(x^*)$，因而 x^* 是方程 $f(x)=0$ 的根。

方程 $f(x)=0$ 求根问题转化为方程 $x=\varphi(x)$ 的求根问题。在几何上就是确定曲线 $y=\varphi(x)$ 与直线 $y=x$ 的交点 P^* 的横坐标，如图 5-1 所示。

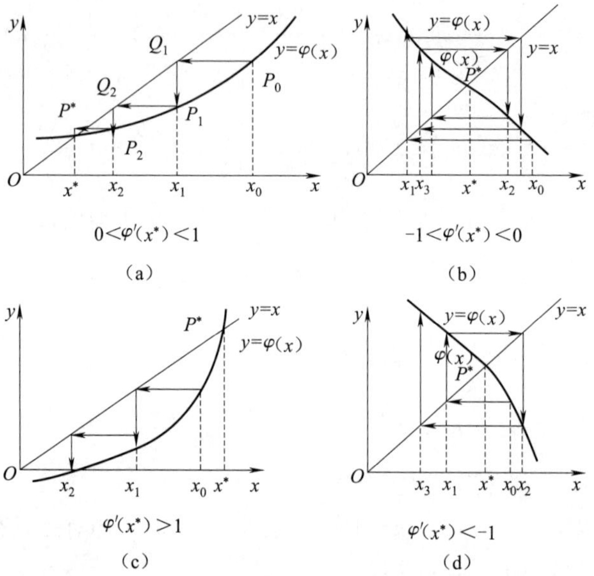

图 5-1　迭代格式 $x_{k+1}=\varphi(x_k)$ 的示意图

通常将方程 $f(x)=0$ 化为与它同解的方程 $x=\varphi(x)$ 的方法不止一种，对应地产生多种迭代方法。这些迭代方法中有些是收敛的，有些则发散。这取决于 $\varphi(x)$ 的性态，例如，方程 $f(x)=x^3-x-1=0$，将其改写成如下等价形式：

$$x=\varphi_1(x)=\sqrt[3]{x+1}$$
$$x=\varphi_2(x)=x^3-1$$

得到相应的两个迭代公式

$$x_{k+1}=\varphi_1(x_k)=\sqrt[3]{x_k+1}$$
$$x_{k+1}=\varphi_2(x_k)=x_k^3-1$$

如果取初始值 $x=1.5$，显然迭代公式 $x_{k+1}=\varphi_1(x_k)$ 收敛，而迭代公式 $x_{k+1}=\varphi_2(x_k)$ 不收敛。那么迭代函数 $\varphi(x)$ 满足什么条件，才能保证迭代过程 $x_{k+1}=\varphi(x_k)$ 是收敛的？

2. 不动点迭代法的收敛条件

定理 5.1　设 $\varphi(x)\in C[a,b]$ 满足以下两个条件：

(1)对任意 $x\in[a,b]$，有 $\varphi(x)\in[a,b]$；

(2)$\varphi(x)$ 在 $[a,b]$ 上满足利普希茨(Lipschitz)条件：存在常数 L，使对任何 $x_1,x_2\in[a,b]$ 有

$$|\varphi(x_1)-\varphi(x_2)|\leqslant L|x_1-x_2|$$

且利普希茨常数 $L<1$。则：

①在 $[a,b]$ 上存在唯一的不动点；

②对任意的 $x_0\in[a,b]$，迭代格式(5.1.7)收敛，即 $\lim\limits_{k\to\infty}x_k=x^*$；

③$|x^*-x_k|\leqslant\dfrac{L}{1-L}|x_k-x_{k-1}|$，$(k=1,2,\cdots)$(误差事后估计式)；　　(5.1.8)

④$|x^*-x_k|\leqslant\frac{L^k}{1-L}|x_1-x_0|$,$(k=1,2,\cdots)$(误差事前估计式)。 (5.1.9)

证明 (1)先证明不动点的存在性。构造函数 $g(x)=x-\varphi(x)$,定理条件意味着 $g(a)=a-\varphi(a)\leqslant 0$ 及 $g(b)=b-\varphi(b)\geqslant 0$,由连续函数介值定理知,存在$x^*\in[a,b]$,使得 $g(x^*)=x^*-\varphi(x^*)=0$,$x^*$ 即为 φ 的不动点。设x_1^*,$x_2^*\in[a,b]$是 φ 的不动点,那么

$$|x_1^*-x_2^*|=|\varphi(x_1^*)-\varphi(x_2^*)|\leqslant L|x_1^*-x_2^*|<|x_1^*-x_2^*|$$

这一矛盾说明 $x_1^*=x_2^*$。

(2)由迭代公式 $x_k=\varphi(x_{k-1})$,有

$$|x^*-x_k|=|\varphi(x^*)-\varphi(x_{k-1})|\leqslant L|x^*-x_{k-1}|\leqslant L^2|x^*-x_{k-2}|\leqslant\cdots\leqslant L^k|x^*-x_0|$$

由于 $0<L<1$,所以当 $k\to\infty$时,有$\lim\limits_{k\to\infty}|x_k-x^*|=0$,即$\lim\limits_{k\to\infty}x_k=x^*$。

(3)由利普希茨条件及递推关系得

$$|x^*-x_k|\leqslant L|x^*-x_{k-1}|=L|x^*-x_k+x_k-x_{k-1}|\leqslant L(|x^*-x_k|+|x_k-x_{k-1}|)$$

$$(1-L)|x^*-x_k|\leqslant L|x_k-x_{k-1}|$$

所以

$$|x^*-x_k|\leqslant\frac{L}{1-L}|x_k-x_{k-1}|$$

(4)由于 $|x_k-x_{k-1}|=|\varphi(x_{k-1})-\varphi(x_{k-2})|\leqslant L|x_{k-1}-x_{k-2}|$,结合式(5.1.8)可得

$$|x^*-x_k|\leqslant\frac{L}{1-L}|x_k-x_{k-1}|\leqslant\frac{L^2}{1-L}|x_{k-1}-x_{k-2}|\leqslant\cdots\leqslant\frac{L^k}{1-L}|x_1-x_0|$$

在应用中定理 5.1 的条件保证了迭代格式收敛,但利普希茨条件验证起来有时稍显困难,事实上,比利普希茨条件更强的条件是 $\varphi(x)$在(a,b)内可导,且$|\varphi'(x)|<1$,利普希茨常数 L 可取$|\varphi'(x)|$的最大值。

例 5.1.2 已知方程 $f(x)=x^5-4x-2=0$ 在$[1,2]$上有一个根,构造不同的迭代格式并讨论其收敛性。

解 将原方程改写成以下等价方程形式:

(1)$x=\frac{x^5-2}{4}$,则迭代格式为 $\varphi_1(x)=\frac{x^5-2}{4}$,由于$|\varphi_1'(x)|=\frac{5x^4}{4}$,当 $x\in[1,2]$时$|\varphi_1'(x)|>1$,条件(1)、(2)都不满足,易知该迭代格式不收敛。

(2)$x^5=4x+2$,解得 $x=\sqrt[5]{4x+2}$,则迭代格式为,$\varphi_2(x)=\sqrt[5]{4x+2}$,由于$|\varphi_2'(x)|=\frac{4}{5}(4x+2)^{-\frac{4}{5}}$,当 $x\in[1,2]$时,$|\varphi_2'(x)|=\frac{4}{5}(4x+2)^{-\frac{4}{5}}<\frac{4}{5}(4+2)^{-\frac{4}{5}}\approx 0.8<1$。

此时迭代格式满足收敛的条件,所以该迭代格式收敛。

从定理 5.1 来看,对于给定的误差上线 ε,当 L 较小时,常以前后两次迭代值 x_k 与 x_{k-1} 满足$|x_k-x_{k-1}|\leqslant\varepsilon$ 来终止迭代,并取 $x^*=x_k$;也可以采用$|x^*-x_k|\leqslant\varepsilon$,从而可确定迭代次数应取

$$k>\left[\ln\frac{\varepsilon(1-L)}{|x_1-x_0|}\Big/\ln L\right] \tag{5.1.10}$$

定理 5.1 讨论了在区间$[a,b]$上的收敛性,称这种敛散性为全局收敛性。在很多情况下特别是当迭代函数较复杂时,全局收敛的情形不容易检验,也不一定成立,为此通常考查在根 x^* 附近的收敛性问题,即对不动点 x^* 的某个邻域 S 内的初值 x_0,迭代公式$x_{k+1}=\varphi(x_k)$产生的迭代序列满足$\{x_k\}\subset S$,且收敛到 x^*,也称迭代法$x_{k+1}=\varphi(x_k)$局部收敛。

定理 5.2 (不动点迭代法的局部收敛性定理) 设 x^* 为 $\varphi(x)$的不动点,且在 x^* 的某个邻域内,$\varphi(x)$存在一阶连续的导数,且$|\varphi'(x^*)|<1$,则迭代过程$x_{k+1}=\varphi(x_k)$局部收敛。

证明 由于$|\varphi'(x^*)|<1$,$|\varphi'(x)|$在 x^* 附近连续,对任意的 $\varepsilon=\frac{1-|\varphi'(x^*)|}{2}>0$,存在适

当小的 δ，当 $x\in[x^*-\delta,x^*+\delta]$时，有

$$\left||\varphi'(x)|-|\varphi'(x^*)|\right|\leqslant\varepsilon=\frac{1-|\varphi'(x^*)|}{2}$$

由上式得

$$|\varphi'(x)|\leqslant|\varphi'(x^*)|+\frac{1-|\varphi'(x^*)|}{2}=\frac{1+|\varphi'(x^*)|}{2}<1$$

根据微分中值定理，对如上选择的 δ，有

$$|\varphi(x)-x^*|=|\varphi(x)-\varphi(x^*)|=|\varphi'(\xi)\cdot(x-x^*)|\leqslant|(x-x^*)|\leqslant\delta$$

这说明函数值 $\varphi(x)$也在区间$[a,b]\equiv[x^*-\delta,x^*+\delta]$内，因而迭代法 $x_{k+1}=\varphi(x_k)$是局部收敛的。

为了使收敛速度有定量的判断，引入收敛速度的阶概念。

定义 5.1 设迭代格式为 $x_{k+1}=\varphi(x_k)$，当 $k\to\infty$时收敛于方程 $x=\varphi(x)$的根 x^*，记迭代误差 $e_k=x^*-x_k$，若存在常数 $p\geqslant1$ 和 $c>0$，满足

$$\lim_{k\to\infty}\frac{|e_{k+1}|}{|e_k|^p}=c \tag{5.1.11}$$

则称此迭代法是 p 阶收敛的，c 称渐近误差常数。特别地，当 $p=1$ 时称为线性收敛，$p=2$ 时称为平方收敛。$1<p<2$ 时称为超线性收敛。

定义 5.3 刻画了迭代法局部收敛时误差下降的快慢。一般来说，p 越大，收敛就越快。

定理 5.3 （收敛阶定理） 设 x^* 为 $\varphi(x)$的不动点，如果 $x=\varphi(x)$的迭代函数 $\varphi(x)$在 x^* 附近满足：

(1)$\varphi(x)$存在 p 阶连续导数；

(2)$\varphi'(x^*)=\varphi''(x^*)=\cdots=\varphi^{(p-1)}(x^*)=0,\varphi^{(p)}(x^*)\neq0$。 (5.1.12)

则迭代法 $x_{k+1}=\varphi(x_k)$在 x^* 的某邻域内是 p 阶收敛，且有

$$\lim_{k\to\infty}\frac{e_{k+1}}{e_k^p}=(-1)^{p-1}\frac{\varphi^{(p)}(x^*)}{p!}\neq0 \tag{5.1.13}$$

证明 由 $\varphi'(x^*)=0$ 及定理 5.2 可知，在 x^* 的领域内$|\varphi'(x^*)|<1$，所以迭代过程 $x_{k+1}=\varphi(x_k)$是局部收敛的。将 $\varphi(x_k)$在 x^* 处作泰勒展开

$$\varphi(x_k)=\varphi(x^*)+\varphi'(x^*)(x_k-x^*)+\frac{1}{2!}\varphi''(x^*)(x_k-x^*)^2+\cdots+\frac{1}{p!}\varphi^{(p)}(\xi)(x_k-x^*)^p$$

根据已知条件(5.1.12)得

$$\varphi(x_k)-\varphi(x^*)=\frac{1}{p!}\varphi^{(p)}(\xi)(x_k-x^*)^p$$

其中 ξ 在 x_k 和 x^*之间。由迭代公式 $x_{k+1}=\varphi(x_k)$及 $x^*=\varphi(x^*)$，有

$$x^*-x_{k+1}=(-1)^p\frac{\varphi^{(p)}(\xi)}{p!}(x^*-x_k)^p$$

由此得

$$\frac{x^*-x_{k+1}}{(x^*-x_k)^p}=\frac{e_{k+1}}{e_k^p}=(-1)^{p-1}\frac{\varphi^{(p)}(\xi)}{p!}$$

$$\lim_{k\to\infty}\frac{e_{k+1}}{e_k^p}=(-1)^{p-1}\frac{\varphi^{(p)}(x^*)}{p!}\neq0$$

由收敛阶的定义即得定理结论。

在例 5.1.2 中，当 $1\leqslant x\leqslant2$ 时有 $\varphi_2'(x)=\frac{4}{5}(4x+2)^{-\frac{4}{5}}>\frac{4}{5}(8+2)^{-\frac{4}{5}}>0.12$，因此所对应的迭代格式是一阶收敛的。

例 5.1.3 已知迭代公式 $x_{k+1}=\frac{2}{3}x_k+\frac{1}{x_k^2}$收敛于 $x^*=\sqrt[3]{3}$，讨论该迭代格式收敛阶，并与例 5.1.2收敛的迭代格式进行比较。

解　迭代函数为 $\varphi(x)=\frac{2}{3}x+\frac{1}{x^2}$，其一阶导数和二阶导数为 $\varphi'(x)=\frac{2}{3}-\frac{2}{x^3}$，$\varphi''(x)=\frac{6}{x^4}$，将 $x^*=\sqrt[3]{3}$ 代入得 $\varphi'(x^*)=0$，$\varphi''(x^*)=\frac{6}{3\sqrt[3]{3}}=\frac{2}{\sqrt[3]{3}}\neq 0$，所以由定理 5.3 知该迭代格式为平方收敛。

表 5-1 给出了初值为 $x_0=1.2$ 时，迭代函数 $\varphi(x)=\frac{2}{3}x+\frac{1}{x^2}$ 和例 5.1.2 中迭代函数 $\varphi(x)=\sqrt[5]{4x+2}$ 的迭代结果。可以看出，$k=7$ 时例 5.1.2 中迭代格式才达到相邻两次迭代值之差在10^{-6}量级，而本例中的平方收敛的迭代格式在 $k=4$ 时就已实现。

表 5-1　两种迭代格式计算结果的比较

迭代次数 k	$\varphi(x)=\sqrt[5]{4x+2}$	$x_{k+1}-x_k$	$\varphi(x)=\frac{2}{3}x+\frac{1}{x^2}$	$x_{k+1}-x_k$
0	1.200 000		1.200 000	
1	1.467 242	0.267 242	1.494 444	0.294 444
2	1.510 719	0.043 476	1.444 051	−0.050 393
3	1.517 338	0.006 619	1.442 252	−0.001 799
4	1.518 335	0.000 998	1.442 250	−0.000 002
5	1.518 486	0.000 150	1.442 250	0.000 000
6	1.518 508	0.000 023	1.442 250	0.000 000
7	1.518 512	0.000 003	1.442 250	0.000 000
8	1.518 512	0.000 000	1.442 250	0.000 000

5.1.3　迭代法的加速

由收敛阶定理 5.3 知，迭代法 $x_{k+1}=\varphi(x_k)$ 的收敛速度与迭代函数 $\varphi(x)$ 有关，理论上只要迭代次数足够多，总可以得到满意的精度，但是，如果迭代过程过于缓慢、计算量过大，则在实际计算过程中需要考虑加速收敛过程。

一般采用如下方法构造迭代法加速公式：

(1)$\hat{x}_{k+1}=\varphi(x_k)$；　(5.1.14)

(2)$x_{k+1}=\lambda\hat{x}_{k+1}+(1-\lambda)(\hat{x}_{k+1}-x_k)$，$0<\lambda<1$。　(5.1.15)

1. 艾特肯加速方法

设 $\hat{x}_{k+1}$ 表示由 x_k 经过一次迭代后得到的结果，即 $\hat{x}_{k+1}=\varphi(x_k)$，由微分中值定理得

$$x^*-\hat{x}_{k+1}=\varphi(x^*)-\varphi(x_k)=\varphi'(\xi)(x^*-x_k)$$

取 $q=\varphi'(\xi)$，ξ 是介于 x_k 和 x^* 之间的某一点，由迭代法的收敛条件知 $|q|<1$，于是有

$$x^*-\hat{x}_{k+1}=q(x^*-x_k) \tag{5.1.16}$$

因此得到

$$x_{k+1}=\hat{x}_{k+1}+\frac{q}{1-q}(\hat{x}_{k+1}-x_k),\quad |q|<1$$

这是一种加速方法，其加速公式可以看作将迭代值 $\hat{x}_{k+1}$ 和 x_k 的加权平均，但该方法中参数 q 的确定需要计算迭代函数的导数 $\varphi'(x)$，这在实际应用中是不太容易的，因此需要对它进一步改进。

将迭代值 $\hat{x}_{k+1}$ 再进行一次迭代计算得

$$\bar{x}_{k+1}=\varphi(\hat{x}_{k+1}),\quad x^*-\bar{x}_{k+1}\approx q(x^*-\hat{x}_{k+1}) \tag{5.1.17}$$

将式(5.1.16)和式(5.1.17)相除得

$$\frac{x^*-\hat{x}_{k+1}}{x^*-\bar{x}_{k+1}}=\frac{x^*-x_k}{x^*-\hat{x}_{k+1}}$$

解得

$$x^*=x_k-\frac{(x_k-\hat{x}_{k+1})^2}{x_k-2\hat{x}_{k+1}+\bar{x}_{k+1}}$$

那么得到序列

$$\tilde{x}_k=x_k-\frac{(x_k-\hat{x}_{k+1})^2}{x_k-2\hat{x}_{k+1}+\bar{x}_{k+1}} \tag{5.1.18}$$

可以证明，如果序列$\{x_k\}$收敛到x^*，那么

$$\lim_{k\to\infty}\frac{\tilde{x}_k-x^*}{x_k-x^*}=0$$

这说明，只要序列$\{x_k\}$收敛到x^*，式(5.1.18)定义的序列$\{\tilde{x}_k\}$就可以更快的速度收敛到x^*，这种方法称为艾特肯(Aitken)加速法。

2. 斯蒂芬森迭代法

艾特肯加速方法不管原序列$\{x_k\}$是怎样产生的，对$\{x_k\}$进行加速计算得到序列$\{\tilde{x}_k\}$。将艾特肯加速法应用到不动点迭代，$x_{k+1}=\varphi(x_k)$，把$\hat{x}_{k+1}$看作$\varphi(x_k)$，把$\bar{x}_{k+1}$看作$\varphi(\varphi(x_k))$，利用式(5.1.18)可以构造迭代函数

$$\psi(x)=x-\frac{[\varphi(x)-x]^2}{\varphi(\varphi(x))-2\varphi(x)+x}$$

由此迭代函数构造迭代序列的方法称为斯蒂芬森(Steffensen)迭代法。斯蒂芬森迭代格式可以写为

$$\begin{cases}y_k=\varphi(x_k), \quad z_k=\varphi(y_k)\\ x_{k+1}=x_k-\dfrac{(y_k-x_k)^2}{z_k-2y_k+x_k}, \quad k=0,1,\cdots\end{cases} \tag{5.1.19}$$

关于斯蒂芬森迭代法有下面的局部收敛性定理。

定理 5.4 对迭代法$x_{k+1}=\varphi(x_k)$，x^*是φ的不动点，在x^*的邻域内$\varphi(x)$存在$p+1$阶导数。对$p=1$，若$\varphi'(x^*)\neq 1$，则斯蒂芬森方法是二阶收敛的。若$x_{k+1}=\varphi(x_k)$是$p(p>1)$阶收敛的，则斯蒂芬森方法是$2p-1$阶收敛的。

例 5.1.4 试用斯蒂芬森算法求解方程$\varphi(x)=x^3-1$。

解 (1)取迭代函数$\varphi(x)=\sqrt[3]{x+1}$，对它用斯蒂芬森方法加速，取初值$x_0=1.5$得到结果，见表5-2。

表5-2 计算结果1

	n	0	1	2	3	4
一般迭代	x_n	1.5	1.357 208 8	1.330 860 9	1.325 883 8	1.324 939 4
Steffensen	x_n	1.5	1.324 899 1	1.324 717 9		
迭代	y_n	1.357 208 8	1.324 752 3	1.324 717 9		
	z_n	1.330 860 9	1.324 724 4	1.324 717 9		

(2)取迭代函数$\varphi(x)=x^3-1$，该迭代函数在一般迭代法中是发散的，而斯蒂芬森格式却是收敛的。对它用斯蒂芬森方法加速，初值取$x_0=1.5$，得到结果，见表5-3。

表5-3 计算结果2

n	0	1	2	3	4	5	6
x_n	1.5	1.416 292 9	1.355 650 4	1.328 948 7	1.324 804 4	1.324 717 9	1.324 717 9
y_n	2.375	1.840 921 9	1.491 398 2	1.347 062 8	1.325 173 5	1.324 718 1	
z_n	12.396 484	5.238 872 7	2.317 270 6	1.444 351 2	1.327 117 2	1.324 718 9	

上例说明，斯蒂芬森方法不但可以提高收敛速度，有时也能把不收敛的方法改进为收敛的方法。也可以证明，对于 $p>1$ 的情形，斯蒂芬森方法一般好处不大，所以它主要用于加速线性收敛的方法。

5.1.4　牛顿迭代法

用迭代法求解非线性方程 $f(x)=0$ 的根时，构造迭代函数使其收敛非常重要。牛顿迭代法是一种重要的常用迭代法，它的基本思想是将非线性函数 $f(x)$ 逐步线性化，从而将非线性方程 $f(x)=0$ 近似地转化为线性方程求解。

1. 牛顿迭代法及其收敛性

考虑非线性方程

$$f(x)=0 \tag{5.1.20}$$

设 x_k 是其近似根，将函数 $f(x)$ 在 x_k 处作泰勒展开，即

$$f(x)=f(x_k)+f'(x_k)(x-x_k)+\frac{1}{2}f''(x_k)(x-x_k)^2+\cdots$$

当 x 在 x_k 的某个领域时，忽略上式右端高次项，取其线性部分作为 $f(x)$ 的近似值，得

$$f(x)\approx f(x_k)+f'(x_k)(x-x_k)$$

于是有

$$f(x_k)+f'(x_k)(x-x_k)\approx 0$$

解得

$$x\approx x_k-\frac{f(x_k)}{f'(x_k)},\quad k=0,1,\cdots$$

由此得到迭代格式为

$$x_{k+1}=x_k-\frac{f(x_k)}{f'(x_k)},\quad k=0,1,2,\cdots \tag{5.1.21}$$

式(5.1.21)称为牛顿迭代公式。

牛顿迭代法在几何上就是利用过点 x_k 的切线来无限逼近 $f(x)$，如图 5-2 所示。

设 x^* 是 $f(x)=0$ 的根，选取 x_k 作为 x^* 初始近似值，过点 $(x_k, f(x_k))$ 作曲线 $y=f(x)$ 的切线，切线的方程为 $y=f(x_k)+f'(x_k)(x-x_k)$，与 x 轴交点的横坐标为 $x_{k+1}=x_k+f(x_k)/f'(x_k)$，此时 x_{k+1} 为 x^* 的一次近似值，接着以点 $(x_{k+1}, f(x_{k+1}))$ 为初始值作曲线 $y=f(x)$ 的切线，将该切线与 x 轴交点的横坐标作为 x^* 新的近似值，重复上述过程，一次次用切线方程来求解方程 $f(x)=0$ 的根，所以亦称为牛顿切线法。

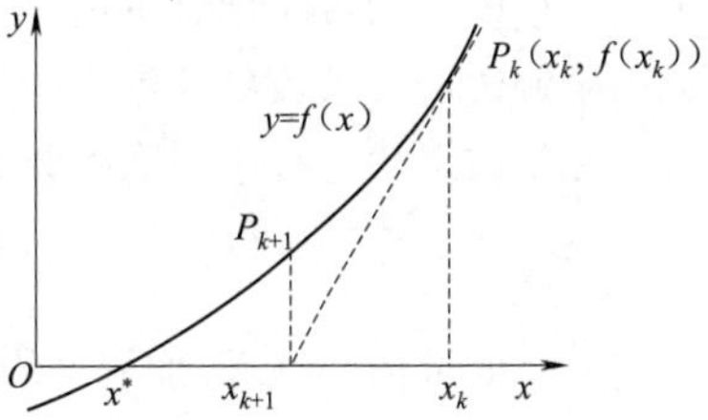

图 5-2　Newton 迭代法的几何意义

例 5.1.5　用牛顿迭代法计算 $\sqrt{2}$ 的近似值。

解　作函数 $f(x)=x^2-a$，则 $f(x)=0$ 的正根就是 $\sqrt{a}$，令 $\sqrt{a}=\sqrt{2}$，由 $f'(x)=2x$ 及式(5.1.21)得迭代公式

$$x_{k+1}=x_k-\frac{x_k^2-2}{2x_k}=\frac{1}{2}\left(x_k+\frac{2}{x_k}\right),\quad k=0,1,\cdots$$

取初始近似值 $x_0=1.5$，得 $x_1=1.416\ 666\ 67$，$x_2=1.414\ 215\ 686$，$x_3=1.414\ 213\ 562$，与 $\sqrt{2}$ 的精确值比较，x_3 是有 10 位有效数的近似值。

例 5.1.6　用牛顿迭代法解方程 $f(x)=x^3-x-3$。

解　由 $f'(x)=3x^2-1$ 及迭代公式(5.1.20)得迭代公式

$$x_{k+1}=x_k-\frac{3x_k^3-x_k-3}{3x_k^2-1},\quad k=0,1,\cdots$$

分别取初始近似值 $x_0=0$，$x_0=1$ 得到迭代结果，见表 5-4。

表 5-4

x_0	x_1	x_2	x_3	x_4	x_5	x_6	…
0	−3.000 0	−1.961 5	−1.147 2	−0.006 6	−3.000 4	−1.961 8	…
1	2.500 0	1.929 6	1.707 9	1.672 6	1.671 7	1.671 7	…

从表中结果看出，当选取初始近似值 $x_0=0$ 时，迭代从第四次开始进入循环状态，迭代格式不收敛，当选取 $x_0=1$ 时，迭代格式是收敛的。因此，初始点的选取影响着牛顿迭代法的收敛性。

定理 5.5 （牛顿迭代法的局部收敛性定理） 设 $f(x^*)=0$，$f'(x^*)\neq 0$，$f(x)$ 在 x^* 的某个领域内有连续的二阶导数，则 Newton 迭代法在 x^* 附近局部收敛，且至少是二阶收敛的，并有

$$\lim_{k\to\infty}\frac{|e_{k+1}|}{|e_k|^2}=\lim_{k\to\infty}\frac{|x^*-x_{k+1}|}{|x^*-x_k|^2}=\frac{|f''(x^*)|}{2|f'(x^*)|}\tag{5.1.22}$$

证明 由牛顿迭代公式(5.1.21)得迭代函数为

$$\varphi(x)=x-\frac{f(x)}{f'(x)}$$

由于 $f(x^*)=0$，$f'(x^*)\neq 0$，因而有

$$\varphi'(x^*)=\frac{f(x^*)f''(x^*)}{[f'(x^*)]^2}=0,\quad \varphi''(x^*)=\frac{f''(x^*)}{f'(x^*)}\neq 0$$

由定理 5.2 可知，牛顿迭代法在 x^* 附近局部收敛。又有收敛阶定理 5.3 知牛顿迭代法至少是二阶收敛的且式(5.1.22)成立。

2. 牛顿下山法

通常，牛顿迭代法的收敛性依赖初始值 x_0 的选取，如果 x_0 偏离所求的根 x^* 比较远，则牛顿法可能发散。为了防止迭代发散，需要对牛顿迭代法的迭代过程附加如下条件

$$|f(x_{k+1})|<|f(x_k)|\tag{5.1.23}$$

满足这项要求的算法称为下山法。将牛顿法与下山法相结合，既保证了函数值稳定下降的同时，又用牛顿法加快了收敛速度。

在牛顿迭代过程中引入参数 λ，将牛顿的计算结果

$$\bar{x}_{k+1}=x_k-\frac{f(x)}{f'(x)}$$

与前一步的近似值 x_k 作加权平均后的结果，作为新的近似值，即

$$x_{k+1}=(1-\lambda)x_k+\lambda\bar{x}_{k+1}=x_k-\lambda\frac{f(x_k)}{f'(x_k)}\tag{5.1.24}$$

其中 $\lambda(0<\lambda<1)$ 称为下山因子，式(5.1.24)称为牛顿下山法。通常下山因子的选择是个逐步探索的过程，计算时可从 $\lambda=1$ 开始，反复将 λ 减半，即逐次取 λ 为 $1,\frac{1}{2},\frac{1}{2^2},\cdots$，直至找到其中某个 λ 使单调性条件(5.1.23)成立，由此得到收敛的序列 $\{x_k\}$。

例 5.1.7 求方程 $x^3-x-1=0$ 在 $x=1.5$ 附近的一个根 x^*。

解 由 $f'(x)=3x^2-1$ 及牛顿迭代公式(5.1.20)得

$$x_{k+1}=x_k-\frac{x_k^3-x_k-1}{3x_k^2-1},\quad k=0,1,\cdots$$

取迭代初始值为 $x_0=1.5$，计算得 $x_1=1.347\ 83$，$x_2=1.325\ 20$，$x_3=1.324\ 72$，迭代 3 次得到的结果 x_3 有 6 位有效数字。当取 $x_0=0.6$ 时，求得 $x_1=17.9$，严重偏离所求的根。从 $\lambda=1$ 开始逐次

将 λ 减半，当 $\lambda=\frac{1}{32}$时，求得 $x_1=1.140\ 625$，此时

$$f(x_1)=-0.656\ 643,\quad f(x_0)=-1.384$$

显然满足下山条件(5.1.22)，即$|f(x_1)|<|f(x_0)|$，于是由 x_1 作为初始值计算得 $x_2=1.361\ 81$，$x_3=1.326\ 92$，$x_4=1.324\ 72$，均满足下山条件(5.1.22)，从而 x_4 即为 x^* 的近似值。

5.1.5　弦截法与抛物线法

1. 弦截法

利用牛顿法求方程 $f(x)=0$ 的根，每迭代一次除计算 $f(x_k)$外，还要算 $f'(x_k)$，当函数 $f(x)$ 比较复杂时，计算 $f'(x)$往往比较困难，为了减少计算量，可以用函数在 x_k，x_{k-1}点的一阶差商来替代 $f'(x_k)$。

设 x_k，x_{k-1}是 $f(x)=0$ 的近似根，过点 $P_k(x_k,f(x_k))$及 $P_{k-1}(x_{k-1},f(x_{k-1}))$得割线$\overline{P_kP_{k-1}}$的方程

$$y=f(x_k)+\frac{f(x_k)-f(x_{k-1})}{x_k-x_{k-1}}(x-x_k) \tag{5.1.25}$$

记$\overline{P_kP_{k-1}}$与 x 轴交点的坐标为 x_{k+1}，则由式(5.1.25)解得

$$x_{k+1}=x_k-\frac{f(x_k)}{f(x_k)-f(x_{k-1})}(x_k-x_{k-1}) \tag{5.1.26}$$

式(5.1.26)可以看作牛顿迭代公式中的一阶导数 $f'(x_k)$用差商$\frac{f(x_k)-f(x_{k-1})}{(x_k-x_{k-1})}$取代的结果。称式(5.1.26)为**弦截法**迭代公式。

在几何上弦截法是用过两点的弦代替牛顿法的切线，即用曲线 $y=f(x)$上过 $P_{k-1}(x_{k-1},f(x_{k-1}))$和 $P_k(x_k,f(x_k))$两点的割线和 x 轴的交点的横坐标作为根 x^* 新的近似值，如图 5-3 所示。

弦截法与牛顿法都是线性化方法，但两者有本质的区别。牛顿法在计算 x_{k+1}时只用到前一步的值 x_k，故称为单点迭代法；而弦截法在求 x_{k+1}时要用到前面两步的结果 x_{k-1}和 x_k，使用这种方法必须先给出两个开始值 x_0，x_1，所以这种方法又称多点迭代法。

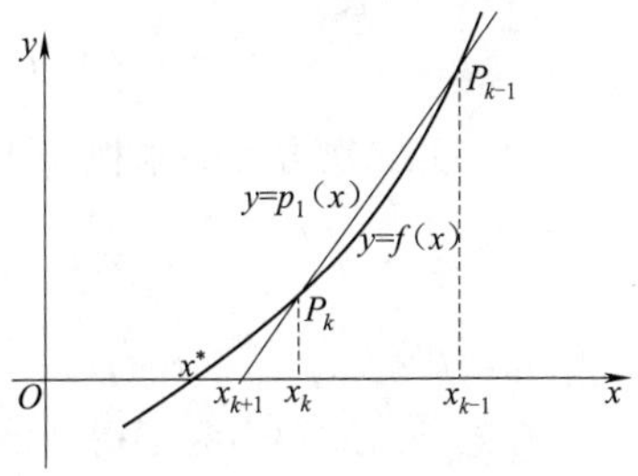

图 5-3　弦截法的几何解释

可以证明在一定条件弦截法按阶 $p=\frac{\sqrt{5}+1}{2}\approx1.618$ 收敛到根 x^*。弦截法的收敛速度仅稍稍慢于牛顿迭代法，远快于不动点迭代法，因此割线法在非线性方程的求解中得到了广泛的应用。

例 5.1.8　用牛顿迭代法和弦截法解方程 $f(x)=xe^x-1=0$。

解　取初始值 $x_0=0.5$，$x_1=0.6$，牛顿迭代格式为

$$x_{k+1}=x_k-\frac{x_k-e^{-x_k}}{1+x_k}$$

弦截法迭代格式为

$$x_{k+1}=x_k-\frac{x_ke^{x_k}-1}{x_ke^{x_k}-x_{k-1}e^{x_{k-1}}}(x_k-x_{k-1})$$

计算结果见表 5-5。

表 5-5 计算结果

k	牛顿迭代法 x_k	弦截法 x_k
0	0.5	0.5
1	0.571 02	0.6
2	0.567 16	0.565 32
3	0.567 14	0.567 09
4		0.567 14

2. 抛物线法

弦截法是用过两点的一次多项式的零点作为 $f(x)=0$ 的根的近似值，自然地我们会想到用过三点的抛物线 $p_2(x)$ 近似代替 $f(x)$，并适当选取 $p_2(x)$ 的一个零点 x_{k+1} 作为 $f(x)=0$ 的根近似，这种方法称为抛物线法，也叫米勒(Müller)法。这种方法对于求多项式的根特别有用，它既可以用来求实根，也可以用来求复根。在几何上，这种方法的基本思想是用抛物线 $y=p_2(x)$ 与 x 轴的交点 x_{k+1} 作为所求根 x^* 的近似位置，如图 5-4所示。

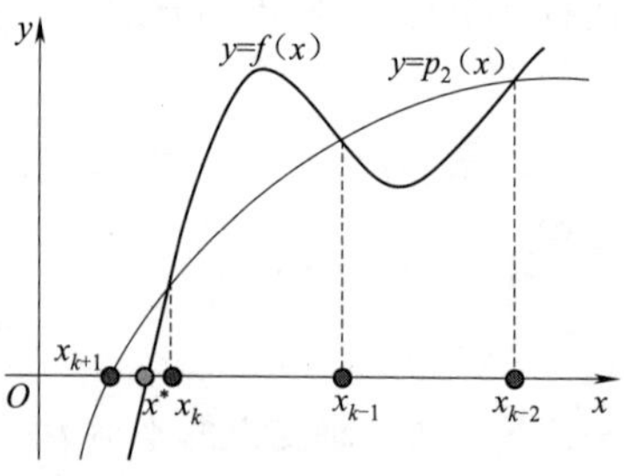

图 5-4 抛物线法的几何解释

设方程 $f(x)=0$ 的根为 x^*，它的三个近似值分别是 x_{k-2}，x_{k-1}，x_k，以三点 $(x_{k-2},f(x_{k-2}))$，$(x_{k-1},f(x_{k-1}))$，$(x_k,f(x_k))$ 为插值节点，构造二次插值多项式 $p_2(x)$，得

$$p_2(x)=f(x_k)+f[x_k,x_{k-1}](x-x_k)+f[x_k,x_{k-1},x_{k-2}](x-x_k)(x-x_{k-1}) \tag{5.1.27}$$

其中

$$f[x_k,x_{k-1}]=f[x_{k-1},x_k]=\frac{f(x_k)-f(x_{k-1})}{x_k-x_{k-1}}$$

$$f[x_k,x_{k-1},x_{k-2}]=f[x_{k-2},x_{k-1},x_k]=\frac{f[x_{k-1},x_k]-f[x_{k-2},x_{k-1}]}{x_k-x_{k-2}}$$

由一元二次方程的求根公式求得 $p_2(x)$ 的两个零点 x_{k+1}：

$$x_{k+1}=x_k-\frac{2f(x_k)}{\omega\pm\sqrt{\omega^2-4f(x_k)f[x_k,x_{k-1},x_{k-2}]}} \tag{5.1.28}$$

式中 $\omega=f[x_k,x_{k-1}]+f[x_k,x_{k-1},x_{k-2}](x_k-x_{k-1})$。

在式(5.1.28)中为了得到确定的 x_{k+1}，需要讨论根式正负号的选取，假定在 x_{k-2}，x_{k-1}，x_k 三个近似根中，x_k 更接近所求的根 x^*，为了保证精度，选(5.1.28)中较接近 x_k 的一个值作为新的近似根 x_{k+1}，为此只要取根式前的符号与 ω 的符号相同即可。

式(5.1.28)称为抛物线法的迭代公式。

例 5.1.9 用抛物线法解方程 $f(x)=xe^x-1=0$。

解 取初始值 $x_0=0.5$，$x_1=0.6$，$x_2=0.565\,3$，计算得

$$f(x_0)=-0.175\,639,\quad f(x_1)=-0.093\,271,\quad f(x_2)=-0.005\,031$$

$$f[x_1,x_0]=2.689\,10,\quad f[x_2,x_1]=2.833\,73,\quad f[x_2,x_1,x_0]=2.214\,18$$

进一步计算得

$$\omega=f[x_2,x_1]+f[x_2,x_1,x_0](x_2-x_1)=2.756\,94$$

代入迭代格式(5.1.28)得零点

$$x_3=x_2-\frac{2f(x_2)}{\omega\pm\sqrt{\omega^2-4f(x_2)f[x_2,x_1,x_0]}}=0.567\,14$$

比较例 5.4.8 的计算结果可以看出，抛物线法比弦截法收敛更快。

在一定条件下可以证明：当三个初始值在所求单根 x^* 附近时，抛物线法收敛的阶为 $p\approx 1.840$，它是方程 $p^3-p^2-p-1=0$ 的根。显然抛物线法比弦截法收敛速度更快。

5.2　非线性方程组的数值解

非线性方程组的数值解法在实际问题中有广泛的应用，特别是在许多工程问题、经济学问题、数学建模、动力学问题等方面，经常会遇到求解如下多元非线性方程组：

$$\begin{cases} f_1(x_1,x_2,\cdots,x_n)=0 \\ f_2(x_1,x_2,\cdots,x_n)=0 \\ \cdots\cdots\cdots\cdots \\ f_n(x_1,x_2,\cdots,x_n)=0 \end{cases} \tag{5.2.1}$$

其中 $f_1,f_2,\cdots,f_n$ 是定义在 $D\subset\mathbf{R}^n$ 上的 n 元实值函数，f_i 中至少有一个是 $x_1,x_2,\cdots,x_n$ 的非线性函数，记 $\boldsymbol{x}=(x_1,x_2,\cdots,x_n)^{\mathrm{T}}\in\mathbf{R}^n$，$\boldsymbol{F}=(f_1,f_2,\cdots,f_n)^{\mathrm{T}}$，则方程组(5.2.1)可表示成向量方程

$$\boldsymbol{F}(\boldsymbol{x})=\mathbf{0} \tag{5.2.2}$$

通常解多元非线性方程组(5.2.1)常用的方法有两类：一是通过建立迭代公式求得非线性方程组的近似解；二是将非线性方程组求解问题转化为优化问题，然后以最优化方法求解。本节将介绍常用的不动点迭代法、牛顿法及最速下降法。

5.2.1　不动点迭代法

为了求解非线性方程(5.2.2)，将其改写成与之等价的形式

$$\boldsymbol{x}=G(\boldsymbol{x})$$

其中向量函数 $G:D\subset\mathbf{R}^n\to\mathbf{R}^n$，若 $\boldsymbol{x}^*\in D$ 满足 $\boldsymbol{x}^*=G(\boldsymbol{x}^*)$，则称 $\boldsymbol{x}^*$ 为函数 $G(\boldsymbol{x})$ 的不动点。因此 $G(\boldsymbol{x})$ 的不动点就是方程(5.2.2)的解，求方程(5.2.2)解的问题就转化为求函数 $G(\boldsymbol{x})$ 的不动点。

选取适当初始向量 $\boldsymbol{x}^{(0)}$，构成迭代序列

$$\boldsymbol{x}^{(k+1)}=G(\boldsymbol{x}^{(k)}),\quad k=0,1,2,\cdots \tag{5.2.3}$$

迭代公式(5.2.3)也称求解方程(5.2.2)的简单迭代法，又称不动点迭代法。$G(\boldsymbol{x})$ 称为迭代函数。类似于单个方程，不动点迭代法有如下收敛性定理。

定义 5.2　若对任意 $\boldsymbol{x},\boldsymbol{y}\in D\subset\mathbf{R}^n$，存在常数 $0<L<1$，使得对于 $\mathbf{R}^n$ 中的某一范数 $\|\cdot\|$ 有

$$\|G(\boldsymbol{x})-G(\boldsymbol{y})\|\leqslant L\|\boldsymbol{x}-\boldsymbol{y}\| \tag{5.2.4}$$

成立，则映射 $G(\boldsymbol{x})$ 在区域 D 上称为压缩映射，常数 L 称为压缩因子，(5.2.4)称为 $G(\boldsymbol{x})$ 的压缩条件。

定理 5.6　(压缩映射定理)　设 $G:D\subset\mathbf{R}^n\to\mathbf{R}^n$ 上满足：

(1)$G(\boldsymbol{x})\in D$，$\forall\,\boldsymbol{x}\in D$；

(2)$G(\boldsymbol{x})$ 在区域 D 上是压缩映射，压缩因子为 L。

则对 $\forall\,\boldsymbol{x}^{(0)}\in D$，由迭代法(5.2.3)产生的序列 $\{\boldsymbol{x}^{(k)}\}$ 收敛于 $G(\boldsymbol{x})$ 在区域 D 上的唯一不动点 $\boldsymbol{x}^*$，且有误差估计式

$$\|\boldsymbol{x}^*-\boldsymbol{x}^{(k)}\|\leqslant\frac{L^k}{1-L}\|\boldsymbol{x}^{(1)}-\boldsymbol{x}^{(0)}\|,\quad k=0,1,\cdots \tag{5.2.5}$$

例 5.2.1　用不动点迭代法解非线性方程组

$$\begin{cases} x_1^2-10x_1+x_2^2+8=0 \\ x_1x_2^2+x_1-10x_2+8=0 \end{cases}$$

解 将方程组改写成等价形式

$$\begin{cases} x_1 = g_1(x_1, x_2) = \dfrac{1}{10}(x_1^2 + x_2^2 + 8) \\ x_2 = g_2(x_1, x_2) = \dfrac{1}{10}(x_1 x_2^2 + x_1 + 8) \end{cases}$$

由此得不动点迭代公式为

$$\begin{cases} x_1^{(k+1)} = g_1(x_1^{(k)}, x_2^{(k)}) = \dfrac{1}{10}[(x_1^{(k)})^2 + (x_2^{(k)})^2 + 8] \\ x_2^{(k+1)} = g_2(x_1^{(k)}, x_2^{(k)}) = \dfrac{1}{10}[x_1^{(k)}(x_1^{k})^2 + x_1^{(k)} + 8] \end{cases} \quad (k=0,1,\cdots) \tag{5.2.6}$$

设 $D_0 = \{(x_1, x_2)^{\mathrm{T}} : -1.5 \leqslant x_1, x_2 \leqslant 1.5\}$，对任意的 $\boldsymbol{x} = (x_1, x_2)^{\mathrm{T}} \in D_0$，都有

$$0.8 \leqslant g_1(x_1, x_2) \leqslant 1.25, \quad 0.3125 \leqslant g_2(x_1, x_2) \leqslant 1.2875$$

因此，$G(D_0) \subset D_0$，进而对于任何 $\boldsymbol{x} = (x_1, x_2)^{\mathrm{T}} \in D_0$，$\boldsymbol{y} = (y_1, y_2)^{\mathrm{T}} \in D_0$，有

$$\begin{aligned} |g_1(\boldsymbol{x}) - g_1(\boldsymbol{y})| &= \frac{1}{10}|(x_1 + y_1)(x_1 - y_1) + (x_2 + y_2)(x_2 - y_2)| \\ &\leqslant \frac{3}{10}(|x_1 - y_1| + |x_2 - y_2|) = 0.3\|\boldsymbol{x} - \boldsymbol{y}\|_1 \end{aligned}$$

$$\begin{aligned} |g_2(\boldsymbol{x}) - g_2(\boldsymbol{y})| &= \frac{1}{10}|x_1 - y_1 + x_1 x_2^2 - y_1 y_2^2| = \frac{1}{10}|x_1 - y_1 + x_1 x_2^2 - y_1 x_2^2 + y_1 x_2^2 - y_1 y_2^2| \\ &= \frac{1}{10}|(1 + x_2^2)(x_1 - y_1) + y_1(x_2 + y_2)(x_2 - y_2)| \\ &\leqslant \frac{1}{10}(3.25|x_1 - y_1| + 4.5|x_2 - y_2|) < 0.45\|\boldsymbol{x} - \boldsymbol{y}\|_1 \end{aligned}$$

从而

$$\|G(\boldsymbol{x}) - G(\boldsymbol{y})\|_1 = |g_1(\boldsymbol{x}) - g_1(\boldsymbol{y})| + |g_2(\boldsymbol{x}) - g_2(\boldsymbol{y})| \leqslant 0.75\|\boldsymbol{x} - \boldsymbol{y}\|$$

因此 $G(x)$ 满足压缩条件，由压缩映射定理，$G(x)$ 在 D_0 内存在唯一的不动点。取初始点 $\boldsymbol{x}^{(0)} = (0,0)^{\mathrm{T}}$，由迭代公式(5.2.6)可求得结果见表 5-6，可见收敛于 $\boldsymbol{x}^* = (1,1)^{\mathrm{T}}$。

表 5-6 迭代公式(5.2.6)的计算结果

k	$x_2^{(k)}$	$x_2^{(k)}$	k	$x_1^{(k)}$	$x_2^{(k)}$
0	0.′	0.′	10	0.999 957 06	0.999 957 06
1	0.8′	0.8′	11	0.999 982 82	0.999 982 82
2	0.928 000 00	0.931 200 00	12	0.999 993 13	0.999 993 13
3	0.972 831 74	0.973 269 98	13	0.999 997 25	0.999 997 25
4	0.989 365 61	0.989 435 10	14	0.999 998 90	0.999 998 90
5	0.995 782 61	0.995 793 65	15	0.999 999 56	0.999 999 56
6	0.998 318 80	0.998 320 56	16	0.999 999 82	0.999 999 82
7	0.999 328 44	0.999 328 72	17	0.999 999 93	0.999 999 93
8	0.999 731 52	0.999 731 57	18	0.999 999 97	0.999 999 97
9	0.999 892 63	0.999 892 64	19	0.999 999 99	0.999 999 99

5.2.2 牛顿迭代法

将单个变量函数 $f(\boldsymbol{x})$ 看成向量函数 $F(\boldsymbol{x})$，则可将单变量方程求根的牛顿方法推广到向量方程 $F(\boldsymbol{x})=0$。

设 $\boldsymbol{x}^{(k)} = (x_1^{(k)}, \cdots, x_n^{(k)})^{\mathrm{T}}$ 是方程 $F(\boldsymbol{x})=0$ 的第 k 次近似解，将函数 $F(\boldsymbol{x})$ 的分量 $f_i(\boldsymbol{x})$ 在 $\boldsymbol{x}^{(k)}$ 用多元函数泰勒展开，并取其线性部分，则可表示为

$$F(\boldsymbol{x})\approx F(\boldsymbol{x}^{(k)})+F'(\boldsymbol{x}^{(k)})(\boldsymbol{x}-\boldsymbol{x}^{(k)})$$

令上式右端为零，得到线性方程组

$$F'(\boldsymbol{x}^{(k)})(\boldsymbol{x}-\boldsymbol{x}^{(k)})=-F(\boldsymbol{x}^{(k)}) \tag{5.2.7}$$

其中向量函数 $F(\boldsymbol{x})$ 的导数 $F'(\boldsymbol{x})$ 称为雅可比矩阵，它为如下矩阵：

$$F'(\boldsymbol{x})=\begin{pmatrix} \dfrac{\partial f_1(\boldsymbol{x})}{\partial x_1} & \dfrac{\partial f_1(\boldsymbol{x})}{\partial x_2} & \cdots & \dfrac{\partial f_1(\boldsymbol{x})}{\partial x_n} \\ \dfrac{\partial f_2(\boldsymbol{x})}{\partial x_1} & \dfrac{\partial f_2(\boldsymbol{x})}{\partial x_2} & \cdots & \dfrac{\partial f_2(\boldsymbol{x})}{\partial x_n} \\ \vdots & \vdots & & \vdots \\ \dfrac{\partial f_n(\boldsymbol{x})}{\partial x_1} & \dfrac{\partial f_n(\boldsymbol{x})}{\partial x_2} & \cdots & \dfrac{\partial f_n(\boldsymbol{x})}{\partial x_n} \end{pmatrix} \tag{5.2.8}$$

假设 $F(\boldsymbol{x})$ 的雅可比矩阵在 $\boldsymbol{x}^{(k)}$ 处可逆，则由式(5.2.7)可求出 $\boldsymbol{x}$，并记为 $\boldsymbol{x}^{(k+1)}$ 得

$$\boldsymbol{x}^{(k+1)}=\boldsymbol{x}^{(k)}-F'(\boldsymbol{x}^{(k)})^{-1}F(\boldsymbol{x}^{(k)})\quad (k=0,1,\cdots) \tag{5.2.9}$$

称公式(5.2.9)为解非线性方程组的牛顿迭代格式。

可以证明，在一定条件下牛顿迭代法是局部二阶收敛的。事实上，在实际计算过程中由于矩阵的逆 $F'(\boldsymbol{x}^{(k)})^{-1}$ 求解十分耗时，因此通常通过求解线性方程组来替代。如假设计算到第 k 步，可令 $\boldsymbol{x}^{(k+1)}-\boldsymbol{x}^{(k)}=\Delta\boldsymbol{x}^{(k)}$，先由线性方程组

$$F'(\boldsymbol{x}^{(k)})\cdot\Delta\boldsymbol{x}^{k}=-F(\boldsymbol{x}^{(k)}) \tag{5.2.10}$$

解出 $\Delta\boldsymbol{x}^{(k)}$ 作为 $\boldsymbol{x}^{(k)}$ 的修正值，再令 $\boldsymbol{x}^{(k+1)}=\boldsymbol{x}^{(k)}+\Delta\boldsymbol{x}^{(k)}$ 即可，此时每步的计算包括 $F(\boldsymbol{x}^{(k)})$ 及雅可比矩阵 $F'(\boldsymbol{x}^{(k)})$。

通常可用

$$\|F(\boldsymbol{x}^{(k)})\|<\delta \quad 或 \quad \|\Delta\boldsymbol{x}^{k}\|<\varepsilon \tag{5.2.11}$$

作为牛顿迭代法的终止迭代准则，ε,δ 为预先给定的精度要求。

例 5.2.2　用牛顿法解方程组

$$\begin{cases} x_1^2+x_2^2-16=0 \\ x_1^2-x_2^2-2=0 \end{cases}$$

解　先计算雅可比矩阵 $F'(\boldsymbol{x})$

$$F'(\boldsymbol{x})=\begin{pmatrix} 2x_1 & 2x_2 \\ 2x_1 & -2x_2 \end{pmatrix},\quad F'(\boldsymbol{x})^{-1}=\frac{1}{-8x_1x_2}\begin{pmatrix} -2x_2 & -2x_2 \\ -2x_1 & 2x_1 \end{pmatrix}$$

由式(5.2.5)得

$$\begin{pmatrix} x_1^{(k+1)} \\ x_2^{(k+1)} \end{pmatrix}=\begin{pmatrix} x_1^{(k)} \\ x_2^{(k)} \end{pmatrix}-\frac{1}{-8x_1^{(k)}x_2^{(k)}}\begin{pmatrix} -2x_2^{(k)} & -2x_2^{(k)} \\ -2x_1^{(k)} & 2x_1^{(k)} \end{pmatrix}\begin{pmatrix} (x_1^{(k)})^2+(x_2^{(k)})^2-16 \\ (x_1^{(k)})^2-(x_2^{(k)})^2-2 \end{pmatrix}$$

取初始值 $(x_1^{(0)},x_2^{(0)})^{\mathrm{T}}=(2,2)^{\mathrm{T}}$，则迭代 6 次可得精度为 $\varepsilon=10^{-6}$ 的解 $(3.000\,000,2.645\,751)^{\mathrm{T}}$。

牛顿法的每一步都需要重新计算矩阵 $F'(\boldsymbol{x}^{(k)})$ 并需求解线性方程组，计算量很大且对初值有很大的依赖性，这在计算过程中很不方便，所以在实际计算时常常会采用一种简单的修正算法，在(5.2.10)中用 $F'(\boldsymbol{x}^{(0)})$ 代替 $F'(\boldsymbol{x}^{(k)})$，即每一步都解具有相同系数矩阵的方程组。

例 5.2.3　用修正牛顿法解如下方程组在 $\boldsymbol{x}^{(0)}=(x_1^{(0)},x_2^{(0)})^{\mathrm{T}}=(1,1)^{\mathrm{T}}$ 附近的解

$$\begin{cases} f_1(x_1,x_2)=x_1^2+x_2^2-5=0 \\ f_2(x_1,x_2)=x_1x_2-3x_1+x_2-1=0 \end{cases}$$

解　先计算雅可比矩阵 $F'(\boldsymbol{x})$

$$F'(\boldsymbol{x})=\begin{pmatrix} \dfrac{\partial f_1}{\partial x_1} & \dfrac{\partial f_1}{\partial x_2} \\ \dfrac{\partial f_2}{\partial x_1} & \dfrac{\partial f_2}{\partial x_2} \end{pmatrix}=\begin{pmatrix} 2x_1 & 2x_2 \\ x_2-3 & x_1+1 \end{pmatrix}$$

从 $\boldsymbol{x}^{(0)}=(x_1^{(0)},x_2^{(0)})^{\mathrm{T}}=(1,1)^{\mathrm{T}}$ 出发，计算

$$F(\boldsymbol{x}^{(0)})=\begin{pmatrix}f_1(x_1^{(0)},x_2^{(0)})\\f_2(x_1^{(0)},x_2^{(0)})\end{pmatrix}=\begin{pmatrix}-3\\-2\end{pmatrix}$$

由式(5.2.10)，解线性方程组 $F'(\boldsymbol{x}^{(0)})\cdot\Delta\boldsymbol{x}^{(0)}=-F(\boldsymbol{x}^{(0)})$，即

$$\begin{pmatrix}2&2\\-2&2\end{pmatrix}\begin{pmatrix}\Delta x_1^{(0)}\\\Delta x_2^{(0)}\end{pmatrix}=\begin{pmatrix}3\\2\end{pmatrix}$$

得

$$\Delta\boldsymbol{x}^{(0)}=\begin{pmatrix}\Delta x_1^{(0)}\\\Delta x_2^{(0)}\end{pmatrix}=\begin{pmatrix}0.25\\1.25\end{pmatrix}$$

于是得新的近似值为

$$\boldsymbol{x}^{(1)}=\begin{pmatrix}x_1^{(1)}\\x_2^{(1)}\end{pmatrix}=\boldsymbol{x}^{(0)}+\Delta\boldsymbol{x}^{(0)}=\begin{pmatrix}1\\1\end{pmatrix}+\begin{pmatrix}0.25\\1.25\end{pmatrix}=\begin{pmatrix}1.25\\2.25\end{pmatrix}$$

反复迭代结果见表 5-7。

表 5-7 修正牛顿法求解例 5.2.3 中方程组的结果

k	$\boldsymbol{x}^{(k)}$	$F(\boldsymbol{x}^{(k)})$	$F'(\boldsymbol{x}^{(k)})$	$\Delta\boldsymbol{x}^{(k)}$
0	$\begin{pmatrix}1\\1\end{pmatrix}$	$\begin{pmatrix}-3\\-2\end{pmatrix}$	$\begin{pmatrix}2&2\\-2&2\end{pmatrix}$	$\begin{pmatrix}-0.25\\-1.25\end{pmatrix}$
1	$\begin{pmatrix}1.2500\\2.2500\end{pmatrix}$	$\begin{pmatrix}1.6250\\0.3125\end{pmatrix}$	$\begin{pmatrix}2.5000&4.5000\\-0.7500&2.2500\end{pmatrix}$	$\begin{pmatrix}0.2500\\0.2222\end{pmatrix}$
2	$\begin{pmatrix}1.0000\\2.0278\end{pmatrix}$	$\begin{pmatrix}0.1120\\0.0556\end{pmatrix}$	$\begin{pmatrix}2.0000&4.0556\\-0.9722&2.0000\end{pmatrix}$	$\begin{pmatrix}-0.0002\\0.0277\end{pmatrix}$
3	$\begin{pmatrix}1.0002\\2.0001\end{pmatrix}$	$\begin{pmatrix}0.0008\\0.0000\end{pmatrix}$	$\begin{pmatrix}2.0004&4.0002\\-0.9999&2.0002\end{pmatrix}$	$\begin{pmatrix}0.0002\\0.0001\end{pmatrix}$
4	$\begin{pmatrix}1.0000\\2.0000\end{pmatrix}$	$\begin{pmatrix}0.0000\\0.0000\end{pmatrix}$		

修正牛顿法的每一步迭代所用的计算时间较少，但迭代的收敛速度减低。为了提高收敛速度，可以在求出 $\Delta\boldsymbol{x}^{(k)}$ 后，引入修正因子 ω^i(ω^i 为大于 1 的正数)，对求出的新解采用

$$\boldsymbol{x}^{(k+1)}=\boldsymbol{x}^{(k)}+\omega^i\Delta\boldsymbol{x}^{(k)}$$

进行修正。

5.2.3 最速下降法

最速下降法又称梯度法。由数学家柯西(Cauchy)于 1847 年提出。该方法是求解 n 元函数无约束最小化问题的一种重要解析方法，用于求解实系数非线性方程组(5.2.1)的一组根。该方法使用函数的梯度(一阶导数)或黑塞矩阵(二阶导数)对算法进行优化。

定义目标函数

$$\psi(x_1,x_2,\cdots,x_n)=\sum_{i=1}^{n}f_i^2(x_1,x_2,\cdots,x_n)\tag{5.2.12}$$

使目标函数(5.2.12)达到最小的 $x_1,x_2,\cdots,x_n$ 是所寻找的一组解，这是非线性最小二乘法问题。

设 $\psi:\mathbf{R}^n\to\mathbf{R}^1$ 一阶连续可微，从 $\boldsymbol{x}^{(k)}$ 出发，沿函数 $\psi(x)$ 在 $\boldsymbol{x}^{(k)}$ 处下降速度最快方向 $p^{(k)}$ 进行搜索，即在射线

$$x=x^{(k)}+tp^{(k)}\ (t\geqslant0)$$

上求解下一步。由于在 $\boldsymbol{x}=\boldsymbol{x}^{(k)}$ 处沿 $\psi(\boldsymbol{x}^{(k)})$ 的梯度方向

$$\nabla\psi(x)=(\psi'_{x_1},\psi'_{x_2},\cdots,\psi'_{x_n})=\mathrm{grad}\psi(\boldsymbol{x})$$

的反方向，$\psi(\boldsymbol{x})$ 的方向导数取得最小值，于是差值 $\psi(\boldsymbol{x}^{(k)})-\psi(\boldsymbol{x}^{(k)}+t\boldsymbol{p}^{(k)})$ 最小，即 $\psi(\boldsymbol{x})$ 在 $\boldsymbol{x}=\boldsymbol{x}^{(k)}$ 处沿 $p^{(k)}=-\nabla\psi(\boldsymbol{x}^{(k)})$ 方向下降最快。由此得最速下降法的迭代格式为

$$\boldsymbol{x}^{(k+1)}=\boldsymbol{x}^{(k)}-t_k\,\nabla\psi(\boldsymbol{x}^{(k)}) \tag{5.2.13}$$

其中 t_k 为迭代的最优步长。

最速下降法计算步骤如下：

(1)选取初始近似值 $\boldsymbol{x}^0$，计算 $\psi(\boldsymbol{x}^{(0)})$，$\nabla\psi(\boldsymbol{x}^{(0)})$，令 $k=0$；

(2)作一维搜索

$$\min_{t\geqslant 0}\psi(\boldsymbol{x}^{(k)}-t\,\nabla\psi(\boldsymbol{x}^{(k)}))$$

求得极小值点 t_k，由此得新的近似值

$$\boldsymbol{x}^{(k+1)}=\boldsymbol{x}^{(k)}-t_k\,\nabla\psi(\boldsymbol{x}^{(k)})$$

(3)计算 $\psi(\boldsymbol{x}^{(k+1)})$，$\nabla\psi(\boldsymbol{x}^{(k+1)})$；

(4)当

$$\begin{cases}\|\nabla\psi(\boldsymbol{x}^{(k+1)})\|_2^2\leqslant\varepsilon_1\\ |\psi(\boldsymbol{x}^{(k+1)})-\psi(\boldsymbol{x}^{(k)})|\leqslant\varepsilon_2\\ \|\boldsymbol{x}^{(k+1)}-\boldsymbol{x}^{(k)}\|_2^2\leqslant\varepsilon_3\end{cases} \tag{5.2.14}$$

时，令 $\boldsymbol{x}^*=\boldsymbol{x}^{(k+1)}$ 迭代结束，$\boldsymbol{x}^*$ 即为要求的解。此时作为迭代终止条件，式(5.2.14)中的三个精度 $\varepsilon_1,\varepsilon_2,\varepsilon_3$ 必须同时达到。

例 5.2.4　用最速下降法求解问题：

$$\min\psi(\boldsymbol{x})=x_1-x_2+2x_1^2+x_2^2+2x_1x_2$$

取初始值为 $\boldsymbol{x}^{(1)}=(x_1^{(0)},x_2^{(0)})^{\mathrm{T}}=(0,0)^{\mathrm{T}}$。

解　(1)目标函数 $\psi(\boldsymbol{x})$ 的梯度函数为

$$\nabla\psi(\boldsymbol{x})=\begin{pmatrix}\dfrac{\partial\psi(x)}{\partial x_1}\\ \dfrac{\partial\psi(x)}{\partial x_2}\end{pmatrix}=\begin{pmatrix}1+4x_1+2x_2\\ -1+2x_1+2x_2\end{pmatrix}$$

由 $\boldsymbol{x}^{(0)}=(x_1^{(0)},x_2^{(0)})^{\mathrm{T}}=(0,0)^{\mathrm{T}}$ 计算得 $\nabla\psi(x^0)=\begin{pmatrix}1\\-1\end{pmatrix}$。

(2)从初始值 $\boldsymbol{x}^{(0)}=(x_1^{(0)},x_2^{(0)})^{\mathrm{T}}=(0,0)^{\mathrm{T}}$ 出发进行一维搜索。

令 $\boldsymbol{p}^{(0)}=-\nabla\psi(\boldsymbol{x}^{(0)})=\begin{pmatrix}-1\\1\end{pmatrix}$，$t$ 为最优步长，则有

$$\boldsymbol{x}^{(1)}=\boldsymbol{x}^{(0)}-t\,\nabla\psi(\boldsymbol{x}^{(0)})=\boldsymbol{x}^{(0)}+t\boldsymbol{p}^{(0)}=\begin{pmatrix}0\\0\end{pmatrix}+t\begin{pmatrix}-1\\1\end{pmatrix}=\begin{pmatrix}-t\\t\end{pmatrix}$$

故

$$\psi(\boldsymbol{x}^{(1)})=\psi(\boldsymbol{x}^{(0)}+t\boldsymbol{p}^{(0)})=(-t)-t+2(-t)^2+t^2+2(-t)t=t^2-2t=\varphi_1(t)$$

令 $\varphi'_1(t)=2t-2=0$，可得最优步长 $t_1=1$，由此解得新的近似值为

$$\boldsymbol{x}^{(1)}=\boldsymbol{x}^{(0)}-t_1\,\nabla\psi(\boldsymbol{x}^{(0)})=\boldsymbol{x}^{(0)}+t_1\boldsymbol{p}^{(0)}=\begin{pmatrix}0\\0\end{pmatrix}+\begin{pmatrix}-1\\1\end{pmatrix}=\begin{pmatrix}-1\\1\end{pmatrix}$$

(3)类似地，从 $\boldsymbol{x}^{(1)}=(x_1^{(1)},x_2^{(1)})^{\mathrm{T}}=(-1,1)^{\mathrm{T}}$ 出发进行第二次迭代，计算 $\nabla\psi(\boldsymbol{x}^{(1)})=\begin{pmatrix}-1\\-1\end{pmatrix}$，令

$\boldsymbol{p}^{(1)}=-\nabla\psi(\boldsymbol{x}^{(1)})=\begin{pmatrix}1\\1\end{pmatrix}$，则有

$$x^{(2)}=x^{(1)}-t\nabla\psi(x^{(1)})=x^{(1)}+tp^{(1)}=\begin{pmatrix}-1\\1\end{pmatrix}+t\begin{pmatrix}1\\1\end{pmatrix}=\begin{pmatrix}-1+t\\1+t\end{pmatrix}$$

故

$$\psi(x^{(2)})=\psi(x^{(1)}+tp^{(1)})=5t^2-2t-1=\varphi_2(t)$$

令 $\varphi_2'(t)=10t-2=0$,可得最优步长 $t_2=\frac{1}{5}$,由此解得新的近似值为

$$x^{(2)}=x^{(1)}-t_2\nabla\psi(x^{(1)})=x^{(1)}+t_2p^{(1)}=\begin{pmatrix}-1\\1\end{pmatrix}+\frac{1}{5}\begin{pmatrix}1\\1\end{pmatrix}=\begin{pmatrix}-0.8\\1.2\end{pmatrix}$$

(4)进一步,从 $x^{(2)}=(x_1^{(2)},x_2^{(2)})^T=(-0.8,1.2)^T$ 出发进行第三次次迭代,计算 $\nabla\psi(x^{(2)})=\begin{pmatrix}0.2\\-0.2\end{pmatrix}$,令 $p^{(2)}=-\nabla\psi(x^{(2)})=\begin{pmatrix}-0.2\\0.2\end{pmatrix}$,则解得新的近似解为 $x^{(3)}=\begin{pmatrix}-1\\1.5\end{pmatrix}$,此时 $\|\nabla\psi(x^{(2)})\|\approx 0.282\,8$,达到要求的精度,所以问题的最优解为 $x^*=\begin{pmatrix}-1\\1.5\end{pmatrix}$,$\psi(x^*)=\begin{pmatrix}-1\\25\end{pmatrix}$。

5.3 非线性方程近似求根计算机实验

针对非线性方程近似求解问题,本节分别基于 Python 语言程序设计,介绍二分法、牛顿迭代法、弦截法的算法实现方法。对于非线性方程组的求解,将介绍牛顿迭代法的算法实现。

5.3.1 二分法算法实现

根据 5.1.1 节的介绍可以知道,二分法是一种搜索算法,算法需要计算函数在搜索区域中点处的函数值,并将其与端点值进行比较和替换,从而达到缩小搜索区间的目的,将这一操作迭代进行,直到搜索区间的大小小于给定的阈值,即可以得到符合精度要求的近似解。由此,可以编写函数 bisection 来实现二分算法,其样例代码如下:

```
def bisection(f, a, b, ep=1e- 8):
    # 首先判断搜索区间是否包括所求根
    if f(a)* f(b) >0:
        raise Exception("区间端点处函数值符号不应相同!")
    # 进入迭代
    while True:
        x0 = (a +b) / 2
        if f(x0) ==0:
            return x0
        if f(x0) *  f(a) <0:
            b =x0
        else:
            a =x0
        if abs(b -a) <ep:
            return x0
```

其中输入参数函数 f 所求非线性方程 $f(x)=0$ 的函数部分,在 Python 中允许用户将函数名直接作为参数代入到其他函数中。参数 a 和参数 b 分别是搜索区间的左右两侧端点,参数 ep 定义了精度阈值 ε,并且设置了默认值10^{-8}。例如,要求解例 5.1.1 所定义的方程,可以进行如下操作:

1. 使用 def 命令定义函数

```
def function1(x):
    return x ** 3 - x - 1
```

或者使用 lambda 定义匿名函数：

```
function1 =lambda x: x ** 3 -  x -  1
```

这两种方法都定义了函数 function1，基于自变量 x 计算函数值。

2. 将参数代入 bisection( )函数

```
x1=bisection(function1, a=1.0, b=1.5, ep=0.005)
print(f'方程近似解为{x1:.4f}')
```

可以看到结果，方程近似解为 1.324 2。

5.3.2　牛顿法算法实现

牛顿算法是一种迭代算法，要求解非线性方程 fun(x)＝0，需要提供函数 fun 和它的导函数 dfun 作为参数。利用公式 5.1.20 编写 Python 函数如下：

```
def newton_method(fun, dfun, x0, ep=1e-8, maxiter=100, min_diff= 1e-10):
    y =x0
    x =y +2 *  ep
    k =0
    while abs(y -x) >ep:
        x =y
        k +=1
        d =dfun(x)
        if abs(d) <  min_diff:
          print("导数值过小,终止迭代")
          return y
        y =x - fun(x) / dfun(x)
        if (k >  maxiter):
            print("达到最大循环次数,尚未收敛")
            return y
    return y
```

采用牛顿法计算例题 5.1.6，首先需要定义函数 function1 和它的导函数 dfunction1。

```
function1=lambda x: x **  3 -  x -  3
dfunction1 =lambda x: 3 *  x **  2 - 1
```

将函数及其导函数代入牛顿法函数，定义初值为 1.0，其他参数采用默认值，即：

```
x2=newton_method(function1, dfunction1, 1.0)
```

得到方程近似解为 1.671 699 88。

5.3.3　弦截法算法实现

根据式(5.1.25)，可以获得弦截法的实现函数：

```
def secant_method(f, x0, x1, ep=1e-8, maxiter= 100, min_diff=1e-10):
    k =1
    while True:
        f0 =f(x0)
        if (f0 ==0):
            x2 =x0
            return x2
```

```
        f1 =f(x1)
        if (f1 ==0):
            x2 =x1
            return x2
        if abs(f0 - f1) < min_diff:
            print("奇异")
            return
        x2 =x1 - f1 * (x1 -x0) / (f1 - f0)
        if abs(x2 -x1) < ep:
            print(f"迭代收敛,共迭代{k}次")
            return x2
        if k >=maxiter:
            print("迭代失败")
            return
        k +=1
        x0 =x1
        x1 =x2
```

例 使用弦截法求方程$x^3-x-3=0$在$x=1$附近的解。

解 可以利用 lambda 命令定义函数 function1,取参数$x_0=1$,$x_1=1.5$,用弦截法计算方程的解:

```
function1=lambda x: x ** 3 -x -3
x2 =secant_method(function1, 1.0, 1.5)
```

得到结果迭代收敛,共迭代 7 次。

方程近似解为 1.671 699 88。

5.3.4 非线性方程组的牛顿迭代法

非线性方程组的牛顿迭代法公式见式(5.2.9),和非线性方程的牛顿迭代法类似,它需要用户给出 $F(x)$的雅可比矩阵。因为涉及矩阵运算所以引入 NumPy 和 SciPy 的 linalg 子包:

```
import numpy as np
from scipy import linalg as la
def newton_equations(fun, dfun, x0, ep=1e-8, maxiter=100, min_diff=1e-10):
    y =x0
    x =y +2 * ep
    k =0
    while max(abs(y -x)) >ep:
        x =y
        k +=1
        d =dfun(x)
        y =x - la.inv(d) @ fun(x)
        if (k > maxiter):
            print("达到最大循环次数,尚未收敛")
            return y
    print(f"迭代收敛,共迭代{k}次")
    return y
```

要调用 newton_equations 函数求解非线性方程组 $F(\boldsymbol{x})=0$,需要提供函数 $F(\boldsymbol{x})$和它的雅可比矩阵 $F'(\boldsymbol{x})$,以及初值 $\boldsymbol{x}_0$:

```
def fun(x):
    res =[[x[0]** 2+x[1]** 2-16],
```

```
            [x[0]** 2-x[1]** 2-2]]
    res =np.array(res, dtype=np.float64)
    return res.reshape((2,1))

def dfun(x):
    res =[[2* x[0],2* x[1]],
            [2* x[0],-2* x[1]]]
    res =np.array(res, dtype=np.float64)
    return res.reshape((2,2))

x0 =np.array([[2],[2]], dtype=np.float64)
```

调用此函数有：

```
>>> newton_equations(fun, dfun, x0)
迭代收敛,共迭代 5 次
array([[3.          ],
       [2.64575131]])
```

练　习　题

1. 证明方程 $1-x-\sin x=0$ 在区间[0,1]内有一个实根，使用二分法求误差不超过 $\frac{1}{2}\times10^{-4}$ 的根要迭代多少次？

2. 用不动点迭代格式求解方程 $e^x-4x=2$，要求 $|x_{k+1}-x_k|<10^{-8}$。

3. 用 Newton 迭代法解方程 $x^3+2x^2+10x-20=0$，要求 $|x_{k+1}-x_k|<10^{-6}$。

4. 分别用弦截法、牛顿法、抛物线法、加权迭代法、艾特肯加速法求解方程 $x=e^{-x}$ 的根，要求取 $x_0=0.5$，误差满足 $|x_{k+1}-x_k|<10^{-5}$。

5. 用牛顿法解方程组

$$\begin{cases}x_1^2+x_1x_2+x_2^2=3\\ \sin x_1-x_2^2=0\end{cases}$$

给定初始近似值 $\boldsymbol{x}^{(0)}=(x_1^{(0)},x_2^{(0)})^{\mathrm{T}}=(1,1)^{\mathrm{T}}$，要求精度为$10^{-3}$。

6. 水槽由而成半圆柱体水平放置，如图 5-5 所示。圆柱体长为 L，半径为 r，当给定水槽内盛水的体积 V 后，要求计算从水槽边沿到水面的距离 x，已知 $L=25.4$ cm，$r=2$ m，求 V 分别为10 m^3、50 m^3、100 m^3 的 x。

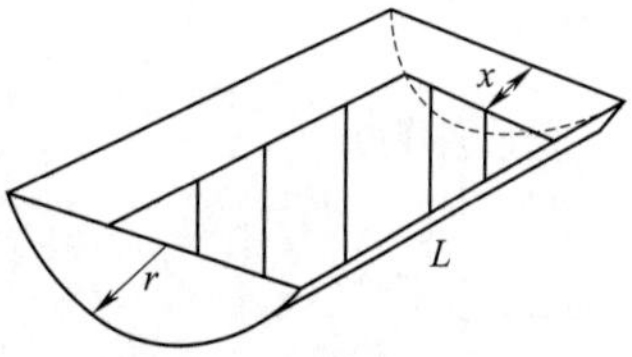

图 5-5　水平放置的半圆柱体水槽示意图

第 6 章 常微分方程的数值解法

含未知函数及其导数的方程称为常微分方程，如果未知函数是多元函数且方程中含有未知函数的偏导数，则称其为偏微分方程。常微分方程中未知函数导数的阶数称为微分方程的阶数，含有任意常数的函数满足微分方程且任意常数的个数与微分方程的阶数相等称为该常微分方程的通解，满足微分方程且适合初值条件的解称为该微分方程初值问题的特解。

6.1 认识微分方程

6.1.1 微分方程模型举例

例 6.1.1 光线通过溶液，强度逐渐减弱，强度 I 的减弱量与强度成正比，同时还与液层的厚度成正比，假设入射光线的强度为 I_0，试求溶液中不同深度的光线强度。

解 设溶液中深度为 h 处的光强为 $I(h)$，取溶液中深度为 h 到 $h+\mathrm{d}h$ 的一层，由题意强度 I 的减弱量 $\mathrm{d}I$ 可以得到

$$-\mathrm{d}I=kh\mathrm{d}h$$

初值条件为

$$I(0)=I_0$$

因此求解满足

$$\begin{cases}\dfrac{\mathrm{d}I}{\mathrm{d}h}=-kh\\ I(0)=I_0\end{cases}\tag{6.1.1}$$

解的问题称为微分方程的初值为题。

例 6.1.2 振动模型。介质中质量为 m 的质点，假定处在弹性约束之下作一维振动(即仅需一个位置参数就可完全描述质点状态的运动)，通常以弹簧作为这类一维弹性振动的代表模型(见图 6-1)。已知质点在介质中运动所受阻力与质点速度成正比，根据牛顿第二运动定律，

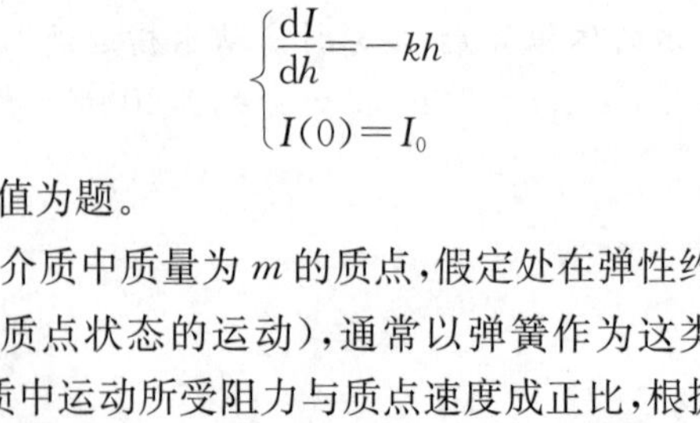

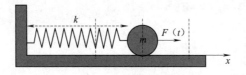

图 6-1 弹簧振子的一维振动

$$\begin{cases} m\dfrac{\mathrm{d}^2x}{\mathrm{d}t^2}=F(t)-r\dfrac{\mathrm{d}x}{\mathrm{d}t}-kx \\ x(0)=\left.\dfrac{\mathrm{d}x}{\mathrm{d}t}\right|_{t=0}=0 \end{cases} \tag{6.1.2}$$

式(6.1.2)即为有阻尼的质点弹性振动的微分方程，其中$-r\dfrac{\mathrm{d}x}{\mathrm{d}t}$为阻力项，$-kx$为弹性力项，$F(t)$为施加在弹簧振子系统上的外力。式(6.1.2)的第二个方程说明初始时刻小球的位移和速度都为零。

例 6.1.3　传染病传播的数学模型。对传染病传播过程有直接影响的因素有患病者数量及其在人群中的分布、易感者的数量、传播形式及传染力、免疫能力等。在建立模型时将总人口分为三类，分别用 $S(t)$，$I(t)$，$R(t)$表示 t 时刻易感者(susceptible)、感染者(infected)和移出者(removed)占人口总数的比例。易感者(S类)人群目前没有患病，但无免疫能力，可以被传染而患病；感染者(I类)人群都已患病，而且可以把疾病传染给S类人群；移出者也称恢复者(R类)人群是恢复了的病人且具有免疫能力，不会被传染而再次患病。

研究传染病数学模型时通常作如下三项假设：

(1)人口总数足够大，三类人占比 $S(t)$，$I(t)$，$R(t)$可以认为是连续可微函数。当考虑人口的出生和死亡时，总认为新生儿全为易感者，且出生率与死亡率相等，记为 μ。

(2)人群中三类人均匀分布，传染病传播时接触传播，单位时间内一个患者与其他人员接触率是常数，记为 λ。与S类成员接触率为 λS，单位时间内与S类成员接触总数为 λSNI，这也就是单位时间内I类成员增加的数量。

(3)患者的恢复率 γ 正比于患者的数量 NI，可能被感染后痊愈了，也有可能是因病死亡。当然还有总人口数不变的假设，也就是易感者+感染者+移除者的人数之和假定不变。

SIS模型只把人群分为S类和I类，患者病愈后并未产生免疫力，仍为S类成员。SIS模型中各类人员的相互作用关系如图6-2所示。

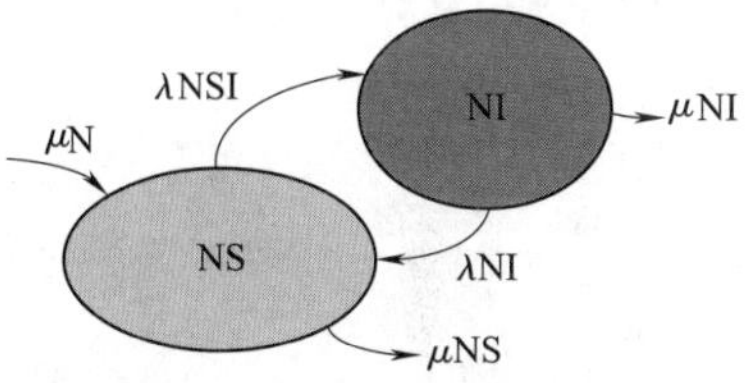

图 6-2　SIS模型示意图

由图6-2所示的S类和I类的关系，可以得到 t 时刻S类人员总数 NS(t)和I类人员总数 NI(t)所满足的方程为

$$\begin{cases} \dfrac{\mathrm{dNS}}{\mathrm{d}t}=-\lambda\mathrm{NSI}+\gamma\mathrm{NI}+\mu\mathrm{N}-\mu\mathrm{NS}, \quad \mathrm{NS}(0)=\mathrm{NS}_0 \\ \dfrac{\mathrm{dNI}}{\mathrm{d}t}=\lambda\mathrm{NSI}-\gamma\mathrm{NI}-\mu\mathrm{NI}, \quad \mathrm{NI}(0)=\mathrm{NI}_0 \end{cases} \tag{6.1.3}$$

初始条件为 $\mathrm{NS}(0)=\mathrm{NS}_0$，$\mathrm{NI}(0)=\mathrm{NI}_0$。

根据总人口数不变的假设，可以得到 t 时刻 $S(t)+I(t)=1$，这样模型(6.1.3)简化为

$$\begin{cases} \dfrac{\mathrm{d}I}{\mathrm{d}t}=[\lambda-(\mu+\gamma)]I-\lambda I^2 \\ I(0)=I_0 \end{cases} \tag{6.1.4}$$

方程(6.1.4)常称为SIS模型。

SIR模型考虑S类、I类和R类人群，且I类人病愈后具有免疫能力，不会被传染而进入I类。S，I，R三类人口的关系如图6-3所示。

根据图6-3所示的三类人的关系，可以得到下列方程

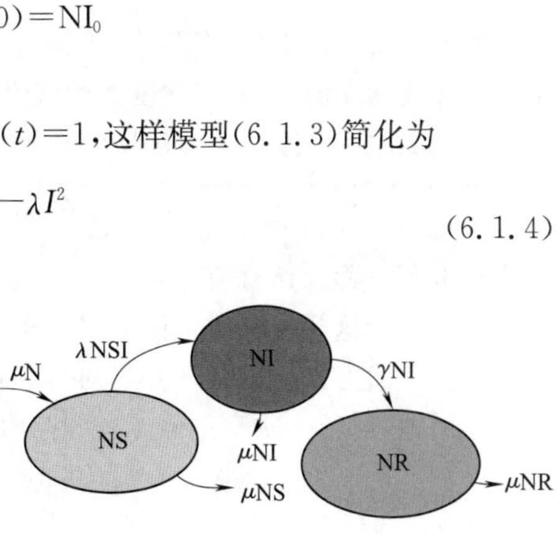

图 6-3　SIR模型示意图

$$\begin{cases}\dfrac{\mathrm{d}S}{\mathrm{d}t}=-\lambda \mathrm{SI}+\mu-\mu S, & S(0)=S_0\\ \dfrac{\mathrm{d}I}{\mathrm{d}t}=\lambda \mathrm{SI}-\gamma I-\mu I, & I(0)=I_0\\ \dfrac{\mathrm{d}R}{\mathrm{d}t}=\gamma I-\mu R, & R(0)=R_0\end{cases}$$

由于任何时刻 $S(t)+I(t)+R(t)=1$，且第三个方程不含 $R(t)$，故可以仅考虑

$$\begin{cases}\dfrac{\mathrm{d}S}{\mathrm{d}t}=-\lambda \mathrm{SI}+\mu-\mu S, & S(0)=S_0\\ \dfrac{\mathrm{d}I}{\mathrm{d}t}=\lambda \mathrm{SI}-\gamma I-\mu I, & I(0)=I_0\end{cases} \tag{6.1.5}$$

方程组(6.1.5)称为 SIR 模型。

例 6.1.4 洛伦茨(Lorenz)方程。考虑底部受热的均匀厚度的水平流体层。设底部温度高于顶部温度，且流体受到重力作用。当底部流体受热膨胀时，下面流体密度小于上面流体密度，于是在重力场的作用下，上面流体有下沉的趋势，而下面流体有上浮的趋势。当温度梯度较小时，由于流体黏性的阻碍，流体仍处于静止状态，在流体内部只有热传导，温度随高度呈线性变化。然而，当温度梯度较大时，流体的静止平衡状态失稳，出现对流现象。这一流体的运动可以用一个复杂的偏微分方程表示。美国气象学家洛伦茨在 1963 年发表了对这一问题进行数值模拟的研究工作。这里洛伦茨作了一个巨大的简化假设，即只考虑三个变量的变化，即对流“翻转”速度(用 x 表示)，以及水平方向和数值方向温度的变化(分别用 y 和 z 表示)，得到了有三个变量的一阶微分方程组(6.1.6)

$$\begin{cases}\dfrac{\mathrm{d}x}{\mathrm{d}t}=\sigma(y-x)\\ \dfrac{\mathrm{d}y}{\mathrm{d}t}=rx-y-xz\\ \dfrac{\mathrm{d}z}{\mathrm{d}t}=xy-bz\end{cases} \tag{6.1.6}$$

其中三个参数都是正的，σ 是普朗特(Prandtl)数，r 是瑞利(Rayleigh)数，$b=4/(1+a^2)$，a 是所考虑矩形的长宽比。方程组(6.1.6)描述的运动中存在一个奇异吸引子，即洛伦茨吸引子。这一方程组已成为混沌理论的经典，也是“巴西蝴蝶扇动翅膀在美国引起得克萨斯的飓风”一说的肇始。

6.1.2 微分方程数值解

对于一阶线性微分方程有公式解法，对于二阶线性常系数微分方程通常也有公式解法，但对于一阶非线性微分方程、二阶变系数线性微分方程，通常不可以通过积分的方法求解。

17 世纪，意大利数学家里卡蒂(J. F. Riccati，1676—1754)提出了如下方程

$$\frac{\mathrm{d}x(t)}{\mathrm{d}t}=p(t)x^2(t)+q(t)x(t)+r(t) \tag{6.1.7}$$

称为里卡蒂方程。1841 年法国数学家刘维尔(J. Liouville，1809—1882)证明了里卡蒂方程一般没有初等解法。这样一来对于很多实际问题、理论问题通过积分求出相应的解的思路受到了限制，这就使得数值方法求解微分方程的初值问题成为解决相应实际问题的重要方法。

一般地，对于一阶常微分方程的初值问题

$$\begin{cases}\dfrac{\mathrm{d}y}{\mathrm{d}x}=f(x,y), & x\in[a,b]\\ y(a)=y_0\end{cases} \tag{6.1.8}$$

求出区间 $[a,b]$ 中离散点 $a=x_0,x_1,x_2,\cdots,x_n=b$ 处微分方程(6.1.8)的解近似值 $y_0,y_1,y_2,\cdots,y_n$

的方法称为微分方程(6.1.8)的数值解法，初值问题(6.1.8)的解 $y(x)$满足 $y(a)=y_0, y(x_1)\approx y_1, \cdots, y(x_n)\approx y_n$，称 $x_j(j=0,1,2,\cdots,n)$为节点，在每一节点出解的近似值 $y_j(j=0,1,2,\cdots,n)$为初值问题(6.1.8)的数值解。

常微分方程依据阶数、线性与非线性以及初始条件和边界条件进行分类，对于单个方程的情况前一章已有介绍。对于一个由多个变量构成微分方程系统，或称微分方程组，本质上解法是一样的。一般地，一个由 n 个方程组成的方程组，具有如下形式

$$\begin{cases}\dfrac{dy_1}{dt}=f_1(t,y_1,y_2,\cdots,y_n), & y_1(0)=y_1^0\\ \dfrac{dy_2}{dt}=f_2(t,y_1,y_2,\cdots,y_n), & y_2(0)=y_2^0\\ \cdots\cdots\cdots\cdots & \\ \dfrac{dy_n}{dt}=f_n(t,y_1,y_2,\cdots,y_n), & y_n(0)=y_n^0\end{cases} \tag{6.1.9}$$

其解具有形式

$$y_1=s_1(t),\quad y_2=s_2(t),\quad \cdots,\quad y_n=s_2(t)$$

一般地，高阶常微分方程可以化为上述方程组的形式，如经典的弹簧振子振动方程(6.1.2)可以写成一阶方程组

$$\begin{cases}\dfrac{dx}{dt}=y, & x(0)=0\\ \dfrac{dy}{dt}=-\dfrac{r}{m}y-\dfrac{k}{m}x+\dfrac{F(t)}{m}, & y(0)=0\end{cases} \tag{6.1.10}$$

有时候为了简化起见，也将(6.1.9)写成向量形式

$$\frac{d\boldsymbol{y}}{dt}=\boldsymbol{f}(t,\boldsymbol{y}),\quad \boldsymbol{y}(0)=\boldsymbol{y}^0$$

如果向量 $\boldsymbol{f}(t,\boldsymbol{y})$的每一个分量关于 $\boldsymbol{y}$ 是线性的，那么对应的系统称为线性常微分方程系统，如式(6.1.10)，否则称为非线性常微分方程系统。

关于微分方程初值问题(6.1.8)的解是否存在的问题，引入如下结论：

定理 6.1　设式(6.1.8)中函数 f 在区域 $D=\{(x,y)|a\leqslant x\leqslant b, y\in\mathbf{R}\}$上连续，且关于变量 y 满足 Lipschitz 条件：即存在常数 $L>0$，使得对任意的实数 p,q

$$|f(x,p)-f(x,q)|\leqslant L|p-q| \tag{6.1.11}$$

成立，那么，对任意的实数 y_0，初值问题(6.1.8)在 $a\leqslant x\leqslant b$ 上存在唯一的解。

对于微分方程组的初值问题(6.1.9)，关于解的存在性也有类似结论，这里不再赘述。

6.2　微分方程初值问题的欧拉方法

6.2.1　显式欧拉公式

对于常微分方程的初值问题(6.1.8)，记 $x_n=a+nh(n=0,1,2,\cdots)$，$h>0$ 为步长，通常取为定值。为了求出节点处解的近似值，欧拉方法是将微分离散化，在节点 x_n 处有

$$\frac{y(x_n+h)-y(x_n)}{h}\approx f(x_n,y(x_n)) \tag{6.2.1}$$

以 y_n 表示 $y(x_n)$的近似值，则有

$$y_{n+1}=y_n+hf(x_n,y_n)\quad (n=0,1,2,\cdots) \tag{6.2.2}$$

这就是显式欧拉公式，它可以从 y_0 出发逐次计算出 $y_1,y_2,y_3,\cdots$。

例 6.2.1 用显式欧拉公式(6.2.2)求解初值问题

$$\begin{cases}\dfrac{dy}{dx}=y-\dfrac{3x}{y^{1/3}}, & x\in[0,1]\\ y(0)=1\end{cases}\tag{6.2.3}$$

并与其公式解 $y(x)=(9+12x-5e^{4x/3})^{3/4}/2^{3/2}$ 比较。

解 取 $h=0.1$,计算 $x\in[0,1]$上的结果,节点数 $N=(b-a)/h=1/0.1=10$,由显式 Euler 公式得到

$$y_{n+1}=y_n+0.1\left[y_n-\frac{3x_n}{(y_n)^{1/3}}\right]\quad(n=0,1,2,\cdots,N)$$

计算的结果见表 6-1 第 1、2 列,精确解为第 3 列(6 位有效数字)。

表 6-1 欧拉公式求得的初值问题(6.2.3)的解

x	欧拉法 y	精确解
0	1.000 00	1.000 00
0.1	1.100 00	1.089 96
0.2	1.180 94	1.159 4
0.3	1.242 27	1.207 07
0.4	1.282 77	1.230 96
0.5	1.300 61	1.228 22
0.6	1.293 25	1.194 97
0.7	1.257 36	1.125 89
0.8	1.188 54	1.013 40
0.9	1.080 82	0.845 781
1.0	0.925 802	0.601 649

6.2.2 隐式欧拉公式与改进欧拉公式

如果将式(6.2.1)改写为

$$\frac{y(x_n+h)-y(x_n)}{h}\approx f(x_{n+1},y(x_{n+1}))\tag{6.2.4}$$

则得到如下迭代格式

$$y_{n+1}=y_n+hf(x_{n+1},y_{n+1})\quad(n=0,1,2,\cdots)\tag{6.2.5}$$

迭代格式(6.2.5)称为隐式欧拉公式,它与显式欧拉公式(6.2.2)的不同在于,每算一步都要解出 y_{n+1}。如果取显式欧拉公式(6.2.2)、隐式欧拉公式(6.2.5)的平均值,则得到如下公式

$$y_{n+1}=y_n+\frac{h}{2}[f(x_n,y_n)+f(x_{n+1},y_{n+1})]\quad(n=0,1,2,\cdots)\tag{6.2.6}$$

迭代格式(6.2.6)也是一种梯形公式。同样,利用迭代格式(6.2.6)时,每算一步都求解 y_{n+1},通常用迭代法求近似解,如

$$\begin{cases}y_{n+1}^{(0)}=y_n+hf(x_n,y_n)\\ y_{n+1}^{(k+1)}=y_n+\dfrac{h}{2}[f(x_n,y_n)+f(x_{n+1},y_{n+1}^{(k)})] & (k=0,1,2,\cdots)\end{cases}\tag{6.2.7}$$

当$|y_{n+1}^{(k+1)}-y_n^{(k)}|<\varepsilon$时,取 $y_{n+1}\approx y_{n+1}^{(k+1)}$。

由于按照迭代格式(6.2.7)计算工作量较大,通常迭代一次,构成如下一类预估-校正算法,即

$$\begin{cases}y_{n+1}^{p}=y_n+hf(x_n,y_n)\\ y_{n+1}^{c}=y_n+\dfrac{h}{2}[f(x_n,y_n)+f(x_{n+1},y_{n+1}^{p})]\end{cases}\quad(n=0,1,2,\cdots)\tag{6.2.8}$$

并取 $y_{n+1}=y_{n+1}^{c}$。上式还常写成

$$\begin{cases} y_{n+1}=y_n+\frac{1}{2}(k_1+k_2) \\ k_1=hf(x_n,y_n) \\ k_2=hf(x_n+h,y_n+k_1) \end{cases} \quad (n=0,1,2,\cdots) \tag{6.2.9}$$

迭代格式(6.2.9)称为改进欧拉公式，也可以写成

$$y_{n+1}=y_n+\frac{h}{2}[f(x_n,y_n)+f(x_{n+1},y_n+hf(x_n,y_n))] \quad (n=0,1,2,\cdots) \tag{6.2.10}$$

例 6.2.2　用改进欧拉公式(6.2.10)求解初值问题(6.2.3)。

解　由改进欧拉公式(6.2.10)得到

$$k_1=0.1\left[y_n-\frac{3x_n}{(y_n)^{1/3}}\right]$$

$$k_2=0.1\left[y_n+k_1-\frac{3(x_n+h)}{(y_n+k_1)^{1/3}}\right]$$

$$y_{n+1}=y_n+\frac{1}{2}(k_1+k_2) \quad (n=0,1,2,\cdots)$$

计算的结果见表 6-2 第 4 列，精确解为第 3 列(6 位有效数字)。

表 6-2　用改进欧拉公式求得的初值问题(6.2.3)的解

x	欧拉法 y	精确解	改进的欧拉法 y
0	1.000 00	1.000 00	1
0.1	1.100 00	1.089 96	1.090 47
0.2	1.180 94	1.159 4	1.160 47
0.3	1.242 27	1.207 07	1.208 8
0.4	1.282 77	1.230 96	1.233 48
0.5	1.300 61	1.228 22	1.231 74
0.6	1.293 25	1.194 97	1.199 76
0.7	1.257 36	1.125 89	1.132 36
0.8	1.188 54	1.013 40	1.022 16
0.9	1.080 82	0.845 781	0.857 895
1.0	0.925 802	0.601 649	0.619 366

由表 6-2 中计算结果可以看出，改进欧拉公式计算的结果近似程度较欧拉公式更高一些。这一现象对于一般情况也是成立的。

6.3　微分方程初值问题数值解的误差与稳定性分析

6.3.1　误差分析

根据数值解的概念，任何一种数值算法都会引入误差，下面讨论微分方程初值问题数值解误差分析的基础上介绍数值方法的稳定性问题。先介绍两个概念：

定义 6.1　设 $y(x)$是初值问题(6.1.8)的精确解，对于一种算法，从初值 $y(x_0)=y_0$ 出发逐步计算，得到节点 x_{n+1} 的近似值 y_{n+1}，则 $e_{n+1}=y(x_{n+1})-y_{n+1}$ 称为在点 x_{n+1} 处的整体截断误差。

对于显式欧拉方法，其整体截断误差为

$$|e_{n+1}|=|y(x_{n+1})-y_{n+1}|=|y(x_n+h)-y_{n+1}|$$

利用显式欧拉公式(6.2.2),以及利普希茨条件(6.1.11),根据泰勒展开式有

$$\begin{aligned}|e_{n+1}|&=\left|y(x_n)+y'(x_n)h+\frac{1}{2!}y''(x_n+\theta h)-y_n-hf(x_n,y_n)\right|\\&=\left|y(x_n)+hf(x_n,y_n(x_n))+\frac{1}{2!}h^2y''(x_n+\theta h)-y_n-hf(x_n,y_n)\right|\\&\leqslant|y(x_n)-y_n|+h|f(x_n,y_n(x_n))-f(x_n,y_n)|+\frac{1}{2!}h^2|y''(x_n+\theta h)|\\&\leqslant(1+hL)|y(x_n)-y_n|+\frac{1}{2!}h^2|y''(x_n+\theta h)|\end{aligned}\tag{6.3.1}$$

在整体截断误差分析中,如式(6.3.1)最后一项,事实上是局部截断误差,为此,先考虑一般的单步方法。

显式欧拉方法以及改进欧拉方法都是从节点 x_n 解值计算节点 x_{n+1} 的解值,因此称为显式单步法,即通过自变量步进一次就可以通过直接计算而非需要隐式函数计算求解。显式单步方法简称为单步法,其一般形式是

$$y_{n+1}=y_n+h\varphi(x_n,y_n,h)\quad(n=0,1,2,\cdots)\tag{6.3.2}$$

其中函数 $\varphi(x,y,h)$ 称为增量函数,它除了与微分方程的自变量 x、因变量 y 有关外,也依赖数值方法的步长 h 以及微分方程中的非线性函数 f,这里记号中略写了对 f 的依赖关系。

现在引入关于单步方法(6.3.2)的局部截断误差的概念。

定义 6.2 设 $y(x)$ 是初值问题(6.1.8)的精确解,对于单步方法(6.3.2),称

$$T_{n+1}=y(x_{n+1})-y_n(x_n)-h\varphi(x_n,y_n(x_n),h)$$

为显式单步方法(6.3.2)的局部截断误差。

T_{n+1} 之所以称为局部的,是假设在 x_n 前各部没有误差,当 $y(x_n)=y_n$ 时,计算一步有

$$\begin{aligned}y(x_{n+1})-y_{n+1}&=y(x_{n+1})-y_n-h\varphi(x_n,y_n,h)\\&=y(x_{n+1})-y_n(x_n)-h\varphi(x_n,y_n(x_n),h)=T_{n+1}\end{aligned}$$

所以,局部截断误差是利用(6.3.2)计算一部的误差。如显式欧拉方法整体截断误差分析中估计式(6.3.1)的最后一项,即

$$|T_{n+1}|=\frac{1}{2!}h^2|y''(x_n+\theta h)|\tag{6.3.3}$$

就是显式欧拉公式(6.2.2)的局部截断误差。

对于单步方法引入以后常用到的一个标称其计算精度的名称,即阶的概念。

定义 6.3 设 $y(x)$ 是初值问题(6.1.8)的精确解,若存在最大整数 p 使得显式单步方法(6.3.2)的局部截断误差满足

$$T_{n+1}=y(x_{n+1})-y_n(x_n)-h\varphi(x_n,y_n(x_n),h)=O(h^{p+1})$$

则单步方法(6.3.2)具有 p 阶精度,如果局部截断误差为

$$T_{n+1}=O(h^{p+1})=g(x_n,y(x_n))h^{p+1}+O(h^{p+2})$$

则 $g(x_n,y(x_n))h^{p+1}$ 称为局部截断误差主项。

一个算法的局部截断误差阶 p 越大,则精度相对越高。由式(6.3.3)可知显式欧拉方法是1阶精度的。可以证明改进欧拉方法(6.2.9)具有2阶精度。事实上,对于改进欧拉方法,按照式(6.3.2),可以写成

$$y_{n+1}=y_n+\frac{h}{2}[f(x_n,y_n)+f(x_n+h,y_n+hf(x_n,y_n))]=y_n+h\varphi(x_n,y_n,h)\tag{6.3.4}$$

即

$$\varphi(x_n,y_n,h)=\frac{1}{2}[f(x_n,y_n)+f(x_n+h,y_n+hf(x_n,y_n))] \tag{6.3.5}$$

这样改进欧拉方法(6.3.4)的局部截断误差为

$$\begin{aligned}
T_{n+1}&=y(x_{n+1})-y_n(x_n)-h\varphi(x_n,y_n(x_n),h)\\
&=y(x_n)+y'(x_n)h+\frac{h^2}{2!}y''(x_n)+\frac{h^3}{3!}y'''(x_n+\theta h)-y_n(x_n)-\\
&\quad\frac{h}{2}[f(x_n,y_n(x_n))+f(x_n+h,y_n(x_n)+hf(x_n,y_n(x_n)))]\\
&=y'(x_n)h+\frac{h^2}{2!}y''(x_n)+\frac{h^3}{3!}y'''(x_n+\theta h)-\frac{h}{2}[y'(x_n)+\\
&\quad f(x_n,y_n(x_n))+hf_x(x_n,y_n(x_n))+hf(x_n,y_n(x_n))f_y(x_n,y_n(x_n))+O(h^2)]\\
&=\frac{h^2}{2!}y''(x_n)+\frac{h^3}{3!}y'''(x_n+\theta h)-\frac{h^2}{2}[f_x(x_n,y_n(x_n))+y'(x_n)f_y(x_n,y_n(x_n))+O(h)]\\
&=\frac{h^3}{3!}y'''(x_n+\theta h)-\frac{h^2}{2}[O(h)]=O(h^{2+1})
\end{aligned}$$

其中,用到了二元函数的泰勒展开式以及方程式(6.1.8)与其解函数的二阶导数。

$$\begin{aligned}
T_{n+1}&=y(x_{n+1})-\tilde{y}_{n+1}=y(x_n)+\int_{x_n}^{x_{n+1}}f(x,y(x))\mathrm{d}x-[y_n+hf(x_n,y_n)]\\
&=f(x_n+\theta h,y(x_n+\theta h))h-hf(x_n,y_n)\\
&=\theta h^2[f'_x(x_n,y_n)+f'_y(x_n,y_n)y'(x_n)]+O(h^3)
\end{aligned}$$

6.3.2　收敛性与稳定性分析

1. 数值方法的收敛性

数值解法的基本思想是通过某种离散化方法将微分方程(6.1.8)转化为差分格式,如单步法(6.3.2)。它在 x_n 处的解为 y_n,这一解是否逼近精确解 $y(x)$ 的问题,就是单步法(6.3.2)的收敛性问题,也即是研究其整体截断误差 $e_{n+1}=y(x_{n+1})-y_{n+1}$ 当 $h\to 0$ 时是否以0为极限。

定义 6.4　设 $y(x)$ 是初值问题(6.1.8)的精确解,若对于固定的 $x_n=x_0+nh$,经一种数值方法(如单步法(6.3.2))计算的 y_n,当 $h\to 0$ 时,收敛到 $y(x_n)$,即 $\lim\limits_{h\to 0}y_n=y(x_n)$,则称该方法是收敛的。

显然,收敛性问题就是研究整体截断误差,下面继续讨论显式欧拉方法的整体截断误差,根据式(6.3.1)有

$$|e_{n+1}|\leqslant(1+hL)|y(x_n)-y_n|+|T_{n+1}|=(1+hL)|e_n|+|T_{n+1}|$$

其中 T_{n+1} 为局部截断误差,L 为利普希茨常数。注意到上式对于一切 n 都成立,且 $e_0=y(0)-y_0=0$,则有

$$\begin{aligned}
|e_n|&\leqslant|T_n|+(1+hL)|e_{n-1}|\leqslant\cdots\\
&\leqslant|T_n|+(1+hL)|T_{n-1}|+(1+hL)^2|T_{n-2}|+\cdots+(1+hL)^{n-1}|T_1|\\
&\leqslant|T_n|[1+(1+hL)+(1+hL)^2+\cdots+(1+hL)^{n-1}]\\
&=O(h^2)\frac{(1+hL)^n-1}{(1+hL)-1}=O(h^2)
\end{aligned}$$

这说明在区间 $[x_0,x_N]$ 上用欧拉方法求出的初值问题的数值解,在各节点上总体截断误差是步长 h 的同阶无穷小,因此步长 h 充分小时数值解 y_n 和 $y(x_n)$ 充分接近,数值解是收敛的。

一般地,关于单步方法有如下收敛性结论。

定理 6.2　假设单步法(6.3.2)具有 p 阶精度,且增量函数 $\varphi(x,y,h)$ 关于 y 满足利普希茨条件

$$|\varphi(x,y,h)-\varphi(x,u,h)|\leqslant L_\varphi|y-u| \tag{6.3.6}$$

则其整体截断误差

$$y(x_n)-y_n=O(h^p) \tag{6.3.7}$$

证明 设 $\bar{y}_{n+1}$ 表示取 $y_n=y(x_n)$ 用单步法(6.3.1)求得的结果，即

$$\bar{y}_{n+1}=y(x_n)+h\varphi(x_n,y(x_n),h) \tag{6.3.8}$$

则 $y(x_{n+1})-\bar{y}_{n+1}$ 为局部截断误差，由于所给方法具有 p 阶精度，则存在正数 M 使得

$$|y(x_{n+1})-\bar{y}_{n+1}|\leqslant Mh^{p+1}$$

成立。

另一方面，根据式(6.3.2)和式(6.3.8)有

$$\bar{y}_{n+1}-y_{n+1}=y(x_n)+h\varphi(x_n,y(x_n),h)-y_n-h\varphi(x_n,y_n,h)$$

再根据 Lipschitz 条件(6.3.6)，有

$$\begin{aligned}|\bar{y}_{n+1}-y_{n+1}|&\leqslant|y(x_n)-y_n|+h|\varphi(x_n,y(x_n),h)-h\varphi(x_n,y_n,h)|\\&\leqslant(1+hL_\varphi)|y(x_n)-y_n|\end{aligned}$$

从而有

$$|y(x_{n+1})-y_{n+1}|\leqslant|y(x_{n+1})-\bar{y}_{n+1}|+|\bar{y}_{n+1}-y_{n+1}|\leqslant Mh^{p+1}+(1+hL_\varphi)|y(x_n)-y_n|$$

即对于整体截断误差 $e_n=y(x_n)-y_n$ 下列关系成立

$$|e_{n+1}|=|y(x_{n+1})-y_{n+1}|\leqslant Mh^{p+1}+(1+hL_\varphi)|e_n|$$

据此不等式反复递推，可得

$$|e_n|\leqslant\frac{Mh^p}{L_\varphi}[(1+hL_\varphi)^n-1]+(1+hL_\varphi)^n|e_0|$$

注意到当 $x_n-x_0=nh\leqslant T$ 时

$$(1+hL_\varphi)^n\leqslant(e^{hL_\varphi})^n\leqslant e^{TL_\varphi}$$

最终得到估计式

$$|e_n|\leqslant\frac{Mh^p}{L_\varphi}[e^{TL_\varphi}-1]+e^{TL_\varphi}|e_0|$$

由此可以断定，式(6.3.7)成立，因为 $e_0=y(x_0)-y_0=0$。

依据这一定理，判断单步方法(6.3.2)的收敛性，归结为验证其中的增量函数 $\varphi(x,y,h)$ 满足利普希茨条件(6.3.6)。在定理 6.3.1 之前，已经证明了显式欧拉方法是收敛的。考虑改进欧拉方法(6.2.9)，现在验证其增量函数(6.3.5)满足利普希茨条件

$$\begin{aligned}&|\varphi(x,y,h)-\varphi(x,u,h)|\\&\leqslant\frac{1}{2}[|f(x,y)-f(x,u)|+|f(x+h,y+hf(x,y))-f(x+h,u+hf(x,u))|]\\&\leqslant\frac{1}{2}[L|y-u|+L|y+hf(x,y)-u-hf(x,u)|]\leqslant L\left(1+\frac{h}{2}L\right)|y-u|\end{aligned}$$

限定 $h\leqslant h_0$(h_0 为定数，如取 1)，上式表明增量函数 φ 关于 y 的利普希茨常数为

$$L_\varphi=L\left(1+\frac{h_0L}{2}\right)$$

因此改进欧拉方法(6.2.9)或(6.3.4)是收敛的。

定理表明 $p\geqslant1$ 时单步方法收敛。

2. 数值方法的稳定性

在前述微分方程数值求解的误差分析与收敛性讨论中有一个前提，即假定数值计算本身是准确的，然而实际情况下是不可能的，求解过程必然产生计算误差，如舍入误差，这类小的误差扰动会不会在差分方程的计算过程中反复增大？会不会影响微分方程的“真解”？这就是差分方法的稳定性问题。在实际计算中，我们希望某一步产生的扰动值，在后面的计算中能够被控制，甚至逐步衰减。

定义 6.5　若一种数值方法在节点值 y_n 上存在大小为 δ 的扰动，于是以后各节点值 $y_m(m>n)$ 上产生的偏差均不超过 δ，则称该方法是稳定的。

为了考查数值方法的稳定性，通常将待研究的数值方法用于一个简单的模型方程

$$y'=\lambda y \tag{6.3.9}$$

其中 λ 为复数，对于一般的方程可以通过局部线性化。例如，初值问题(6.1.8)在某一点存在一个扰动，设扰动解为 $y(x)+\varepsilon(x)$，即

$$y'(x)+\varepsilon'(x)=f[x,y(x)+\varepsilon(x)] \tag{6.3.10}$$

根据泰勒展开式有

$$f[x,y(x)+\varepsilon(x)]=f[x,y(x)]+f_y[x,y(x)]\varepsilon(x)+\cdots$$

略去高阶项，并结合式(6.3.10)得到

$$\varepsilon'(x)=f_y[x,y(x)]\varepsilon(x) \tag{6.3.11}$$

因此，在该点处可以利用模型方程(6.3.9)的结论。

对于欧拉方法，模型方程的差分格式为

$$y_{n+1}=(1+h\lambda)y_n \tag{6.3.12}$$

假设在节点值 y_n 上有一个扰动值 ε_n，它的传播使得节点值 y_{n+1} 产生大小为 ε_{n+1} 的扰动值，则显然有

$$\varepsilon_{n+1}=(1+h\lambda)\varepsilon_n$$

那么如果

$$|1+h\lambda|<1 \tag{6.3.13}$$

扰动误差不会放大，解是稳定的。

对于模型方程(6.3.9)的欧拉方法，称满足 $|1+h\lambda|<1$ 的差分格式是绝对稳定的。对于隐式方法可以类似讨论其稳定性问题，隐式欧拉方法(6.2.5)应用于模型方程(6.3.9)得到

$$y_{n+1}=\frac{1}{1-h\lambda}y_n$$

因此，其稳定性条件为 $|1-h\lambda|>1$，即 $-\infty<h\lambda<0$，当 $\lambda<0$ 时，任何步长都是稳定的。应用梯形公式(6.2.6)于模型方程(6.3.9)得到

$$y_{n+1}=\frac{2+h\lambda}{2-h\lambda}y_n$$

其稳定性条件为 $\left|\frac{2+h\lambda}{2-h\lambda}\right|<1$，也得到当 $\lambda<0$ 时，任何步长都是稳定的。应用改进欧拉公式于模型方程(6.3.9)得到

$$y_{n+1}=\left(1+h\lambda+\frac{1}{2}h^2\lambda^2\right)y_n$$

因此与欧拉公式的稳定性条件 $|1+h\lambda|<1$ 是一致的，即当 $-2<h\lambda<0$ 时，扰动误差不会放大，解是稳定的。

6.4　微分方程初值问题的龙格-库塔法

6.4.1　龙格-库塔法的基本思想与二阶龙格-库塔法

改进欧拉方法是一种两步法，受这种方法的启发，更一般地，可以考虑

$$\begin{cases} y_{n+1}=y_n+\omega_1 k_1+\omega_2 k_2 \\ k_1=hf(x_n,y_n) \\ k_2=hf(x_n+\alpha h,y_n+\beta k_1) \end{cases} \quad (n=0,1,2,\cdots) \tag{6.4.1}$$

适当选择参数 $\omega_1,\omega_2,\alpha,\beta$,使局部截断误差 $T_{n+1}=y(x_{n+1})-y_{n+1}=O(h^3)$。仍然假定 $y_n=y(x_n)$,由二元泰勒展开式得

$$k_2=hf(x_n+\alpha h,y_n+\beta k_1)=hf(x_n,y_n)+\alpha h^2 f'_x(x_n,y_n)+\beta hk_1 f'_y(x_n,y_n)+O(h^3)$$
$$=hy'(x_n)+h^2(\alpha f'_x(x_n,y_n)+\beta f(x_n,y_n)f'_y(x_n,y_n))+O(h^3)$$

于是

$$y_{n+1}=y_n+\omega_1 k_1+\omega_2 k_2=y(x_n)+(\omega_1+\omega_2)hy'(x_n)+[\alpha\omega_2 f'_x(x_n,y_n)+\beta\omega_2 y'(x_n)f'_y(x_n,y_n)]h^2+O(h^3)$$

另外

$$y(x_{n+1})=y(x_n)+hy'(x_n)+\frac{1}{2!}y''(x_n)h^2+O(h^3)$$
$$=y(x_n)+hy'(x_n)+\frac{1}{2!}h^2[f'_x(x_n,y_n)+y'(x_n)f'_y(x_n,y_n)]+O(h^3)$$

将上述 y_{n+1} 与 $y(x_{n+1})$ 两式比较得到 $\omega_1+\omega_2=1,\alpha\omega_2=\beta\omega_2=\frac{1}{2}$。这里四个待定参数,只有三个方程,因此有一个自由参数。一个自然的问题是能否选取这四个参数使得局部截断误差 $T_{n+1}=y(x_{n+1})-y_{n+1}$ 具有高于三阶的阶数,可以证明这一思路是行不通的。但可以考虑一些特殊值,得到不同的具有三阶局部截断误差的算法。

取 $\omega_1=\omega_2=\frac{1}{2},\alpha=\beta=1$,由式(6.4.1)可以得到

$$\begin{cases} y_{n+1}=y_n+\frac{1}{2}(k_1+k_2) \\ k_1=hf(x_n,y_n) \\ k_2=hf(x_n+h,y_n+k_1) \end{cases} \quad (n=0,1,2,\cdots)$$

即改进欧拉方法。

取 $\omega_1=0,\omega_2=1,\alpha=\beta=\frac{1}{2}$,可以得到

$$\begin{cases} y_{n+1}=y_n+k_2 \\ k_1=hf(x_n,y_n) \\ k_2=hf\left(x_n+\frac{1}{2}h,y_n+\frac{1}{2}k_1\right) \end{cases} \quad (n=0,1,2,\cdots) \qquad (6.4.2)$$

这一迭代格式称为二阶龙格-库塔(Runge-Kutta)方法。

例 6.4.1 用二阶龙格-库塔公式(6.4.2)求解初值问题,见式(6.2.3)。

解 由二阶龙格-库塔公式(6.4.2)得到

$$k_1=0.1\left[y_n-\frac{3x_n}{(y_n)^{1/3}}\right]$$

$$k_2=0.1\left[y_n+\frac{1}{2}k_1-\frac{3\left(x_n+\frac{1}{2}h\right)}{\left(y_n+\frac{1}{2}k_1\right)^{1/3}}\right]$$

$$y_{n+1}=y_n+k_2 \quad (n=0,1,2,\cdots)$$

计算的结果如图 6-4(a)所示,其中实心方块为精确解,空心三角为二阶龙格-库塔公式所求结果。二阶龙格-库塔公式(6.4.2)所求解与改进欧拉方法所求解具有基本一致的误差,图 6-4(b)所示为两种算法与精确解比较的结果,其中菱形与圆点数据分别表示相同节点处二阶龙格-库塔公式(6.4.2)所求解与改进欧拉方法所求解减去精确解之差。可以看出两种算法有微小差别。

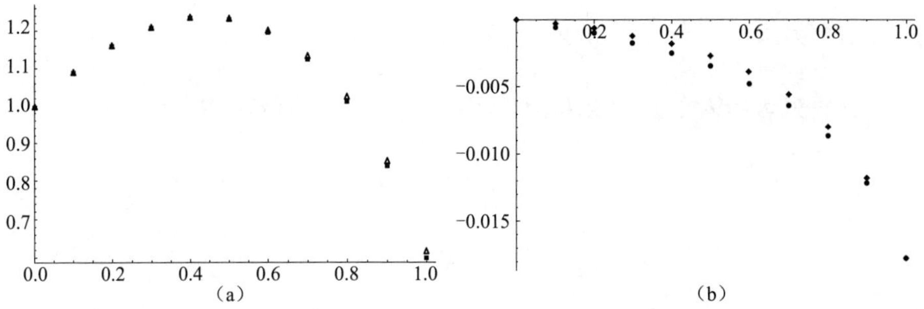

图 6-4　例 6.4.1 的计算结果

6.4.2　三、四阶龙格-库塔法

进一步照此思路，考虑如下格式

$$\begin{cases} y_{n+1}=y_n+c_1k_1+c_2k_2+c_3k_3 \\ k_1=hf(x_n,y_n) \\ k_2=hf(x_n+\lambda_2h,y_n+\mu_{21}k_1) \\ k_3=hf(x_n+\lambda_3h,y_n+\mu_{31}k_1+\mu_{32}k_2) \end{cases} \quad (n=0,1,2,\cdots) \tag{6.4.3}$$

适当选择参数 $c_1,c_2,c_3,\lambda_2,\lambda_3,\mu_{21},\mu_{31},\mu_{32}$ 使局部截断误差 $T_{n+1}=y(x_{n+1})-y_{n+1}$ 尽可能地高。仍然假定 $y_n=y(x_n)$，由二元泰勒展开式得到

$$\begin{aligned} k_2&=hf(x_n+\lambda_2h,y_n+\mu_{21}k_1) \\ &=hf(x_n,y_n)+\lambda_2h^2f_x(x_n,y_n)+\mu_{21}h^2f(x_n,y_n)f_y(x_n,y_n)+ \\ &\quad\frac{1}{2!}[\lambda_2^2f_{xx}(x_n,y_n)+2\lambda_2\mu_{21}f_{xy}(x_n,y_n)f(x_n,y_n)+ \\ &\quad\mu_{21}^2f_{yy}(x_n,y_n)f^2(x_n,y_n)]h^3+O(h^4) \\ &=hy'(x_n)+h^2[\lambda_2f_x+\mu_{21}y'(x_n)f_y]+ \\ &\quad\frac{1}{2!}[\lambda_2^2f_{xx}+2\lambda_2\mu_{21}y'(x_n)f_{xy}+\mu_{21}^2(y'(x_n))^2f_{yy}]h^3+O(h^4) \\ k_3&=hf(x_n+\lambda_3h,y_n+\mu_{31}k_1+\mu_{32}k_2) \\ &=hf(x_n,y_n)+h[\lambda_3hf_x(x_n,y_n)+(\mu_{31}k_1+\mu_{32}k_2)f_y(x_n,y_n)]+ \\ &\quad\frac{h}{2!}[\lambda_3^2h^2f_{xx}+2\lambda_3h(\mu_{31}k_1+\mu_{32}k_2)f_{xy}+f_{yy}(\mu_{31}k_1+\mu_{32}k_2)^2]+O(h^4) \\ &=hy'(x_n)+h^2[\lambda_3f_x+(\mu_{31}+\mu_{32})y'(x_n)f_y]+\mu_{32}h^3[\lambda_2f_x+\mu_{21}y'(x_n)f_{y\ y}]f_y+ \\ &\quad\frac{1}{2!}h^3[\lambda_3^2f_{xx}+2\lambda_3(\mu_{31}+\mu_{32})y'(x_n)f_{xy}+f_{yy}(\mu_{31}+\mu_{32})^2(y'(x_n))^2]+O(h^4) \\ &=hy'(x_n)+h^2[\lambda_3f_x+(\mu_{31}+\mu_{32})y'(x_n)f_y]+\mu_{32}h^3f_y[\lambda_2f_x+\mu_{21}y'(x_n)f_y]+ \\ &\quad\frac{1}{2!}h^3[\lambda_3^2f_{xx}+2\lambda_3(\mu_{31}+\mu_{32})y'(x_n)f_{xy}+f_{yy}(\mu_{31}+\mu_{32})^2(y'(x_n))^2]+O(h^4) \end{aligned}$$

于是

$$\begin{aligned} y_{n+1}&=y_n+c_1k_1+c_2k_2+c_3k_3=y(x_n)+(c_1+c_2+c_3)hy'(x_n)+ \\ &\quad h^2[(c_2\lambda_2+c_3\lambda_3)f'_x+(c_2\mu_{21}+c_3\mu_{31}+c_3\mu_{32})y'(x_n)f'_y] \\ &\quad\frac{1}{2!}h^3\{(c_2\lambda_2^2+c_3\lambda_3^2)f''_{xx}+2[c_2\lambda_2\mu_{21}+c_3\lambda_3(\mu_{31}+\mu_{32})]f''_{xy}y'(x_n)+ \\ &\quad[c_2\mu_{21}^2+c_3(\mu_{31}+\mu_{32})^2]f''_{yy}(y'(x_n))^2+2c_3\mu_{32}\lambda_2f'_xf'_y+2c_3\mu_{32}\mu_{21}y'(x_n)(f'_y)^2\}+O(h^4) \end{aligned}$$

另外

$$
\begin{aligned}
y(x_{n+1})&=y(x_n)+hy'(x_n)+\frac{1}{2!}y''(x_n)h^2+\frac{1}{2!}y'''(x_n)h^3+O(h^4)\\
&=y(x_n)+hy'(x_n)+\frac{1}{2!}h^2[f'_x(x_n,y_n)+y'(x_n)f'_y(x_n,y_n)]+\\
&\quad\frac{1}{3!}h^3[f''_{xx}+2f''_{xy}y'(x_n)+f''_{yy}(y'(x_n))^2+y''(x_n)f'_y]+O(h^4)\\
&=y(x_n)+hy'(x_n)+\frac{1}{2!}h^2[f'_x(x_n,y_n)+y'(x_n)f'_y(x_n,y_n)]+\\
&\quad\frac{1}{3!}h^3[f''_{xx}+2f''_{xy}y'(x_n)+f''_{yy}(y'(x_n))^2+f'_xf'_y+y'(x_n)(f'_y)^2]+O(h^4)
\end{aligned}
$$

将上述 y_{n+1} 与 $y(x_{n+1})$ 两式比较得到

$$
\begin{cases}
c_1+c_2+c_3+c_4=1\\
c_2\lambda_2+c_3\lambda_3=c_2\mu_{21}+c_3\mu_{31}+c_3\mu_{32}=\dfrac{1}{2}\\
c_2\lambda_2^2+c_3\lambda_3^2=c_2\lambda_2\mu_{21}+c_3\lambda_3(\mu_{31}+\mu_{32})=c_2\mu_{21}^2+c_3(\mu_{31}+\mu_{32})^2=\dfrac{1}{3}\\
2c_3\mu_{32}\lambda_2=2c_3\mu_{32}\mu_{21}=\dfrac{1}{3}
\end{cases}
$$

也即

$$
\begin{cases}
c_1+c_2+c_3+c_4=1\\
\lambda_2=\mu_{21}\\
\lambda_3=\mu_{31}+\mu_{32}\\
c_2\lambda_2+c_3\lambda_3=\dfrac{1}{2}\\
c_2\lambda_2^2+c_3\lambda_3^2=\dfrac{1}{3}\\
c_3\mu_{32}\lambda_2=\dfrac{1}{6}
\end{cases}
\tag{6.4.4}
$$

这里八个待定参数，只有六个方程，因此有两个自由参数。满足条件的方法称为三阶龙格-库塔公式，例如下述一个常用的公式

$$
\begin{cases}
y_{n+1}=y_n+\dfrac{1}{6}k_1+\dfrac{4}{6}k_2+\dfrac{1}{6}k_3\\
k_1=hf(x_n,y_n)\\
k_2=hf(x_n+\dfrac{1}{2}h,y_n+\dfrac{1}{2}k_1)\\
k_3=hf(x_n+h,y_n-k_1+2k_2)
\end{cases}
\quad (n=0,1,2,\cdots)
\tag{6.4.5}
$$

例 6.4.2 用三阶龙格-库塔公式(6.4.5)求解初值问题

$$
\begin{cases}
\dfrac{dy}{dx}=y-\dfrac{2x}{y}, & x\in[0,1]\\
y(0)=1
\end{cases}
$$

并与其公式解 $y(x)=\sqrt{1+2x}$，改进欧拉公式、二阶龙格-库塔公式(6.4.2)比较。

解 由三阶龙格-库塔公式(6.4.5)得到

$$
k_1=0.1\left(y_n-\frac{2x_n}{y_n}\right)
$$

$$k_2=0.1\left[y_n+\frac{1}{2}k_1-\frac{2\left(x_n+\frac{1}{2}h\right)}{\left(y_n+\frac{1}{2}k_1\right)}\right]$$

$$k_3=0.1\left[(y_n-k_1+2k_2)-\frac{2(x_n+h)}{(y_n-k_1+2k_2)}\right]$$

$$y_{n+1}=y_n+\frac{1}{6}k_1+\frac{4}{6}k_2+\frac{1}{6}k_3\quad(n=0,1,2,\cdots)$$

计算的结果如图 6-5 所示，其中实心方块为精确解，实心三角为三阶龙格-库塔公式，空心三角为二阶龙格-库塔公式所求结果，空心方块为改进欧拉方法所求解。

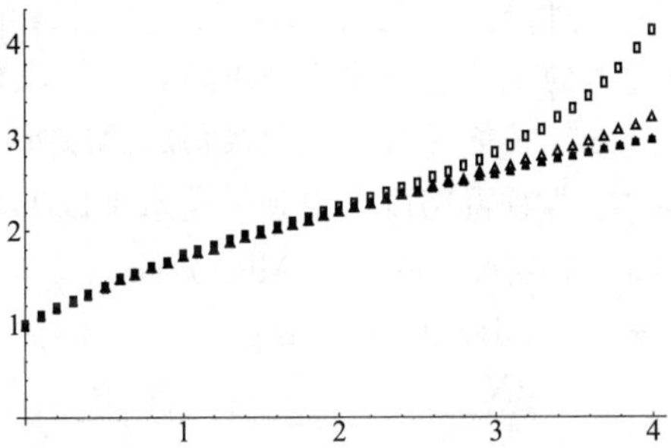

图 6-5　用三阶龙格-库塔公式求得的初值问题(6.2.3)的解

进一步照此思路，考虑如下格式

$$\begin{cases}y_{n+1}=y_n+\omega_1k_1+\omega_2k_2+\omega_3k_3+\omega_4k_4\\ k_1=hf(x_n,y_n)\\ k_2=hf(x_n+\alpha_2h,y_n+\beta_{21}k_1)\\ k_3=hf(x_n+\alpha_3h,y_n+\beta_{31}k_1+\beta_{32}k_2)\\ k_4=hf(x_n+\alpha_4h,y_n+\beta_{41}k_1+\beta_{42}k_2+\beta_{43}k_3)\end{cases}\quad(n=0,1,2,\cdots)\tag{6.4.6}$$

适当选择参数，如

$$\alpha_2=\alpha_3=\frac{1}{2},\quad \alpha_4=1$$

$$\beta_{21}=\frac{1}{2},\quad \beta_{31}=0,\quad \beta_{32}=\frac{1}{2},\quad \beta_{41}=\beta_{42}=0,\quad \beta_{43}=1$$

$$\omega_1=\frac{1}{6},\quad \omega_2=\omega_3=\frac{1}{3},\quad \omega_4=\frac{1}{6}$$

可以使局部截断误差 $T_{n+1}=y(x_{n+1})-y_{n+1}=O(h^5)$。这就是如下经典四阶龙格-库塔公式

$$\begin{cases}y_{n+1}=y_n+\frac{1}{6}(k_1+2k_2+2k_3+k_4)\\ k_1=hf(x_n,y_n)\\ k_2=hf\left(x_n+\frac{1}{2}h,y_n+\frac{1}{2}k_1\right)\\ k_3=hf\left(x_n+\frac{1}{2}h,y_n+\frac{1}{2}k_2\right)\\ k_4=hf(x_n+h,y_n+k_3)\end{cases}\quad(n=0,1,2,\cdots)\tag{6.4.7}$$

与欧拉公式的稳定性讨论类似，可以利用模型方程(6.3.9)讨论微分方程初值问题龙格-库塔法的稳定问题。对于二阶与四阶龙格-库塔法，模型方程(6.3.9)分别给出

$$y_{n+1}=\left[1+h\lambda+\frac{(h\lambda)^2}{2}\right]y_n\tag{6.4.8}$$

$$y_{n+1}=\left[1+h\lambda+\frac{(h\lambda)^2}{2!}+\frac{(h\lambda)^3}{3!}+\frac{(h\lambda)^4}{4!}\right]y_n \tag{6.4.9}$$

由前述绝对稳定分析(6.3.5)得到二阶与四阶龙格-库塔法绝对稳定性条件分别是

$$0<h<-2/\lambda \tag{6.4.10}$$

$$0<h<-2.78/\lambda \tag{6.4.11}$$

由此看出，微分方程数值方法的稳定性问题与步长、方程的形式以及所用的差分方法都相关。对于异于模型方程(6.3.9)的一般非线性微分方程(6.1.8)，根据在某点$(x_r, y(x_r))$局部线性化方程(6.3.11)，对应于模型方程(6.3.9)，有$\lambda=f_y[x_r, y(x_r)]$，因此稳定性问题还与出现扰动的节点x_r与该节点上的函数值$y(x_r)$的近似值相关。

微分方程数值方法的稳定性分析是一个复杂问题，在具体计算中要选择步长h，使其满足稳定性条件，否则可能出现计算溢出的现象。由前述分析隐式方法，如隐式欧拉公式、梯形公式对步长h没有限制，因此也可以考虑隐式龙格-库塔法及其稳定性分析，在此不再展开。

例 6.4.3 有性繁殖种群中，当种群密度下降到一定水平以下时，由于缺乏合适的交配，该种群可能会经历不相称的低生育率，这种现象称为 Allee 效应。通常单种群的种群数量的动态规律可用逻辑斯谛方程描述，如果考虑 Allee 效应则得到

$$\begin{cases}\dfrac{\mathrm{d}N}{\mathrm{d}t}=rN(N-a)\left(1-\dfrac{N}{K}\right)\\ N(0)=N_0\end{cases} \tag{6.4.12}$$

其中r,a,K是正常数，K是逻辑斯谛方程中的重要参数，即种群的最大容纳量；$0<a<K$是重数量的阈值，若种群数量低于该值，种群增长率是负值，意味着该种群数量将降低。设$r=0.5, a=2, K=5$，就N_0取0～2之间，2～5之间的3～4个值，利用四阶龙格-库塔公式求(6.4.7)在$0<t<60$上的解。

解 令$T=60, h=0.05, M=60/h$，由四阶龙格-库塔公式(6.4.7)得到

$$k_1=rhy_n(y_n-a)(1-y_n/K)$$

$$k_2=rh\left(y_n+\frac{1}{2}k_1\right)\left[\left(y_n+\frac{1}{2}k_1\right)-a\right]\left[1-\left(y_n+\frac{1}{2}k_1\right)/K\right]$$

$$k_3=rh\left(y_n+\frac{1}{2}k_2\right)\left[\left(y_n+\frac{1}{2}k_2\right)-a\right]\left[1-\left(y_n+\frac{1}{2}k_2\right)/K\right]$$

$$k_4=rh(y_n+k_3)[(y_n+k_3)-a][1-(y_n+k_3)/K]$$

$$y_{n+1}=y_n+\frac{1}{6}(k_1+2k_2+2k_3+k_4),\quad n=0,1,2,\cdots,M$$

分别取$N_0=1.5, 2.05, 3.05, 4.05$得到计算结果(见图 6-6)，其中空心方块、实心圆点、实心方块，实心三角分别对应于$N_0=1.5, 2.05, 3.05, 4.05$的解。

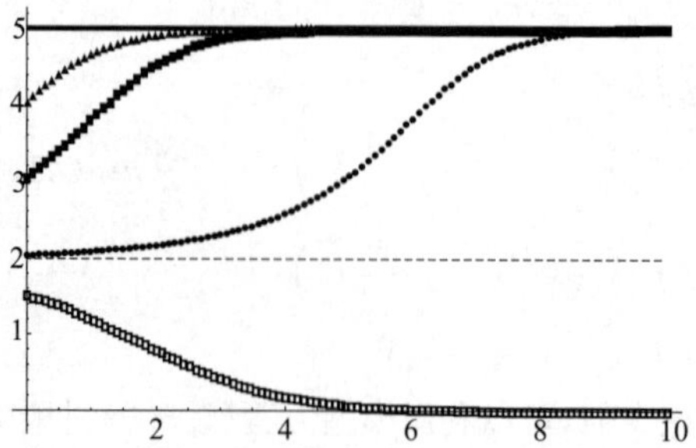

图 6-6 例 6.4.3 的计算结果

由图 6-6 可以看出，当$N_0<2$时种群数量逐渐减少，直至种群灭绝；当$N_0>2$时种群数量逐

渐增加逐渐接近于种群最大容纳量。同时注意到当 $N_0>2$ 接近于2时，种群数量有一个缓慢的增加过程而后再快速增加，直至趋于种群最大容纳量。

6.4.3 隐式龙格-库塔法

显式龙格-库塔法的优点在于从 y_n 可以直接计算出 y_{n+1}，但从稳定性分析可知，如式(6.4.11)和式(6.4.12)，严重限制了(注意到此处 $\lambda=f_y[x_r,y(x_r)]$)步长 h。考虑到前述隐式，如隐式欧拉法(6.2.5)和梯形方法(6.2.6)，在稳定性分析时对步长的限制很小，但其缺点是计算 y_{n+1} 时需要多次迭代求解。因此，可以考虑构造这样的方法，既使局部截断误差具有高阶性，又使方法具有宽泛的稳定性条件。

受梯形公式(6.2.6)的启发，假想有这样一种方法

$$\begin{cases}y_{n+1}=y_n+\omega_1 k_1+\omega_2 k_2\\ k_1=hf(x_n+\alpha_1 h,y_n+\beta_{11}k_1+\beta_{12}k_2) & \alpha_1=\beta_{11}+\beta_{12},\quad \alpha_2=\beta_{21}+\beta_{22}\\ k_2=hf(x_n+\alpha_2 h,y_n+\beta_{21}k_1+\beta_{22}k_2)\end{cases}\tag{6.4.13}$$

通过适当选择式(6.4.13)中的参数 $\omega_1,\omega_2,\alpha_1,\alpha_2,\beta_1,\beta_2$ 使局部截断误差 $T_{n+1}=y(x_{n+1})-y_{n+1}$ 适当地小。假定 $y_n=y(x_n)$，将式(6.4.13)中的 k_1,k_2 进行二元泰勒展开得

$$\begin{aligned}k_1&=hf(x_n+\alpha_1 h,y_n+\beta_{11}k_1+\beta_{12}k_2)\\&=hf(x_n,y_n)+\alpha_1 h^2 f_x(x_n,y_n)+h(\beta_{11}k_1+\beta_{12}k_2)f_y(x_n,y_n)+\frac{1}{2!}f_{xx}(x_n,y_n)\alpha_1^2 h^3+\\&\quad f_{xy}(x_n,y_n)\alpha_1 h^2(\beta_{11}k_1+\beta_{12}k_2)+\frac{h}{2!}f_{yy}(x_n,y_n)(\beta_{11}k_1+\beta_{12}k_2)^2+o(h^3)\\k_2&=hf(x_n+\alpha_2 h,y_n+\beta_{21}k_1+\beta_{22}k_2)\\&=hf(x_n,y_n)+\alpha_2 h^2 f_x(x_n,y_n)+h(\beta_{21}k_1+\beta_{22}k_2)f_y(x_n,y_n)+\frac{1}{2!}f_{xx}(x_n,y_n)\alpha_2^2 h^3+\\&\quad f_{xy}(x_n,y_n)\alpha_2 h^2(\beta_{21}k_1+\beta_{22}k_2)+\frac{h}{2!}f_{yy}(x_n,y_n)(\beta_{21}k_1+\beta_{22}k_2)^2+o(h^3)\end{aligned}$$

进一步假设

$$\begin{cases}k_1=A_1 h+A_2 h^2+A_3 h^3+o(h^3)\\ k_2=B_1 h+B_2 h^2+B_3 h^3+o(h^3)\end{cases}\tag{6.4.14}$$

代入上式可得

$$\begin{cases}A_1=B_1=f(x_n,y_n)\\ A_2=\alpha_1[f_x(x_n,y_n)+f(x_n,y_n)f_y(x_n,y_n)]\\ B_2=\alpha_2[f_x(x_n,y_n)+f(x_n,y_n)f_y(x_n,y_n)]\\ A_3=(A_2\beta_{11}+B_2\beta_{12})f_y(x_n,y_n)+\dfrac{1}{2}\alpha_1^2 A_0\\ B_3=(A_2\beta_{21}+B_2\beta_{22})f_y(x_n,y_n)+\dfrac{1}{2}\alpha_2^2 B_0\end{cases}\tag{6.4.15}$$

其中

$$A_0=B_0=f_{xx}(x_n,y_n)+2f_{xy}(x_n,y_n)f(x_n,y_n)+f^2(x_n,y_n)f_{yy}(x_n,y_n)\tag{6.4.16}$$

于是

$$\begin{aligned}y_{n+1}&=y_n+\omega_1 k_1+\omega_2 k_2=y(x_n)+(\omega_1+\omega_2)hf(x_n,y_n)+\\&\quad(\omega_1 A_2+\omega_2 B_2)h^2+(\omega_1 A_3+\omega_2 B_3)h^3+o(h^3)\\&=y(x_n)+(\omega_1+\omega_2)hy'(x_n)+(\omega_1\alpha_1+\omega_2\alpha_2)y''(x_n)h^2+\\&\quad[\omega_1(\alpha_1\beta_{11}+\alpha_2\beta_{12})+\omega_2(\alpha_1\beta_{21}+\alpha_2\beta_{22})]y''(x_n)f_y(x_n,y_n)h^3+\\&\quad\frac{1}{2}(\omega_1\alpha_1^2+\omega_2\alpha_2^2)h^3 A_0+o(h^3)\end{aligned}$$

另外

$$
\begin{aligned}
y(x_{n+1}) &= y(x_n)+hy'(x_n)+\frac{1}{2!}y''(x_n)h^2+\frac{1}{3!}y'''(x_n)h^3+o(h^3)\\
&= y(x_n)+hy'(x_n)+\frac{1}{2!}h^2[f_x(x_n,y_n)+y'(x_n)f_y(x_n,y_n)]+\frac{h^3}{3!}[f_{xx}(x_n,y_n)+\\
&\quad 2f_{xy}(x_n,y_n)y'(x_n)+(y'(x_n))^2f_{yy}(x_n,y_n)+y''(x_n)f_y(x_n,y_n)]+o(h^3)
\end{aligned}
$$

如果不考虑 $O(h^3)$，即使得局部截断误差 $T_{n+1}=y(x_{n+1})-y_{n+1}=O(h^3)$，则得到 $\omega_1+\omega_2=1$，$\omega_1\alpha_1+\omega_2\alpha_2=\frac{1}{2}$ 对应的隐式方法称为二级三阶隐式龙格-库塔法。常见的有以下两种方法：

$$
\begin{cases}
y_{n+1}=y_n+\frac{1}{4}(k_1+3k_2)\\
k_1=hf(x_n,y_n-k_1+k_2)\\
k_2=hf\left(x_n+\frac{2}{3}h,y_n+\frac{2}{3}k_2\right)
\end{cases}
\tag{6.4.17}
$$

和

$$
\begin{cases}
y_{n+1}=y_n+\frac{1}{2}(k_1+k_2)\\
k_1=hf(x_n+rh,y_n+rk_1)\\
k_2=hf(x_n+(1-r)h,y_n+(1-2r)k_1+rk_2)
\end{cases}
\qquad r=\frac{1}{2}\pm\frac{\sqrt{3}}{6}
\tag{6.4.18}
$$

如果考虑 $O(h^3)$ 而略去四阶项，则得到

$$
\begin{aligned}
&\omega_1+\omega_2=1\\
&\omega_1\alpha_1+\omega_2\alpha_2=\frac{1}{2}\\
&\omega_1\alpha_1^2+\omega_2\alpha_2^2=\frac{1}{3}\\
&\omega_1(\alpha_1\beta_{11}+\alpha_2\beta_{12})+\omega_2(\alpha_1\beta_{21}+\alpha_2\beta_{22})=\frac{1}{6}
\end{aligned}
$$

所对应的隐式方法称为二级四阶隐式龙格-库塔法。常见的有以下方法：

$$
\begin{cases}
y_{n+1}=y_n+\frac{1}{2}(k_1+k_2)\\
k_1=hf\left(x_n+\left(\frac{1}{2}-\frac{\sqrt{3}}{6}\right)h,y_n+\frac{1}{4}k_1+\left(\frac{1}{4}-\frac{\sqrt{3}}{6}\right)k_2\right)\\
k_2=hf\left(x_n+\left(\frac{1}{2}+\frac{\sqrt{3}}{6}\right)h,y_n+\left(\frac{1}{4}+\frac{\sqrt{3}}{6}\right)k_1+\frac{1}{4}k_2\right)
\end{cases}
\tag{6.4.19}
$$

例 6.4.4 用二级三阶隐式龙格-库塔公式(6.4.17)和(6.4.18)求解初值问题

$$
y'=\frac{xy-y^2}{x^2},\quad y|_{x=1}=2,1\leqslant x\leqslant 3
$$

并与其公式解 $y(x)=\frac{2x}{1+2\ln x}$ 比较，并考察步长的影响。

解 分别考察步长 $h=0.05$ 和 $h=0.10$ 的情况。对于给定的 (x_n,y_n)，式(6.4.17)和式(6.4.18)中的 k_1 和 k_2 用一般迭代法求解(当前后两次迭代值之差小于10^{-6}时迭代终止)，计算结果列于表 6-3，其中第 3、4 列给出的是 $h=0.10$ 时的式(6.4.17)和式(6.4.18)的计算结果与函数值之差，第 5、6 列给出的是 $h=0.05$ 时的公式(6.4.17)和(6.4.18)的计算结果与函数值之差在奇数节点的结果。

表 6-3　例 6.4.4 的结算结果

x_n	$y(x_n)$	$er_1[10^3]$	$er_2[10^4]$	$er_1[10^3]$	$er_2[10^6]$
1.0	2.000 0	0.000 00	0.000 00	0.000 00	0.000 00
1.1	1.847 8	−9.891 78	−1.466 19	−1.918 3	−1.550 58
1.2	1.758 7	−11.664 1	−1.845 36	−2.334 8	−2.006 45
1.3	1.705 2	−11.609 5	−1.898 2	−2.361 01	−2.092 11
1.4	1.673 7	−11.114 4	−1.850 86	−2.280 16	−2.054 5
1.5	1.656 6	−10.553	−1.775 22	−2.176 12	−1.969 98
1.6	1.649 5	−10.031 6	−1.697 34	−2.075 1	−1.885 44
1.7	1.649 5	−9.575 8	−1.625 76	−1.984 68	−1.807 94
1.8	1.654 7	−9.185 73	−1.562 73	−1.906 22	−1.739 49
1.9	1.664 0	−8.854 15	−1.508 18	−1.838 9	−1.680 01
2.0	1.676 2	−8.572 44	−1.460 92	−1.781 33	−1.628 68
2.1	1.690 9	−8.332 62	−1.420 49	−1.732 09	−1.584 49
2.2	1.707 5	−8.127 78	−1.385 82	−1.689 87	−1.546 43
2.3	1.725 6	−7.952 26	−1.356 03	−1.653 6	−1.513 6
2.4	1.744 9	−7.801 37	−1.330 35	−1.622 34	−1.485 25
2.5	1.765 2	−7.671 28	−1.308 17	−1.595 34	−1.460 7
2.6	1.786 3	−7.558 85	−1.288 97	−1.571 97	−1.439 43
2.7	1.808 1	−7.461 51	−1.272 33	−1.551 71	−1.422 02
2.8	1.830 5	−7.377 12	−1.257 89	−1.534 13	−1.407 56
2.9	1.853 4	−7.303 92	−1.245 34	−1.518 86	−1.394 67
3.0	1.876 6	−7.240 44	−1.234 46	−1.505 6	−1.383 25

最后简单指出隐式龙格-库塔的稳定性问题。对于二级三阶隐式龙格-库塔公式(6.4.17)和(6.4.18),模型方程(6.3.9)分别给出

$$y_{n+1}=\frac{1}{2}\frac{6+8\lambda h+(\lambda h)^2}{(1+\lambda h)(3-2\lambda h)}y_n \tag{6.4.20}$$

$$y_{n+1}=\frac{1+(1-2r)\lambda h+(\lambda h)^2\left(\frac{1}{2}-2r+r^2\right)}{(1-r\lambda h)^2}y_n \tag{6.4.21}$$

由前述绝对稳定分析(6.3.13)得到二级三阶隐式龙格-库塔公式(6.4.17)和(6.4.18)的稳定性条件。

6.5　非线性微分方程组初值问题的龙格-库塔法

前一节介绍了单个方程的龙格-库塔法,方程组的龙格-库塔法可以进行类似讨论。如对于两个变量的微分方程组

$$\begin{cases}\dfrac{dx}{dt}=f(t,x,y), & x|_{t=t_0}=x_0\\ \dfrac{dy}{dt}=g(t,x,y), & y|_{t=t_0}=y_0\end{cases} \tag{6.5.1}$$

它的四阶龙格-库塔法的格式为

$$\begin{cases} K_1=f(t_i,x_i,y_i) \\ L_1=g(t_i,x_i,y_i) \\ K_2=f\left(t_i+\dfrac{h}{2},x_i+\dfrac{h}{2}K_1,y_i+\dfrac{h}{2}L_1\right) \\ L_2=g\left(t_i+\dfrac{h}{2},x_i+\dfrac{h}{2}K_1,y_i+\dfrac{h}{2}L_1\right) \\ K_3=f\left(t_i+\dfrac{h}{2},x_i+\dfrac{h}{2}K_2,y_i+\dfrac{h}{2}L_2\right) \\ L_3=g\left(t_i+\dfrac{h}{2},x_i+\dfrac{h}{2}K_2,y_i+\dfrac{h}{2}L_2\right) \\ K_4=f(t_i+h,x_i+hK_3,y_i+hL_3) \\ L_4=g(t_i+h,x_i+hK_3,y_i+hL_3) \\ x_{i+1}=x_i+\dfrac{h}{6}(K_1+2K_2+2K_3+K_4) \\ y_{i+1}=y_i+\dfrac{h}{6}(L_1+2L_2+2L_3+L_4) \end{cases} \quad i=1,2,\cdots \tag{6.5.2}$$

对于一般的微分方程系统(6.1.9)，其四阶龙格-库塔法的格式为

$$\begin{aligned} &K_{1j}=f_j(t_i,y_{i,1},\cdots,y_{i,n}) \\ &K_{2j}=f_j\left(t_i+\frac{h}{2},y_{i,1}+\frac{h}{2}K_{11},\cdots,y_{i,n}+\frac{h}{2}K_{1n}\right) \\ &K_{3j}=f\left(t_i+\frac{h}{2},y_{i,1}+\frac{h}{2}K_{21},\cdots,y_{i,n}+\frac{h}{2}K_{2n}\right) \qquad j=1,2,\cdots,n \\ &K_{4j}=f(t_n+h,y_{i,1}+hK_{31},\cdots,y_{i,n}+hK_{3n}) \\ &y_{n+1,j}=y_{n,j}+\frac{h}{6}(K_{1j}+2K_{2j}+2K_{3j}+K_{4j}) \end{aligned} \tag{6.5.3}$$

其中 $y_{i,j}(j=1,\cdots,n,i=1,2,\cdots)$表示第 i 步第 j 个分量的计算值。

例 6.5.1 如果振动系统，即式(6.1.2)中的强迫项 $F(t)=p\sin(\pi t/4)$，用数值方法求其解。

利用四阶龙格-库塔法，可以计算参数取不同值的情况下，微分方程的数值解，见表 6-4，振动图如图 6-7 所示。如果取 $p=0$，即不考虑外力而考虑系统的阻尼存在($n>0$)，则得到阻尼振动曲线。如果考虑对系统的强迫项($p>0$)，如取 $p=0.08,n=0.05,k^2=1.2,\omega=\pi/4$，则得到图 6-7(b)所示的结果，即开始时振动呈现阻尼振动样，随后强迫项逐渐起作用，直至出现有规律的振动。

表 6-4 系统式(6.1.2)的数值解($p=0,n=0.5,k^2=1.2$)

T	X	t	x	t	x
0	1.000 000	1	0.598 005	6.1	0.036 638
0.1	0.994 201	1.1	0.535 849	8.1	0.008 217
0.2	0.977 612	1.2	0.473 495	10.1	−0.007 193
0.3	0.951 449	1.3	0.411 673	12.1	0.000 844
0.4	0.916 921	1.4	0.351 038	14.1	0.000 744
0.5	0.875 219	1.5	0.292 168	16.1	−0.000 317
0.6	0.827 501	1.6	0.235 567	18.1	−0.000 015
0.7	0.774 883	1.7	0.181 666	20.1	0.000 047
0.8	0.718 433	1.8	0.130 821	22.1	−0.000 011
0.9	0.659 158	1.9	0.083 322	24.1	−3.411 79E-06

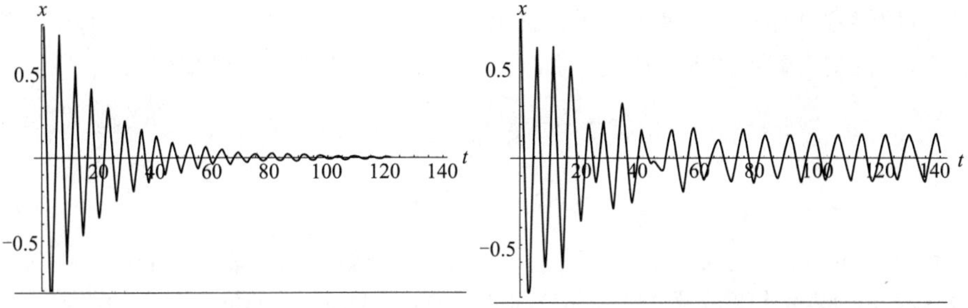

(a)阻尼振动（$p=0, n=0.05, k^2=1.2$）　(b)强迫振动（$p=0.08, n=0.05, k^2=1.2, \omega=\pi/4$）

图 6-7　阻尼振动与强迫振动

如果取参数 $p=0, n=0.5, k^2=1.2$（大阻尼情况），振动系统给出的解见表 6-3。如果取参数 $p=0, n=0.05, k^2=1.2$（小阻尼情况），振动系统给出的解如图 6-7(a)所示，强迫振动的情况如图 6-7(b)所示。

例 6.5.2　求解洛伦茨方程，见式(6.1.6)。

洛伦茨方程(6.1.6)具有三个参数、三个变量，已发现其呈不同形态的多个解，涉及混沌吸引子，在这里不展开介绍。如果 $\sigma=10, b=\dfrac{8}{3}, r=28$ 时，洛伦茨方程的解曲线呈现两"翼"的混沌吸引子（见图 6-8），其主要特征体现在两个方面：初值不同的解最终围绕着一对点形成缠绕（见图 6-8）；初值相近的解也可以相差甚远（见图 6-9）。

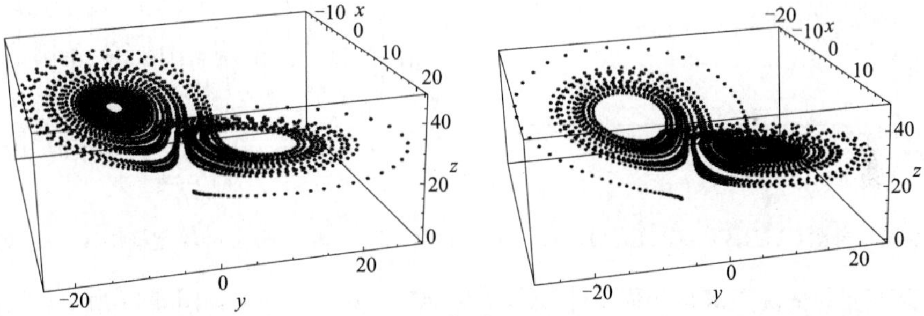

图 6-8　洛伦茨方程的两个解分别对应于初值 $(x,y,z)=(0,2,0)$ 和 $(0,-2,0)$

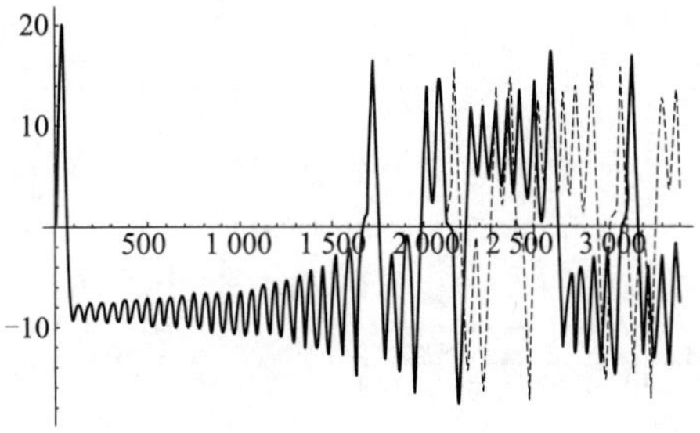

图 6-9　洛伦茨方程的解：

两个相邻初值点的 $(0,2,0)$ 和 $(0,2.01,0)$ 的 $x(t)$

例 6.5.3　血吸虫病数学模型。血吸虫病是一种流行的寄生虫病。血吸虫病的生命历程是很复杂的。雄蠕虫和雌蠕虫在寄主体里交配之后，雌蠕虫产卵，其中有些随粪便排出，其余进入体内各个器官引起疾病。如卵接触淡水，就孵出幼虫，为完成这一循环，幼虫必须刺入钉螺体内。

一个钉螺一旦受到这样的感染，就通过无性繁殖方式产出大量幼虫，成为尾蚴。每个尾蚴无拘无束地游动着，伺机刺入寄主体内完成这一循环。血吸虫病有下述数学模型：

$$\begin{cases}\dfrac{\mathrm{d}x}{\mathrm{d}t}=-rx+\dfrac{A}{S(t)}y\\ \dfrac{\mathrm{d}y}{\mathrm{d}t}=-\delta(t)y+B(S(t)-y)\dfrac{x^2}{1+x}\end{cases} \tag{6.5.4}$$

其中 $x(t)$ 和 $y(t)$ 表示 t 时刻与感染蠕虫数量和感染的钉螺数相关的数值，A,B,r 为常数。$S(t)$ 表示钉螺的总数，$\delta(t)$ 表示钉螺的死亡率，都是周期函数，由式(6.5.5)和式(6.5.6)给定

$$S(t)=6.060+0.750\cos\frac{\pi}{6}t-2.897\cos\frac{2\pi}{6}t+4.036\sin\frac{\pi}{6}t-0.441\sin\frac{2\pi}{6}t \tag{6.5.5}$$

$$\delta(t)=0.048-0.030\cos\frac{\pi}{12}t-0.006\cos\frac{2\pi}{12}t-0.047\sin\frac{\pi}{12}t+0.021\sin\frac{2\pi}{12}t \tag{6.5.6}$$

求出系统的数值解。

解 利用四阶龙格-库塔法，模型(6.5.4)中的 $S(t)$ 和 $\delta(t)$ 由式(6.5.5)和式(6.5.6)给定，取定参数 $(A,B,r)=(3,10,1)$，通过计算得到满足初值条件 $x(0)=0, y(0)=1$ 的解如图 6-10 所示。从图中可以看出，这个解很快趋近于周期解。

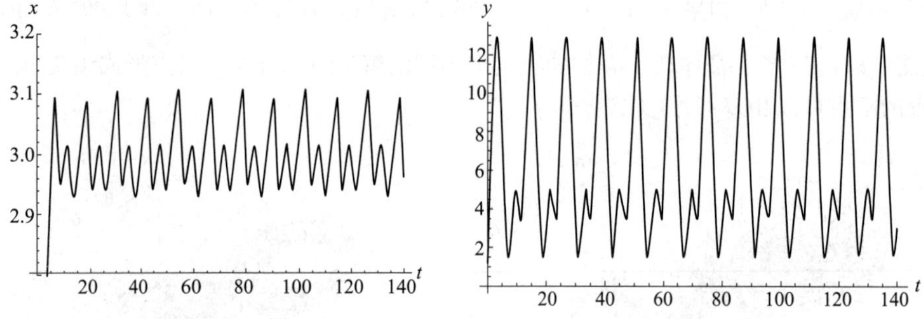

(a) t-x图 (b) t-y图

图 6-10 参数 $(A,B,r)=(3,10,1)$，$S(t)$、$\delta(t)$ 由式(6.5.5)和式(6.5.6)给定模型(6.5.4)的解

在参数不变的情况下满足初值条件 $x(0)=0, y(0)=0.001$ 的解如图 6-11 所示。这个解收敛于零。

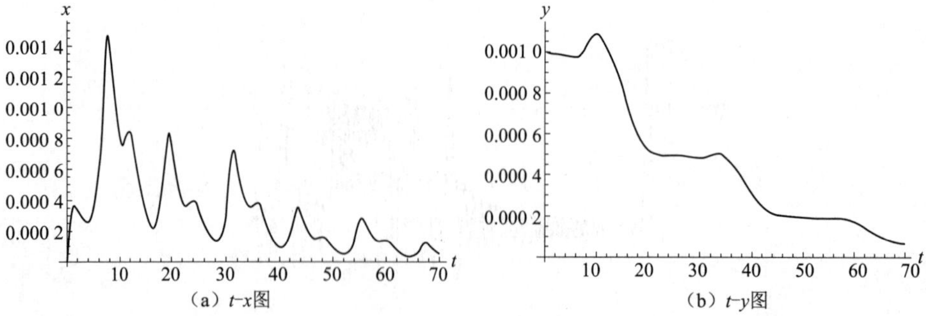

(a) t-x图 (b) t-y图

图 6-11 参数 $(A,B,r)=(3,10,1)$，$S(t)$、$\delta(t)$ 由(6.5.5)和式(6.5.6)给定模型(6.5.4)的解

由计算可以看出模型(6.5.4)的零解是稳定的，同时系统也存在正的周期解。

6.6　线性多步方法

前述微分方程数值解法都是单步法，即主要依据 y_n 的信息去计算 y_{n+1}。线性多步法是依据已经计算出来的 $y_n, y_{n-1}, \cdots, y_{n-r}(r \geqslant 1)$ 的信息去计算 y_{n+1}。线性多步方法一般可以从数值积分的角度和待定系数方法的角度进行导出，本节仅介绍基于待定系数的多步法，读者可参阅相关资料学习基于数值积分的多步法。

6.6.1　线性多步方法的构造

考虑到线性组合较为方便，因此，其一般形式可设为

$$\begin{aligned} y_{n+1} &= \alpha_0 y_n + \alpha_1 y_{n-1} + \cdots + \alpha_r y_{n-r} + h(\beta_{-1} f_{n+1} + \beta_0 f_n + \cdots + \beta_r f_{n-r}) \\ &= \sum_{k=0}^{r} \alpha_k y_{n-k} + h \sum_{k=-1}^{r} \beta_k f_{n-k} \end{aligned} \tag{6.6.1}$$

其中

$$f_{n-k} = f(x_{n-k}, y_{n-k}) \quad (k = -1, 0, 1, \cdots, r) \tag{6.6.2}$$

为使问题简单一些，下面仅对 $r=3$ 进行讨论，即得到

$$y_{n+1} = \alpha_0 y_n + \alpha_1 y_{n-1} + \alpha_2 y_{n-2} + \alpha_3 y_{n-3} + h(\beta_{-1} f_{n+1} + \beta_0 f_n + \cdots + \beta_3 f_{n-3}) \tag{6.6.3}$$

为了使算法具有一定的精度，即使得局部截断误差 $T_{n+1} = y(x_{n+1}) - y_{n+1}$ 达到 $O(h^p)$，为此将 $y(x_{n-k})$ 和 $f(x_{n-k}, y(x_{n-k})) = y'(x_{n-k})$ 在 $x = x_0$ 处进行泰勒展开

$$\begin{aligned} y(x_{n-k}) &= y(x_n - kh) \\ &= y(x_n) - (kh) y'(x_n) + \frac{(kh)^2}{2!} y''(x_n) - \frac{(kh)^3}{3!} y^{(3)}(x_n) + \\ &\quad \frac{(kh)^4}{4!} y^{(4)}(x_n) - \frac{(kh)^5}{5!} y^{(5)}(x_n) + O(h^6) \quad (k = 0, 1, 2, 3) \end{aligned}$$

$$\begin{aligned} f(x_{n-k}, y(x_{n-k})) &= y'(x_{n-k}) = y'(x_n - kh) \\ &= y'(x_n) - (kh) y''(x_n) + \frac{(kh)^2}{2!} y^{(3)}(x_n) - \frac{(kh)^3}{3!} y^{(4)}(x_n) + \\ &\quad \frac{(kh)^4}{4!} y^{(5)}(x_n) + O(h^5) \quad (k = -1, 0, 1, 2, 3) \end{aligned}$$

将其代入式(6.6.3)计算 y_{n+1}，其中仍然令 $y_n = y(x_n)$，$f_n = f(x_n, y(x_n)) = y'(x_n)$，得到

$$\begin{aligned} y_{n+1} &= \alpha_0 y_n + \alpha_1 y_{n-1} + \alpha_2 y_{n-2} + \alpha_3 y_{n-3} + h(\beta_{-1} f_{n+1} + \beta_0 f_n + \cdots + \beta_3 f_{n-3}) \\ &= (\alpha_0 + \alpha_1 + \alpha_2 + \alpha_3) y(x_n) - h y'(x_n)(\alpha_1 + 2\alpha_2 + 3\alpha_3) + \\ &\quad \frac{h^2}{2!} y''(x_n)(\alpha_1 + 2^2 \alpha_2 + 3^2 \alpha_3) - \frac{h^3}{3!} y^{(3)}(x_n)(\alpha_1 + 2^3 \alpha_2 + 3^3 \alpha_3) + \\ &\quad \frac{h^4}{4!} y^{(4)}(x_n)(\alpha_1 + 2^4 \alpha_2 + 3^4 \alpha_3) - \frac{h^5}{5!} y^{(5)}(x_n)(\alpha_1 + 2^5 \alpha_2 + 3^5 \alpha_3) + \\ &\quad h y'(x_n)(\beta_{-1} + \beta_0 + \beta_1 + \beta_2 + \beta_3) - h^2 y''(x_n)[(-1)^1 \beta_{-1} + 0^1 \beta_0 + 1^1 \beta_1 + 2^1 \beta_2 + 3^1 \beta_3] + \\ &\quad \frac{h^3}{2!} y^{(3)}(x_n)[(-1)^2 \beta_{-1} + 0^2 \beta_0 + 1^2 \beta_1 + 2^2 \beta_2 + 3^2 \beta_3] - \\ &\quad \frac{h^4}{3!} y^{(4)}(x_n)[(-1)^3 \beta_{-1} + 0^3 \beta_0 + 1^3 \beta_1 + 2^3 \beta_2 + 3^3 \beta_3] + \\ &\quad \frac{h^5}{4!} y^{(5)}(x_n)[(-1)^4 \beta_{-1} + 0^4 \beta_0 + 1^4 \beta_1 + 2^4 \beta_2 + 3^4 \beta_3] + O(h^6) \end{aligned}$$

而

$$y(x_{n+1})=y(x_n+h)=y(x_n)+hy'(x_n)+\frac{h^2}{2!}y''(x_n)+\frac{h^3}{3!}y^{(3)}(x_n)+\frac{h^4}{4!}y^{(4)}(x_n)+\frac{h^5}{5!}y^{(5)}(x_n)+O(h^6)\quad(k=0,1,2,3)$$

比较得

$$\begin{cases}\alpha_0+\alpha_1+\alpha_2+\alpha_3=1\\-(\alpha_1+2\alpha_2+3\alpha_3)+(\beta_{-1}+\beta_0+\beta_1+\beta_2+\beta_3)=1\\\frac{1}{2!}(\alpha_1+2^2\alpha_2+3^2\alpha_3)-(-\beta_{-1}+\beta_1+2\beta_2+3\beta_3)=\frac{1}{2!}\\-\frac{1}{3!}(\alpha_1+2^3\alpha_2+3^3\alpha_3)+\frac{1}{2!}(\beta_{-1}+\beta_1+2^2\beta_2+3^2\beta_3)=\frac{1}{3!}\\\frac{1}{4!}(\alpha_1+2^4\alpha_2+3^4\alpha_3)-\frac{1}{3!}(-\beta_{-1}+\beta_1+2^3\beta_2+3^3\beta_3)=\frac{1}{4!}\end{cases}\tag{6.6.4}$$

这样局部截断误差为 $T_{n+1}=y(x_{n+1})-y_{n+1}=O(h^5)$。方程组(6.6.4)有九个参数、五个方程,因此有四个自由参数。参数不同的取法,对应不同的计算方法,以下是四种典型的迭代格式。

(1)若取 $\beta_{-1}=0,\alpha_1=\alpha_2=\alpha_3=0$,可以解得

$$\alpha_0=1,\quad \beta_0=\frac{55}{24},\quad \beta_1=-\frac{59}{24},\quad \beta_2=\frac{37}{24},\quad \beta_3=-\frac{9}{24}$$

对应地有

$$\begin{cases}y_{n+1}=y_n+\frac{h}{24}(55f_n-59f_{n-1}+37f_{n-2}-9f_{n-3})\\T_{n+1}=\frac{251}{720}h^5y^{(5)}(x_n)+O(h^6)\end{cases}\tag{6.6.5}$$

这是四阶亚当斯(Adams)显式公式及其截断误差估计式。

(2)若取 $\beta_3=0,\alpha_1=\alpha_2=\alpha_3=0$,可以解得

$$\alpha_0=1,\quad \beta_{-1}=\frac{9}{24},\quad \beta_0=\frac{19}{24},\quad \beta_1=-\frac{5}{24},\quad \beta_3=\frac{1}{24}$$

对应地有

$$\begin{cases}y_{n+1}=y_n+\frac{h}{24}(9f_{n+1}+19f_n-5f_{n-1}+f_{n-2})\\T_{n+1}=-\frac{19}{720}h^5y^{(5)}(x_n)+O(h^6)\end{cases}\tag{6.6.6}$$

这是四阶亚当斯隐式公式及其截断误差估计式。

(3)若取 $\alpha_1=1,\beta_{-1}=1/3,\beta_0=4/3,\beta_1=1/3,\beta_2=0$,可以得到如下辛普森公式

$$\begin{cases}y_{n+1}=y_{n-1}+\frac{h}{3}(f_{n+1}+4f_n+f_{n-1})\\T_{n+1}=\frac{1}{90}h^5y^{(5)}(x_n)+O(h^6)\end{cases}\tag{6.6.7}$$

(4)若取 $\beta_{-1}=0,\beta_0=8/3,\beta_1=-4/3,\beta_2=8/3$,则得到如下米尔恩(Milne)公式

$$\begin{cases}y_{n+1}=y_{n-3}+\frac{4h}{3}(2f_n-f_{n-1}+2f_{n-2})\\T_{n+1}=\frac{14}{45}h^5y^{(5)}(x_n)+O(h^6)\end{cases}\tag{6.6.8}$$

6.6.2 线性多步方法的应用及预测-校正方法

1. 线性多步方法的应用

本段讨论线性多步方法具体应用中的一些问题。

首先，从四阶亚当斯显式公式(6.6.5)、隐式公式(6.6.6)、辛普森公式(6.6.7)或米尔恩公式(6.6.8)可知，若利用其进行下一步的计算，需要知道前 1～3 步的计算结果，因此，开始计算时必须提供附加的初值，如 y_1,y_2,y_3。提供这些附加初值的常用方法是各阶龙格-库塔方法，显然附加初值的精度阶数应不低于多步方法。

其次，考虑解得截断误差估计与隐式方法的应用。我们先看一个例子。

例 6.6.1　用四阶亚当斯显式公式(6.6.5)与隐式公式(6.6.6)求解初值问题

$$y'=-10\,(y-1)^2\cos x,\quad y|_{x=0}=2,\quad 0\leqslant x\leqslant 3$$

并与其公式解 $y(x)=1+\dfrac{1}{1+10\sin x}$ 以及四阶龙格-库塔方法比较。

解　取步长 $h=0.05$，式(6.6.5)中的三个附加初值与公式(6.6.6)中的两个附加初值由公式给出的计算结果见表 6-4 的第 4,5 列(列出的是计算结果与公式计算结果差的绝对值，其各列亦如此)，附加初值由四阶龙格-库塔方法给出的计算结果见表 6-4 的第 6,7 列。表 6-5 的第 2,3 列给出的是公式计算与四阶龙格-库塔方法计算的结果。在隐式亚当斯方法计算过程中，每一步用一般迭代法求解(当前后两次迭代值之差小于10^{-6}时迭代终止)。从结果可以看出，四阶龙格-库塔方法与精确值最为接近，大体在10^{-6}量级，而四阶亚当斯显式在10^{-3}量级，四阶亚当斯隐式在10^{-4}量级，由于两种附加初始值误差甚小，计算结果相差不大。从本例可以看出，四阶亚当斯显式公式(6.6.5)的计算结果比隐式公式(6.6.6)的结果精确程度要低。

表 6-5　例 6.6.1 的计算结果

x_n	$y(x_n)$	$er_1[10^6]$	$er_2[10^3]$	$er_3[10^4]$	$er_{22}[10^3]$	$er_{32}[10^4]$
0.	2.	0.	0.	0.	0.	0.
0.15	1.400 9	21.888 2	0.021 888 2	30.272 7	0.	30.410 3
0.3	1.252 83	10.586	37.625 6	16.746 5	37.608 2	16.806
0.45	1.186 93	5.930 67	5.048 58	9.560 91	5.048 45	9.593 48
0.6	1.150 46	3.854 11	11.215	6.264 41	11.210 1	6.285 54
0.75	1.127 94	2.784 72	5.643	4.548 99	5.641 09	4.564 28
0.9	1.113 21	2.177 94	4.882 72	3.568 99	4.880 92	3.580 98
1.05	1.103 37	1.814 06	4.000 22	2.978 52	3.998 77	2.988 52
1.2	1.096 9	1.593 04	3.513 43	2.618 69	3.512 16	2.627 48
1.35	1.092 96	1.465 77	3.229 76	2.411 05	3.228 59	2.419 14
1.5	1.091 12	1.407 98	3.101 16	2.316 66	3.100 04	2.324 44
1.65	1.091 17	1.409 6	3.104 9	2.319 36	3.103 78	2.327 14
1.8	1.093 12	1.470 89	3.241 68	2.419 6	3.240 51	2.427 72
1.95	1.097 19	1.602 53	3.535 61	2.634 66	3.534 33	2.643 51
2.1	1.103 82	1.829 67	4.043 8	3.005 3	4.042 33	3.015 39
2.25	1.113 89	2.203 07	4.882 04	3.613 53	4.880 27	3.625 66
2.4	1.128 96	2.826 07	6.289 23	4.626 66	6.286 92	4.642 2
2.55	1.152 05	3.925 77	8.802 84	6.414 86	8.799 58	6.436 44
2.7	1.189 62	6.063 84	13.822 9	9.917 11	13.817 7	9.950 6
2.85	1.258 08	10.831 5	25.940 7	18.072 8	25.930 6	18.134 6
3.	1.4147 3	21.145 5	67.455 4	43.596 2	67.426 7	43.755 1
3.15	2.091 79	800.482	374.656	62.554 5	374.431	63.725 2

从亚当斯显式公式(6.6.5)和隐式公式(6.6.6)的第二式可以看到，前者 h^5 项的系数是后者

隐式公式截断误差估计 h^5 项系数的 13 倍。从这一层面看，隐式方法明显优于显式方法，这也是微分方程初值问题数值解法中普遍现象。然而，隐式方法中，待求量 y_{n+1} 是由隐式方程确定，往往需要借助于非线性方程的求解方法，如一般迭代法或牛顿迭代法近似求解。如果初始近似值选得不好，其计算量会比利用一次显式公式大得多。因此，既要利用隐式方法的高精度，又要利用显式方法的简易性，办法之一就是先按同阶显式方法确定较好的迭代初值，再按隐式方法迭代 1～2 次达到精度要求，这就是预测-校正方法。

2. 预测-校正方法

以亚当斯显式公式(6.6.5)和隐式公式(6.6.6)为例来说明预测-校正方法，其他线性多步公式可以类似得出。先用亚当斯显式公式(6.6.5)计算 y_{n+1}，记为 $y_{n+1}^{(0)}$，这一步骤称为预测。接着按公式(6.6.2)计算一次 f_{n+1}，即 $f_{n+1}^{(0)}=f(x_n+h,y_{n+1}^{(0)})$。然后用简单迭代法按公式(6.6.6)计算 y_{n+1}，记为 $y_{n+1}^{(1)}$，这一步骤称为校正。下一步计算重复这一过程，这就是四阶亚当斯预测-校正方法。

注意到上述算法中，在校正步骤，简单迭代法以预测 $y_{n+1}^{(0)}$ 为初值仅迭代了一步，可能带入一些误差。在具体实践中应注意这一点。

例 6.6.2 用四阶亚当斯预测-校正方法求解例 6.6.1 的初值问题并与其公式解比较。

解 仍取步长 $h=0.05$，附加初值由公式给出。预报校正方法的计算结果如图 6-12 所示，图中空心圆点表示的是预报校正方法的计算结果与公式计算结果差的绝对值乘以10^4 的结果，对应地，圆点表示的显式公式(6.6.5)的计算结果，而菱形点是隐式亚当斯方法计算结果，在隐式方法计算过程中，每一步用一般迭代法求解(当前后两次迭代值之差小于10^{-6}时迭代终止)。由此可以看出，虽然四阶亚当斯预测-校正方法的结果与精确值有一些误差，但与显式方法相比，误差大为减小。

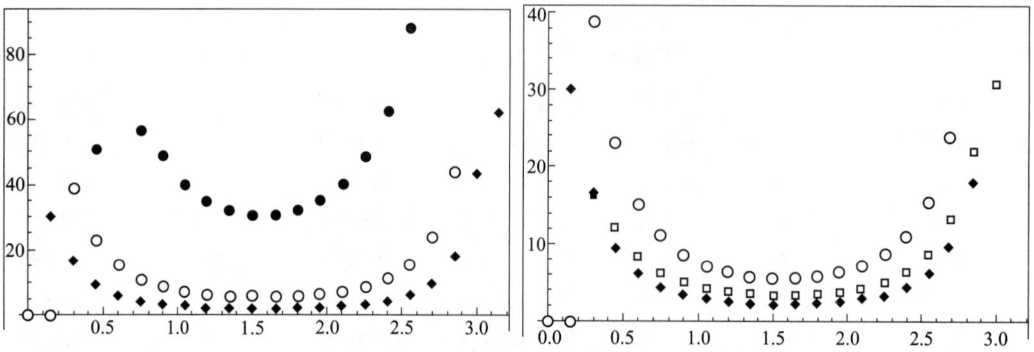

图 6-12 例 6.6.2 的计算结果

如果在预报校正方法的计算过程中将简单迭代过程重复一步，结果会如何呢？图 6-12 右图给出了结果(空心方块是与公式计算结果差的绝对值乘以10^5 的结果)。由图 6-12 右图可以看出，在校正过程迭代增加一次，计算精度大大增加(图中空心圆点和菱形点与图 6-12 左图一致)。

3. 线性多步方法的收敛性与稳定性

下面简单讨论线性多步方法的收敛性与稳定性问题。关于线性多步方法(6.6.1)的收敛性，由于利用多步方法(6.6.1)求数值解需要 r 个初值，而微分方程初值问题只给出一个初值，因此要利用多步方法还需要给定其余 $r-1$ 个初值，如此即得到

$$\begin{cases} y_{n+1}=\sum_{k=0}^{r}\alpha_k y_{n-k}+h\sum_{k=-1}^{r}\beta_h f_{n-k} \\ y_j=\eta_j(h), \quad j=0,1,\cdots,r-1 \end{cases} \tag{6.6.9}$$

假设由式(6.6.9)在 $x=x_n$ 处得到的数值解为 y_n，这里 $x_n=x_0+nh\in[a,b]$ 为固定点，$h=\frac{b-a}{n}$，于是可以类似单步法收敛性定义，给出线性多步法的收敛性概念。线性多步法的收敛性问题涉及其根条件，在此不再赘述。

关于线性多步方法的稳定讨论，也类似于单步方法，只是注意此时的扰动因素既有方程的扰动，又有多个初值的扰动。细致的分析在此略过，只简单指出，对于四阶显式 Adams 公式(6.6.5)和隐式公式(6.6.6)的稳定性条件是

$$0<h<-6/11\lambda \tag{6.6.10}$$

$$0<h<-3/\lambda \tag{6.6.11}$$

可以看出常用的四阶龙格-库塔公式的稳定性条件优于同阶的 Adams 显式方法，而与隐式方法接近，这也是四阶龙格-库塔方法常被人们所采用的主要原因之一。

作为本节的结束，下面来看一个例子。

例 6.6.3　用米尔恩公式(6.6.8)求解例 6.6.1 的初值问题并与其公式解比较。

解　仍取步长 $h=0.05$，附加初值由公式解给出。计算结果如图 6-13 所示。虽然米尔恩公式(6.6.8)截断误差也是 h^5 阶，但计算结果并不尽如人意，事实上是米尔恩公式的稳定很差所致。

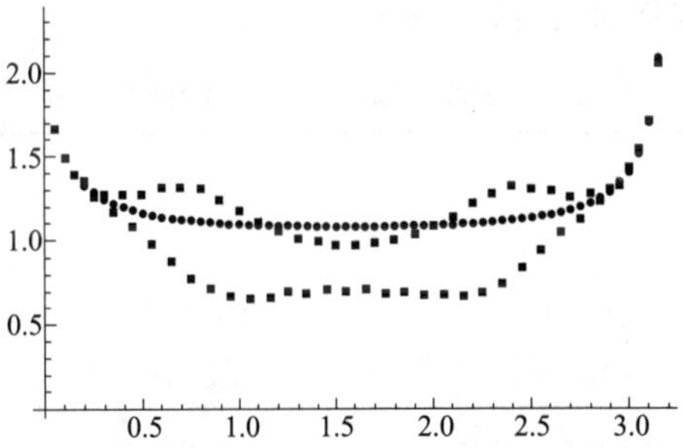

图 6-13　例 6.6.3 的计算结果

6.7　微分方程组的刚性问题

求解微分方程组时，经常出现解的分量数量级差别很大的情形，这给数值求解带来了较大困难，这种问题称为刚性问题，先考察下列方程组

$$\begin{cases}\dfrac{du}{dt}=-1\,000.25u+999.75v+0.5\\[2mm]\dfrac{dv}{dt}=999.75u-1\,000.25v+0.5\\[2mm]u(0)=1\\v(0)=-1\end{cases} \tag{6.7.1}$$

由于其系数矩阵的两个特征值 $\lambda_1=-0.5$，$\lambda_2=-2\,000$，于是可以通过通解求出其解析解

$$\begin{cases}u(t)=-e^{-0.5t}+e^{-2\,000t}+1\\v(t)=-e^{-0.5t}-e^{-2\,000t}+1\end{cases}$$

显然当 $t\to\infty$ 时，$u(t)\to1$，$v(t)\to1$ 称为稳态解。从上式可以看出，$u(t)$，$v(t)$ 中含有快变分量 e^{-2000t} 及慢变分量 $e^{-0.5t}$。快变分量在 $t=0.005$ 时已经衰减到 $e^{-10}\approx0$，而对于慢变分量在 $t=20$ 时才衰减到 $e^{-10}\approx0$。这表明两个解分量变化速度相差很大，该方程组是一个刚性方程组。如果用四阶 Runge-Kutta 法求解，步长要满足 $h<-2.78/\lambda_2=0.001\,39$，才能使计算稳定，而要计算到稳

态解至少需要到 $t=20$,即要算到 14 388 步。这种小步长计算长区间的现象是刚性方程组数值求解出现的困难。

对于高维线性方程组,只要其系数矩阵的特征值实部小于零,且特征值实部绝对值最大与最小之比远大于 1(通常认为大于 10),这个方程组就是刚性方程组。对于高维非线性方程组,下面以洛伦兹方程为例给出讨论方法。令洛伦茨方程(6.1.6)的右端诸函数为零,求出其稳态解(x_0, y_0, z_0)。若取 $\sigma=10, b=8/3, r=10$,得到其中一个稳态解$(x_0, y_0, z_0)=(-2\sqrt{6}, -2\sqrt{6}, 9)$。将洛伦兹方程(6.1.6)的右端诸函数在该稳态解处进行泰勒展开并略去高阶项后得到线性近似方程

$$\begin{cases}\dfrac{\mathrm{d}x}{\mathrm{d}t}=-\sigma x+\sigma y=-10x+10y\\ \dfrac{\mathrm{d}y}{\mathrm{d}t}=(r-z_0)x-y-x_0z=x-y+2\sqrt{6}z\\ \dfrac{\mathrm{d}z}{\mathrm{d}t}=y_0x+x_0y-bz=2\sqrt{6}x+2\sqrt{6}y-\dfrac{8}{3}z\end{cases} \tag{6.7.2}$$

其系数矩阵的特征值为 $\lambda_1=-12.4757$,$\lambda_2=-0.5955-6.1742\mathrm{i}$,$\lambda_3=-0.5955+6.1742\mathrm{i}$,这里 $|\lambda_1|/|\mathrm{Re}(\lambda_2)|=12.4757/0.5955>20$,因此此时的方程组为刚性方程组。如果用四阶龙格-库塔法求解,步长要满足 $h<-2.78/\lambda_1=0.2228$。利用例 6.5.2 的算法,其中 $\sigma=10, b=8/3, r=10$,若取 $h=0.3$,则前 5 步计算的结果见表 6-6。

表 6-6 刚性问题式(6.7.2)的计算结果

步数 n	x	y	z
1	0	2	0
2	−7.035 49	20.104 1	−6.828 56
3	−261.236	134 014	−8 989.14
4	-7.13065×10^{14}	7.47272×10^{26}	-3.39266×10^{25}
5	-4.98155×10^{104}	4.42368×10^{172}	-2.00838×10^{171}

取 $h=0.1$ 的结果如图 6-14 所示。

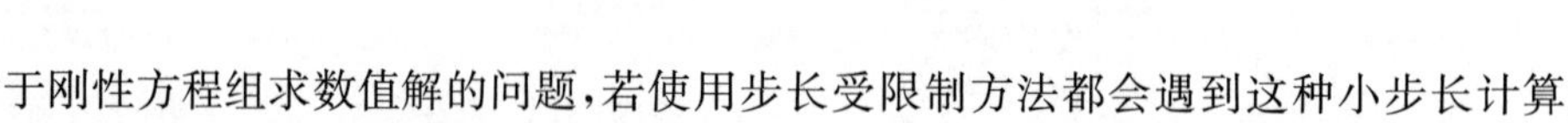

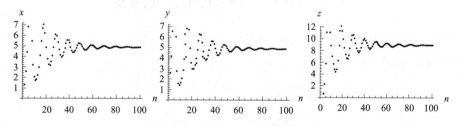

图 6-14 小步长求出的刚性洛伦兹方程的解

对于刚性方程组求数值解的问题,若使用步长受限制方法都会遇到这种小步长计算大区间困难,因此最好使用对步长不受限制的方法。由于所有显式方法稳定性结果都对步长有限制,因此要选用隐式方法或多步方法。本书不再展开介绍。

6.8 二阶微分方程的边值问题

二阶微分方程也可以看作微分方程组,如式(6.1.2)可以化作式(6.1.10),可以利用微分方程组的数值方法求解实际应用中较为常见的微分方程的初值问题,但对二阶微分方程而言,所谓

的边值问题在科学技术问题中也常常出现，其求解问题与上述初值问题不同。本节简单讨论两种本方法。

6.8.1　二阶微分方程边值问题的打靶法

二阶非线性边值问题通常可以写成

$$\begin{cases} y''=f(t,y,y') \\ y'(a)+\alpha y(a)=A \\ g(y(b),y'(b))=B \end{cases} \tag{6.8.1}$$

其中 f,g 为已知函数，a 与 b 为两个给定的端点。求解边值问题的思路是适当选择和调整初值条件，求解一系列初值问题，使之逼近给定的边界条件。如果将上述初值问题的解视为弹道，那么求解过程即不断调整试射条件使之达到预定的靶子，故称打靶法。

对于问题(6.8.1)可以通过下列步骤求数值解。

第一步　计算初值问题

$$y''=f(t,y,y')$$
$$y(a)=0,\quad y'(a)=A$$

的数值解 y_1。若 $g(y_1(b),y_1'(b))=B$ 近似地满足，则 y_1 即为所求；否则进行第二步。

第二步　计算初值问题

$$y''=f(t,y,y')$$
$$y(a)=1,\quad y'(a)=A-\alpha$$

的数值解 y_2。若 $g(y_2(b),y_2'(b))=B$ 近似地满足，则 y_2 即为所求；否则令 $m=3$ 进行第三步。

第三步　将 $g(y(b),y'(b))$ 视为 $y(a)$ 的函数，用线性逆插值法调整初值，即计算

$$y_m(a)=y_{m-2}(a)+\frac{[y_{m-1}(a)-y_{m-2}(a)][B-g(y_{m-2}(b),y_{m-2}'(b))]}{g(y_{m-1}(b),y_{m-1}'(b))-g(y_{m-2}(b),y_{m-2}'(b))}$$

$$y_m{}'(a)=A-\alpha y_m(a)$$

之后进入下一步。

第四步　计算初值问题

$$y''=f(t,y,y')$$
$$y(a)=y_m(a),\quad y'(a)=y_m'(a)$$

的数值解 y_m。若 $g(y_m(b),y_m{}'(b))=B$ 近似地满足，则 y_m 即为所求；否则令 $m+1\Rightarrow m$ 转向第三步继续计算直到满意为止。

特别地，若微分方程为线性的，上述过程可以大为简化。

考虑二阶线性微分方程

$$y''+p(t)y+q(t)y=f(t) \tag{6.8.2}$$

设 $y_1(t)$ 与 $y_2(t)$ 是方程(6.8.2)的满足初值条件

$$y_1(a)=c_1,\quad y_1'(a)=d_1$$

和

$$y_2(a)=c_2,\quad y_2'(a)=d_2$$

的两个解，则

$$y(t)=\gamma y_1(t)+(1-\gamma)\,y_2(t)$$

也是方程(6.8.2)的解，它满足处置条件

$$y(a)=\gamma y_1(a)+(1-\gamma)\,y_2(a)=\gamma c_1+(1-\gamma)c_2$$
$$y'(a)=\gamma y_1'(a)+(1-\gamma)\,y_2'(a)=\gamma d_1+(1-\gamma)d_2$$

要使解 $y(t)$ 满足 $y(b)=B$，只要

$$y(b)=B=\gamma y_1(b)+(1-\gamma)\,y_2(b)$$

从而得到

$$\gamma=\frac{B-y_2(b)}{y_1(b)-y_2(b)}$$

为此对于求方程(6.8.7)的满足边值问题 $y(a)=Ay(b)=B$ 的解，可以取 $c_1=c_2=A$，而 $d_1\neq d_2$ 任意取值。即先求满足初值条件 $y_1(a)=A, y_1'(a)=d_1$ 的解 y_1，再求满足初值条件 $y_2(a)=A$，$y_2'(a)=d_2$ 的解 y_2，从而得到

$$y(t)=\frac{B-y_2(b)}{y_1(b)-y_2(b)}\,y_1(t)+\frac{y_1(b)-B}{y_1(b)-y_2(b)}y_2(t)$$

也可以再求满足如下初值条件的解：

$$y(a)=A,\quad y'(a)=\frac{B-y_2(b)}{y_1(b)-y_2(b)}\,d_1+\frac{y_1(b)-B}{y_1(b)-y_2(b)}d_2$$

对于满足如下边值条件 $y'(a)=D, y(b)=B$ 的解，可以取 $d_1=d_2=D$，而 $c_1\neq c_2$ 任意取值。即先求满足初值条件 $y_3(a)=c_1, y_3'(a)=D$ 的解 y_3，再求满足初值条件 $y_4(a)=c_2, y_4'(a)=D$ 的解 y_4，从而得到

$$y(t)=\frac{B-y_4(b)}{y_3(b)-y_4(b)}\,y_3(t)+\frac{y_3(b)-B}{y_3(b)-y_4(b)}y_4(t)$$

再如，对于满足边值条件 $y(a)=A, y'(b)=C$ 的解，可以取 $c_1=c_2=A$，而 $d_1\neq d_2$ 任意取值。即先求满足初值条件 $y_5(a)=A, y_5'(a)=d_1$ 的解 y_5，再求满足初值条件 $y_6(a)=A, y_6'(a)=d_2$ 的解 y_6，从而得到

$$y(t)=\frac{C-y_6'(b)}{y_5'(b)-y_6'(b)}\,y_5(t)+\frac{y_5'(b)-C}{y_5'(b)-y_6'(b)}y_6(t)$$

也可以直接满足如下初值条件的解：

$$y(a)=A,\quad y'(a)=\frac{C-y_6'(b)}{y_5'(b)-y_6'(b)}\,d_1+\frac{y_5'(b)-C}{y_5'(b)-y_6'(b)}d_2$$

对于其他类型的边界条件可以类似处理。

作为例子，下面考虑如下卷积的数值计算问题。

例 6.8.1 讨论如下卷积的数值问题。

$$\sigma(t)=\int_0^t \eta(t-s)g(s)\,\mathrm{d}s \tag{6.8.3}$$

如果核函数 η 是如下形式

$$\eta(t)=1-a_1(1-\mathrm{e}^{-t/\tau_1})-a_2(1-\mathrm{e}^{-t/\tau_2})$$

则上述卷积 $\sigma(t)$ 满足如下微分方程

$$\sigma''+\left(\frac{1}{\tau_1}+\frac{1}{\tau_2}\right)\sigma'+\frac{1}{\tau_1\tau_2}\sigma=g_0(t) \tag{6.8.4}$$

其中

$$g_0(t)=g'(t)+\left(\frac{1-a_1}{t_1}+\frac{1-a_2}{t_2}\right)g(t)+\frac{1-a_1-a_2}{t_1t_2}\int_0^t g(s)\,\mathrm{d}s$$

如果 $g(t)=0.027\ 34\mathrm{e}^{39.063\ 8\varepsilon(t)}\varepsilon'(t)$，$\varepsilon(t)=0.062\ 2[1+\sin(2\pi t-1.700\ 8)]$，$a_1=0.343\ 8$，$a_2=0.292\ 6$，$\tau_1=1.000\ 8(\mathrm{min})$，$\tau_2=2.315\ 2(\mathrm{min})$。由式(6.8.3)显然，$\sigma(0)=0$，求满足条件 $\sigma(T)=0$，$T=1(\mathrm{s})$的解 $\sigma(t)$。可以利用打靶法求解微分方程(6.8.4)满足边值条件 $\sigma(0)=\sigma(1)=0$ 的解(见图 6-15)。

例 6.8.2 求例 6.5.3 中血吸虫病数学模型(6.5.4)～(6.5.6)的周期解。

解 可以知道该血吸虫病数学模型中的状态变量如果呈周期变化，其周期与钉螺总量 $S(t)$

和钉螺死亡率 $\delta(t)$ 周期相同，即周期 $T=24$(月)。据此该问题可以归结为如下边值问题：

$$\begin{cases}\dfrac{dx}{dt}=-rx+\dfrac{A}{S(t)}y\\ \dfrac{dy}{dt}=-\delta(t)y+B(S(t)-y)\dfrac{x^2}{1+x}\\ x(0)=x(T)\\ y(0)=y(T)\end{cases}\tag{6.8.5}$$

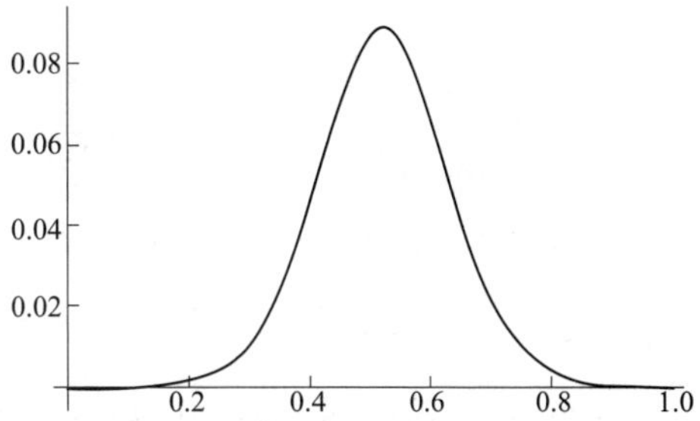

图 6-15　卷积(6.8.3)的解曲线

假设满足正初值条件，即 $x(0)=x_0>0$，$y(0)=y_0>0$，微分方程(6.5.4)的解 $(x(t),y(t))$ 满足条件 $0<x(t)\leqslant x_M$，$0<y(t)\leqslant y_M$，那么周期边值问题(6.8.5)就等价于在矩形区域 $(0,x_M]\times(0,y_M]$ 寻求一点 (x^*,y^*)，使得满足初值条件 $x(0)=x^*$，$y(0)=y^*$，微分方程(6.5.4)的解也满足 $x(T)=x^*$，$y(T)=y^*$，即在矩形区域 $(0,x_M]\times(0,y_M]$ 中实施“打靶”。

这里“打靶”的思路是，从任一点 $(x_0,y_0)\in(0,x_M]\times(0,y_M]$ 出发，即求解微分方程(6.5.4)满足初值条件 $(x(0),y(0))=(x_0,y_0)$ 的解 $(x(t),y(t))$，验证 $(x(T),y(T))$ 是否近似等于 (x_0,y_0)，若是，终止计算；若否，继续以初值 $(x(0),y(0))=(x(T),y(T))$ 求解微分方程组(6.5.4)；循环上述步骤即可。表 6-7 给出了相应的计算结果。第二、三列分别是在前后两个周期点变量值的差，差值很小即可认为得到了周期解。表 6-6 的后四列是两个变量在一个周期内的最大最小值。同一变量最大最小值不同说明解随时间变化，而非稳定不变。不同周期内最大、最小值稳定不变说明解周期性变化。

表 6-7　例 6.8.2 的计算结果

nT	$x_{nT}-x_{(n-1)T}$	$y_{nT}-y_{(n-1)T}$	x_{max}	x_{min}	y_{max}	y_{min}
0	1	.5	—	—	—	—
24	1.810 5	3.213 4	2.810 5	0.994 3	12.628 1	0.500 0
48	0.172 2	9.37×10^{-3}	3.016 55	2.802 34	12.908 7	1.478 18
72	1.54×10^{-2}	8.06×10^{-4}	3.053 27	2.941 61	12.916 8	1.477 68
96	1.38×10^{-3}	7.19×10^{-5}	3.060 83	2.953 46	12.91 74	1.477 63
120	1.24×10^{-4}	6.44×10^{-6}	3.061 51	2.953 83	12.917 5	1.477 63
144	1.11×10^{-5}	5.77×10^{-7}	3.061 57	2.953 86	12.917 5	1.477 63
168	9.94×10^{-7}	6.17×10^{-8}	3.061 58	2.953 86	12.917 5	1.477 63

6.8.2　二阶线性微分方程边值问题的差分法

二阶线性微分方程一般形式为

$$y''+p(x)y'+q(x)y=r(x),\quad x\in[a,b]\tag{6.8.6}$$

常见边界条件有三类

$$y(a)=\alpha,\quad y(b)=\beta$$
$$y'(a)=\alpha_1,\quad y'(b)=\beta_1$$
$$y'(a)=\alpha_0 y(a)+\alpha_1,\quad y'(b)=\beta_0 y(b)+\beta_1$$

差分方法的主要思想是将自变量所在区间细分，离散化方程以及其边界条件，构成线性方程组，通过求解所得线性方程组得到边值问题的近似解。

将区间 $[a,b]$ 等分：$x_j=a+jh(j=0,1,2,\cdots,n)$，$h=\dfrac{b-a}{n}$。根据数值微分可以得到

$$\begin{cases} y'(x_j)=\dfrac{y(x_{j+1})-y(x_{j-1})}{2h}-\dfrac{h^2}{6}y^{(3)}(\xi_j) \\ y''(x_j)=\dfrac{y(x_{j+1})-2y(x_j)+y(x_{j-1})}{h^2}-\dfrac{h^2}{12}y^{(4)}(\eta_j) \end{cases}$$

其中 $\xi_j,\eta_j\in(x_{j-1},x_{j+1})$。如此，方程(6.8.5)化为

$$\frac{y_{j+1}-2y_j+y_{j-1}}{h^2}+p_j\frac{y_{j+1}-y_{j-1}}{2h}+q_jy_j=r_j\quad(j=1,2,\cdots,n-1)\tag{6.8.7}$$

这里 $y_j=y(x_j),p_j=p(x_j),q_j=q(x_j),r_j=r(x_j)(j=0,1,2,\cdots,n)$。式(6.8.7)是关于 y_j 的 $(n-1)$ 个方程，需要针对边界条件的不同类型作不同处理。

如果考虑第一类边值条件 $y(a)=\alpha,y(b)=\beta$，其可以写为 $y_0=\alpha,y_n=\beta$，此时方程(6.8.7)恰有 $n-1$ 个未知量和 $n-1$ 个方程，可以进一步写为

$$\begin{pmatrix} b_1 & c_1 & & & \\ a_2 & b_2 & c_2 & & \\ & \ddots & \ddots & \ddots & \\ & & a_{n-2} & b_{n-2} & c_{n-2} \\ & & & a_{n-1} & b_{n-1} \end{pmatrix}\begin{pmatrix} y_1 \\ y_2 \\ \vdots \\ y_{n-2} \\ y_{n-1} \end{pmatrix}=\begin{pmatrix} d_1-a_1\alpha \\ d_2 \\ \vdots \\ d_{n-2} \\ d_{n-1}-c_{n-1}\beta \end{pmatrix}\tag{6.8.8}$$

其中 $a_j=1-\dfrac{h}{2}p_j,b_j=-2+h^2q_j,c_j=1+\dfrac{h}{2}p_j,d_j=h^2r_j$。

如果考虑第二类边值条件 $y'(a)=\alpha_1,y'(b)=\beta_1$，根据数值微分的插值型求导公式，其可以写为

$$\begin{cases} \dfrac{-3y_0+4y_1-y_2}{2h}=\alpha_1 \\ \dfrac{y_{n-2}-4y_{n-1}+3y_n}{2h}=\beta_1 \end{cases}\tag{6.8.9}$$

而第三类边值条件 $y'(a)=\alpha_0y(a)+\alpha_1,y'(b)=\beta_0y(b)+\beta_1$ 也可以写为

$$\begin{cases} \dfrac{-3y_0+4y_1-y_2}{2h}=\alpha_0y_0+\alpha_1 \\ \dfrac{y_{n-2}-4y_{n-1}+3y_n}{2h}=\beta_0y_n+\beta_1 \end{cases}\tag{6.8.10}$$

将式(6.8.9)或式(6.8.10)与方程组(6.8.8)联合，此时的 $n+1$ 个方程构成了含有 $n+1$ 个未知量的方程组，求解即得到相应的微分方程边值问题的近似解。

例 6.8.3 在固体的表面生长出厚度为 L_f 的生物薄膜(见图 6-16)。一个化合物 A 在走过一个扩散层的厚度后，扩散到该生物薄膜中，在其中进行不可逆的一阶反应，从而转换为产物 B。

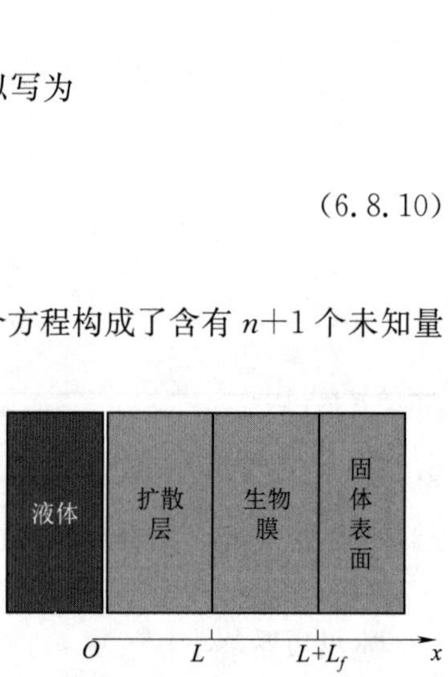

图 6-16 固体表面生长出的生物薄膜示意图

对于化合物 A 可以使用稳态质量平衡方程表示：

$$D\frac{\mathrm{d}^2c_a}{\mathrm{d}x^2}=0,\qquad 0\leqslant x<L$$

$$D_f\frac{\mathrm{d}^2c_a}{\mathrm{d}x^2}-kc_a=0,\quad L\leqslant x\leqslant L+L_f$$

其中 D 是扩散层中的扩散系数 0.8 cm^2/d，D_f 是生物薄膜中的扩散系数 0.64 cm^2/d，k 是从 A 转换为 B 的一阶速率 0.1/d。边界条件为

$$c_a = c_{a0}, \quad x = 0$$

$$\frac{\mathrm{d}c_a}{\mathrm{d}x} = 0, \quad x = L + L_f$$

其中是在散装液体中的浓度 100 mol/L。使用有限差分法计算 A 在 $x=0$ 到 $L+L_f$ 区间的稳态分布，其中 $L=0.008$ cm，$L_f=0.004$ cm，取 $\Delta x=0.001$ cm 进行计算。

注意到本问题在扩散层与生物膜界面的边界处，化合物浓度还必须满足连续性边界条件，因此本问题可以认为是如下边值问题。

$$\begin{cases} D\dfrac{\mathrm{d}^2 c_a}{\mathrm{d}x^2} = 0, & 0 \leqslant x < L \\ D_f \dfrac{\mathrm{d}^2 c_b}{\mathrm{d}x^2} - kc_b = 0, & L \leqslant x \leqslant L + L_f \\ c_a(0) = c_{a0} \\ c_a(L-0) = c_b(L+0) \\ \left.\dfrac{\mathrm{d}c_a}{\mathrm{d}x}\right|_{x=L-0} = \left.\dfrac{\mathrm{d}c_b}{\mathrm{d}x}\right|_{x=L+0} \\ \left.\dfrac{\mathrm{d}c_b}{\mathrm{d}x}\right|_{x=L+L_f} = 0 \end{cases} \tag{6.8.11}$$

将方程(6.8.5)对应于本例，$p(x) \equiv r(x) \equiv 0, x \in [0, L+L_f]$，而

$$q(x) = \begin{cases} 0, & x \in [0, L) \\ -\dfrac{k}{D_f}, & x \in [L, L+L_f) \end{cases}$$

将区间$[0, L+L_f] = [0, 0.012]$以步长 $h=0.001$ 等分。这样一来，可以写出

$$y_{j+1} - 2y_j + y_{j-1} = 0 \quad (j = 1, 2, \cdots, 7)$$

$$z_{j+1} - 2z_j + z_{j-1} - h^2 \frac{k}{D_f} z_j = 0 \quad (j = 8, 9, 10, 11)$$

边界条件可以写成

$$\begin{cases} y_0 = 100 \\ y_8 = z_8 \\ y_6 - 4y_7 + 3y_8 = -3z_8 + 4z_9 - z_{10} \\ z_{10} - 4z_{11} + 3z_{12} = 0 \end{cases} \tag{6.8.12}$$

求出的解如图 6-17 所示，图中实线为公式解。

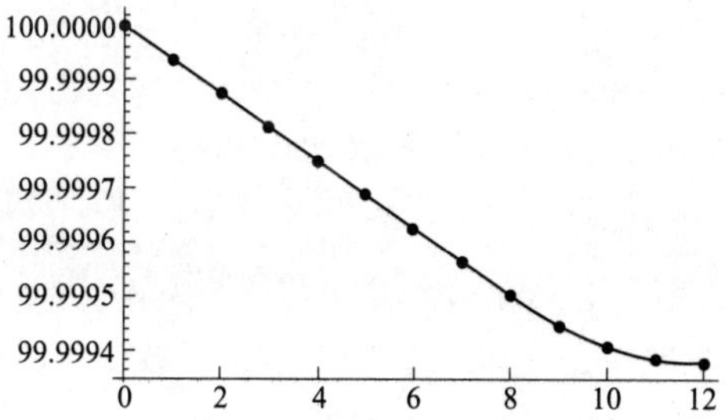

图 6-17　边值问题(6.8.11)的解

6.9　微分方程计算机实验

针对微分方程数值求解问题，本节分别基于 Python 语言程序设计介绍。

6.9.1 显式欧拉公式和改进欧拉公式的实现

关于显式欧拉公式的基本方法见 6.2.1 节，下面在 Python 环境中实现这一算法。由讨论知，欧拉算法是一种迭代算法，其迭代公式见式(6.2.2)。则可以通过以下代码实现欧拉法：

```
def euler(f, x0, y0, b, h):
    y =[y0]
    x =[x0]
    while (x0 +h) <=b:
        y0 =h *  f(x0, y0) +y0
        x0 =x0 +h
        y.append(y0)
        x.append(x0)
    return y, x
```

其中输入参数函数 f 即为所求的初值问题中的导函数，x0 为初值点，y0 为初值点处对应的函数值，b 为积分区间的终点，而 h 则是步长。返回值为两个列表，其中分别存储计算出的微分方程解的函数值，和与该函数值对应的自变量值。

类似于欧拉公式，将递推公式进行修改，就得到了改进欧拉法的求解函数：

```
def euler_improved(f, x0, y0, b, h):
    y =[y0]
    x =[x0]
    while (x0 +h) <=b:
        x1 =x0 +h
        yp =y0 +h *  f(x0, y0)
        yc =y0 +h *  f(x1, yp)
        y0 = (yp +yc) / 2
        x0 =x1
        y.append(y0)
        x.append(x0)
    return y, x
```

其参数与之前欧拉法的定义相同。

例 6.9.1 用欧拉公式(6.2.2)和改进欧拉公式(6.2.10)求解初值问题(6.2.3)。

解 为了实现指数运算，需要导入其他工具包，这里使用 numpy 工具包。

```
impor tnumpy as np
```

使用 lambda 定义导函数 fun_6_2_1 和解函数 real_ans_6_2_1：

```
fun_6_2_1=lambda x, y: y -3 *  x / y **  (1 / 3)
real_ans_6_2_1 =lambda x: (9 +12 *  x -5 *  np.exp(4 *  x / 3)) **  (3 / 4) / 2 **  (3 / 2)
```

应用之前定义的函数实现欧拉公式和改进欧拉式，将函数值分别返回给 y1 和 y2：

```
[y1, x1] =euler(fun_6_2_1, 0, 1, 1, 0.1)
[y2, x2] =euler_improved(fun_6_2_1, 0, 1, 1, 0.1)
```

计算真实的函数值 y_real：

```
y_real =[real_ans_6_2_1(x) for x in x1]
```

打印结果：

```
print("x\\tEuler 法 y\\t 真实值\\t 改进 Euler 法 y")
for k in range(11):
    print (f"{x1[k]:.1f}\\t{y1[k]:.6f}\\t{y2[k]:.6f}\\t{y_real[k]:.6f}")
```

结果见表 6-2。

6.9.2　四阶龙格-库塔法的实现

类似于之前欧拉和改进欧拉法的实现,可以根据式(6.4.7)实现四阶的龙格-库塔法,可以如下定义函数:

```
def rk4(f, x0, y0, b, h):
    x =[x0]
    y =[y0]
    while (x0 +h) <=b:
        x1 =x0 +h
        k1 =f(x0, y0)
        k2 =f(x0 +h / 2, y0 +h / 2 *  k1)
        k3 =f(x0 +h / 2, y0 +h / 2 *  k2)
        k4 =f(x1, y0 +h *  k3)
        y0 =y0 +h *  (k1 +2 *  k2 +2 *  k3 +k4) / 6
        x0 =x1
        y.append(y0)
        x.append(x0)
    return y, x
```

其参数与之前欧拉法的定义相同。

例 6.9.2　求解例 6.4.3 中的方程

$$\begin{cases}\dfrac{\mathrm{d}N}{\mathrm{d}t}=rN(N-a)\left(1-\dfrac{N}{K}\right)\\ N(0)=N_0\end{cases}$$

其中 $r=0.5$,$a=2$,$K=5$,就 N_0 取 0～2 之间，2～5 之间的 3～4 个值求解。

解　令 $b=60$,$h=0.05$,$t_0=0$,分别取 $N_0=1.5,2.05,3.05,4.05$,则可以由如下代码计算其对应的函数向量。

```
r =0.5
a =2
K =5
f =lambda t, N: r *  N *  (N -a) *  (1 -N / K)
b =60
h =0.05
t0 =0
N0 =[1.5, 2.05, 3.05, 4.05]
Y =[]
for n0 in N0:
    [y1, x1] =rk4(f, t0, n0, b, h)
    Y.append(y1)
```

可以使用 matplotlib 工具包来绘制函数图像,为了方便数据处理,同时引入 numpy 工具包:

```
import numpy as np
```

```
import matplotlib.pyplot as plt

x1_array =np.array(x1)
Y_array =np.array(Y)
markers =["s", "o", "s", "^"]
markerfillstyles =["none", "full", "full", "full"]
plt.figure(figsize= (10, 6))
for k in range(4):
    plt.plot(x1_array[:200:5], Y_array[k, :200:5],
            marker=markers[k], fillstyle=markerfillstyles[k],
            linestyle='', color='blue')
plt.axhline(5, 0, 10, linestyle='- ')
plt.axhline(2, 0, 10, linestyle='- - ')
plt.show()
```

结果见图 6-6。

6.9.3 方程组的四阶龙格-库塔法实现

根据公式(6.5.2),可以得到方程组的数值计算方法,可以编写 Python 如下函数。

求解由两个方程组成的方程组的函数 rk4_2:

```
def rk4_2(f, g, t0, x0, y0, b, h):
    t =[t0]
    x =[x0]
    y =[y0]
    while (t0 +h) <=b:
        t1 =t0 +h
        k1 =f(t0, x0, y0)
        l1 =g(t0, x0, y0)
        k2 =f(t0 +h / 2, x0 +h / 2 *  k1, y0 +h / 2 *  l1)
        l2 =g(t0 +h / 2, x0 +h / 2 *  k1, y0 +h / 2 *  l1)
        k3 =f(t0 +h / 2, x0 +h / 2 *  k2, y0 +h / 2 *  l2)
        l3 =g(t0 +h / 2, x0 +h / 2 *  k2, y0 +h / 2 *  l2)
        k4 =f(t1, x0 +h *  k3, y0 +h *  l3)
        l4 =g(t1, x0 +h *  k3, y0 +h *  l3)
        x0 =x0 +h *  (k1 +2 *  k2 +2 *  k3 +k4) / 6
        y0 =y0 +h *  (l1 +2 *  l2 +2 *  l3 +l4) / 6
        t0 =t1
        x.append(x0)
        y.append(y0)
        t.append(t0)
    return x, y, t
```

求解三个方程组成的方程组函数 rk4_3:

```
def rk4_3(f, g, p, t0, x0, y0, z0, b, h):
    t =[t0]
    x =[x0]
    y =[y0]
    z =[z0]
    while (t0 +h) <=b:
        t1 =t0 +h
        k1 =f(t0, x0, y0, z0)
```

```
        s1 = g(t0, x0, y0, z0)
        r1 = p(t0, x0, y0, z0)
        k2 = f(t0 + h / 2, x0 + h / 2 * k1, y0 + h / 2 * s1, z0 + h / 2 * r1)
        s2 = g(t0 + h / 2, x0 + h / 2 * k1, y0 + h / 2 * s1, z0 + h / 2 * r1)
        r2 = p(t0 + h / 2, x0 + h / 2 * k1, y0 + h / 2 * s1, z0 + h / 2 * r1)
        k3 = f(t0 + h / 2, x0 + h / 2 * k2, y0 + h / 2 * s2, z0 + h / 2 * r2)
        s3 = g(t0 + h / 2, x0 + h / 2 * k2, y0 + h / 2 * s2, z0 + h / 2 * r2)
        r3 = p(t0 + h / 2, x0 + h / 2 * k2, y0 + h / 2 * s2, z0 + h / 2 * r2)
        k4 = f(t1, x0 + h * k3, y0 + h * s3, z0 + h * r3)
        s4 = g(t1, x0 + h * k3, y0 + h * s3, z0 + h * r3)
        r4 = p(t1, x0 + h * k3, y0 + h * s3, z0 + h * r3)
        x0 = x0 + h * (k1 + 2 * k2 + 2 * k3 + k4) / 6
        y0 = y0 + h * (s1 + 2 * s2 + 2 * s3 + s4) / 6
        z0 = z0 + h * (r1 + 2 * r2 + 2 * r3 + r4) / 6
        t0 = t1
        x.append(x0)
        y.append(y0)
        t.append(t0)
    return x, y, z, t
```

例 6.9.3　取 $F(t)=p\sin(\pi t/4)$ 求解振动系统(6.1.2)。其中 $p=0.08$，$n=0.05$，$k^2=1.2$，$\omega=\pi/4$。

解　根据公式(6.1.10)定义问题如下：

```
import numpy as np

f = lambda t, x, y: y
g1 = lambda t, x, y: -1.2 * x - 0.1 * y + 0.08 * np.sin(np.pi / 4 * t)
t0, x0, y0, b, h = 0, 1, 0, 140, 0.1
x1, y1, t1 = rk4_2(f, g1, t0, x0, y0, b, h)
```

同理可以计算无阻尼假设下的运动轨迹：

```
g2 = lambda t, x, y: -1.2 * x - 0.1 * y
x2, y2, t2 = rk4_2(f, g2, t0, x0, y0, b, h)
```

可以使用 matplotlib 绘制图像：

```
import matplotlib.pyplot as plt

plt.figure(figsize=(14, 6))
plt.subplot(1, 2, 2)
plt.plot(t1, x1)
plt.subplot(1, 2, 1)
plt.plot(t2, x2)
plt.show()
```

由此得到无阻尼和正弦阻尼情形下的振动图像(见图 6-7)。

例 6.9.4　求解洛伦茨方程(6.1.6)。

洛伦茨方程(6.1.6)具有三个参数、三个变量，已发现其呈不同形态的多个解，涉及混沌吸引子。如果 $\sigma=10$，$b=\frac{8}{3}$，$r=28$ 时，洛伦茨方程(6.1.6)的解曲线呈现两“翼”的混沌吸引子(见图 6-8)，其主要特征体现在两个方面：初值不同的解最终围绕着一对点形成缠绕（见图 6-8）；初值相近的解也可以相差甚远（见图 6-9）。相应的 Python 程序如下：

```
si, b0, r =10, 8 / 3, 28
f =lambda t, x, y, z: si *  (y -x)
g =lambda t, x, y, z: r *  x -y -x *  z
p =lambda t, x, y, z: y *  x -b0 *  z

t0, x0, y0, z0, b, h =0, 0, 2, 0, 34, 0.01
x1, y1, z1, t1 =rk4_3(f, g, p, t0, x0, y0, z0, b, h)
```

修改参数：

```
y0=-2
x2, y2, z2, t2 =rk4_3(f, g, p, t0, x0, y0, z0, b, h)
```

绘制函数图形：

```
import matplotlib.pyplot as plt

plt.figure(figsize= (14,6))
plt.subplot(1,2,1,projection='3d')
plt.plot(x1, y1, z1)
plt.subplot(1,2,2,projection='3d')
plt.plot(x2, y2, z2)
plt.show()
```

得到图 6-8。

考察初始值变化对结果的影响，对比选择两个相邻初值点 $(x,y,z)=(0,2,0)$ 和 $(0,2.01,0)$ 时对结果的影响：

```
t0, x0, y0, z0, b, h =0, 0, 2, 0, 34, 0.01
x1, y1, z1, t1 =rk4_3(f, g, p, t0, x0, y0, z0, b, h)
y0 =2.01
x3, y3, z3, t3 =rk4_3(f, g, p, t0, x0, y0, z0, b, h)
plt.figure(figsize= (14, 6))
plt.plot(t1, x1, 'b-')
plt.plot(t3, x3, 'r:')
plt.show()
```

得到图 6-9。

练习题

1. 给定初值问题

$$\begin{cases} y'=\dfrac{1}{x^2}-\dfrac{y}{x}, & 1\leqslant x\leqslant 2 \\ y(1)=1 \end{cases}$$

用改进欧拉方法（$h=0.05$）以及四阶龙格-库塔法计算（$h=0.1$）其数值解。

2. 给定初值问题

$$\begin{cases} y'=-50y+50x^2+2x, & 0\leqslant x\leqslant 1, \\ y(0)=\dfrac{1}{3} \end{cases}$$

用四阶龙格-库塔法，步长分别取 $h=0.1,0.05,0.025,0.001$ 进行计算，并与精确解 $y(x)=\frac{1}{3}\mathrm{e}^{-50x}+x^2$ 比较。

3. 对于初值问题

$$y'=-100(y-x^2)+2x$$
$$y(0)=1$$

(1)用欧拉方法求解，步长 h 取什么范围的值，才能使计算稳定；

(2)若用四阶龙格-库塔法计算，步长 h 如何选取？

(3)若用梯形公式计算，步长 h 有无限制？

4. 证明四阶龙格-库塔法收敛性。

5. 用二级四阶隐式龙格-库塔公式和四阶龙格-库塔公式求解初值问题

$$y'=\frac{xy-y^2}{x^2},\quad y|_{x=1}=2,\quad 1\leqslant x\leqslant 3$$

并与其公式解 $y(x)=\frac{2x}{1+2\ln x}$ 比较，并考察步长的影响。

6. 设已给初值问题

$$y'=y-\frac{2x}{y},\quad y(0)=1$$

在[0, 1]上，用 Adams 四阶预估-校正算法求其数值解，步长取 $h=0.1$。

7. 对于如下描述捕食竞争模型

$$\begin{cases}\dfrac{\mathrm{d}x}{\mathrm{d}t}=2\left(1-\dfrac{x}{R}\right)x-\alpha xy, & x(0)=x_0\\[2ex] \dfrac{\mathrm{d}y}{\mathrm{d}t}=-y+\alpha xy, y(0)=x_0\end{cases}$$

其中 t 是时间，$x(t)$，$y(t)$ 分别表示 t 时刻被食者、捕食者的数量。取 $x_0=300$，$y_0=150$，$R=400$ 用四阶龙格-库塔法分别计算 $\alpha=0.01,0.05,0.1$ 的解，并观察随时间持续这些解曲变化规律。

8. 对于如下活细胞糖酵解模型

$$\frac{\mathrm{d}s_1}{\mathrm{d}t}=v_1-k_1x_1s_1+k_{-1}x_2$$

$$\frac{\mathrm{d}s_2}{\mathrm{d}t}=k_2x_2-k_3s_2^{\gamma}e+k_{-3}x_1-v_2s_2$$

$$\frac{\mathrm{d}x_1}{\mathrm{d}t}=-k_1x_1s_1+(k_{-1}+k_2)x_2+k_3s_2^{\gamma}e-k_{-3}x_1$$

$$\frac{\mathrm{d}x_2}{\mathrm{d}t}=k_1x_1s_1-(k_{-1}+k_2)x_2$$

$$\frac{\mathrm{d}e}{\mathrm{d}t}=-\frac{\mathrm{d}x_1}{\mathrm{d}t}-\frac{\mathrm{d}x_2}{\mathrm{d}t}$$

其中变量 s_1,s_2,x_1,x_2,e 是糖酵解过程中相关化学成分浓度的相关量。给定初值条件和参数值为

$s_1(0)=1.0$，　$s_2(0)=0.2$，　$x_1(0)=0$，　$x_2(0)=0$，　$e(0)=1.4$

$\gamma=2.0$，　$v_1=0.003$，　$v_2=2.5v_1$，　$k_1=0.1$，　$k_{-1}=0.2$，　$k_2=0.1$，　$k_3=0.2$，　$k_{-3}=0.2$

这里时间单位是 s，浓度单位是 nm。求该问题的数值解。

9. 对于如下霍奇金-赫胥黎(Hodgkin-Huxley)模型

$$C_m\frac{\mathrm{d}v}{\mathrm{d}t}=-\bar{g}_{\mathrm{K}}n^4(v-v_K)-\bar{g}_{\mathrm{Na}}m^3h(v-v_{\mathrm{Na}})-\bar{g}_{\mathrm{L}}(v-v_L)+I_{\mathrm{app}}$$

$$\frac{\mathrm{d}n}{\mathrm{d}t}=\alpha_n(1-n)-\beta_n n$$

$$\frac{\mathrm{d}m}{\mathrm{d}t}=\alpha_m(1-m)-\beta_m m$$

$$\frac{\mathrm{d}h}{\mathrm{d}t}=\alpha_h(1-h)-\beta_h h$$

利用四阶龙格-库塔公式求其数值解。其中

$$\alpha_n=0.01\frac{10-v,}{\mathrm{e}^{1-v/10}-1}\quad \beta_n=0.125\mathrm{e}^{-v/80}$$

$$\alpha_m=0.1\frac{25-v}{\mathrm{e}^{2.5-v/10}-1}\quad \beta_m=4\mathrm{e}^{-v/18}$$

$$\alpha_h=0.07\mathrm{e}^{-v/20}\qquad \beta_h=\frac{1}{\mathrm{e}^{3-v/10}+1}$$

各个变量的稳态值和时间常数为

$$n_\infty=\frac{\alpha_n}{\alpha_n+\beta_n},\quad m_\infty=\frac{\alpha_m}{\alpha_m+\beta_m},\quad h_\infty=\frac{\alpha_h}{\alpha_h+\beta_h}$$

$$\tau_\infty=\frac{1}{\alpha_n+\beta_n},\quad \tau_\infty=\frac{1}{\alpha_m+\beta_m},\quad \tau_\infty=\frac{1}{\alpha_h+\beta_h}$$

给定模型常数和初值条件如下：

$$\bar{g}_{\mathrm{K}}=36\ \mathrm{mS/cm^2}\quad \bar{g}_{\mathrm{Na}}=120\ \mathrm{mS/cm^2}\quad \bar{g}_{\mathrm{L}}=0.3\ \mathrm{mS/cm^2}$$

$$v_{\mathrm{K}}=-12\ \mathrm{mV}\quad v_{\mathrm{Na}}=115\ \mathrm{mV}\quad v_{\mathrm{L}}=10.6\ \mathrm{mV}$$

$$v(0)=8\ \mathrm{mV}\quad n(0)=0.317\,7\quad m(0)=0.052\,9\quad h(0)=0.596\,1$$

这里方程组的未知函数是 v,n,m 和 h，其初始条件是根据霍奇金和赫胥黎的陈述所确定的。霍奇金和赫胥黎认为："在动作电位产生的任意时刻，整条轴突上的膜电位都相等，轴突中没有轴向电流，因此除了外加刺激期间存在净电流之外，膜的静电流总量为 0。如果外加刺激只是一个 $t=0$ 时刻的短脉冲，则求解时 I_{app} 应该为 0，并且有初始条件 $V=V_0,n,m$ 和 h 的初始值则取 $t=0$ 时的静息稳态值。"

第 7 章

偏微分方程的数值方法

在微分方程中，如果未知函数是多元函数且方程中含有未知函数的偏导数，则称其为偏微分方程。偏微分方程的求解远比常微分方程求解复杂得多。许多实际问题对应的数学模型都是由偏微分方程所描述的。本章简单介绍二阶偏微分方程的数值求解。

7.1　偏微分方程基础知识

7.1.1　偏微分方程的分类

对于如下二阶偏微分方程

$$a(\cdot)\frac{\partial^2 u}{\partial x^2}+2b(\cdot)\frac{\partial^2 u}{\partial x\partial y}+c(\cdot)\frac{\partial^2 u}{\partial y^2}+d(\cdot)=0 \tag{7.1.1}$$

如果其系数为常数，或者只是自变量的函数，即$(\cdot)=(x,y)$，则方程(7.1.1)是线性方程。如果其系数为因变量或因变量导数的函数且导数阶数低于方程的阶数，即$(\cdot)=(x,y,u,\partial u/\partial x,\partial u/\partial y)$，则方程(7.1.1)是拟线性方程。如果其系数为因变量或因变量导数的函数且导数阶数等于方程的阶数，则方程(7.1.1)是非线性方程。

两个自变量的线性二阶偏微分方程一般可以写成

$$a\frac{\partial^2 u}{\partial x^2}+2b\frac{\partial^2 u}{\partial x\partial y}+c\frac{\partial^2 u}{\partial y^2}+d\frac{\partial u}{\partial x}+e\frac{\partial u}{\partial y}+fu+g=0$$

其中其系数为常数或者只是自变量的函数。可以进一步将分成三种规范类型：$b^2-ac<0$ 方程是椭圆型，$b^2-ac=0$ 方程是抛物型，$b^2-ac>0$ 方程是双曲型。这三类方程中典型的数学物理方程是拉普拉斯(Laplace)方程

$$\frac{\partial^2 u}{\partial x^2}+\frac{\partial^2 u}{\partial y^2}=0 \tag{7.1.2}$$

泊松(Poisson)方程

$$\frac{\partial^2 u}{\partial x^2}+\frac{\partial^2 u}{\partial y^2}=f(x,y) \tag{7.1.3}$$

热传导方程(扩散方程)

$$\frac{\partial u}{\partial t}=\alpha\frac{\partial^2 u}{\partial x^2} \tag{7.1.4}$$

和波动方程

$$\frac{\partial^2 u}{\partial t^2}=a^2\frac{\partial^2 u}{\partial x^2} \tag{7.1.5}$$

7.1.2 偏微分方程的导出

在实际问题中,如生物系统中物质传输是功能实现的基础,为分析生物体内生理过程和细胞活动过程,需要了解物质传输的机制,并且能够求解描述这些机制的数学模型。许多用于诊断和治疗的医学仪器的设计和操作也都需要涉及体液的流动和营养物质的传输。质量守恒定律、动量守恒定律和能量守恒定律是研究物质传输过程的理论基础。应用这些定律可以建立方程来描述传输系统中速度、温度、浓度等变量随时间和地点所发生的变化。这些系统中的量大多具有多个变量,构建的方程是偏微分方程。在实际应用中,椭圆型、抛物型、双曲型三类二阶偏微分方程最多,这一点可以从典型偏微分方程的导出这一侧面看出。

为了清楚偏微分方程的基本知识,也有必要了解一下典型偏微分方程的导出。一般而言,多数教材都是从弦的微小横振动问题、热传导问题以及静电场中电场势问题等几个经典物理问题来导出三类典型偏微分方程。下面拟从变分原理导出偏微分方程。因此,先简单介绍一些变分学基础知识,以及变分原理。熟悉偏微分基本概念的读者可以直接进入下一节。

1. 变分法的基本概念

1696 年约翰·伯努利(John Bernoulli)公开提出一个问题,即最速下降线问题:确定一条从 A 点到 B 点的曲线(B 点在 A 点的下方但不在 A 点的正下方),使得一颗珠子在重力作用下沿着这条曲线从 A 点滑到 B 点所需时间最短。这个问题在 1697 年得到了解决,牛顿、莱布尼茨、洛必达(L'Hospital)、约翰·伯努利和詹姆斯·伯努利(James Bernoulli)都独立地得到了正确的结论:它不是连接 A、B 的直线,而是唯一的一条连接 A、B 的上凹的摆线(见图 7-1)。这就是著名的最速下降线问题。

设质点的质量为 m,初速为 $v_0=0$,设该质点从 A 点下滑到 B 点所用时间为 T。在 A 与 B 点之间的某个点(x,y)处,设珠子的速度为 v,由能量守恒定律易得 $v=\sqrt{2g(y-c)}$。另外,质点沿曲线下滑,故 $v=\frac{\mathrm{d}s}{\mathrm{d}t}$,则$\frac{\mathrm{d}s}{\mathrm{d}t}=\sqrt{2g(y-c)}$,即 $\mathrm{d}t=\frac{\mathrm{d}s}{\sqrt{2g(y-c)}}$。

则质点沿摆线 L 从 A 滑到 B 点所需时间为

$$T=\int_{L(A)}^{(B)}\mathrm{d}t=\int_{L(A)}^{(B)}\frac{\mathrm{d}s}{\sqrt{2g(y-c)}}=\frac{1}{\sqrt{2g}}\int_a^b\frac{\sqrt{1+(y'(x))^2}}{\sqrt{(y(x)-c)}}\mathrm{d}x \tag{7.1.6}$$

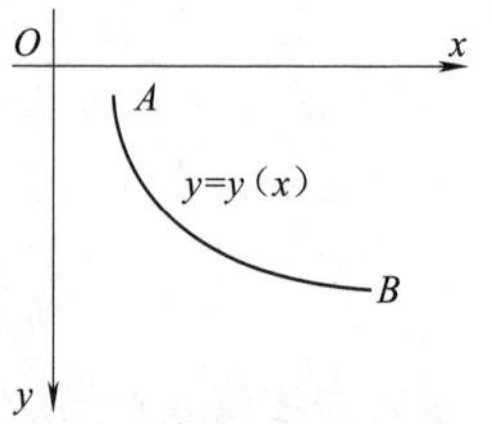

图 7-1 最速下降问题示意图

问题是寻求过 A 和 B 的曲线 $y=y(x)$使 T 取极小值。

最速下降线这类问题称为变分问题,其特点是:所求极值不是函数的极值,而是求与一个函数相对应的确定的数的极值。这种随给定函数取确定值的对应关系称为泛函。上述变分问题就是泛函的极值问题。泛函的自变量是一函数而因变量是一个普通变量。泛函是函数概念的推广,其定义域是由满足一定条件的函数组成。

再如,张在封闭曲线 L 上的曲面 $z=z(x,y)$的面积为

$$S=\iint_D\sqrt{1+\left(\frac{\partial z}{\partial x}\right)^2+\left(\frac{\partial z}{\partial y}\right)^2}\,\mathrm{d}x\mathrm{d}y \tag{7.1.7}$$

其中 D 是曲面 $z=z(x,y)$在 xOy 平面上的投影。

在封闭曲线 L 上的任意一张曲面 $z=z(x,y)$都对应着一个面积值,这种对应关系由二元函数集合到正实数集的一种对应关系就是函数 $z=z(x,y)$的泛函。

定义 7.1 函数集合 G 到实数集 W 的一个映射:对 G 内的每一个函数 $y(x)$,通过给定的法

则 I,有唯一的实数与此 $y(x)$ 对应,则称 I 是定义在 G 上的泛函,其中 $y(x)$ 为自变量,I 在 $y(x)$ 点的值是 $I[y(x)]$,称 G 是泛函 I 的定义域。

在最速降线问题中,过 A、B 的曲线 $y=y(x)$ 是式(7.1.6)给出的泛函 T 的自变量,而其因变量是时间。式(7.1.7)给出泛函 S 自变量是二元函数 $z=z(x,y)$,因变量是面积。

函数的连续性是研究函数极值的重要条件。为此对泛函的连续性给出定义。由于涉及自变量函数“变化很小”的描述,考虑到两个函数差的绝对值很小并不能确保它们“很接近”,而是要保证其各阶导数也“很接近”。

定义 7.2　给定函数 $y_0(x)$,如果对于任意 $\varepsilon>0$,存在 $\delta=\delta(y_0(x),\varepsilon)>0$,对于任意的满足

$$|y(x)-y_0(x)|<\delta,\quad |y'(x)-y_0'(x)|<\delta,\quad \cdots,$$
$$|y^{(k)}(x)-y_0^{(k)}(x)|<\delta$$

的函数 $y(x)$,其泛函 $I[y(x)]$ 都满足

$$|I[y(x)]-I[y_0(x)]|<\varepsilon$$

则称泛函 $I[y(x)]$ 在 $y_0(x)$ 是 k 阶连续的。

定义 7.3　如果泛函 $I[y(x)]$ 的自变量在 $y_0(x)$ 处具有增量 $\delta y(x)$,那么

$$\Delta I=I[y_0(x)+\delta y(x)]-I[y_0(x)] \tag{7.1.8}$$

就是泛函 $I[y(x)]$ 在 $y_0(x)$ 处的增量。进一步如果该增量可以写成

$$\Delta I=L[y_0(x),\delta y(x)]+\beta(y_0(x),\delta y(x))\max|\delta y(x)| \tag{7.1.9}$$

其中 $L[y_0(x),\delta y(x)]$ 是关于 $\delta y(x)$ 的线性泛函,而

$$\beta(y_0(x),\delta y(x))\to 0\quad (\max|\delta y(x)|\to 0) \tag{7.1.10}$$

则称 $L[y_0(x),\delta y(x)]$ 为泛函 $I[y(x)]$ 的变分,记为

$$\delta I=L[y_0(x),\delta y(x)] \tag{7.1.11}$$

由这一定义可以看出,泛函的变分与函数的微分概念类似,泛函的增量由式(7.1.8)给出,它可以写成一个关于自变量增量 $\delta y(x)$ 的线性函数加上一个高阶无穷小(7.1.10),而关于增量 $\delta y(x)$ 的线性部分(7.1.11)就是泛函的变分。

定义 7.4　假设泛函 $I[y(x)]$ 有变分,且在 $y_0(x)$ 处取得极值,则 $y_0(x)$ 处一阶变分为零,即

$$\delta I=L[y_0(x),\delta y(x)]=0 \tag{7.1.12}$$

$y_0(x)$ 称为泛函的极值函数或极值。

该定义给出了泛函取得极值的必要条件,这一条件成立的原因可以简单说明如下。事实上,考虑 α 的函数 $\varphi(\alpha)=I[y_0(x)+\alpha\delta y(x)]$,则

$$\begin{aligned}
\varphi'(\alpha)&=\frac{\partial}{\partial\alpha}I[y_0(x)+\alpha\delta y(x)]\\
&=\frac{\partial}{\partial\alpha}(I[y_0(x)]+L(y_0(x),\alpha\delta y(x))+\beta(y_0(x),\alpha\delta y(x)))\\
&=\frac{\partial}{\partial\alpha}(I[y_0(x)]+\alpha L(y_0(x),\delta y(x))+\beta(y_0(x),\alpha\delta y(x)))\\
&=L(y_0(x),\delta y(x))+\frac{\partial}{\partial\alpha}\beta(y_0(x),\alpha\delta y(x))
\end{aligned}$$

从而

$$\varphi'(0)=L(y_0(x),\delta y(x))+\frac{\partial}{\partial\alpha}\beta(y_0(x),\alpha\delta y(x))\Big|_{\alpha=0}=L[y_0(x),\delta y(x)]$$

由于泛函 $I[y(x)]$ 在 $y_0(x)$ 处取得极值,显然 $\alpha=0$ 是函数 $\varphi(\alpha)$ 的极值点,那么 $L[y_0(x),\delta y(x)]=0$。

2. 泛函极值的欧拉方程

考虑泛函

$$I[y(x)]=\int_a^b f(x,y,y')\mathrm{d}x$$

的极值。这里假定 f 是已知函数，$y(x)$在区间$[a,b]$上具有连续的导数，且在区间端点取值固定。如果该泛函 $I[y(x)]$在 $y_0(x)$处取得极值，则在 $y_0(x)$处一阶变分为零，此处可以直接由式(7.1.12)得到要导出的必要条件，此处选择借助于函数 $\varphi(\alpha)$直接计算

$$\begin{aligned}
\delta I &= L[y_0(x),\delta y(x)] = 0 = \varphi'(0) \\
&= \frac{\mathrm{d}}{\mathrm{d}\alpha}\left[\int_a^b f(x,y+\alpha\delta y,y'+\alpha\delta y')\mathrm{d}x\right]\Big|_{\alpha=0} \\
&= \int_a^b [f_y(x,y,y')\delta y + f_{y'}(x,y,y')\delta y']\mathrm{d}x \\
&= \int_a^b f_y(x,y,y')\delta y\mathrm{d}x + \int_a^b f_{y'}(x,y,y')\mathrm{d}(\delta y) \\
&= f_{y'}\delta y\,|_a^b - \int_a^b \delta y\frac{\mathrm{d}}{\mathrm{d}x}f_{y'}(x,y,y')\mathrm{d}x + \int_a^b \delta y f_y(x,y,y')\mathrm{d}x \\
&= \int_a^b \delta y\left[f_y(x,y,y') - \frac{\mathrm{d}}{\mathrm{d}x}f_{y'}(x,y,y')\right]\mathrm{d}x
\end{aligned}$$

从而得到①

$$f_y(x,y,y')-\frac{\mathrm{d}}{\mathrm{d}x}f_{y'}(x,y,y')=0 \tag{7.1.13}$$

或者

$$f_{y'y'}y''+f_{yy'}y'+f_{xy'}y'-f=0 \tag{7.1.14}$$

方程(7.1.13)或(7.1.14)称为泛函极值的欧拉方程。

对于含多个函数的泛函

$$I[y,z]=\int_a^b f(x,y,z,y',z')\mathrm{d}x$$

可以类似地得到其对应的欧拉方程

$$f_y-\frac{\mathrm{d}}{\mathrm{d}x}f_{y'}=0,\quad f_z-\frac{\mathrm{d}}{\mathrm{d}x}f_{z'}=0$$

类似地，对于多重积分定义的泛函

$$J[u]=\iint_D f(x,y,u,u_x,u_y)\mathrm{d}x\mathrm{d}y$$

其中 D 是 xOy 平面给定的区域，f 是已知函数。可以类似地建立其对应的欧拉方程

$$f_u-\frac{\partial}{\partial x}f_{u_x}-\frac{\partial}{\partial y}f_{u_y}=0$$

同样对于

$$J[u]=\iiint_\Omega f(x,y,z,u,u_x,u_y,u_z)\mathrm{d}x\mathrm{d}y\mathrm{d}z$$

有欧拉方程

$$f_u-\frac{\partial}{\partial x}f_{u_x}-\frac{\partial}{\partial y}f_{u_y}-\frac{\partial}{\partial z}f_{u_z}=0$$

3. 哈密顿原理

将变分法应用于力学原理中也称力学变分原理，常涉及力学系统(质点系或弹性连续体)的能量，有时也称能量原理。哈密顿(Hamilton)原理是力学中的基本原理之一，在理论上具有意义

---

① 在上述推导中用到了一个基本引理：

引理 设函数 $\eta(x)$及其一阶导数在区间$[a,b]$上连续，且在端点为零，如果函数 $g(x)$在区间$[a,b]$上连续，且对于具有上述性质的任意函数 $\eta(x)$都有 $\int_a^b\eta(x)g(x)\mathrm{d}x=0$，则函数 $g(x)$在区间$[a,b]$上恒为零。

的普遍性，在应用上具有广泛的适应性。

哈密顿原理：任何力学系统，若给定时刻的起始状态 $t=t_0$ 和终了状态 $t=t_1$，则真实运动区别于任何容许运动的地方在于：真实运动使定积分

$$J=\int_{t_0}^{t_1} L\mathrm{d}t,\quad L=T-U$$

的一阶变分为零。这里 T 和 U 是力学系统在时刻的总动能与位能。

如果 T 和 U 由积分形式给出，即

$$J=\int_{t_0}^{t_1}\iiint_{\Omega}(\widetilde{T}-\widetilde{U})\mathrm{d}V\mathrm{d}t=\int_{t_0}^{t_1}\iiint_{\Omega}L\mathrm{d}V\mathrm{d}t$$

其中 $\widetilde{T}$ 和 $\widetilde{U}$ 是力学系统单位体积在时刻的动能和位能密度。

根据泛函极值的必要条件，可以得到系统的欧拉方程

$$L_u-\frac{\partial}{\partial t}L_{u_t}-\frac{\partial}{\partial x}L_{u_x}-\frac{\partial}{\partial y}L_{u_y}-\frac{\partial}{\partial z}L_{u_z}=0$$

其中 u 是真实运动。

如果研究的系统是一平衡系统与时间无关，并假设力学系统总势能存在，即保守系统，那么力学中如下最小势能原理成立。

最小位能原理　任何静止稳定的平衡系统，其真实状态区别于任何容许状态的地方在于：真实状态定积分 $J=\iiint_{\Omega}L\mathrm{d}V$ 的一阶变分为零。

4. 波动方程的导出

考虑两端固定（分别在 $x=0$ 和 $x=l$ 处）均匀弦的微小横振动问题。力学中的弦是指可自由弯曲的细线，如图 7-2 所示，弦振动的位移由函数 $u(t,x)$ 描述。对于绝对柔软的弦，它产生变形时，一小段弦的位能与弦的伸缩成正比①（假设比例系数为 k）。考虑弦上一小段 $\mathrm{d}x$ 在振动时的长度为 $\mathrm{d}s=\sqrt{1+u_x^2}\,\mathrm{d}x$，略去高阶项后变形为

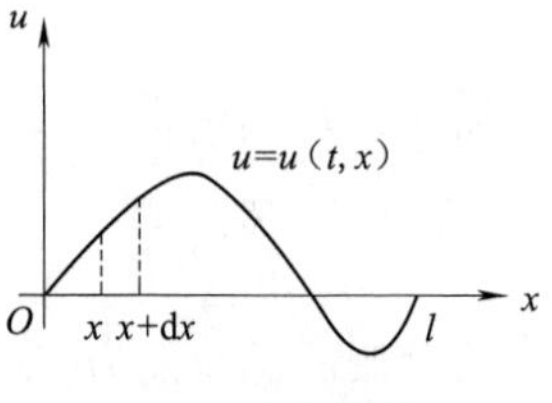

图 7-2　均匀弦的微小横振动示意图

$$\mathrm{d}s-\mathrm{d}x=(\sqrt{1+u_x^2}-1)\mathrm{d}x\approx\frac{1}{2}u_x^2\mathrm{d}x$$

这样整个弦的位能为

$$U_1=\frac{1}{2}\int_0^1 ku_x^2\mathrm{d}x$$

而动能为

$$U_2=\frac{1}{2}\int_0^1 \rho u_t^2\mathrm{d}x$$

这里 ρ 是单位弦长的质量，即线密度。如果弦是均匀的，则线密度 ρ 是常数。

若弦上还有作用的外力，记其线密度为 $F(x,t)$，并设力的方向与 u 轴正向一致，则外力做功对应的位能为

$$U_3=\text{力}\times\text{位移}=-\int_0^1 Fu\mathrm{d}x$$

应用哈密顿原理来计算泛函，此处泛函

$$J=\int_0^t(T-U)\mathrm{d}t=\frac{1}{2}\int_0^t\int_0^l(\rho u_t^2-ku_x^2+2Fu)\mathrm{d}x\mathrm{d}t$$

---

① 此处是将弦看作具有各向同性的线性弹性的材料，比例系数就是弹性系数。如果将弦看作超弹性材料，则位能项可以有应变能密度函数给出。

其对应的欧拉方程为

$$(\rho u_t^2 - k u_x^2 + 2Fu)_u - \frac{\partial}{\partial t}(\rho u_t^2 - k u_x^2 + 2Fu)_{u_t} - \frac{\partial}{\partial x}(\rho u_t^2 - k u_x^2 + 2Fu)_{u_x} = 0$$

即得

$$\rho u_{tt} - k u_{xx} = F(x,t),\quad 0 < x < l, t > 0$$

很容易把它写成

$$u_{tt} = a^2 u_{xx} + f(x,t) \tag{7.1.15}$$

这就是有外力作用的弦振动方程,此处 $a^2 = \dfrac{k}{\rho}, f = \dfrac{F}{\rho}$,若 $f(x,t)=0$,即没有外力作用在弦上,即自由振动的情况,方程(7.1.15)就是经典齐次波动方程(7.1.5)。方程(7.1.15)称为振动方程或波动方程。由于初始时弦静止没有横向位移,且两端固定,则其初边界条件为

$$u(0,x)=0,\quad u_t(0,x)=0$$
$$u(t,0)=0,\quad u(t,l)=0$$

类似地,可以建立膜振动方程(2 维)和 3 维空间的波动方程

$$u_{tt} = a^2(u_{xx} + u_{yy}) + f(x,y,t)$$
$$u_{tt} = a^2(u_{xx} + u_{yy} + u_{zz})$$

5. 薄膜的平衡方程

设薄膜固定在 xOy 面某一条光滑曲线 L 上,L 围成一单联通区域 D。设有强度为 $f(x,y)$ 的垂直外载作用在薄膜上,使薄膜产生垂直位移 $u(x,y)$。假设薄膜的张力为 T,那么,由于变形使薄膜具有应变能

$$W_1 = \frac{1}{2}\iint_D T(u_x^2 + u_y^2)\mathrm{d}x\mathrm{d}y$$

而外力做的功为

$$W_2 = \iint_D f(x,y)u(x,y)\mathrm{d}x\mathrm{d}y$$

整个薄膜的总位能为

$$J(u) = \frac{1}{2}\iint_D [T(u_x^2 + u_y^2) - 2f(x,y)u(x,y)]\mathrm{d}x\mathrm{d}y$$

根据最小位能原理,使上述泛函一阶变分为零欧拉方程为

$$-(u_{xx} + u_{yy}) = \frac{1}{T}f(x,y)$$

而位移在 L 上取值为零,即

$$u(x,y)|_{(x,y)\in L} = 0$$

这就是泊松方程(7.1.3)。

类似地可以建立 3 维空间的泊松方程,如考虑泛函

$$J[u] = \iiint_\Omega [(u_x)^2 + (u_y)^2 + (u_z)^2]\mathrm{d}x\mathrm{d}y\mathrm{d}z$$

的极值问题,其对应的欧拉方程为

$$\Delta u = \left(\frac{\partial^2}{\partial x^2} + \frac{\partial^2}{\partial y^2} + \frac{\partial^2}{\partial z^2}\right)u = \frac{\partial^2 u}{\partial x^2} + \frac{\partial^2 u}{\partial y^2} + \frac{\partial^2 u}{\partial z^2} = 0$$

就得到了 3 维空间的拉普拉斯方程。

7.1.3 偏微分方程的定解条件

偏微分方程的定解条件包含初始条件和边界条件,不同的定解条件可以确定不同的解。偏

微分方程的边界条件也分成三类：Dirichlet 边界条件、Neumann 边界条件和 Robbins 边界条件。下面仍以波动方程为例加以说明。

对于弦振动问题来说，初始条件就是弦在开始时刻的位移及速度。若以 $\varphi(x)$，$\Psi(x)$ 分别表示初位移和初速度，则初始条件可以表达为

$$u|_{t=0}=\varphi(x),\quad \frac{\partial u}{\partial t}\Big|_{t=0}=\Psi(x) \tag{7.1.16}$$

对于边界条件，还是先从弦振动问题说起。从物理学得知，弦在振动时，其端点（以 $x=0$ 表示这个端点）所受的约束情况，通常有以下三种类型。

固定端，即弦在振动过程中这个端点始终保持不动。对应于这种状态的边界条件为

$$u|_{x=0}=0 \tag{7.1.17}$$

自由端，即弦在这个端点不受位移方向的外力，从而在这个端点弦在位移方向的张力应该为零。此时所对应的边界条件为

$$\left.\frac{\partial u}{\partial x}\right|_{x=0}=0 \tag{7.1.18}$$

弹性支承端，即弦在这个端点被某个弹性体（如弹簧）所支承。弦处于平衡位置时弹性体也处于平衡状态，设支承体原来的位置为 $u=0$，由胡克（Hooke）定律可知，弹性力是 $ku|_{x=a}$。这时弦在 $x=a$ 处沿位移方向的张力 $T\frac{\partial u}{\partial x}\big|_{x=a}$，两个力平衡，有

$$T\left.\frac{\partial u}{\partial x}\right|_{x=a}=-ku|_{x=a} \tag{7.1.19}$$

或者

$$\left.\left(\frac{\partial u}{\partial x}+\sigma u\right)\right|_{x=a}=0 \tag{7.1.20}$$

其中 k 为弹性体的弹性系数。对于另一端点，也有类似于固定端、自由端或弹性支撑端的情况。

一般地，设体系的未知函数为 u，体系的边界为 Σ，如果给出 u 在边界 Σ 上的值，如已知函数 φ，称为第一类边界条件，也称狄利克雷（Dirichlet）边界条件，记为

$$u|_{\Sigma}=\varphi \tag{7.1.21}$$

如果给出 u 在边界 Σ 的外法线方向 $\boldsymbol{n}$ 的导数值，如已知函数 η，称为第二类边界条件，也称诺伊曼（Neumann）边界条件，记为

$$\left.\frac{\partial u}{\partial \boldsymbol{n}}\right|_{\Sigma}=\eta \tag{7.1.22}$$

如果给出 u 与 u 的外法线方向 $\boldsymbol{n}$ 上的导数在边界 Σ 的某个线性组合，如已知函数 γ，称为第三类边界条件（*Robbins* 边界条件），记为

$$\left.\left(\alpha u+\beta\frac{\partial u}{\partial \boldsymbol{n}}\right)\right|_{\Sigma}=\gamma \tag{7.1.23}$$

显然，第一、第二类边界条件是第三类边界条件的特例。对于实际问题边界条件可能会更复杂，不同的边界区域、不同的端点、不同段边界线上边界条件不同，也称之为混合边界条件，有时还需要考虑衔接条件或连续性条件。

7.2　偏微分方程的差分方法

7.2.1　偏导数的差分计算

导数的计算可以用差分方法，偏微分方程涉及的偏导数也可以利用差分的方法近似。例如，图 7-3 和图 7-4 分别给出了 2、3 个自变量的差分网格。

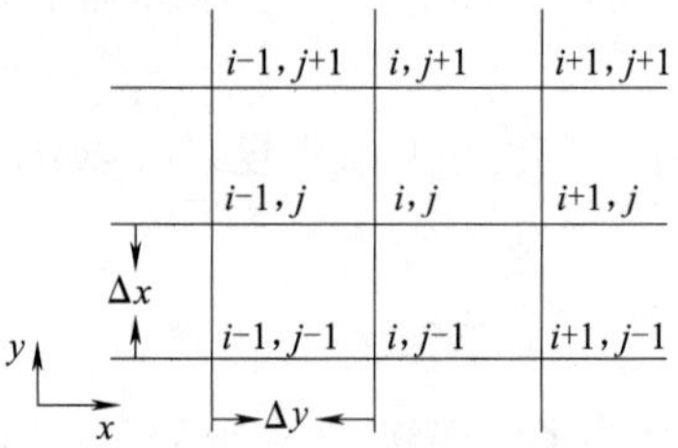

图 7-3 平面网格

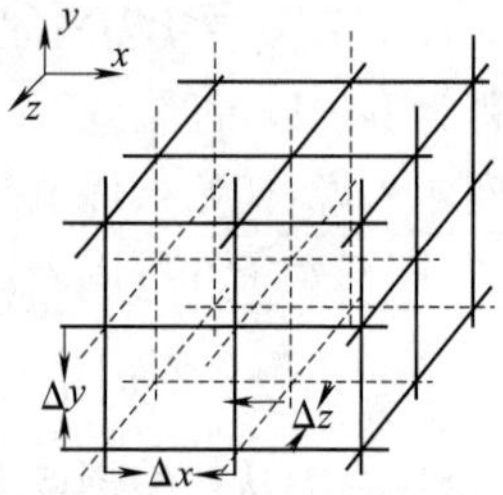

图 7-4 空间网格

符号(i,j)和(i,j,k)分别用于表示 2 维和 3 维网格的节点，其中i,j和k分别为x、y和z方向的节点计数。对于时间变量的离散节点用n表示，因此有(i,j,n)和(i,j,k,n)的网格节点。由此就可以利用中心差分方法计算未知函数的偏导数，如

$$\left.\frac{\partial u}{\partial x}\right|_{(i,j,k)}=\frac{1}{2\Delta x}(u_{i+1,j,k}-u_{i-1,j,k})+O(\Delta x^2)$$

$$\left.\frac{\partial u}{\partial y}\right|_{(i,j,k)}=\frac{1}{2\Delta y}(u_{i,j+1,k}-u_{i,j-1,k})+O(\Delta y^2)$$

$$\left.\frac{\partial^2 u}{\partial x^2}\right|_{(i,j,k)}=\frac{1}{\Delta x^2}(u_{i+1,j,k}-2u_{i,j,k}+u_{i-1,j,k})+O(\Delta x^2)$$

$$\left.\frac{\partial^2 u}{\partial x\partial y}\right|_{(i,j,k)}=\frac{1}{4\Delta x\Delta y}(u_{i+1,j+1,k}-u_{i-1,j+1,k}-u_{i+1,j-1,k}+u_{i-1,j-1,k})+O(\Delta x^2+\Delta y^2)$$

其余偏导数可以类似写出。此外，也可以利用向前或向后差分的方法写出相应的偏导数。

例如，对于函数$u(x,y)=\mathrm{e}^{\sqrt{x+y}}\sin(x^2+y^2)$在区域$[0,3]\times[0,1]$上可以用中心差分方法计算其偏导数。表 7-1 给出了该函数在节点(3,1)，(3,2)，…处导数的公式值与中心差分所得近似值($\Delta x=\Delta y=0.05$)。

表 7-1 函数 $u(x,y)=\mathrm{e}^{\sqrt{x+y}}\sin(x^2+y^2)$ 的导数中心差分值

节点		u	u_x	u_y	u_{xy}	u_{xx}	u_{yy}
(3,1)	公式值	0.039 1	0.512 7	0.200 1	0.637 6	4.111 8	3.415 7
	近似值	0.039 1	0.516 4	0.204 3	0.633 1	4.108 9	3.409 7
(3,2)	公式值	0.053 6	0.547 9	0.383 1	0.767 1	4.226 0	3.899 1
	近似值	0.053 6	0.551 5	0.387 0	0.764 6	4.223 3	3.895 7
(3,3)	公式值	0.077 8	0.589 3	0.589 3	0.885 7	4.340 8	4.340 8
	近似值	0.077 8	0.592 8	0.592 8	0.883 5	4.338 3	4.338 3
(3,4)	公式值	0.112 9	0.636 4	0.816 7	0.997 7	4.455 4	4.752 3
	近似值	0.112 9	0.639 9	0.820 0	0.995 5	4.453 1	4.750 0
(3,5)	公式值	0.159 8	0.689 0	1.064 1	1.104 1	4.568 0	5.135 5
	近似值	0.159 8	0.692 3	1.067 1	1.101 6	4.565 8	5.132 9
(3,6)	公式值	0.219 6	0.746 7	1.329 7	1.204 3	4.676 5	5.486 4
	近似值	0.219 6	0.750 0	1.332 5	1.201 3	4.674 2	5.482 9

7.2.2 偏微分方程的求解

用有限差分来近似表示偏导数，就可以建立偏微分方程的差分方法。本节只介绍用中心差分方法求近似解的方法。先介绍非齐次拉普拉斯方程

$$\frac{\partial^2 u}{\partial x^2}+\frac{\partial^2 u}{\partial y^2}=f(x,y)\tag{7.2.1}$$

再介绍一维非齐次扩散方程

$$\frac{\partial u}{\partial t}=\alpha\frac{\partial^2 u}{\partial x^2}+f(x,t) \tag{7.2.2}$$

和二维非齐次扩散方程

$$\frac{\partial u}{\partial t}=\alpha\left(\frac{\partial^2 u}{\partial x^2}+\frac{\partial^2 u}{\partial y^2}\right)+f(x,y,t) \tag{7.2.3}$$

1. 椭圆型偏微分方程的差分方法

对于非齐次拉普拉斯方程(7.2.1)

$$\frac{\partial^2 u}{\partial x^2}+\frac{\partial^2 u}{\partial y^2}=f(x,y),\quad (x,y)\in\Omega$$

以及对于第一边界条件

$$u=\varphi(x,y),\quad (x,y)\in L \tag{7.2.4}$$

其中 L 是方程(7.2.1)定义的二维有界区域 Ω 的边界。

在 Ω 内取一个固定点(x_0,y_0)，过该点分别以步长 Δx 和 Δy 作平行于坐标轴的网格

$$x=x_0+i\Delta x,\quad y=y_0+j\Delta y,\quad i=0,1,\cdots,N_1;\quad j=0,1,\cdots,N_2$$

使得$\{(x,y)\mid x_0\leqslant x\leqslant x_0+N_1\Delta x, y_0\leqslant y\leqslant y_0+N_2\Delta y\}\subset\Omega$。网格点$(x_i,y_j)=(x_0+i\Delta x,y_0+j\Delta y)$定义为该网格线的交点，网格点位于 Ω 内称为内部节点。边界节点定义为网格线与边界 L 的交点。显然内部节点的分为两类，即其四个临近节点都是内部节点(正则节点)和四个临近节点至少有一个不是内部节点(非正则节点)。

设(x_i,y_j)为某个四个临近节点都是内部节点的节点，简记为(i,j)。用如下中心差分方法表示二阶偏导数

$$\left.\frac{\partial^2 u}{\partial x^2}\right|_{(i,j)}\approx\frac{1}{\Delta x^2}(u_{i+1,j}-2u_{i,j}+u_{i-1,j})$$

$$\left.\frac{\partial^2 u}{\partial y^2}\right|_{(i,j)}\approx\frac{1}{\Delta y^2}(u_{i,j+1}-2u_{i,j}+u_{i,j-1})$$

由此非齐次拉普拉斯方程(7.2.1)的近似公式为

$$\left.\left(\frac{\partial^2 u}{\partial x^2}+\frac{\partial^2 u}{\partial y^2}\right)\right|_{(i,j)}\approx\frac{1}{\Delta x^2}(u_{i+1,j}-2u_{i,j}+u_{i-1,j})+\frac{1}{\Delta y^2}(u_{i,j+1}-2u_{i,j}+u_{i,j-1})=f_{i,j}$$

重新整理即得

$$u_{i,j}=\frac{\frac{1}{\Delta x^2}(u_{i+1,j}+u_{i-1,j})+\frac{1}{\Delta y^2}(u_{i,j+1}+u_{i,j-1})}{2\left(\frac{1}{\Delta x^2}+\frac{1}{\Delta y^2}\right)}-\frac{f_{i,j}}{2\left(\frac{1}{\Delta x^2}+\frac{1}{\Delta y^2}\right)} \tag{7.2.5}$$

这是包含了五个临近网格节点上因变量的值的线性代数方程组。如果使用等距网格 $\Delta x=\Delta y$，即有

$$u_{i,j}=\frac{u_{i+1,j}+u_{i-1,j}+u_{i,j+1}+u_{i,j-1}}{4}-\frac{\Delta x^2 f_{i,j}}{4} \tag{7.2.6}$$

这说明方程的解 $u(x,y)$在节点(i,j)处的值近似地用上下左右四个节点的平均值表示，其截断误差为 $O(\Delta x^2)$。

如果式(7.2.1)中有界区域 Ω 为矩形区域或若干矩形区域的并，则完全可以使边界点成为网格点。为了使差分格式的解满足边界条件，对于第一类边界条件，只需将式(7.2.4)转化为

$$u_{ij}=u(x_i,y_j)=\varphi(x_i,y_j)=\varphi_{ij},\quad (x_i,y_j)\in L$$

直接归入上述方程组。对于第二、三类边界条件(7.1.22)、(7.1.23)，如果用内部节点和边界节点单侧逼近边界条件中的法向导数，会造成方程组的系数矩阵不对称。为此，可以进行如下处理：为简单起见，考虑等步长为 h 的正方形网格，先将网格扩充到区域之外，即在矩形区域 Ω 之外一

个步长 h 处各增设一排虚网点，如在$(0,j)(j=0,1,\cdots,N)$的左侧增设$(-1,j)(j=0,1,\cdots,N)$，然后用中心差商逼近边界条件中的法向导数，依据式(7.1.22)和式(7.1.23)，即得

$$\frac{u_{-1,j}-u_{1,j}}{2h}\approx\frac{\partial u}{\partial x}\bigg|_{(x_0,y_j)}=\frac{\partial u}{\partial \boldsymbol{n}}\bigg|_{(x_0,y_j)}=\eta(x_0,y_j)=\eta_{0,j}$$

$$\left[\alpha u+\beta\frac{\partial u}{\partial \boldsymbol{n}}\right]_{(x_0,y_j)}\approx\alpha_{0j}u_{0j}+\beta_{0j}\frac{u_{-1,j}-u_{1,j}}{2h}=\gamma_{0,j}$$

之后，在边界网点$(0,j)(j=0,1,\cdots,N)$上按照内点所用格式列出差分方程，并入由方程所得的线性方程组中，消去虚网点$(-1,j)$上的未知量 $u_{-1,j}$。

如果 Ω 为一般二维区域，则情况会复杂很多。对于这一问题，通常采用如下方法：先将对区域 Ω 进行等距矩形网格划分，然后将不是网点的边界点删除，或将其移到网线交点，用改变后的边界点与内网点构成区域 Ω 的网格剖分，这是原来区域的一个近似，横纵向步长越小，逼近越好。至于边界条件的处理，也可以采用如下简单方法。

对于第一类边界条件(7.2.4)，设$(x_i,y_j)=Q$ 为一个非正则节点，即其邻近节点至少有一个不是内部节点，那么该节点 Q 可以用直接转移法，即

$$u(Q)=u(R)=\varphi(R),\quad R\in L$$

其中边界点 R 是节点 Q 的一个临近点，这样处理的截断误差为$O(\Delta x)$，比正则节点的截断误差$O(\Delta x^2)$要低。也可以用线性插值法，设非正则节点 Q 的邻近节点中有边界点 R 与正则节点 P，且其在同一条直线(平行于坐标轴)，则可以用插值法

$$u(Q)=\sigma\varphi(R)+(1-\sigma)u(P)$$

其中 σ 为插值系数。

对于第二、三类边界条件(7.1.22)、(7.1.23)主要考虑如何逼近法向的导数。如果边界网格点位于边界 L 上，且法线方向平行于坐标轴，可用单侧差商逼近法向导数；若法线方向与坐标轴不平行，其方向余弦为$(\cos\alpha,\cos\beta)$则有

$$\left[\frac{\partial u}{\partial \boldsymbol{n}}\right]_{ij}=\left[\frac{\partial u}{\partial x}\right]_{ij}\cos\alpha+\left[\frac{\partial u}{\partial y}\right]_{ij}\cos\beta$$

此时可用单侧差商逼近两个偏导数。如果边界网格点不在边界 L 上，则情况比较复杂，可以作类似于上述直接转移法的近似处理。

总之，在具体问题的计算中，对于每一个内部节点(正则节点、非正则节点)都可以构建一个方程，这些方程组成一个线性代数方程组，其方程个数与内部节点数一致，求解此代数方程组即可。

例 7.2.1 一正方形薄板厚度为 Δz，板上下面绝热，四个边温度保持制定大小不变(见图 7-5)。设板内任意一点(x,y)处的温度为 $T(x,y)$，那么 $T(x,y)$满足拉普拉斯方程

$$\frac{\partial^2 T}{\partial x^2}+\frac{\partial^2 T}{\partial y^2}=0,\quad (x,y)\in D$$

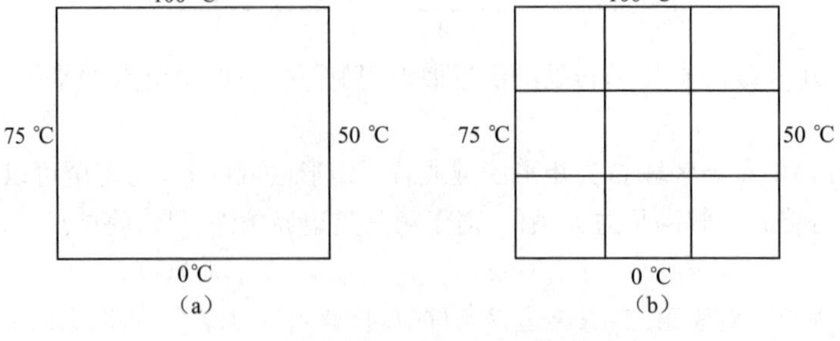

图 7-5 边界温度保持恒定的受热薄板

边界条件为第一类边界条件，具体数值如图 7-5(b)所示。

将正方形 D 分成九宫格，利用式(7.2.6)得到

$$T_{i+1,j}+T_{i-1,j}+T_{i,j+1}+T_{i,j-1}-4T_{i,j}=0 \quad (i,j=1,2,3) \tag{7.2.7}$$

注意到式(7.2.7)涉及 $T_{4,j}$，$T_{i,4}$，$T_{0,j}$，$T_{i,0}$，同时边界条件给出了

$$T_{0,j}=75,\quad T_{i,0}=0,\quad T_{4,j}=50,\quad T_{i,4}=100$$

因此列出所得方程组为

$$\begin{cases}
T_{21}+T_{01}+T_{12}+T_{10}-4T_{11}=T_{21}+75+T_{12}+0-4T_{11}=0\\
T_{31}+T_{11}+T_{22}+T_{20}-4T_{21}=T_{31}+T_{11}+T_{22}+0-4T_{21}=0\\
T_{41}+T_{21}+T_{32}+T_{30}-4T_{31}=50+T_{21}+T_{32}+0-4T_{31}=0\\
T_{22}+T_{02}+T_{13}+T_{11}-4T_{12}=T_{22}+75+T_{13}+T_{11}-4T_{12}=0\\
T_{32}+T_{12}+T_{23}+T_{21}-4T_{22}=T_{32}+T_{12}+T_{23}+T_{21}-4T_{22}=0\\
T_{42}+T_{22}+T_{33}+T_{31}-4T_{32}=50+T_{22}+T_{33}+T_{31}-4T_{32}=0\\
T_{23}+T_{03}+T_{14}+T_{12}-4T_{13}=T_{23}+75+100+T_{12}-4T_{13}=0\\
T_{33}+T_{13}+T_{24}+T_{22}-4T_{23}=T_{33}+T_{13}+100+T_{22}-4T_{23}=0\\
T_{43}+T_{23}+T_{34}+T_{32}-4T_{33}=50+T_{23}+100+T_{32}-4T_{33}=0
\end{cases}$$

即

$$\begin{pmatrix}
-4 & 1 & & 1 & & & & & \\
1 & -4 & 1 & & 1 & & & & \\
 & 1 & -4 & 0 & & 1 & & & \\
1 & & 0 & -4 & 1 & & 1 & & \\
 & 1 & & 1 & -4 & 1 & & 1 & \\
 & & 1 & & 1 & -4 & 0 & & 1\\
 & & & 1 & & 0 & -4 & 1 & \\
 & & & & 1 & & 1 & -4 & 1\\
 & & & & & 1 & & 1 & -4
\end{pmatrix}
\begin{pmatrix} T_{11}\\ T_{21}\\ T_{31}\\ T_{12}\\ T_{22}\\ T_{32}\\ T_{13}\\ T_{23}\\ T_{33}\end{pmatrix}
=
\begin{pmatrix} -75\\ 0\\ -50\\ -75\\ 0\\ -50\\ -175\\ -100\\ -150\end{pmatrix}$$

可以求得解为

$$(T_{11},T_{21},T_{31},T_{12},T_{22},T_{32},T_{13},T_{23},T_{33})$$

$$=(42.857\,1,33.258\,9,33.928\,6,63.169\,6,56.25,52.455\,4,78.571\,4,76.116\,1,69.642\,9)$$

可以看出热量由高温区向低温区流动。

例 7.2.2　在例 7.2.1 中，如果平板下边缘是绝热的，试重新求解平板的温度分布。

平板下边缘绝热是指下边缘处没有热量流动，即温度梯度为零，也就是这 $\left.\frac{\partial T}{\partial y}\right|_{y=0}=0$。一般地，导数在边界上的值，宜用中心差商来计算，这就需要增加虚拟点，如图 7-6 所示，且有

$$\left.\frac{\partial T}{\partial y}\right|_{y=0}\approx\frac{T_{i,0+1}-T_{i,0-1}}{2h}$$

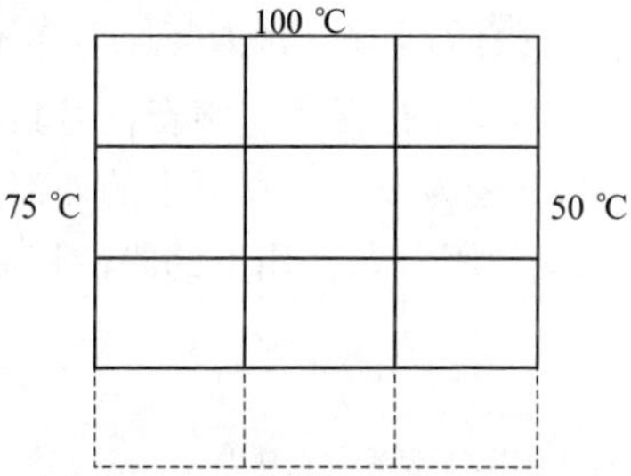

图 7-6　求解中增加的虚拟点

从而

$$T_{i,-1}=T_{i,1}-2h\left.\frac{\partial T}{\partial y}\right|_{y=0} \tag{7.2.8}$$

根据式(7.2.6)得到 $j=0$ 时有

$$T_{i+1,0}+T_{i-1,0}+T_{i,1}+T_{i,-1}-4T_{i,0}=0 \quad (i=1,2,3) \tag{7.2.9}$$

将式(7.2.8)代入式(7.2.9)并考虑到绝热$\left.\dfrac{\partial T}{\partial y}\right|_{y=0}=0$,得到

$$\begin{aligned}T_{i+1,0}+T_{i-1,0}+T_{i,1}+T_{i,-1}-4T_{i,0}&=T_{i+1,0}+T_{i-1,0}+T_{i,1}+T_{i,1}-2h\left.\frac{\partial T}{\partial y}\right|_{y=0}-4T_{i,0}\\&=T_{i+1,0}+T_{i-1,0}+2T_{i,1}-4T_{i,0}=0\quad(i=1,2,3)\end{aligned}$$

也就是

$$\begin{cases}T_{20}+T_{00}+2T_{11}-4T_{10}=T_{20}+75+2T_{11}-4T_{10}=0\\T_{30}+T_{10}+2T_{21}-4T_{20}=T_{30}+T_{10}+2T_{21}-4T_{20}=0\\T_{40}+T_{20}+2T_{31}-4T_{30}=50+T_{20}+2T_{31}-4T_{30}=0\end{cases}\tag{7.2.10}$$

这样将式(7.2.10)与由式(7.2.6)得到的$j=1,2,3$时的方程组联立起来有

$$\begin{pmatrix}-4&1&&2&&&&&&&&\\1&-4&1&&2&&&&&&&\\&1&-4&&&2&&&&&&\\1&&&-4&&&1&&&&&\\&1&&1&-4&&&1&&&&\\&&1&&1&-4&&&1&&&\\&&&1&&&-4&&&1&&\\&&&&1&&1&-4&&&1&\\&&&&&1&&1&-4&&&1\\&&&&&&1&&&-4&1&\\&&&&&&&1&&1&-4&1\\&&&&&&&&1&&1&-4\end{pmatrix}\begin{pmatrix}T_{10}\\T_{20}\\T_{30}\\T_{11}\\T_{21}\\T_{31}\\T_{12}\\T_{22}\\T_{32}\\T_{13}\\T_{23}\\T_{33}\end{pmatrix}=\begin{pmatrix}-75\\0\\-50\\-75\\0\\-50\\-75\\0\\-50\\-175\\-100\\-150\end{pmatrix}$$

这里增加了变量T_{10},T_{20},T_{30},可以求出解为

$$\begin{aligned}&(T_{10},T_{20},T_{30},T_{11},T_{21},T_{31},T_{12},T_{22},T_{32},T_{13},T_{23},T_{33})\\&=(71.9074,67.0145,59.5362,72.8074,68.3073,60.5652,\\&\quad 76.0151,72.842,64.4172,83.4109,82.6286,74.2614)\end{aligned}$$

可以看出下边缘绝热,板面温度较例7.2.1中温度恒定为零度时要高一些,自上而下温度梯度也小一些。

例 7.2.3 张力与压力作用下膜的平衡状态。耳蜗是内耳的一部分,是一个充满液体的小空间,其中包含了将声音信号转化为神经信号的生理结构。耳蜗由基底膜分成两个腔,上腔为前庭,下腔为鼓阶。耳道中的外部声音压力可以使基底膜产生位移。如下泊松方程描述了在张力T和均匀压力p作用下的膜位移φ:

$$\frac{\partial^2\varphi}{\partial x^2}+\frac{\partial^2\varphi}{\partial y^2}=-\frac{p}{T}$$

假设膜呈圆形面积为$\pi\ \mathrm{cm}^2$,将上述方程转化为极坐标下的形式

$$\frac{1}{r}\cdot\frac{\partial u}{\partial r}+\frac{\partial^2 u}{\partial r^2}+\frac{1}{r^2}\cdot\frac{\partial^2 u}{\partial\theta^2}=-\frac{p}{T}$$

其中$u(r,\theta)=\varphi(r\cos\theta,r\sin\theta)$。考虑到膜周边固定,没有位移,且中心位移有限,即

$$u(1,\theta)=0,\quad u(0,\theta)<\infty$$

如果取$\dfrac{p}{T}=0.5$,求膜的位移。

将单位圆盘用同心圆与等角射线分成均匀网格,用指标(k,s)表示节点,则有

$$\left(r\frac{\partial u}{\partial r}+r^2\frac{\partial^2 u}{\partial r^2}+\frac{\partial^2 u}{\partial \theta^2}\right)\bigg|_{(k,s)}$$

$$\approx k\Delta r\frac{1}{2\Delta r}(u_{k+1,s}-u_{k-1,s})+(k\Delta r)^2\frac{1}{\Delta r^2}(u_{k+1,s}-2u_{k,s}+u_{k-1,s})+\frac{1}{\Delta\theta^2}(u_{k,s+1}-2u_{k,s}+u_{k,s-1})$$

$$=-(k\Delta r)^2\frac{p}{T}$$

整理后得到

$$k\frac{1}{2}(u_{k+1,s}-u_{k-1,s})+k^2(u_{k+1,s}-2u_{k,s}+u_{k-1,s})+\frac{1}{\Delta\theta^2}(u_{k,s+1}-2u_{k,s}+u_{k,s-1})$$

$$=-(k\Delta r)^2\frac{p}{T}$$

进一步写为

$$k\frac{1}{2}(u_{k+1,s}-u_{k-1,s})+\frac{k^2(u_{k+1,s}+u_{k-1,s})+\frac{1}{\Delta\theta^2}(u_{k,s+1}+u_{k,s-1})+(k\Delta r)^2\frac{p}{T}}{2\left(k^2+\frac{1}{\Delta\theta^2}\right)}=u_{k,s}$$

依据上述迭代格式，可以求出其近似解如图 7-7 所示。

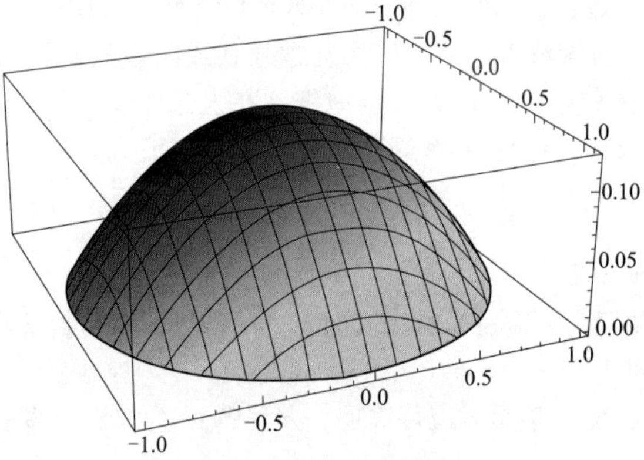

图 7-7　拉伸膜的位移

这一结果表明，膜的中心部分位移最大。需要说明的是，本问题中由于采用了柱面坐标，因此不仅方程本身有些变化，而且边界条件也有相应不同。此处定义圆周位移值为零，在圆心处变量的值，依据连续性原则，将圆心处变量的值取为邻近点的平均值，同时考虑到对称性认为位移函数关于转角是周期的。

2. 一维抛物型偏微分方程的显式法

用节点(i,n)周围的差分来表示偏导数，用 i 表示 x 方向的记数$(i=0,1,\cdots,N)$、用 n 表示时间 t 方向的记数$(n=0,1,\cdots,M)$，则有

$$\frac{\partial^2 u}{\partial x^2}\bigg|_{i,n}=\frac{1}{\Delta x^2}(u_{i+1,n}-2u_{i,n}+u_{i-1,n})+O(\Delta x^2)$$

$$\frac{\partial u}{\partial t}\bigg|_{i,n}=\frac{1}{\Delta t}(u_{i,n+1}-u_{i,n})+O(\Delta t)$$

由此齐次扩散方程

$$\frac{\partial u}{\partial t}=\alpha\frac{\partial^2 u}{\partial x^2} \tag{7.2.11}$$

可以改写为

$$u_{i,n+1}=u_{i,n}+\alpha\frac{\Delta t}{\Delta x^2}(u_{i+1,n}-2u_{i,n}+u_{i-1,n})+O(\Delta t+\Delta x^2)$$

因此可以得到一维齐次扩散方程(7.2.11)的近似迭代格式

$$u_{i,n+1}=\left(\frac{\alpha\Delta t}{\Delta x^2}\right)u_{i+1,n}+\left(1-2\frac{\alpha\Delta t}{\Delta x^2}\right)u_{i,n}+\left(\frac{\alpha\Delta t}{\Delta x^2}\right)u_{i-1,n} \tag{7.2.12}$$

如果一维抛物型方程(7.2.11)的解满足混合边界条件

$$u|_{t=0}=\varphi(x),\quad u|_{x=0}=\mu_1(t),\quad u|_{x=L}=\mu_2(t) \tag{7.2.13}$$

那么根据网格划分有

$$u_{i0}=\varphi(x_i),\quad u_{0n}=\mu_1(t_j),\quad u_{Nn}=\mu_2(t_j)$$

迭代格式(7.2.12)是一个显式公式,即由当前时间点 n 处因变量的值 $u_{i+1,n}$,$u_{i,n}$,$u_{i-1,n}$就可求下一时间点 $n+1$ 处因变量的值,因此,如果给定了问题的初值条件和边值条件,这一显式公式就可以直接求解,这种算法稳定性条件是 $2\alpha\Delta t\leqslant\Delta x^2$(关于稳定性条件及其分析请参阅相关文献)。

对于一维非齐次扩散方程(7.2.2)有相应的近似迭代格式

$$u_{i,n+1}=\left(\frac{\alpha\Delta t}{\Delta x^2}\right)u_{i+1,n}+\left(1-2\frac{\alpha\Delta t}{\Delta x^2}\right)u_{i,n}+\left(\frac{\alpha\Delta t}{\Delta x^2}\right)u_{i-1,n}+f_{i,n}$$

例 7.2.4 细胞在人造材料上的迁移运动。人造血管材料的设计是组织工程和组织修复领域的重要研究方向。人造血管植入体内用于修复被损伤或闭塞的血管时可能会发生细菌感染,白细胞是抑制急性炎症的关键因素,因此控制白细胞在人造血管表面运动对于提高植入假体的抗感染能力非常重要。Rosenson-Schloss 等利用如下扩散对流方程描述细胞在人造材料上的迁移运动:

$$\frac{\partial c}{\partial t}=\mu_0\frac{\partial^2 c}{\partial x^2}-v_{\text{eff}}\frac{\partial c}{\partial x}$$

其中 $c(x,t)$表示 t 时刻位置为人造血管材料表面 x 处的浓度。其初始条件是 $t=0$,对于 $x>0$ 有 $c=0$,边界条件是 $x=0$,对于 $t>0$,有 $c=c_0$ 和 $x=x_r$,对于 $t>0$ 有 $c=0$。方程右边第一项与菲克(Fick)第二扩散定律相似,第二项是对流传输项。方程中 μ_0 为随机迁移系数,v_{eff}为细胞定向迁移速度。

假定随机迁移系数 $\mu_0=10^{-4}=\text{cm}^2/\text{s}$,细胞定向迁移速度 $v_{\text{eff}}=10^{-5}\ \text{cm}^2/\text{s}$,$x_r=0.2$,$c_0=10^6$,那么此问题对应的定解问题为

$$c(x,0)=0,\quad c(0,t)=10^6,\quad c(0.2,t)=0$$

利用向前差分表示时间导数($n=0,1,\cdots,M$),中心差分表示空间导数($i=0,1,\cdots,N$),即

$$\left.\frac{\partial c}{\partial t}\right|_{i,n}=\frac{1}{\Delta t}(c_{i,n+1}-c_{i,n})$$

$$\left.\frac{\partial c}{\partial x}\right|_{i,n}=\frac{1}{2\Delta x}(c_{i+1,n}-c_{i-1,n})$$

$$\left.\frac{\partial^2 c}{\partial x^2}\right|_{i,n}=\frac{1}{\Delta x^2}(c_{i+1,n}-2c_{i,n}+c_{i-1,n})$$

代入原方程重排后得

$$c_{i,n+1}=\left[\frac{\mu_0\Delta t}{\Delta x^2}-\frac{v_{\text{eff}}\Delta t}{2\Delta x}\right]c_{i+1,n}+\left[1-\frac{2\mu_0\Delta t}{\Delta x^2}\right]c_{i,n}+\left[\frac{\mu_0\Delta t}{\Delta x^2}-\frac{v_{\text{eff}}\Delta t}{2\Delta x}\right]c_{i-1,n}$$

给出边界条件

$$c_{i0}=0,\quad c_{0n}=10^6,\quad c_{Nn}=0$$

依据上述迭代格式,可以求出其近似解,如图 7-8 所示。

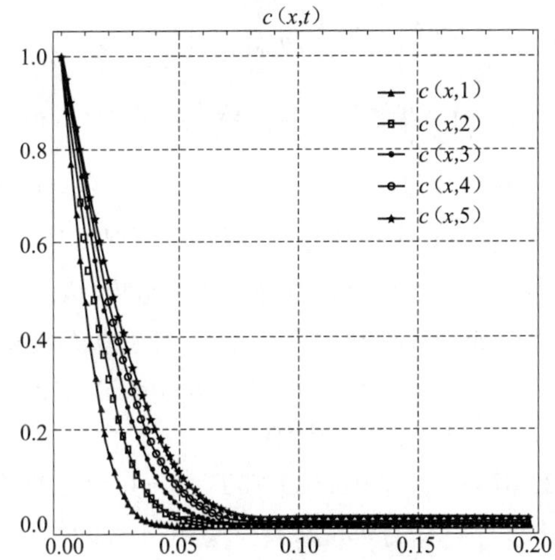

图 7-8　归一化的细胞浓度变化曲线

图 7-8 是归一化的细胞浓度 c/c_0 随迁移距离变化的曲线。开始时(即 $t=0$ 时),人造血管表面的细胞浓度为 0,左边界(即 $z=0$ 处)有高浓度的细胞(1×10^6 细胞/cm^2)。然后,如同微分方程的解所表明的,细胞向右边迁移。由于右边界的边界条件设置为 0,这相当于此处细胞浓度始终为 0,也就如同右边界存在一个无限深的穴,会吸走细胞一样,使得细胞不会在右边界聚集。

3. 一维抛物型偏微分方程的隐式法

如果在 t 轴上引入半节点$(i,n+1/2)$,基于这个网格(见图 7-9)利用中心差商公式求该半节点的时间导数

$$\left.\frac{\partial c}{\partial t}\right|_{i,n+1/2}=\frac{1}{\Delta t}(c_{i,n+1}-c_{i,n})$$

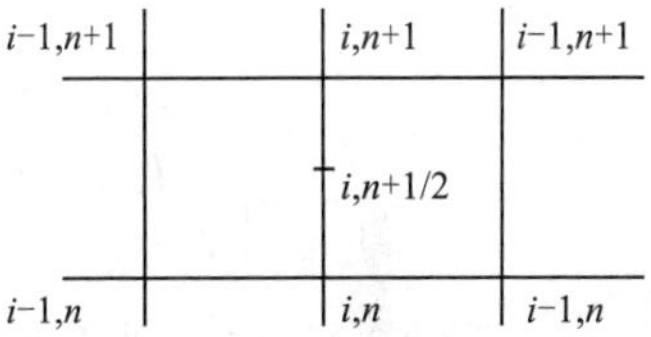

图 7-9　半节点网格图

在半节点的二阶偏导数利用节点(i,n)和节点$(i,n+1)$的中心差分结果的加权平均值,即

$$\left.\frac{\partial^2 u}{\partial x^2}\right|_{i,n+1/2}=\theta\left.\frac{\partial^2 u}{\partial x^2}\right|_{i,n+1}+(1-\theta)\left.\frac{\partial^2 u}{\partial x^2}\right|_{i,n}$$

其中 $0\leqslant\theta\leqslant1$。这样可以得到相应的差分格式

$$\alpha\theta\left[\frac{1}{\Delta x^2}(u_{i+1,n+1}-2u_{i,n+1}+u_{i-1,n+1})\right]-\frac{1}{\Delta t}u_{i,n+1}$$
$$=-\alpha(1-\theta)\left[\frac{1}{\Delta x^2}(u_{i+1,n}-2u_{i,n}+u_{i-1,n})\right]-\frac{1}{\Delta t}u_{i,n} \tag{7.2.14}$$

这就是隐式公式,该公式左边包含不止一个节点 $n+1$ 上的值,即时间上每进一步计算都涉及多个未知数。当 $\theta=0$ 时上式就是显式公式,当 $\theta=1$ 时上式就是

$$-\frac{\alpha\Delta t}{\Delta x^2}u_{i-1,n+1}+\left(1+2\,\frac{\alpha\Delta t}{\Delta x^2}\right)u_{i,n+1}+u_{i-1,n+1}-\frac{\alpha\Delta t}{\Delta x^2}u_{i+1,n+1}=u_{i,n}$$

这一公式称为向后隐式公式。如果取 $\theta=1/2$ 就得到广为应用的克拉克-尼科尔森(Crank-Nicolson)隐式公式

$$-\left(\frac{\alpha\Delta t}{\Delta x^2}\right)u_{i-1,n+1}+2\left(1+\frac{\alpha\Delta t}{\Delta x^2}\right)u_{i,n+1}-\left(\frac{\alpha\Delta t}{\Delta x^2}\right)u_{i+1,n+1}$$
$$=\left(\frac{\alpha\Delta t}{\Delta x^2}\right)u_{i-1,n}+2\left(1-\frac{\alpha\Delta t}{\Delta x^2}\right)u_{i,n}+\left(\frac{\alpha\Delta t}{\Delta x^2}\right)u_{i+1,n} \tag{7.2.15}$$

为了使用这种隐式公式求解非齐次抛物方程(7.2.2),还需要计算中间节点$(i,n+1/2)$上 f 的函数值,可以取节点$(i,n+1)$与节点(i,n)上 f 的平均值,即

$$
\begin{aligned}
&-\left(\frac{\alpha\Delta t}{\Delta x^2}\right)u_{i-1,n+1}+2\left(1+\frac{\alpha\Delta t}{\Delta x^2}\right)u_{i,n+1}-\left(\frac{\alpha\Delta t}{\Delta x^2}\right)u_{i+1,n+1}-(\Delta t)f_{i,n+1}\\
&=\left(\frac{\alpha\Delta t}{\Delta x^2}\right)u_{i-1,n}+2\left(1-\frac{\alpha\Delta t}{\Delta x^2}\right)u_{i,n}+\left(\frac{\alpha\Delta t}{\Delta x^2}\right)u_{i+1,n}+(\Delta t)f_{i,n}
\end{aligned}
\tag{7.2.16}
$$

这一公式(7.2.16)就是非齐次抛物方程(7.2.2)的克拉克-尼科尔森隐式公式。

例 7.2.5 已知一细杆长 10 cm,除杆端外(杆两端分别保持100 ℃和50 ℃恒温),其余地方绝热,开始时杆为零度,这一热传导问题中杆内任意一点的温度 $T(x,t)$满足参数为 α 的齐次抛物方程,假设本题中参数 $\alpha=0.835\ \mathrm{cm^2/s}$,试利用克拉克-尼科尔森隐式公式求杆内温度分布。

此时,边界条件为 $T(x,0)=0$,$T(0,t)=100$,$T(10,t)=50$,取时间和空间步长为 $\Delta t=0.1$,$\Delta x=2$。依据克拉克-尼科尔森公式(7.2.15)得到

$$
\begin{aligned}
&-0.020\,875T_{i-1,n+1}+2.041\,75T_{i,n+1}-0.020\,875T_{i+1,n+1}\\
&=0.020\,875T_{i-1,n}+1.958\,25T_{i,n}+0.020\,875T_{i+1,n}
\end{aligned}
$$

即

$$
-T_{i-1,n+1}+97.808\,4T_{i,n+1}-T_{i+1,n+1}=T_{i-1,n}+93.808\,4T_{i,n}+T_{i+1,n}
$$

$i=1$ 时,注意到 $T_{0,j}=100$,则有

$$
97.808\,4T_{1,n+1}-T_{2,n+1}=200+93.808\,4T_{1i,n}+T_{2,n}
$$

$i=4$ 时,注意到 $T_{5,j}=50$,则有

$$
-T_{3,n+1}+97.808\,4T_{4,n+1}=T_{3,n}+93.808\,4T_{4,n}+100
$$

汇总有

$$
\begin{cases}
97.808\,4T_{1,n+1}-T_{2,n+1}=200+93.808\,4T_{1,n}+T_{2,n}\\
-T_{1,n+1}+97.808\,4T_{2,n+1}-T_{3,n+1}=T_{1,n}+93.808\,4T_{2,n}+T_{3,n}\\
-T_{2,n+1}+97.808\,4T_{3,n+1}-T_{4,n+1}=T_{2,n}+93.808\,4T_{3,n}+T_{4,n}\\
-T_{3,n+1}+97.808\,4T_{4,n+1}=T_{3,n}+93.808\,4T_{4,n}+100
\end{cases}
$$

$n=0$,即 $t=0$ 时,注意到 $T_{i,0}=0$,则有

$$
\begin{cases}
97.808\,4T_{1,1}-T_{2,1}=200\\
-T_{1,1}+97.808\,4T_{2,1}-T_{3,1}=0\\
-T_{2,1}+97.808\,4T_{3,1}-T_{4,1}=0\\
-T_{3,1}+97.808\,4T_{4,1}=100
\end{cases}
$$

或者写成

$$
\begin{pmatrix}
97.808\,4 & -1 & & \\
-1 & 97.808\,4 & -1 & \\
 & -1 & 97.808\,4 & -1\\
 & & -1 & 97.808\,4
\end{pmatrix}
\begin{pmatrix}T_{1,1}\\T_{2,1}\\T_{3,1}\\T_{4,1}\end{pmatrix}
=
\begin{pmatrix}200\\0\\0\\100\end{pmatrix}
$$

可以求得

$$
(T_{1,1},T_{2,1},T_{3,1},T_{4,1})=(2.045\,03,0.021\,017\,6,0.010\,669\,2,1.022\,52)
$$

$n=1$ 时,有

$$
\begin{cases}
97.808\,4T_{1,2}-T_{2,2}=200+93.808\,4T_{1,1}+T_{2,1}\\
-T_{1,2}+97.808\,4T_{2,2}-T_{3,2}=T_{1,1}+93.808\,4T_{2,1}+T_{3,1}\\
-T_{2,2}+97.808\,4T_{3,2}-T_{4,2}=T_{2,1}+93.808\,4T_{3,1}+T_{4,1}\\
-T_{3,2}+97.808\,4T_{4,2}=T_{3,1}+93.808\,4T_{4,1}+100
\end{cases}
$$

或者写成

$$\begin{pmatrix} 97.8084 & -1 & & \\ -1 & 97.8084 & -1 & \\ & -1 & 97.8084 & -1 \\ & & -1 & 97.8084 \end{pmatrix}\begin{pmatrix} T_{1,2} \\ T_{2,2} \\ T_{3,3} \\ T_{4,2} \end{pmatrix}$$

$$=\begin{pmatrix} 200 \\ 0 \\ 0 \\ 100 \end{pmatrix}+\begin{pmatrix} 93.8084 & 1 & & \\ 1 & 93.8084 & 1 & \\ & 1 & 93.8084 & 1 \\ & & 1 & 93.8084 \end{pmatrix}\begin{pmatrix} T_{1,1} \\ T_{2,1} \\ T_{3,2} \\ T_{4,1} \end{pmatrix}$$

将已经计算 $n=1$，即 $t=0.2$ s时($T_{1,1}, T_{2,1}, T_{3,1}, T_{4,1}$)的结果代入并求解得

$$(T_{1,2}, T_{2,2}, T_{3,2}, T_{4,2})=(4.00727, 0.082578, 0.0422317, 2.00365)$$

对于整个差分网格的每一个节点写出隐式公式，就得到一个线性方程组，其系数矩阵通常是一个三对角矩阵。上述隐式公式是绝对稳定的。一般而言，大部分显式有限差分近似公式是条件稳定的，而大部分隐式近似公式则是绝对稳定的。但是，显式方法比隐式公式容易进行求解。

作为本节结束，指出对于二维非齐次抛物方程

$$\frac{\partial u}{\partial t}=\alpha\left(\frac{\partial^2 u}{\partial x^2}+\frac{\partial^2 u}{\partial y^2}\right)+f(x,y,t)$$

同样地有相应的近似迭代格式

$$u_{i,j,n+1}=\left(\frac{\alpha\Delta t}{\Delta x^2}\right)(u_{i+1,j,n}+u_{i-1,j,n})+\left(\frac{\alpha\Delta t}{\Delta y^2}\right)(u_{i,j+1,n}+u_{i,j-1,n})+$$
$$\left(1-2\frac{\alpha\Delta t}{\Delta x^2}-2\frac{\alpha\Delta t}{\Delta y^2}\right)u_{i,j,n}+(\Delta t)f_{i,j,n}$$

其稳定性条件为

$$\frac{1}{\Delta x^2}+\frac{1}{\Delta y^2}\leqslant\frac{1}{2\alpha\Delta t}$$

本节简单介绍了偏微分方程差分解法的初步知识，并给出了几个实例的求解。关于偏微分方程数值求解的更深入的知识，如欲了解更多差分方法、方法的收敛性与稳定性、误差估计等内容，请参考相关专著。

7.3　偏微分方程的有限元方法简介

偏微分方程的数值解法中另一常用的方法是有限元方法，有限元方法在力学及其相关学科中发挥着重要的作用。1960年克拉夫①在一篇论文中首次提出了“有限元(finite element)”的说法。几乎同时，中国科学家也独立地发展出这一方法，其显著的标志是，1965年中国研究人员冯康发表的名为《基于变分原理的差分格式》的论文②，这篇论文被国际学术界视为中国独立发展“有限元法”的重要里程碑。在工程计算需求的推动下，这一方法在应用中不断推进。目前在生物医学的相关领域的应用愈来愈广泛深入。本节对有限元方法的数学原理以及用于求解偏微分方程的方法进行简单介绍。

7.3.1　里兹-伽辽金方法

根据变分学思想，静态问题的解可以使状态积分最小，如能量积分最小，而能量积分的一阶

① CLOUGH R W. The finite element method in plane stress analysis[M]. Pittsburg, PA: Proc ASCE Conf Eletron Computat, 1960.

② 冯康. 基于变分原理的差分格式[J]. 应用数学与计算数学，1965，2(4)：238-262.

变分正好是偏微分方程。因此,这种将偏微分方程求解的问题化为求能量泛函最小值的思想成为有限元方法的理论基础。

求解能量泛函的极小问题如果求助于直接解法或近似解法,就可以实现偏微分方程求解。就能量积分而言,将被积函数在某一函数空间展开成为函数项级数,如幂级数,系数待定。这样积分就可以逐项计算,能量积分就化为求这些待定系数使积分最小,从而就可以求得问题的近似解。这个思想来自于三位科学家:英国物理学家瑞利(Rayleigh,1842—1919。瑞士物理学家里兹(W. Ritz,1878—1909)和俄罗斯数学家伽辽金(Boris Galerkin,1871—1945)。1908 年里兹在瑞利于 1877 年提出的通过泛函驻值条件求未知函数的一种近似方法的基础上,提出了一个求解变分问题的近似方法,后来被称作瑞利-里兹法。

作为模型考虑泊松方程的第一边值问题

$$-\Delta u=\frac{\partial^2 u}{\partial x^2}+\frac{\partial^2 u}{\partial y^2}=f(x,y),\quad (x,y)\in G \tag{7.3.1}$$

$$u|_{\partial G}=0 \tag{7.3.2}$$

记定义在区域 G 上的二元函数 $g(x,y)$,$h(x,y)$ 的内积为

$$(g,h)=\iint_G g\cdot h\mathrm{d}x\mathrm{d}y \tag{7.3.3}$$

构建泛函

$$J(u)=\frac{1}{2}(-\Delta u,u)-(f,u)=\frac{1}{2}\iint_G(-\Delta u)u\mathrm{d}x\mathrm{d}y-\iint_G f\cdot u\mathrm{d}x\mathrm{d}y \tag{7.3.4}$$

利用格林公式,得到

$$\iint_G(-\Delta u)v\mathrm{d}x\mathrm{d}y=\iint_G\left(\frac{\partial u}{\partial x}\cdot\frac{\partial v}{\partial x}+\frac{\partial u}{\partial y}\cdot\frac{\partial v}{\partial y}\right)\mathrm{d}x\mathrm{d}y-\int_{\partial G}\frac{\partial u}{\partial n}\cdot v\mathrm{d}s \tag{7.3.5}$$

其中 $\boldsymbol{n}$ 表示区域 G 的边界 ∂G 的单位外法向量,$\frac{\partial u}{\partial n}$ 是方向导数。如果 u,v 满足在边界 ∂G 上取 0,则有

$$\iint_G(-\Delta u)v\mathrm{d}x\mathrm{d}y=\iint_G\left(\frac{\partial u}{\partial x}\cdot\frac{\partial u}{\partial x}+\frac{\partial u}{\partial y}\cdot\frac{\partial u}{\partial y}\right)\mathrm{d}x\mathrm{d}y$$

定义

$$a(u,v)=\iint_G\left(\frac{\partial u}{\partial x}\cdot\frac{\partial v}{\partial x}+\frac{\partial u}{\partial y}\cdot\frac{\partial v}{\partial y}\right)\mathrm{d}x\mathrm{d}y \tag{7.3.6}$$

那么式(7.3.4)中的泛函 $J(u)$(力学中常表示位能)可以写成

$$J(u)=\frac{1}{2}a(u,u)-(f,u) \tag{7.3.7}$$

极小位能原理证明了方程(7.3.1)和(7.3.2)的解与如下变分问题的解等价:

$$J(u^*)=\min_{\substack{u\in V\\ u|_{\partial G}=0}} J(u) \tag{7.3.8}$$

其中 V 是解的容许空间(偏微分方程中常指定义在 G 上的函数组成的一种赋范向量空间)。对于第二、第三类边界条件也有类似的结论。

变分问题(7.3.8)和通常的极值问题相比,主要困难是在无穷维空间上求泛函极小值。里兹-伽辽金方法的基本思想在于用有限维空间近似代替无穷维空间,从而求得近似解。通过选取有限多项试探函数(又称基函数或形函数),将它们叠加,再要求结果在求解域内及边界上的加权积分(权函数为试函数本身)满足原方程,便可以得到一组易于求解的线性代数方程,且自然边界条件能够自动满足。只是所得到的解是在原求解域内的一个近似解。

里兹方法主要是在容许空间 V 中构造 n 个线性无关的函数 $\varphi_1,\varphi_2,\cdots,\varphi_n$。它们张成空间 V

的一个 n 维子空间 V_n，用 V_n 代替空间 V，在 V_n 上任意一个函数 u_n 可以写成

$$u_n=c_1\varphi_1+c_2\varphi_2+\cdots+c_n\varphi_n \tag{7.3.9}$$

里兹法的目标是：选取系数 $c_1,c_2,\cdots,c_n$ 使得 $J(u_n)$ 取得最小值。事实上

$$\begin{aligned}J(u_n)&=J\left(\sum_{i=1}^{n}c_i\varphi_i\right)=\frac{1}{2}a\left(\sum_{i=1}^{n}c_i\varphi_i,\sum_{i=1}^{n}c_i\varphi_i\right)-\left(f,\sum_{i=1}^{n}c_i\varphi_i\right)\\&=\frac{1}{2}\sum_{i=1}^{n}\sum_{j=1}^{n}a(\varphi_i,\varphi_j)c_ic_j-\sum_{i=1}^{n}c_i(f,\varphi_i)\end{aligned}$$

为 $c_1,c_2,\cdots,c_n$ 的二次函数，若令

$$\frac{\partial}{\partial c_i}J\left(\sum_{i=1}^{n}c_i\varphi_i\right)=0$$

即知 $c_1,c_2,\cdots,c_n$ 满足

$$\sum_{i=1}^{n}a(\varphi_i,\varphi_j)c_i=(f,\varphi_j) \tag{7.3.10}$$

写成矩阵的形式

$$\boldsymbol{Ac}=\boldsymbol{b} \tag{7.3.11}$$

其中

$$\boldsymbol{A}=\begin{pmatrix}a(\varphi_1,\varphi_1) & a(\varphi_2,\varphi_1) & \cdots & a(\varphi_n,\varphi_1)\\ a(\varphi_1,\varphi_2) & a(\varphi_2,\varphi_2) & \cdots & a(\varphi_n,\varphi_2)\\ \vdots & \vdots & & \vdots\\ a(\varphi_1,\varphi_n) & a(\varphi_2,\varphi_n) & \cdots & a(\varphi_n,\varphi_n)\end{pmatrix},\quad \boldsymbol{c}=\begin{pmatrix}c_1\\ c_2\\ \vdots\\ c_n\end{pmatrix},\quad \boldsymbol{b}=\begin{pmatrix}(f,\varphi_1)\\ (f,\varphi_2)\\ \vdots\\ (f,\varphi_n)\end{pmatrix}$$

求解该线性方程组，将 $c_1,c_2,\cdots,c_n$ 代入(7.3.8)就得到近似解 $\boldsymbol{u}_n$。

伽辽金方法与里兹方法有所不同。为了叙述统一，考虑泊松方程(7.3.1)的混合边值问题：假定 G 的边界 ∂G 分成互不相交的两个部分 Γ_1 与 Γ_2，在 Γ_1 上满足第一边界条件

$$u\big|_{\Gamma_1}=0 \tag{7.3.12}$$

在 Γ_2 上满足第二或第三边界条件

$$\left.\frac{\partial u}{\partial n}+\alpha u\right|_{\Gamma_2}=0,\quad \alpha\geqslant 0 \tag{7.3.13}$$

以 v 乘(7.3.1)并在 G 上积分

$$\iint_G[(-\Delta u)v-fv]\mathrm{d}x\mathrm{d}y=0 \tag{7.3.14}$$

利用式(7.3.5)得

$$\begin{aligned}\iint_G(-\Delta u)v\mathrm{d}x\mathrm{d}y&=\iint_G\left(\frac{\partial u}{\partial x}\frac{\partial v}{\partial x}+\frac{\partial u}{\partial y}\frac{\partial v}{\partial y}\right)\mathrm{d}x\mathrm{d}y-\int_{\partial G}\frac{\partial u}{\partial n}\cdot v\mathrm{d}s\\&=\iint_G\left(\frac{\partial u}{\partial x}\frac{\partial v}{\partial x}+\frac{\partial u}{\partial y}\frac{\partial v}{\partial y}\right)\mathrm{d}x\mathrm{d}y+\int_{\Gamma_2}\alpha uv\mathrm{d}s\end{aligned}$$

再利用式(7.3.3)和式(7.3.6)，式(7.3.14)可以写成

$$a(u,v)-(f,v)=0 \tag{7.3.15}$$

因此，若 u 是容许空间中的二元函数，则它满足式(7.3.1)、式(7.3.12)和式(7.3.13)的充分必要条件是 u 满足式(7.3.12)，且对于满足式(7.3.12)的任意函数 v 满足方程(7.3.15)。

伽辽金方法的思路仍是求形如式(7.3.8)的近似解，即求系数 $c_1,c_2,\cdots,c_n$ 使 u_n 关于 V_n 中的任意元素 v 满足(7.3.13)。事实上，对于 V_n 中元素 v

$$v=x_1\varphi_1+x_2\varphi_2+\cdots+x_n\varphi_n$$

式(7.3.13)给出

$$a(u_n,v)-(f,v)=a\left(\sum_{i=1}^{n}c_i\varphi_i,\sum_{i=1}^{n}x_i\varphi_i\right)-\left(f,\sum_{i=1}^{n}x_i\varphi_i\right)$$
$$=\sum_{i=1}^{n}\sum_{j=1}^{n}A(\varphi_i,\varphi_j)c_ix_j-\sum_{i=1}^{n}x_i(f,\varphi_i)$$
$$=\boldsymbol{c}^{\mathrm{T}}\boldsymbol{A}\boldsymbol{x}-\boldsymbol{b}^{\mathrm{T}}\boldsymbol{x}=\boldsymbol{0}$$

由于 v 的任意性,因此只有

$$\boldsymbol{c}^{\mathrm{T}}\boldsymbol{A}-\boldsymbol{b}^{\mathrm{T}}=0$$

根据矩阵 $\boldsymbol{A}$ 的对称性知道上式就是方程(7.3.11)。

两种方法得到了同样的方程组(7.3.11),习惯上称方程组(7.3.11)为里兹-伽辽金方程。

例 7.3.1 求 $y(x)$ 使得 $J(y)=\int_0^1(y'^2-y^2-2xy)\mathrm{d}x$ 取极小,其中 $y(0)=0,y(1)=0$。

解 利用里兹方法,为简单起见,取 $n=2$,取线性无关的函数 $\varphi_j=(1-x)x^j$。设

$$y_2=c_1(1-x)x+c_2(1-x)x^2$$

则有

$$J(y_2)=\int_0^1(y_2'^2-y_2^2-2xy_2)\mathrm{d}x$$

计算积分得到

$$-\frac{c_1}{6}+\frac{3c_1^2-c_2+3c_1c_2}{10}+\frac{13c_2^2}{105}$$

再关于 c_1,c_2 求偏导数并令其为零,得到的方程组就是里兹-伽辽金方程,即

$$\begin{cases}\dfrac{3}{5}c_1+\dfrac{3}{10}c_2=\dfrac{1}{6}\\[2mm]\dfrac{3}{10}c_1+\dfrac{26}{105}c_2=\dfrac{1}{10}\end{cases}$$

求解 c_1,c_2 得到

$$c_1=\frac{71}{369},\quad c_2=\frac{7}{41}$$

事实上,$J(y)=\int_0^1(y'^2-y^2-2xy)\mathrm{d}x$ 取极小问题对应的欧拉方程为

$$F_y-\frac{\mathrm{d}}{\mathrm{d}x}F_{y'}=0$$

即

$$y''+y+x=0$$

它的通解为

$$y=C_1\cos x+C_2\sin x-x$$

由边值条件 $y(0)=0,y(1)=0$ 得到 $y=\sin x/\sin 1-x$。图 7-10 展示了近似解和精确解的两个解曲线。

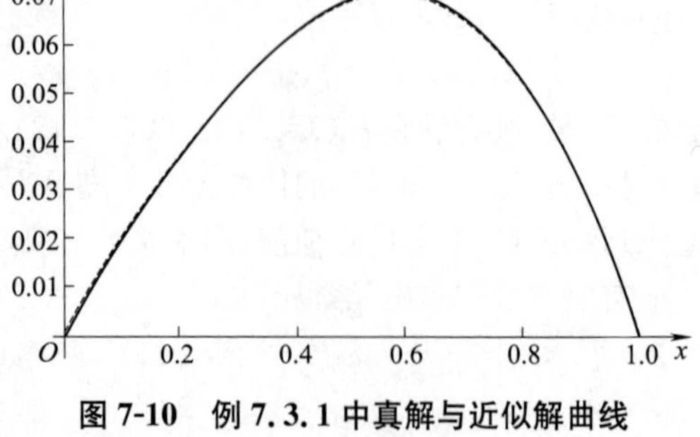

图 7-10 例 7.3.1 中真解与近似解曲线

例 7.3.2　用伽辽金法求解

$$\Delta u = u_{xx} + u_{yy} = -m,\quad (x,y) \in D = \{(x,y) \mid -a < x < a, -b < y < b\},\ u(x,y)|_S = 0$$

解　取试函数为 $\varphi_1 = (a^2 - x^2)(b^2 - y^2)$，$\varphi_2 = (a^2 - x^2)(b^2 - y^2)(x^2 + y^2)$，设

$$u_2 = c_1\varphi_1 + c_2\varphi_2$$

此处

$$a(u,v) = \iint_D \left(\frac{\partial u}{\partial x}\frac{\partial v}{\partial x} + \frac{\partial u}{\partial y}\frac{\partial v}{\partial y}\right)\mathrm{d}x\mathrm{d}y,\quad (f,u) = \iint_D mu\,\mathrm{d}x\mathrm{d}y$$

下面计算矩阵 $\mathbf{A}$。

$$a_{11} = \int_{-b}^{b}\mathrm{d}y\int_{-a}^{a}\left[\left(\frac{\partial \varphi_1}{\partial x}\right)^2 + \left(\frac{\partial \varphi_1}{\partial y}\right)^2\right]\mathrm{d}x = \frac{128}{45}a^3b^3(a^2+b^2)$$

$$a_{12} = \int_{-b}^{b}\mathrm{d}y\int_{-a}^{a}\left[\frac{\partial \varphi_1}{\partial x}\frac{\partial \varphi_2}{\partial x} + \frac{\partial \varphi_1}{\partial y}\frac{\partial \varphi_2}{\partial y}\right]\mathrm{d}x = \frac{128}{1\,575}a^3b^3(5a^4 + 14a^2b^2 + 5b^4)$$

$$a_{22} = \int_{-b}^{b}\mathrm{d}y\int_{-a}^{a}\left[\left(\frac{\partial \varphi_2}{\partial x}\right)^2 + \left(\frac{\partial \varphi_2}{\partial y}\right)^2\right]\mathrm{d}x = \frac{128}{4\,725}a^3b^3(a^2+b^2)(5a^4 + 34a^2b^2 + 5b^4)$$

再计算 b

$$b_1 = \int_{-b}^{b}\mathrm{d}y\int_{-a}^{a} m\varphi_1\,\mathrm{d}x = \frac{16}{9}a^3b^3m$$

$$b_2 = \int_{-b}^{b}\mathrm{d}y\int_{-a}^{a} m\varphi_2\,\mathrm{d}x = \frac{16}{9}a^3b^3(a^2+b^2)m$$

解方程组

$$\begin{pmatrix} a_{11} & a_{12} \\ a_{12} & a_{22} \end{pmatrix}\begin{pmatrix} c_1 \\ c_2 \end{pmatrix} = \begin{pmatrix} b_1 \\ c_2 \end{pmatrix}$$

得到

$$c_1 = \frac{35m(a^2+b^2)(5a^4+64a^2b^2+5b^4)}{16(25a^8+280a^6b^2+498a^4b^4+280a^2b^6+25b^8)}$$

$$c_2 = \frac{525m(a^4+b^4)}{16(25a^8+280a^6b^2+498a^4b^4+280a^2b^6+25b^8)}$$

因此解

$$\begin{aligned} u_2 &= c_1\varphi_1 + c_2\varphi_2 \\ &= \frac{35m(a^2-x^2)(b^2-y^2)[5a^6+69a^2b^2(a^2+b^2)+15(a^4+b^4)(x^2+y^2)+5b^6]}{16(25a^8+280a^6b^2+498a^4b^4+280a^2b^6+25b^8)} \end{aligned}$$

此处的举例比较简单，实际应用中问题要复杂得多，主要的困难有基函数的选取、里兹-伽辽金方程的形成及其求解。

7.3.2　有限元方法简介

有限元方法实质上是里兹-伽辽金方法，它主要利用插值函数，提供了一种选取“局部基函数”或“分片多项式空间”的技巧，从而在很大程度上克服了里兹-伽辽金法选取基函数的固有困难。例如，对于二维问题，将平面区域 G 分割成有限多个矩形或三角形，称为单元，任意两个单元或者不相交，或者有公共边或公共节点。之后再每一个单元上构造试函数，它是用单元顶点坐标构建的插值多项式，在相邻单元间具有一定的光滑性，如此就得到了试函数。

事实上，如果从力学角度看，连续介质体内每一点的位移肯定与该点的坐标相关，如果将研究的连续介质体进行剖分，如平面的三角形网格、立体的四面体网格，在该三角形内或四面体(称为单元)内每一点的位移可以写成单元顶点位移的表达式。每一单元顶点坐标就是问题的未知量，伽辽金法和瑞利-里兹法就是将求泛函极小的问题划归为求解线性方程组的问题，该线性方程

组的未知量是单元定点坐标。

考虑如下泊松方程

$$\frac{\partial}{\partial x}\left(a(x,y)\frac{\partial u}{\partial x}\right)+\frac{\partial}{\partial y}\left(a(x,y)\frac{\partial u}{\partial y}\right)+c(x,y)u=f(x,y),\quad (x,y)\in\Omega \tag{7.3.16}$$

其混合边值问题(7.3.17)～(7.3.18)

$$u|_{\Gamma_0}=0 \tag{7.3.17}$$

$$a(x,y)\frac{\partial u}{\partial n}+\sigma u\bigg|_{\Gamma_1}=\beta(x,y),\quad \sigma\geqslant 0 \tag{7.3.18}$$

其中Ω是平面上的有界区域,边界Γ分段光滑,由互不相交的Γ_0和Γ_1组成。系数$a(x,y)\geqslant a_0>0$,$c(x,y)\geqslant 0$以及$f(x,y)$,$\beta(x,y)$都足够光滑。注意到$a(x,y)\equiv 1$,$c(x,y)\equiv 0$,$\beta(x,y)\equiv 0$时,式(7.3.16)～(7.3.18)就是式(7.3.1)～(7.3.3)。

对于定义在解的容许空间V上且满足边界条件(7.3.17)的u,v,定义

$$A(u,v)=\iint_{\Omega}\left[a\frac{\partial u}{\partial x}\frac{\partial v}{\partial x}+a\frac{\partial u}{\partial y}\frac{\partial v}{\partial y}+cuv\right]\mathrm{d}x\mathrm{d}y+\int_{\Gamma_1}\sigma uv\mathrm{d}s \tag{7.3.19}$$

和

$$F(v)=\iint_{\Omega}fv\mathrm{d}x\mathrm{d}y+\int_{\Gamma_1}\beta v\mathrm{d}s \tag{7.3.20}$$

这样,偏微分方程的混合边值问题(7.3.16)～(7.3.18)就等价于泛函极值问题:

$$J(u)=\min_{v\in V}J(v)=\min_{v\in V}\left(\frac{1}{2}A(v,v)-F(v)\right)$$

也等价于如下问题:求满足对于任意的$v\in V$,等式

$$A(v,v)-F(v)=0$$

都成立的$u\in V$。

从伽辽金方法出发求满足式(7.3.17)的方程(7.2.18)的近似解,因此要先构造解的容许空间V的有限维子空间V_h。

1. 研究区域的网格剖分

将Ω连同其边界剖分成一系列无重叠的网格(见图7-11),如三角形网格(以下总以三角形网为例)。设Ω的边界Γ分段光滑,由Γ_0和Γ_1组成。如果边界Γ不是由折线组成就裁弯取直,以某条适当的折线Γ_h逼近它。设Γ_h围成的区域是Ω_h。也就是说,用Γ_h近似Γ,用Ω_h近似Ω。同时,将Γ_h上对应于Γ_0的部分记为$\Gamma_h^{(0)}$,对应于Γ_1的部分记为$\Gamma_h^{(1)}$。

三角形网格中每一个三角形称为单元,三角形的顶点称为节点,将单元和节点分别记为$e_k(1\leqslant k\leqslant N_e)$和$P_i(1\leqslant i\leqslant N_p)$,节点坐标为$(x_i,y_i)$。单元与单元之间不存在重叠的内部点,每一单元的顶点,或者是边界Γ_h上的点,或者是相邻单元的顶点。$\Gamma_h^{(0)}$与$\Gamma_h^{(1)}$的交点必须取为节点。

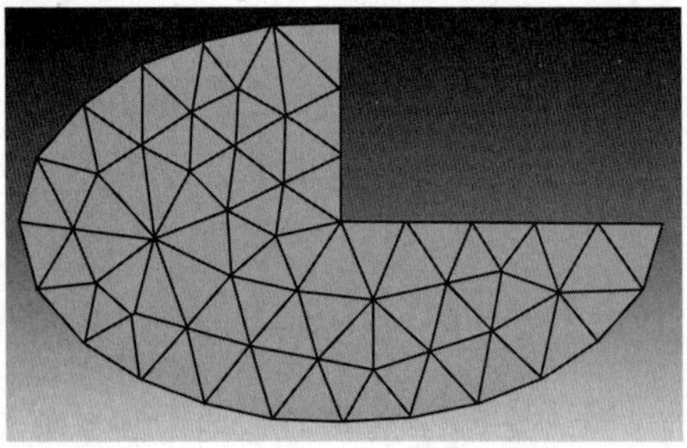

图7-11　区域的三角形网格

2. 选取插值基函数

为简单起见,这里只讨论V_h由含有变量x和y的线性函数组成。任取一单元e,其顶点为P_i,P_j,P_m,其顺序为逆时针。这时,每一个函数$u\in V_h$在单元e上是线性的,即$u(x,y)=ax+by+c$,则有

$$\begin{cases}ax_i+by_i+c=u_i\\ax_j+by_j+c=u_j\\ax_m+by_m+c=u_m\end{cases}$$

其中 a,b,c 是线性函数的系数，u_i,u_j,u_m 是函数 $u(x,y)$ 在节点的函数值是待求量。记

$$\Delta_e=\frac{1}{2}\begin{vmatrix} x_i & y_i & 1 \\ x_j & y_j & 1 \\ x_m & y_m & 1 \end{vmatrix} \tag{7.3.21}$$

解出 a,b,c 后，可以写出 $u(x,y)$ 为

$$u(x,y)=ax+by+c=\frac{x}{2\Delta_e}\begin{vmatrix} u_i & y_i & 1 \\ u_j & y_j & 1 \\ u_m & y_m & 1 \end{vmatrix}+\frac{y}{2\Delta_e}\begin{vmatrix} x_i & u_i & 1 \\ x_j & u_j & 1 \\ x_m & u_m & 1 \end{vmatrix}+\frac{1}{2\Delta_e}\begin{vmatrix} x_i & y_i & u_i \\ x_j & y_j & u_j \\ x_m & y_m & u_m \end{vmatrix}$$

进一步计算得

$$\begin{aligned} u(x,y)=&\frac{x}{2\Delta_e}\left[u_i\begin{vmatrix} y_j & 1 \\ y_m & 1 \end{vmatrix}-u_j\begin{vmatrix} y_i & 1 \\ y_m & 1 \end{vmatrix}+u_m\begin{vmatrix} y_i & 1 \\ y_j & 1 \end{vmatrix}\right]+\frac{y}{2\Delta_e}\left[-u_i\begin{vmatrix} x_j & 1 \\ x_m & 1 \end{vmatrix}+u_j\begin{vmatrix} x_i & 1 \\ x_m & 1 \end{vmatrix}-\right. \\ &\left.u_m\begin{vmatrix} x_i & 1 \\ x_j & 1 \end{vmatrix}\right]+\frac{1}{2\Delta_e}\left[u_i\begin{vmatrix} x_j & y_j \\ x_m & y_m \end{vmatrix}-u_j\begin{vmatrix} x_i & y_i \\ x_m & y_m \end{vmatrix}+u_m\begin{vmatrix} x_i & y_i \\ x_j & y_j \end{vmatrix}\right] \\ =&\frac{u_i}{2\Delta_e}\left[\begin{vmatrix} y_j & 1 \\ y_m & 1 \end{vmatrix}x-\begin{vmatrix} x_j & 1 \\ x_m & 1 \end{vmatrix}y+\begin{vmatrix} x_j & y_j \\ x_m & y_m \end{vmatrix}\right]+\frac{u_j}{2\Delta_e}\left[-\begin{vmatrix} y_i & 1 \\ y_m & 1 \end{vmatrix}x+\begin{vmatrix} x_i & 1 \\ x_m & 1 \end{vmatrix}y-\right. \\ &\left.\begin{vmatrix} x_i & y_i \\ x_m & y_m \end{vmatrix}\right]+\frac{u_m}{2\Delta_e}\left[\begin{vmatrix} y_i & 1 \\ y_j & 1 \end{vmatrix}x-\begin{vmatrix} x_i & 1 \\ x_j & 1 \end{vmatrix}y+\begin{vmatrix} x_i & y_i \\ x_j & y_j \end{vmatrix}\right] \\ =&\frac{u_i}{2\Delta_e}\begin{vmatrix} x & y & 1 \\ x_j & y_j & 1 \\ x_m & y_m & 1 \end{vmatrix}+\frac{u_j}{2\Delta_e}\begin{vmatrix} x & y & 1 \\ x_m & y_m & 1 \\ x_i & y_i & 1 \end{vmatrix}+\frac{u_m}{2\Delta_e}\begin{vmatrix} x & y & 1 \\ x_i & y_i & 1 \\ x_j & y_j & 1 \end{vmatrix} \\ =&N_i(x,y)u_i+N_j(x,y)u_j+N_m(x,y)u_m \end{aligned} \tag{7.3.22}$$

其中

$$\begin{aligned} &N_i(x,y)=\frac{1}{2\Delta_e}\begin{vmatrix} x & y & 1 \\ x_j & y_j & 1 \\ x_m & y_m & 1 \end{vmatrix}=\frac{1}{2\Delta_e}(a_ix+b_iy+c_i),a_i=\begin{vmatrix} y_j & 1 \\ y_m & 1 \end{vmatrix},b_i=-\begin{vmatrix} x_j & 1 \\ x_m & 1 \end{vmatrix},c_i=\begin{vmatrix} x_j & y_j \\ x_m & y_m \end{vmatrix} \\ &N_j(x,y)=\frac{1}{2\Delta_e}\begin{vmatrix} x & y & 1 \\ x_m & y_m & 1 \\ x_i & y_i & 1 \end{vmatrix}=\frac{1}{2\Delta_e}(a_jx+b_jy+c_j),a_j=\begin{vmatrix} y_m & 1 \\ y_i & 1 \end{vmatrix},b_j=-\begin{vmatrix} x_m & 1 \\ x_i & 1 \end{vmatrix},c_j=\begin{vmatrix} x_m & y_m \\ x_i & y_i \end{vmatrix} \\ &N_m(x,y)=\frac{1}{2\Delta_e}\begin{vmatrix} x & y & 1 \\ x_i & y_i & 1 \\ x_j & y_j & 1 \end{vmatrix}=\frac{1}{2\Delta_e}(a_mx+b_my+c_m),a_m=\begin{vmatrix} y_j & 1 \\ y_m & 1 \end{vmatrix},b_m=-\begin{vmatrix} x_j & 1 \\ x_m & 1 \end{vmatrix},c_m=\begin{vmatrix} x_j & y_j \\ x_m & y_m \end{vmatrix} \end{aligned} \tag{7.3.23}$$

称 $N_i(x,y),N_j(x,y),N_m(x,y)$ 为单元 $e=\Delta P_iP_jP_m$ 上的线性插值基函数。对于定义在 e 上的连续函数 v，只要给出了它在单元 e 上三个顶点的函数值 v_i,v_j,v_m，就可以通过 $N_i(x,y),N_j(x,y),N_m(x,y)$ 的线性组合给出 $v(x,y)$。

3. 单元分析生成单元刚度矩阵和单元载荷向量

从伽辽金方法出发，对变分问题做离散化，就是求 $u_h\in V_h$ 使得

$$A(u_h,v)-F(v)=0,\quad \forall v\in V_h \tag{7.3.24}$$

成立，也就是求 $u_h(x,y)\in V_h$，使得

$$\iint_{\Omega_h}\left[a(x,y)\frac{\partial u_h}{\partial x}\frac{\partial v}{\partial x}+a(x,y)\frac{\partial u_h}{\partial y}\frac{\partial v}{\partial y}+c(x,y)u_h v\right]\mathrm{d}x\mathrm{d}y+\int_{\Gamma_h^{(1)}}\sigma u_h v\mathrm{d}s$$

$$=\iint_{\Omega_h}f(x,y)v\mathrm{d}x\mathrm{d}y+\int_{\Gamma_h^{(1)}}\beta v\mathrm{d}s,\quad \forall v\in V_h \tag{7.3.25}$$

化为在单元上的积分再求和，于是式(7.3.25)可以改写为

$$\sum_{n=1}^{N_e}\iint_{e_n}\left[a\frac{\partial u_h}{\partial x}\frac{\partial v}{\partial x}+a\frac{\partial u_h}{\partial y}\frac{\partial v}{\partial y}+cu_h v\right]\mathrm{d}x\mathrm{d}y+\sum_{n=1}^{N_e}\int_{\gamma_n}\sigma u_h v\mathrm{d}s$$

$$=\sum_{n=1}^{N_e}\iint_{e_n}fv\mathrm{d}x\mathrm{d}y+\sum_{n=1}^{N_e}\int_{\gamma_n}\beta v\mathrm{d}s,\quad \forall v\in V_h \tag{7.3.26}$$

其中 γ_n 是单元 e_n 的边界与区域边界 $\Gamma_h^{(1)}$ 的公共部分，若不存在公共部分，则认为该线积分取零值。式(7.3.26)中的积分都是只在某一个单元上求积分的，要将每个单元的积分都计算出来，这就是单元分析的主要内容。

任取一个单元 $e=\Delta P_iP_jP_m$，函数 $u_h(x,y)$ 和 $v(x,y)$ 在节点 $P_s(s=i,j,m)$ 上的值记为 u_s 和 v_s。于是根据式(7.3.22)有

$$u_h(x,y)=N_i(x,y)u_i+N_j(x,y)u_j+N_m(x,y)u_m$$
$$v(x,y)=N_i(x,y)v_i+N_j(x,y)v_j+N_m(x,y)v_m$$

利用式(7.3.23)得

$$\begin{cases}\dfrac{\partial u_h}{\partial x}=\dfrac{1}{2\Delta_e}(a_iu_i+a_ju_j+a_mu_m)\\[2ex]\dfrac{\partial u_h}{\partial y}=\dfrac{1}{2\Delta_e}(b_iu_i+b_ju_j+b_mu_m)\end{cases} \tag{7.3.27}$$

其中系数 a_s 和 $b_s(s=i,j,m)$ 由节点坐标 (x_s,y_s) 确定。引入矩阵

$$\boldsymbol{B}=\frac{1}{2\Delta_e}\begin{pmatrix}a_i & a_j & a_m\\ b_i & b_j & b_m\end{pmatrix} \tag{7.3.28}$$

以及向量

$$\boldsymbol{u}^{(e)}=(u_i,u_j,u_m)^{\mathrm{T}},\quad \boldsymbol{v}^{(e)}=(v_i,v_j,v_m)^{\mathrm{T}} \tag{7.3.29}$$

将 $u_h(x,y)$ 和 $v(x,y)$ 的梯度表示为

$$\nabla\boldsymbol{u}_h=\left(\frac{\partial u_h}{\partial x},\frac{\partial u_h}{\partial y}\right)^{\mathrm{T}},\quad \nabla\boldsymbol{v}=\left(\frac{\partial v}{\partial x},\frac{\partial v}{\partial y}\right)^{\mathrm{T}}$$

这样有

$$\nabla\boldsymbol{u}_h=\boldsymbol{B}\boldsymbol{u}^{(e)},\quad \nabla\boldsymbol{v}=\boldsymbol{B}\boldsymbol{v}^{(e)} \tag{7.3.30}$$

再将基函数写成向量形式

$$\boldsymbol{N}(x,y)=(N_i,N_j,N_m)^{\mathrm{T}} \tag{7.3.31}$$

如此可以写出

$$u_h(x,y)=\boldsymbol{N}(x,y)^{\mathrm{T}}\boldsymbol{u}^{(e)},\quad v(x,y)=\boldsymbol{N}(x,y)^{\mathrm{T}}\boldsymbol{v}^{(e)} \tag{7.3.32}$$

这样一来可以将式(7.3.26)的左端表示成

$$\sum_{n=1}^{N_e}\iint_{e_n}\left[a\frac{\partial u_h}{\partial x}\frac{\partial v}{\partial x}+a\frac{\partial u_h}{\partial y}\frac{\partial v}{\partial y}+cu_h v\right]\mathrm{d}x\mathrm{d}y+\sum_{n=1}^{N_e}\int_{\gamma_n}\sigma u_h v\mathrm{d}s$$

$$=\sum_{n=1}^{N_e}\iint_{e_n}[a(\nabla\boldsymbol{u}_h)^{\mathrm{T}}\nabla\boldsymbol{v}+c(u_h)^{\mathrm{T}}v]\mathrm{d}x\mathrm{d}y+\sum_{n=1}^{N_e}\int_{\gamma_n}\sigma(u_h)^{\mathrm{T}}v\mathrm{d}s$$

$$=\sum_{n=1}^{N_e}\iint_{e_n}[a(\boldsymbol{B}\boldsymbol{u}^{(e)})^{\mathrm{T}}(\boldsymbol{B}\boldsymbol{v}^{(e)})+c(\boldsymbol{N}^{\mathrm{T}}\boldsymbol{u}^{(e)})^{\mathrm{T}}(\boldsymbol{N}^{\mathrm{T}}\boldsymbol{v}^{(e)})]\mathrm{d}x\mathrm{d}y+\sum_{n=1}^{N_e}\int_{\gamma_n}\sigma(\boldsymbol{N}^{\mathrm{T}}\boldsymbol{u}^{(e)})^{\mathrm{T}}(\boldsymbol{N}^{\mathrm{T}}\boldsymbol{v}^{(e)})\mathrm{d}s$$

这样式(7.3.26)可以整理成

$$\sum_e \iint_e [a\boldsymbol{u}^{(e)\mathrm{T}} \boldsymbol{B}^{\mathrm{T}}\boldsymbol{B}\boldsymbol{v}^{(e)} + c\boldsymbol{u}^{(e)\mathrm{T}}\boldsymbol{N}\boldsymbol{N}^{\mathrm{T}}\ \boldsymbol{v}^{(e)}]\mathrm{d}x\mathrm{d}y + \sum_e \int_{\gamma_e} \sigma \boldsymbol{u}^{(e)\mathrm{T}}\boldsymbol{N}\boldsymbol{N}^{\mathrm{T}}\ \boldsymbol{v}^{(e)}\mathrm{d}s$$

$$= \sum_e \iint_e f\boldsymbol{N}^{\mathrm{T}} \boldsymbol{v}^{(e)}\mathrm{d}x\mathrm{d}y + \sum_e \int_{\gamma_e} \beta \boldsymbol{N}^{\mathrm{T}}\ \boldsymbol{v}^{(e)}\mathrm{d}s, \quad \forall v \in V_h$$

又可以简单记为

$$\sum_e \boldsymbol{u}^{(e)\mathrm{T}} \boldsymbol{A}^{(e)}\ \boldsymbol{v}^{(e)} + \sum_e \boldsymbol{u}^{(e)\mathrm{T}} \boldsymbol{A}_0^{(e)}\ \boldsymbol{v}^{(e)} = \sum_e \boldsymbol{b}^{(e)\mathrm{T}}\ \boldsymbol{v}^{(e)} + \sum_e \boldsymbol{b}_0^{(e)\mathrm{T}}\ \boldsymbol{v}^{(e)} \tag{7.3.33}$$

其中三阶方阵

$$\begin{cases} \boldsymbol{A}^{(e)} = \iint_e [a\boldsymbol{B}^{\mathrm{T}}\boldsymbol{B} + c\boldsymbol{N}(x,y)\ \boldsymbol{N}^T(x,y)]\mathrm{d}x\mathrm{d}y \\ \boldsymbol{A}_0^{(e)} = \int_{\gamma_e} \sigma \boldsymbol{N}(x,y)\ \boldsymbol{N}^T(x,y)\mathrm{d}s \end{cases} \tag{7.3.34}$$

三维列向量

$$\begin{cases} \boldsymbol{b}^{(e)} = \iint_e f\boldsymbol{N}(x,y)\mathrm{d}x\mathrm{d}y \\ \boldsymbol{b}_0^{(e)} = \int_{\gamma_e} \beta \boldsymbol{N}(x,y)\mathrm{d}s \end{cases} \tag{7.3.35}$$

只要计算出矩阵$\boldsymbol{A}^{(e)}$，$\boldsymbol{A}_0^{(e)}$ 和向量$\boldsymbol{b}^{(e)}$，$\boldsymbol{b}_0^{(e)}$，则式(7.3.33)还可以简单记为

$$\sum_e \boldsymbol{u}^{(e)T} \boldsymbol{K}^{(e)}\ \boldsymbol{v}^{(e)} = \sum_e \boldsymbol{f}^{(e)T} \boldsymbol{v}^{(e)}$$

其中

$$\boldsymbol{K}^{(e)} = \boldsymbol{A}^{(e)} + \boldsymbol{A}_0^{(e)}, \quad \boldsymbol{f}^{(e)} = \boldsymbol{b}^{(e)} + \boldsymbol{b}_0^{(e)} \tag{7.3.36}$$

此处要注意$\boldsymbol{A}^{(e)}$，$\boldsymbol{b}^{(e)}$为单元 e 上的二重积分，而$\boldsymbol{A}_0^{(e)}$，$\boldsymbol{b}_0^{(e)}$ 为单元 e 的边界与区域边界 $\Gamma_h^{(1)}$ 的公共部分上的线积分。

4. 生成总体刚度矩阵和总体载荷向量

考虑到方便于计算，不可能对单元逐个进行计算，因此要所有单元进行整体统筹考虑，为此将上述三阶方阵、三维向量整合成 N_p 阶方阵和 N_p 维向量(N_p 是对 Ω_h 进行三角剖分的节点数)，考虑到 $e=\Delta P_iP_jP_m$ 的三个顶点的编号未必相邻，所以扩充后的矩阵其非零元位置要根据单元的三个顶点编号而定。

设 $u_h(x,y)$和 $v(x,y)$在节点 $P_s(s=i,j,m)$上的值分别为 u_s 和 v_s，记列向量

$$\boldsymbol{u} = (u_1, u_2, \cdots, u_{N_p})^{\mathrm{T}}, \quad \boldsymbol{v} = (v_1, v_2, \cdots, v_{N_p})^{\mathrm{T}} \tag{7.3.37}$$

为确定，不妨设 $e=\Delta P_iP_jP_m$ 中三个顶点的编号 $i<j<m$。经过计算积分(7.3.34)后，得式(7.3.33)中

$$\boldsymbol{u}^{(e)\mathrm{T}}\boldsymbol{A}^{(e)}\ \boldsymbol{v}^{(e)} = (u_i, u_j, u_m)\begin{pmatrix} a_{ii}^{(e)} & a_{ij}^{(e)} & a_{im}^{(e)} \\ a_{ji}^{(e)} & a_{jj}^{(e)} & a_{jm}^{(e)} \\ a_{mi}^{(e)} & a_{mj}^{(e)} & a_{mm}^{(e)} \end{pmatrix}\begin{pmatrix} v_i \\ v_j \\ v_m \end{pmatrix}$$

把 $\boldsymbol{A}^{(e)}$ 扩充为

$$\widetilde{\boldsymbol{A}}^{(e)} = \begin{pmatrix} & \vdots & & \vdots & & \vdots & \\ \cdots & a_{ii}^{(e)} & \cdots & a_{ij}^{(e)} & \cdots & a_{im}^{(e)} & \cdots \\ & \vdots & & \vdots & & \vdots & \\ \cdots & a_{ji}^{(e)} & \cdots & a_{jj}^{(e)} & \cdots & a_{jm}^{(e)} & \cdots \\ & \vdots & & \vdots & & \vdots & \\ \cdots & a_{mi}^{(e)} & \cdots & a_{mj}^{(e)} & \cdots & a_{mm}^{(e)} & \cdots \\ & \vdots & & \vdots & & \vdots & \end{pmatrix} \tag{7.3.38}$$

这九个元素分布于第 i,j,m 行和第 i,j,m 列上，除此之外，$\widetilde{\boldsymbol{A}}^{(e)}$ 的其他元素都为零。那么

$$\boldsymbol{u}^{(e)\mathrm{T}}\boldsymbol{A}^{(e)}\boldsymbol{v}^{(e)}=\boldsymbol{u}^{\mathrm{T}}\widetilde{\boldsymbol{A}}^{(e)}\boldsymbol{v}$$

类似地，式(7.3.33)中

$$\boldsymbol{b}^{(e)\mathrm{T}}\boldsymbol{v}^{(e)}=(b_i^{(e)},b_j^{(e)},b_m^{(e)})^{\mathrm{T}}\begin{pmatrix}v_i\\v_j\\v_m\end{pmatrix}$$

把 $\boldsymbol{b}^{(e)}$ 扩充为 N_p 维向量

$$\widetilde{\boldsymbol{b}}^{(e)}=(\cdots,b_i^{(e)},\cdots,b_j^{(e)},\cdots,b_m^{(e)}\cdots)^{\mathrm{T}} \tag{7.3.39}$$

除三个在 i,j,m 上分量外其余分量都是零，于是

$$\boldsymbol{b}^{(e)\mathrm{T}}\boldsymbol{v}^{(e)}=\widetilde{\boldsymbol{b}}^{(e)\mathrm{T}}\boldsymbol{v}$$

$\boldsymbol{A}_0^{(e)}$ 和 $\boldsymbol{b}_0^{(e)}$ 的扩充稍有不同。由式(7.3.35)可知它们的积分只在单元 e 的边界与 $\Gamma_h^{(1)}$ 的交集上进行。为确定起见，不妨设单元 $e=\Delta P_iP_jP_m$ 与 $\Gamma_h^{(1)}$ 的交集为线段 P_iP_j，因此，按式(7.3.34)算出 $\boldsymbol{A}_0^{(e)}$ 之后，得

$$\boldsymbol{u}^{(e)\mathrm{T}}\boldsymbol{A}_0^{(e)}\boldsymbol{v}^{(e)}=(u_i,u_j)\begin{pmatrix}\bar{a}_{ii}^{(e)} & \bar{a}_{ij}^{(e)}\\ \bar{a}_{ji}^{(e)} & \bar{a}_{jj}^{(e)}\end{pmatrix}\begin{pmatrix}v_i\\v_j\end{pmatrix}$$

$\boldsymbol{A}_0^{(e)}$ 是二阶方阵，把它扩充为 N_p 阶方阵

$$\widetilde{\boldsymbol{A}}_0^{(e)}=\begin{pmatrix} & \vdots & & \vdots & \\ \cdots & \bar{a}_{ii}^{(e)} & \cdots & \bar{a}_{ij}^{(e)} & \cdots\\ & \vdots & & \vdots & \\ \cdots & \bar{a}_{ji}^{(e)} & \cdots & \bar{a}_{jj}^{(e)} & \cdots\\ & \vdots & & \vdots & \end{pmatrix} \tag{7.3.40}$$

时，这四个元素分布在第 i 和第 j 行，第 i 和第 j 列，除此之外，$\widetilde{\boldsymbol{A}}_0^{(e)}$ 的其他元素都为零，于是

$$\boldsymbol{u}^{(e)\mathrm{T}}\boldsymbol{A}_0^{(e)}\boldsymbol{v}^{(e)}=\boldsymbol{u}^{\mathrm{T}}\widetilde{\boldsymbol{A}}_0^{(e)}\boldsymbol{v}$$

同样

$$\boldsymbol{b}_0^{(e)\mathrm{T}}\boldsymbol{v}^{(e)}=(\bar{b}_i^{(e)},\bar{b}_j^{(e)})\begin{pmatrix}v_i\\v_j\end{pmatrix}$$

把向量 $\boldsymbol{b}_0^{(e)}$ 扩充为 N_p 维之后

$$\widetilde{\boldsymbol{b}}_0^{(e)}=(\cdots,\bar{b}_i^{(e)},\cdots,\bar{b}_j^{(e)},\cdots)^{\mathrm{T}} \tag{7.3.41}$$

它除第 i 和第 j 分量外都为零。故

$$\boldsymbol{b}_0^{(e)\mathrm{T}}\boldsymbol{v}^{(e)}=\widetilde{\boldsymbol{b}}_0^{(e)\mathrm{T}}\boldsymbol{v} \tag{7.3.42}$$

根据式(7.3.38)～式(7.3.42)，把式(7.3.33)写为

$$\sum_e\boldsymbol{u}^{\mathrm{T}}\widetilde{\boldsymbol{A}}^{(e)}\boldsymbol{v}+\sum_e\boldsymbol{u}^{\mathrm{T}}\widetilde{\boldsymbol{A}}_0^{(e)}\boldsymbol{v}=\sum_e\widetilde{\boldsymbol{b}}^{(e)\mathrm{T}}\boldsymbol{v}+\sum_e\widetilde{\boldsymbol{b}}_0^{(e)\mathrm{T}}\boldsymbol{v}$$

或者

$$\boldsymbol{u}^{\mathrm{T}}\Big[\sum_e(\widetilde{\boldsymbol{A}}^{(e)}+\widetilde{\boldsymbol{A}}_0^{(e)})\Big]\boldsymbol{v}=\Big[\sum_e(\widetilde{\boldsymbol{b}}^{(e)}+\widetilde{\boldsymbol{b}}_0^{(e)})^{\mathrm{T}}\Big]\boldsymbol{v}$$

记为

$$\boldsymbol{u}^{\mathrm{T}}\sum_e\widetilde{\boldsymbol{K}}^{(e)}\boldsymbol{v}=\sum_e\widetilde{\boldsymbol{f}}^{(e)\mathrm{T}}\boldsymbol{v}$$

其中

$$\widetilde{\boldsymbol{K}}^{(e)}=\widetilde{\boldsymbol{A}}^{(e)}+\widetilde{\boldsymbol{A}}_0^{(e)},\quad \widetilde{f}^{(e)}=\widetilde{\boldsymbol{b}}^{(e)}+\widetilde{\boldsymbol{b}}_0^{(e)}$$

记

$$\boldsymbol{K}=\sum_e \widetilde{\boldsymbol{K}}^{(e)}=\sum_e(\widetilde{\boldsymbol{A}}^{(e)}+\widetilde{\boldsymbol{A}}_0^{(e)}),\quad \boldsymbol{f}=\sum_e \widetilde{\boldsymbol{f}}^{(e)}=\sum_e(\widetilde{\boldsymbol{b}}^{(e)}+\widetilde{\boldsymbol{b}}_0^{(e)}) \tag{7.3.43}$$

于是变分方程(7.2.24)、(7.2.25)和(7.2.33)化为：求 $u\in V_h$ 使得

$$\boldsymbol{u}^{\mathrm{T}}\boldsymbol{K}\boldsymbol{v}=\boldsymbol{f}^{\mathrm{T}}\boldsymbol{v},\quad \forall\, \boldsymbol{v}\in V_h \tag{7.3.44}$$

通常称 $\boldsymbol{K}$ 为总刚度将矩阵，而$\boldsymbol{A}^{(e)}$为三角形单元 e 的单元刚度将矩阵，$\boldsymbol{f}$ 为总载荷向量，而$\boldsymbol{b}^{(e)}$为三角形单元 e 的载荷向量。得到式(7.3.43)～式(7.3.44)的过程称为总体合成。

5. 边界条件的约束

由于 V_h 中的函数 v 都满足边界条件 $v|_{\Gamma_h^0}=0$，因此式(6.3.37)中向量 $\boldsymbol{v}$ 和未知向量 $\boldsymbol{u}$ 在 Γ_h^0 的节点上的分量都应该取零值。如果做三角剖分时把 Γ_h^0 上的节点编号放在最后，设除 Γ_h^0 上的节点外其余节点数为 N，那么对于向量 $\boldsymbol{u},\boldsymbol{v}\in V_h$ 应该有以下形式

$$\boldsymbol{u}=(u_1,\cdots,u_N,0,\cdots,0)^{\mathrm{T}},\quad \boldsymbol{v}=(v_1,\cdots,v_N,0,\cdots,0)^{\mathrm{T}}$$

若记为

$$\boldsymbol{u}=(\hat{\boldsymbol{u}},\boldsymbol{0})^{\mathrm{T}}\quad \boldsymbol{v}=(\hat{\boldsymbol{v}},\boldsymbol{0})^{\mathrm{T}}$$

相应地把总刚度矩阵以及总载荷向量分块

$$\boldsymbol{K}=\begin{pmatrix}\hat{\boldsymbol{K}} & \boldsymbol{K}_{12}\\ \boldsymbol{K}_{21} & \boldsymbol{K}_{22}\end{pmatrix},\quad \boldsymbol{f}=(\hat{\boldsymbol{f}},\hat{\boldsymbol{f}}) \tag{7.3.45}$$

其中 $\hat{\boldsymbol{K}},\hat{\boldsymbol{f}}$ 分别是 N 阶矩阵和 N 维向量。

6. 有限元方程的建立

由上式(7.3.44)得

$$(\hat{\boldsymbol{u}},\boldsymbol{0})\begin{pmatrix}\hat{\boldsymbol{K}} & \boldsymbol{K}_{12}\\ \boldsymbol{K}_{21} & \boldsymbol{K}_{22}\end{pmatrix}\begin{pmatrix}\hat{\boldsymbol{v}}\\ \boldsymbol{0}\end{pmatrix}-(\hat{\boldsymbol{f}},\hat{\boldsymbol{f}})^{\mathrm{T}}\begin{pmatrix}\hat{\boldsymbol{v}}\\ \boldsymbol{0}\end{pmatrix}=\boldsymbol{0}$$

亦即

$$\hat{\boldsymbol{u}}^{\mathrm{T}}\hat{\boldsymbol{K}}\hat{\boldsymbol{v}}-\hat{\boldsymbol{f}}^{\mathrm{T}}\hat{\boldsymbol{v}}=\boldsymbol{0} \tag{7.3.46}$$

由于 $\hat{v}\in\mathbf{R}^N$ 是任意的，所以 $\hat{u}\in\mathbf{R}^N$ 满足

$$\hat{\boldsymbol{K}}\hat{\boldsymbol{u}}=\hat{\boldsymbol{f}} \tag{7.3.47}$$

这就是需要求解的线性方程组——有限元方程。

例 7.3.3　考虑如下问题

$$\begin{cases}-\Delta u=\dfrac{\partial^2 u}{\partial x^2}+\dfrac{\partial^2 u}{\partial y^2}=f(x,y) & (x,y)\in\Omega\\ u|_{\Gamma_1}=0 & \\ \left.\dfrac{\partial u}{\partial n}\right|_{\Gamma_2}=0 & \end{cases}$$

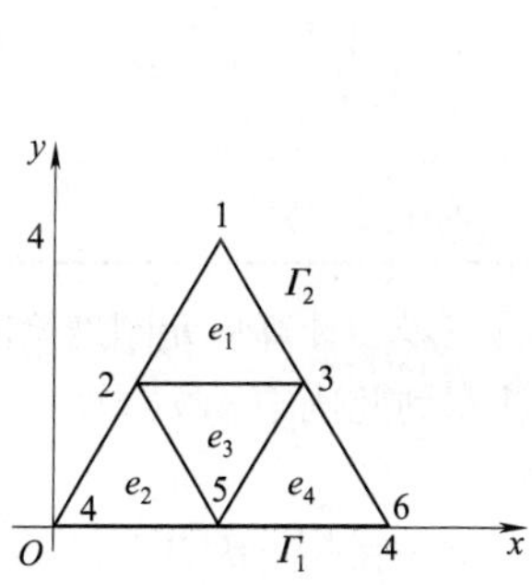

图 7-12　例 7.3.3 中的三角形网格

其中 Ω 是一个三角形，如图 7-12 所示，Γ_1 为三角形的底边，固定在 x 轴上，是第一类边界条件，Γ_2 为三角形的其余两边，是自由边界条件。

解　第一步　对研究的区域进行网格划分。

把三角形 Ω 如图 7-12 所示分成四个小三角形 e_1,e_2,e_3,e_4，并将节点编号。各节点所对应的坐标见表 7-2。单元与节点的关系见表 7-3。

表 7-2 例 7.3.3 中的各节点的坐标

K	1	2	3	4	5	6
x_k	2	1	3	0	2	4
y_k	4	2	2	0	0	0

表 7-3 例 7.3.3 中节点与单元的关系

单元	e_1	e_2	e_3	e_4
I	1	2	2	3
J	2	4	5	5
M	3	5	3	6

易知(7.3.21)中 Δ_e，即三角形单元的面积

$$\Delta_1=\Delta_2=\Delta_3=\Delta_4=\frac{1}{2}\times 2\times 2=2$$

第二步 确定插值基函数。

利用式(7.3.23)计算相应的 $a_i a_j a_m, b_i, b_j, b_m, c_i, c_j, c_m$，见表 7-4。

表 7-4 例 7.3.3 中节点与相关系数

单元号	x_i	y_i	x_j	y_j	x_m	y_m	a_i	b_i	a_j	b_j	a_m	b_m
1	2	4	1	2	3	2	0	2	−2	−1	2	−1
2	1	2	0	0	2	0	0	2	−2	−1	2	−1
3	1	2	2	0	3	2	−2	1	0	−2	2	1
4	3	2	2	0	4	0	0	2	−2	−1	2	−1

基于表 7-4，可以根据式(7.3.23)计算各单元试函数与(7.3.28)定义的矩阵 $\boldsymbol{B}$，见表 7-5。

表 7-5 例 7.3.3 中单元的形函数

单元号	$N_i(x,y)$	$N_j(x,y)$	$N_m(x,y)$	$\boldsymbol{B}$
1	$-1+\frac{1}{2}y$	$2-\frac{1}{2}x-\frac{1}{4}y$	$\frac{1}{2}x-\frac{1}{4}y$	$\boldsymbol{B}^{(1)}=\frac{1}{4}\begin{pmatrix}0 & -2 & 2\\ 2 & -1 & -1\end{pmatrix}$
2	$\frac{1}{2}y$	$1-\frac{1}{2}x-\frac{1}{4}y$	$\frac{1}{2}x-\frac{1}{4}y$	$\boldsymbol{B}^{(2)}=\frac{1}{4}\begin{pmatrix}0 & -2 & 2\\ 2 & -1 & -1\end{pmatrix}$
3	$1-\frac{1}{2}x+\frac{1}{4}y$	$1-\frac{1}{2}y$	$-1+\frac{1}{2}x+\frac{1}{4}y$	$\boldsymbol{B}^{(3)}=\frac{1}{4}\begin{pmatrix}-2 & 0 & 2\\ 1 & -2 & 1\end{pmatrix}$
4	$\frac{1}{2}y$	$2-\frac{1}{2}x-\frac{1}{4}y$	$-1+\frac{1}{2}x-\frac{1}{4}y$	$\boldsymbol{B}^{(4)}=\frac{1}{4}\begin{pmatrix}0 & -2 & 2\\ 2 & -1 & -1\end{pmatrix}$

第三步 计算单元刚度矩阵和单元载荷向量。

注意到此例中 $a(x,y)\equiv 1, c(x,y)\equiv 0, \sigma=0$，利用式(7.3.34)计算单元刚度矩阵

$$\boldsymbol{A}^{(e_1)}=\iint_{e_1}[a\boldsymbol{B}^{\mathrm{T}}\boldsymbol{B}+c\boldsymbol{N}(x,y)\,\boldsymbol{N}^{\mathrm{T}}(x,y)]\mathrm{d}x\mathrm{d}y=\boldsymbol{B}^{(e_1)\mathrm{T}}\,\boldsymbol{B}^{(e_1)}\iint_{e_1}\mathrm{d}x\mathrm{d}y=\frac{1}{8}\begin{pmatrix}4 & -2 & -2\\ -2 & 5 & -3\\ -2 & -3 & 5\end{pmatrix}$$

$$\boldsymbol{A}^{(e_2)}=\frac{1}{8}\begin{pmatrix}4 & -2 & -2\\ -2 & 5 & -3\\ -2 & -3 & 5\end{pmatrix},\quad \boldsymbol{A}^{(e_3)}=\frac{1}{8}\begin{pmatrix}5 & -2 & -3\\ -2 & 4 & -2\\ -3 & -2 & 5\end{pmatrix},\quad \boldsymbol{A}^{(e_4)}=\frac{1}{8}\begin{pmatrix}4 & -2 & -2\\ -2 & 5 & -3\\ -2 & -3 & 5\end{pmatrix}$$

$$\boldsymbol{A}_0^{(e_1)}=\boldsymbol{A}_0^{(e_2)}=\boldsymbol{A}_0^{(e_3)}=\boldsymbol{A}_0^{(e_4)}=\boldsymbol{0}$$

下面令 $f\equiv\rho g$，注意到，$\beta(x,y)\equiv 0$，利用式(7.3.35)计算单元载荷向量

$$\boldsymbol{b}^{(e_1)}=\iint_{e_1} f\boldsymbol{N}(x,y)\mathrm{d}x\mathrm{d}y=\frac{1}{4}\rho g\iint_{e_1}(-4+2y,8-2x-y,2x-y)^{\mathrm{T}}\mathrm{d}x\mathrm{d}y=\frac{2}{3}\rho g\,(1,1,1)^{\mathrm{T}}$$

$$\boldsymbol{b}^{(e_2)}=\frac{2}{3}\rho g\,(1,1,1)^{\mathrm{T}},\quad \boldsymbol{b}^{(e_3)}=\frac{2}{3}\rho g\,(1,1,1)^{\mathrm{T}},\quad \boldsymbol{b}^{(e_4)}=\frac{2}{3}\rho g\,(1,1,1)^{\mathrm{T}}$$

$$\boldsymbol{b}_0^{(e_1)}=\int_{\gamma_e}\beta\boldsymbol{N}(x,y)\mathrm{d}s=(0,0,0)^{\mathrm{T}},\quad \boldsymbol{b}_0^{(e_2)}=\boldsymbol{b}_0^{(e_3)}=\boldsymbol{b}_0^{(e_4)}=(0,0,0)^{\mathrm{T}}$$

第四步　生成总体刚度矩阵和总体载荷向量。

依据表 7-3，利用式(7.3.38)和式(7.3.39)得到扩充的方阵和扩充的向量

$$\widetilde{\boldsymbol{A}}^{(e_1)}=\begin{pmatrix} a_{11}^{(e_1)} & a_{12}^{(e_1)} & a_{13}^{(e_1)} & 0 & 0 & 0\\ a_{21}^{(e_1)} & a_{22}^{(e_1)} & a_{23}^{(e_1)} & 0 & 0 & 0\\ a_{31}^{(e_1)} & a_{32}^{(e_1)} & a_{33}^{(e_1)} & 0 & 0 & 0\\ 0&0&0&0&0&0\\ 0&0&0&0&0&0\\ 0&0&0&0&0&0 \end{pmatrix}=\frac{1}{8}\begin{pmatrix} 4&-2&-2&0&0&0\\ -2&5&-3&0&0&0\\ -2&-3&5&0&0&0\\ 0&0&0&0&0&0\\ 0&0&0&0&0&0\\ 0&0&0&0&0&0 \end{pmatrix}$$

$$\widetilde{\boldsymbol{A}}^{(e_2)}=\begin{pmatrix} 0&0&0&0&0&0\\ 0 & a_{22}^{(e_2)} & 0 & a_{24}^{(e_2)} & a_{25}^{(e_2)} & 0\\ 0&0&0&0&0&0\\ 0 & a_{42}^{(e_2)} & 0 & a_{44}^{(e_2)} & a_{45}^{(e_2)} & 0\\ 0 & a_{52}^{(e_2)} & 0 & a_{54}^{(e_2)} & a_{55}^{(e_2)} & 0\\ 0&0&0&0&0&0 \end{pmatrix}=\frac{1}{8}\begin{pmatrix} 0&0&0&0&0&0\\ 0&4&0&-2&-2&0\\ 0&0&0&0&0&0\\ 0&-2&0&5&-3&0\\ 0&-2&0&-3&5&0\\ 0&0&0&0&0&0 \end{pmatrix}$$

$$\widetilde{\boldsymbol{A}}^{(e_3)}=\begin{pmatrix} 0&0&0&0&0&0\\ 0 & a_{22}^{(e_3)} & a_{23}^{(e_3)} & 0 & a_{25}^{(e_3)} & 0\\ 0 & a_{32}^{(e_3)} & a_{33}^{(e_3)} & 0 & a_{35}^{(e_3)} & 0\\ 0&0&0&0&0&0\\ 0 & a_{52}^{(e_3)} & a_{53}^{(e_3)} & 0 & a_{55}^{(e_3)} & 0\\ 0&0&0&0&0&0 \end{pmatrix}=\frac{1}{8}\begin{pmatrix} 0&0&0&0&0&0\\ 0&5&-2&0&-3&0\\ 0&-2&4&0&-2&0\\ 0&0&0&0&0&0\\ 0&-3&-2&0&5&0\\ 0&0&0&0&0&0 \end{pmatrix}$$

$$\widetilde{\boldsymbol{A}}^{(e_4)}=\begin{pmatrix} 0&0&0&0&0&0\\ 0&0&0&0&0&0\\ 0&0&a_{33}^{(e_4)}&0&a_{35}^{(e_4)}&a_{36}^{(e_4)}\\ 0&0&0&0&0&0\\ 0&0&a_{53}^{(e_4)}&0&a_{55}^{(e_4)}&a_{56}^{(e_4)}\\ 0&0&a_{65}^{(e_4)}&0&a_{65}^{(e_4)}&a_{66}^{(e_4)} \end{pmatrix}=\frac{1}{8}\begin{pmatrix} 0&0&0&0&0&0\\ 0&0&0&0&0&0\\ 0&0&4&0&-2&-2\\ 0&0&0&0&0&0\\ 0&0&-2&0&5&-3\\ 0&0&-2&0&-3&5 \end{pmatrix}$$

和

$$\widetilde{\boldsymbol{b}}^{(e_1)}=\frac{2}{3}\rho g(1,1,1,0,0,0)^{\mathrm{T}},\quad \widetilde{\boldsymbol{b}}^{(e_2)}=\frac{2}{3}\rho g(0,1,0,1,1,0)^{\mathrm{T}}$$

$$\widetilde{\boldsymbol{b}}^{(e_3)}=\frac{2}{3}\rho g(0,1,1,0,1,0)^{\mathrm{T}},\quad \widetilde{\boldsymbol{b}}^{(e_4)}=\frac{2}{3}\rho g(0,0,1,0,1,1)^{\mathrm{T}}$$

易知式(7.3.40)中的 $\widetilde{\boldsymbol{A}}_0^{(e_1)}$、$\widetilde{\boldsymbol{A}}_0^{(e_2)}$、$\widetilde{\boldsymbol{A}}_0^{(e_3)}$、$\widetilde{\boldsymbol{A}}_0^{(e_4)}$ 都是 6 阶零矩阵，式(7.3.41)中的 $\widetilde{\boldsymbol{b}}_0^{(e_1)}$、$\widetilde{\boldsymbol{b}}_0^{(e_2)}$、$\widetilde{\boldsymbol{b}}_0^{(e_3)}$、$\widetilde{\boldsymbol{b}}_0^{(e_4)}$ 都是 6 维零向量。最后叠加成总刚度矩阵和总载荷向量分别为

$$
\begin{aligned}
\boldsymbol{K}&=\widetilde{\boldsymbol{A}}^{(e_1)}+\widetilde{\boldsymbol{A}}^{(e_2)}+\widetilde{\boldsymbol{A}}^{(e_3)}+\widetilde{\boldsymbol{A}}^{(e_4)}\\
&=\begin{pmatrix}
a_{11}^{(e_1)} & a_{12}^{(e_1)} & a_{13}^{(e_1)} & 0 & 0 & 0\\
a_{21}^{(e_1)} & a_{22}^{(e_1)}+a_{22}^{(e_2)}+a_{22}^{(e_3)} & a_{23}^{(e_1)}+a_{23}^{(e_3)} & a_{24}^{(e_2)} & a_{25}^{(e_2)}+a_{25}^{(e_3)} & 0\\
a_{31}^{(e_1)} & a_{32}^{(e_1)}+a_{32}^{(e_3)} & a_{33}^{(e_1)}+a_{33}^{(e_3)}+a_{33}^{(e_4)} & 0 & a_{35}^{(e_3)}+a_{35}^{(e_4)} & a_{36}^{(e_4)}\\
0 & a_{42}^{(e_2)} & 0 & a_{44}^{(e_2)} & a_{45}^{(e_2)} & 0\\
0 & a_{52}^{(e_2)}+a_{52}^{(e_3)} & a_{53}^{(e_3)}+a_{53}^{(e_4)} & & a_{55}^{(e_2)}+a_{55}^{(e_3)}+a_{55}^{(e_4)} & a_{56}^{(e_4)}\\
0 & 0 & a_{63}^{(e_4)} & 0 & a_{65}^{(e_4)} & a_{66}^{(e_4)}
\end{pmatrix}\\
&=\frac{1}{8}\begin{pmatrix}
4 & -2 & -2 & 0 & 0 & 0\\
-2 & 14 & -6 & -2 & -4 & 0\\
-2 & -6 & 14 & -2 & -4 & -2\\
0 & -2 & 0 & 5 & -3 & 0\\
0 & -4 & -4 & -3 & 14 & -3\\
0 & 0 & -2 & 0 & -3 & 5
\end{pmatrix}
\end{aligned}
$$

和

$$\boldsymbol{f}=\widetilde{\boldsymbol{b}}^{(e_1)}+\widetilde{\boldsymbol{b}}^{(e_2)}+\widetilde{\boldsymbol{b}}^{(e_3)}+\widetilde{\boldsymbol{b}}^{(e_4)}=\frac{2}{3}\rho g\,(1,3,3,1,3,1)^{\mathrm{T}}$$

第五步　总刚度矩阵和总载荷向量的约束处理。

在本例中，$\Gamma_h^{(0)}=\Gamma_1$ 为 x 轴上三角形的底边，$\Gamma_h^{(1)}=\Gamma_2$ 为三角形的其余两边，满足自由边界条件。因此式(6.3.37)中向量 $\boldsymbol{v}$ 和未知向量 $\boldsymbol{u}$ 在 Γ_h^0 的节点上的分量都应该取零值。注意到三角剖分时把 Γ_h^0 上的节点编号放在最后，且除 Γ_h^0 上的节点外其余节点数为 $N=3$，因此对于向量 $\boldsymbol{u},\boldsymbol{v}\in V_h$ 应该有以下形式

$$\boldsymbol{u}=(u_1,u_2,u_3,0,0,0)^{\mathrm{T}},\quad \boldsymbol{v}=(v_1,v_2,v_3,0,0,0)^{\mathrm{T}}$$

相应地，把总刚度矩阵以及总载荷向量分块

$$\boldsymbol{K}=\begin{pmatrix}\hat{\boldsymbol{K}} & \boldsymbol{K}_{12}\\ \boldsymbol{K}_{21} & \boldsymbol{K}_{22}\end{pmatrix},\quad \boldsymbol{f}=(\hat{\boldsymbol{f}},\boldsymbol{f})$$

其中 $\hat{\boldsymbol{K}},\hat{\boldsymbol{f}}$ 分别是 3 阶矩阵和 3 维向量，注意到$\boldsymbol{K}_{12},\boldsymbol{K}_{21},\boldsymbol{K}_{22}$都不参与计算，在实际计算中通常将 Γ_h^0 上的节点编号对应的行和列除对角线上元素改为 1 意外，其余都用 0 代替。这样得到

$$\boldsymbol{K}=\frac{1}{8}\begin{pmatrix}
4 & -2 & -2 & 0 & 0 & 0\\
-2 & 14 & -6 & 0 & 0 & 0\\
-2 & -6 & 14 & 0 & 0 & 0\\
0 & 0 & 0 & 1 & 0 & 0\\
0 & 0 & 0 & 0 & 1 & 0\\
0 & 0 & 0 & 0 & 0 & 1
\end{pmatrix}$$

第六步　求解有限元方程组。

如此得到方程组

$$\frac{1}{8}\begin{pmatrix}
4 & -2 & -2 & 0 & 0 & 0\\
-2 & 14 & -6 & 0 & 0 & 0\\
-2 & -6 & 14 & 0 & 0 & 0\\
0 & 0 & 0 & 1 & 0 & 0\\
0 & 0 & 0 & 0 & 1 & 0\\
0 & 0 & 0 & 0 & 0 & 1
\end{pmatrix}\begin{pmatrix}u_1\\u_2\\u_3\\u_4\\u_5\\u_6\end{pmatrix}=\frac{2\rho g}{3}\begin{pmatrix}1\\3\\3\\0\\0\\0\end{pmatrix}$$

求解得到

$$u_1=\frac{40}{9}\rho g,\quad u_2=\frac{28}{9}\rho g,\quad u_3=\frac{28}{9}\rho g,\quad u_4=0,\quad u_5=0,\quad u_6=0$$

具体细节请参考相关资料。

练　习　题

1. 将例 7.2.1 中正方形剖分成 36 格，完成例 7.2.1 的相应计算。

2. 将例 7.2.1 中正方形剖分成 36 格，完成例 7.2.2 的相应计算。

3. 在 1/4 单位圆域 $\Omega=\{x>0,y>0,x^2+y^2<1\}$ 内，求解 Laplace 方程，网格步长 $h=1/4$，边界条件为 $\begin{cases}u(0,y)=0, & 0<y<1\\ \dfrac{\partial u}{\partial y}=0, & y=0,0<x<1\end{cases}$，在圆周上为 $u=16x^2-29x^3+5x,0<x<1$（该问题的真解为 $u=x^5-10x^3y^2+5xy^4$）。

4. 取时间和空间步长为 $\Delta t=0.05,\Delta x=1$，重新计算例 7.2.5。

5. 利用克拉克-尼科尔森隐式公式研究例 7.2.4 中的问题。

6. 考虑拉普拉斯方程的混合边值问题

$$\begin{cases}\dfrac{\partial^2 u}{\partial x^2}+\dfrac{\partial^2 u}{\partial y^2}=0 \quad (0<x<1,0<y<1)\\ u=1 \quad (y=0)\\ \dfrac{\partial u}{\partial \boldsymbol{n}}=0(x=0,x=1,y=1)\end{cases}$$

把单位正方形 $0\leqslant x\leqslant 10\leqslant y\leqslant 1$ 用平行于坐标轴的线段作等距剖分，得到边长为 h 的小正方形，然后对每个小正方形剖分成两个直角三角形。对此三角剖分，用线性元推导上述边值问题的有限元方程。

第 8 章 智能优化算法基础

在自然科学的研究和工程设计方面，很多问题可以描述为一个全局优化问题。也就是在将实际问题转化为数学模型后，将解决问题的过程归结为在可能的参数所组成的搜索空间中寻找一个参数组合，使目标函数达到最值。例如，函数的多项式拟合问题，可以归结为找到一组系数，使拟合多项式与目标函数在定点处的误差平方和最小的优化问题。经典的背包问题，即在给定的质量限制下，如何选择质量和价格各不相同的物品，以使总价值达到最高的问题可以归结为在质量条件约束下使收益达到最高的优化问题。

针对优化问题，已经有了很多的研究，例如，针对线性目标函数和线性约束条件的线性规划方法，针对解析目标函数的梯度下降方法，针对连续时间计划问题的动态优化方法等。这些方法在其各自的领域取得了很大的成功，但很多实际问题中的优化问题，往往无法通过解析方法求得最优结果。而且如基于梯度的算法等很多优化算法往往依赖于初值，只能求得局部的最优结果，无法求得全局的最优解。

在受多个参数影响的数据空间中搜索全局最优解的过程往往是一个 NP-hard 问题，也就是说，其优化所需的计算时间复杂度随着可选参数的增加高速增加，不能够以多项式形式表示其复杂度，以至于搜索任务不能在有意义的时间内完成。因此，面对复杂的全局优化问题，人们不得不在计算时间和与全局最优解的接近程度中做出权衡。

随着计算机技术的发展，学者提出了一系列的算法，从不同层面加快搜索速度，提高搜索的结果的准确性。这些方法往往基于对自然世界中某种物理学或生物学现象的观察与模拟，通过不同方式引入随机性，从而降低了陷入局部最优解的危险，帮助使用者以较大的概率获得全局最优解。

8.1 最优化问题和随机算法

8.1.1 最优化问题

最优化问题(optimization)是解决自然科学问题时的关键问题，是解析函数极值问题的推广。通常一个最优化问题可以通过如下的方式来定义：

$$\min_{x\in S} f(x) \tag{8.1.1}$$

其中 f 称为目标函数，其定义域为空间 S，一般情况下 S 是 n 维实数空间$\mathbf{R}^n$的子集，而目标函数 $f(x)$为实数值，即 $f: S\subset\mathbf{R}^n\to\mathbf{R}$。因为对于要求极大值的问题 $g(x)$，可以设 $f(x)=-g(x)$，将其转化成为求最小值的最优化问题，所以式(8.1.1)的定义不失一般性。

此外，很多情况下优化问题需满足一些限制条件，则称有限制条件的优化问题为约束极值问题，相应地，如果自变量 $\boldsymbol{x}$ 可以在定义域 S 中任意取值，则称此优化问题为无约束极值问题。带有约束的极值问题通常可以写为：

$$\min_{x\in S} f(\boldsymbol{x}) \tag{8.1.2}$$

$$\text{s.t. } \boldsymbol{\varphi}(\boldsymbol{x})=\boldsymbol{0} \tag{8.1.3}$$

$$\boldsymbol{\psi}(\boldsymbol{x})\leqslant\boldsymbol{0} \tag{8.1.4}$$

其中 $\boldsymbol{x}=(x_1,x_2,\cdots,x_n)^{\mathrm{T}}$ 为 n 维向量，$\boldsymbol{\varphi}(\boldsymbol{x})=(\varphi_1(\boldsymbol{x}),\varphi_2(\boldsymbol{x}),\cdots,\varphi_k(\boldsymbol{x}))^{\mathrm{T}}$，$\boldsymbol{\psi}(\boldsymbol{x})=(\psi_1(\boldsymbol{x}),\psi_2(\boldsymbol{x}),\cdots,\boldsymbol{\psi}_l(\boldsymbol{x}))^{\mathrm{T}}$为向量值函数。式(8.1.3)称为等式约束，式(8.1.4)称为不等式约束。如果某个解$\boldsymbol{x}^*=(x_1,x_2,\cdots,x_n)^{\mathrm{T}}\in S$，满足全部约束条件，则称其为优化问题的一个可行解。

优化问题也称数学规划问题。特别地，如果 $f(\boldsymbol{x})$，$\boldsymbol{\varphi}(\boldsymbol{x})$和 $\boldsymbol{\psi}(\boldsymbol{x})$均为线性函数，则称优化问题为线性规划问题，否则称为非线性规划问题。

8.1.2 局部最优和全局最优

正如在微积分中的一元函数极值的概念，可以定义多元函数的极值。

定义 8.1 设 $f:S\subset\mathbf{R}^n\to\mathbf{R}$，对于$x^*\in S$，如果存在一个大于 0 的实数 δ，$\forall\boldsymbol{x}\in\{x\mid\|\boldsymbol{x}-\boldsymbol{x}^*\|\leqslant\delta\}\cap S$，有

$$f(\boldsymbol{x}^*)\leqslant f(\boldsymbol{x}) \tag{8.1.5}$$

则称$\boldsymbol{x}^*$为 $f(\boldsymbol{x})$的局部极小点。

如果将定义中(8.1.5)式更换为 $f(\boldsymbol{x}^*)<f(\boldsymbol{x})$，则称$\boldsymbol{x}^*$为 $f(\boldsymbol{x})$的严格局部极小点。

如果将定义 8.1.1 中定义的比较范围扩展到整个定义域 S，则可以得到全局极小点的定义。

定义 8.2 设 $f:S\subset\mathbf{R}^n\to\mathbf{R}$，对于$\boldsymbol{x}^*\in S$，如果$\forall\boldsymbol{x}\in S$，有

$$f(\boldsymbol{x}^*)\leqslant f(\boldsymbol{x})$$

则称$\boldsymbol{x}^*$为 $f(\boldsymbol{x})$的全局极小点。

类似地，可以定义多元函数 $f(\boldsymbol{x})$的局部极大点和全局极大点。局部最小点和局部最大点统称局部极值点，相应地，全局极小点和全局极大点统称全局极值点。

函数针对 8.1.1 节定义的优化问题，局部极小点和全局极小点也可以称为局部最优点和全局最优点，其所对应的函数值则称为局部最优值和全局最优值。在本章后续内容中，如无特别说明，即按此定义局部最优和全局最优。

8.1.3 局部最优搜索算法概述

如果目标函数 $f(\boldsymbol{x})$和约束条件 $\boldsymbol{\varphi}(\boldsymbol{x})$，$\boldsymbol{\psi}(\boldsymbol{x})$是解析函数，则可以采用拉格朗日乘子法等解析方法计算局部最优点，并通过比较得到全局最优点。这类方法一般需要计算梯度$\nabla f(\boldsymbol{x})$，并建立方程组$\nabla f(\boldsymbol{x})=\boldsymbol{0}$，以获得稳定点集，最后根据极值判别条件确定稳定点是否为极值点。但在实际问题中，由于目标函数和约束条件的解析性质无法得到保证，目标函数 $f(\boldsymbol{x})$的梯度向量$\nabla f(\boldsymbol{x})$不易计算，以及方程组$\nabla f(\boldsymbol{x})=\boldsymbol{0}$不易求解等原因，无法使用解析方法求解优化问题。因此常常使用搜索法等数值方法来求解优化问题。

最优化问题的搜索算法也称下降方法，其基本思想是，从一个初始 n 维可行解$\boldsymbol{x}_0$出发，沿着一个可使函数值局部下降即$\nabla f(\boldsymbol{x}_0)\boldsymbol{p}_0<0$ 的方向$\boldsymbol{p}_0$移动，移动的距离受一个步长因子s_0控制。不断重复这个移动过程，直到梯度近似等于 0，目标函数值不再变化。

具体步骤：

步骤 1 给定极小点$\boldsymbol{x}^*$附近的一个初值$\boldsymbol{x}_0$，令参数 $k=0$；

步骤 2 找到下降方向$\boldsymbol{p}_k$，使目标函数在$\boldsymbol{x}_k$处的梯度$\nabla f(\boldsymbol{x}_k)$与其的内积$\nabla f(\boldsymbol{x}_k)\boldsymbol{p}_k<0$；

步骤 3 计算新点坐标$\boldsymbol{x}_{k+1}=\boldsymbol{x}_k+s_k\boldsymbol{p}_k$，其中$s_k$为步长因子，算法应选择合适的$s_k$使$f(\boldsymbol{x}_{k+1})<f(\boldsymbol{x}_k)$成立；

步骤 4 判断新的可行解$\boldsymbol{x}_{k+1}$是否满足终止条件，如果满足，则$\boldsymbol{x}_{k+1}$就是所求的最优值，否则就回到步骤 2，继续迭代。

在下降法的应用中，有以下注意事项：

(1)搜索法的收敛性和收敛速度受初值$\boldsymbol{x}_0$的影响，也就是说，不同的初值可能会导致算法收敛于不同的结果，因此，下降法求得的解$\tilde{\boldsymbol{x}}$是局部最优解。

(2)搜索算法的步长设置策略有定步长法、变步长法和最优步长法等方式。其中，定步长法在算法开始阶段设置一个固定的步长，在迭代过程中不做修改，优点是易于实现，缺点是不能保证步骤 3 中目标函数值的下降要求。变步长法，即要求所得到的s_k能够满足$f(\boldsymbol{x}_k+s_k\boldsymbol{p}_k)<f(\boldsymbol{x}_k)$，例如，可以在一个初值基础上重复令$s_k=\frac{1}{2}s_k$，直到满足目标函数值的下降要求。最优步长法是变步长法的一个特例，通过找到s_k使得$f(\boldsymbol{x}_k+s_k\boldsymbol{p}_k)=\min\limits_{s>0}f(\boldsymbol{x}_k+s\,\boldsymbol{p}_k)$，也就是在由点$\boldsymbol{x}_k$和方向$\boldsymbol{p}_k$确定的射线上，目标函数在$s=s_k$时取得最小值。采用最优步长计算方法的算法称为完备算法。

(3)下降方向$\boldsymbol{p}_k$需满足下降条件$\nabla f(\boldsymbol{x}_0)\cdot\boldsymbol{p}_0<0$。在构造过程中希望它能够尽可能指向极小点，而这一点不容易得到时，则往往希望它接近负梯度方向，也就是使函数值下降最快的方向。当采用这种策略时，下降法也称梯度下降法。

(4)下降法的终止条件包括两个收敛问题，即n维点列$\boldsymbol{x}_k$收敛到极小点$\boldsymbol{x}^*$，以及目标函数值组成的数列$f(\boldsymbol{x}_k)$收敛到极小函数值$f(\boldsymbol{x}^*)$。因此，通常需要综合考虑点列的收敛和目标函数值的收敛，才能获得比较可靠的结果。即对于两次迭代过程中的自变量$\boldsymbol{x}_k$和$\boldsymbol{x}_{k+1}$以及它们对应的函数值$f(\boldsymbol{x}_k)$和$f(\boldsymbol{x}_{k+1})$，以及两个给定的参数$\varepsilon_1>0$和$\varepsilon_2>0$，以

$$\|\boldsymbol{x}_{k+1}-\boldsymbol{x}_k\|<\varepsilon_1 \text{且} \ |f(\boldsymbol{x}_{k+1})-f(\boldsymbol{x}_k)|<\varepsilon_2$$

作为算法的终止条件。

8.1.4 组合优化问题

在优化问题中，除了经典的n维欧几里得空间中的多元函数优化问题，还有一些其他形式的问题。其中组合优化问题(combination optimization problem, COP)广泛存在于工程技术，管理科学和其他自然科学的研究工作中。一般来说，一个组合优化问题可以被写为

$$\begin{aligned}&\min_{x\in D} f(\boldsymbol{x})\\ \text{s.t.}\quad & g(\boldsymbol{x})\geqslant\boldsymbol{0}\\ & \boldsymbol{x}\in D\end{aligned}$$

其中D是一个由全部可行解所组成的集合，f是一个代价函数，而$g(\boldsymbol{x})\geqslant 0$是约束条件。

在组合优化问题中，有时优化的目标是获得所有可行解中的最优解，有时是为了获得最优的代价函数，有时问题也可以被描述为一个决策问题，即是否存在一个可行解$\boldsymbol{x}$，使其代价函数$f(\boldsymbol{x})\leqslant L$，其中$L$是一个事先定义的常数。

经典的背包问题(knapsack problem，KP)、旅行商问题(traveling salesman problem, TSP)都是经典的组合优化问题。其中背包问题是指，当背包所能承载的总质量有限，而每件物品有不同的价值和质量，则装载哪些物品可以使背包里物品的总价值达到最大。旅行商问题，则是某地的旅行商想要访问多个不同地点再回到原地，则如何安排访问路径可以使总路程最短。

例 8.1.1 基础背包问题。已知有N件商品，其中第i件商品的质量为w_i，价值为v_i，$i=1,2\cdots,N$。已知有一个容积为W的背包，则装哪些商品可以使背包内的商品价值最大？

设向量 $\boldsymbol{x}=(x_1,x_2,\cdots,x_N)^{\mathrm{T}}$，$x_i=0,1$，$i=1,\cdots,N$。则状态向量 $\boldsymbol{x}$ 中第 i 个分量 x_i 为 1，即表示将第 i 件商品加入背包中，否则第 i 件商品就没有加入背包。同时令 $\boldsymbol{w}=(w_1,w_2,\cdots,w_N)^{\mathrm{T}}$，$\boldsymbol{v}=(v_1,v_2,\cdots,v_N)^{\mathrm{T}}$。则问题可以写为

$$\min_{x\in D} f(x)=-\boldsymbol{x}^{\mathrm{T}}\boldsymbol{v}$$

$$\text{s. t.}\quad g(\boldsymbol{x})=W-\boldsymbol{x}^{\mathrm{T}}\boldsymbol{w}\geqslant \boldsymbol{0}$$

$$\boldsymbol{x}\in D$$

这里 D 为全部的选择可能组成的集合，易知共有 2^N 种组合可能，则当 N 较大时，完全搜索是不可能在有限的规定时间内完成的。

例 8.1.2　旅行商问题。已知有 n 座城市，每座城市记为 v_i，$i=1,\cdots,n$，城市之间通过道路连接，从 v_i 到达 v_j 的直接道路（即不路过其他城市的路）的距离记作 d_{ij}，则有 $d_{ij}>0$，则能否找到一条路径，使得由 v_1 出发的行商能够不重复地路过每个城市并最终返回 v_1？如果有这样的路径，能否找到其中最短的路径？

这一问题最早由英国的哈密顿提出，是图论中的经典问题，至今仍然没有得到完全的解决。一般在图论中，可以将本问题定义为一个二元集 $G=(V,E)$，其中 $V=\{v_1,v_2,\cdots,v_n\}$ 称为顶点集，E 称为边集，表示顶点间存在的直接的连接关系。为避免选择回路，并方便计算，规定 $d_{ii}=+\infty$，$i=1,\cdots,n$，$d_{ij}=+\infty if(v_i,v_j)\notin E$

思路一　设 $x_{i,j}=\begin{cases}1, & \text{如果}(v_i,v_j)\text{在此路径上}\\ 0, & \text{其他}\end{cases}$，则问题可以写为

$$\min_{x\in D} f(x)=\sum_{i=1}^{n}\sum_{i=1}^{n} x_{i,j}\,d_{i,j}$$

$$\text{s. t.}\begin{cases}\displaystyle\sum_{i=1}^{n} x_{i,j}=1, & v_j\in V\\ \displaystyle\sum_{j=1}^{n} x_{i,j}=1, & v_i\in V\\ \displaystyle\sum_{v_i\in S}\sum_{v_j\in S} x_{i,j}\leqslant |S|-1, & \forall S\in\{s\subset V\mid 1<|s|<n\}\\ x_{i,j}\in\{0,1\}\end{cases}$$

其中 S 为 V 的子集，$|S|$ 表示 S 中顶点的数目。第一个条件确保了此路径中每个节点的入度为 1，即旅行商只到达 v_j 城一次；第二个条件确保了此路径中每个节点的出度为 1，即旅行商只从 v_i 出发一次。第三个条件保证了路径只有在包含所有节点都时才能构成一个完整的回路，而不存在小的回路（subtour）。

如果城市间距离满足 $d_{ij}=d_{ji}$，则问题可以称为对称性旅行商问题。如果对于任意的 $i,j,k\in\{1,\cdots,n\}$，有 $d_{ik}+d_{kj}\geqslant d_{ij}$，则称问题时满足三角不等式的旅行商问题。此外，易知，由 v_1 出发的潜在解也是随着问题的规模（城市数）呈指数级增长的。其中满足约束条件 1 和约束条件 2 的潜在解集，即为除 v_1 外其他 $n-1$ 座城市的全排列，潜在解的总数为 $(n-1)!$ 个。因此当城市数目较多时，对所有潜在解进行计算和比较的完全的搜索策略并不适用于此问题。

综上，组合优化问题的共同特点是，当问题的规模增加时，可行解集的规模会以指数速度增长，从而使搜索全部可行解并进行比较成为不可能的任务。例如背包问题中，如果可选的商品数目 n 增加，则能够被装进背包的物品组合数 2^n 也会迅速增加，计算每个组合是否可行，并从中选择总价值最高者的运算量会随之增加，从而使人们无法在一定时间期限内获得并比较全部可行解。因此，必须通过设计合理的搜索策略，将组合优化的搜索问题的复杂度降低，成为能够在有限时间内完成的问题。

在此类问题中，有一种比较经典的策略称为贪心算法(greedy algorithm)，将搜索过程分解成若干步骤，在每一步骤里都选择当前的最优选择，从而当完成搜索时，就会获得一个较优的可行解。例如，在旅行商问题中，可以每次都选择当前所在城市到尚未访问城市中距离最短的城市作为下一步访问的对象。贪心算法的优点是思路简单，技术上也容易实现，但对较为复杂的组合优化问题，这一算法一般不能得到全局最优解。

8.1.5 随机试验法

不同于经典的解析方法，随机仿真为解决复杂的优化问题提供了简单有效的实现方法。随机试验首先使用随机方法生成试验点，再从中筛选出符合约束条件的可行点，最后由可行点中筛选出最优点。

随机试验法有很多种实现方式，其中最简单的是基于均匀分布的随机仿真方法，其基本操作步骤如下：

步骤 1 根据先验知识，确定潜在可行解 $\boldsymbol{x}=(x_1,x_2,\cdots,x_n)^{\mathrm{T}}$ 的分布范围，即 $\{x_1\in(a_1,b_1),x_2\in(a_2,b_2),\cdots,x_i\in(a_i,b_i),\cdots,x_n\in(a_n,b_n)\}$。

步骤 2 通过均匀分布随机数生成器生成 n 个服从(0,1)上均匀分布的伪随机数 λ_i，$i=1,\cdots,n$，令 $\tilde{\boldsymbol{x}}_i=a_i+\lambda_i(b_i-a_i)$，便得到了一个潜在可行解 $\tilde{\boldsymbol{x}}=(\tilde{x}_1,\tilde{x}_2,\cdots,\tilde{x}_n)^{\mathrm{T}}$。

步骤 3 将 $\tilde{\boldsymbol{x}}$ 带入约束条件，如果符合约束条件则计算其损失函数 $f(\tilde{\boldsymbol{x}})$，可行解计数器增加 1，否则无可行解计数器增加 1。

步骤 4 如果 $f(\tilde{\boldsymbol{x}})$ 小于当前最优值，则将当前最优值重设为 $f(\tilde{\boldsymbol{x}})$，当前最优点设为 $\tilde{\boldsymbol{x}}$，并且将最优值未改变次数计数器复原为 0，否则将最优值未改变次数计数器增加 1。

步骤 5 检查如下终止条件之一是否发生，如发生则结束循环，否则返回步骤 2。

①如果最优值未改变次数计数器计数大于参数 N，则认为当前的可行解 $\tilde{\boldsymbol{x}}$ 即为最优解，$f(\tilde{\boldsymbol{x}})$ 为最优值，输出最优解和最优值，结束循环。

②如果无可行解计数器计数大于参数 N_1，且可行解计数器计数等于 0，则认为问题无可行解，输出无可行解标志，结束循环。

上述随机试验法中还有一些需要注意的事项：

(1)在计算机科学中，伪随机数的生成方法有很多，如经典的乘法同余生成器(multiplicative congruential generator)、梅森旋转法(Mersenne twister)等，这些算法通过数学工具模拟产生服从均匀分布的近似随机数。这些生成器产生的数据流都能通过分布检验，但本质上这些数据都是按照算法规律固定产生的，因此称为伪随机数。在应用随机算法解决实际问题时，有时需要注意伪随机数与自然随机数之间的差别。

(2)上述随机算法可以通过不断更新数据分布的方式来利用已经发现的结果以缩小搜索范围，以使算法能够更快地收敛。例如，设步骤一中给定的潜在可行解每个分量分布范围 (a_i,b_i) 改记为 $(a_i^{(0)},b_i^{(0)})$，如果在第 k 次循环中，获得一个可行解 $\tilde{x}^{(k)}$ 后，将其中每个分量 $\tilde{x}_i^{(k)}$ 的潜在可行解分布范围修改为 $(a_i^{(k)},b_i^{(k)})$，其中 $a_i^{(k)}=\tilde{x}_i^{(k)}-\dfrac{l^{(k)}}{2}$，$a_i^{(k)}=\tilde{x}_i^{(k)}+\dfrac{l^{(k-1)}}{2}$，这里 $l^{(k)}$ 是可以重新估计的分布区间长度。例如，可以定为上一步的分布区间长度与一个小于 1 的正常数因子 α 的乘积，即 $l^{(k)}=\alpha(b_i{}^{(k-1)}-a_i{}^{(k-1)})$。这样，每当获得一个可行解，搜算范围将会转移到可行解附近，且搜索区间的长度会随之减少。

(3)随机试验法不同用于搜索算法，一般不能利用已经发现的结果修正搜索方向从而提高效率，但根据概率论中经典的大数定律，当算法重复次数足够多时，模拟数据的样本统计量将趋近于它的期望。因此在很多条件下，随机算法是能够在重复次数足够多的前提下获得问题近似的全局最优解。

目前，在经典的算法中加入随机因素以便于避免局部最小值，是将原本用于局部优化的算法改进为全局优化算法的重要方式。本章后续介绍的模拟退火算法、遗传算法等都使用了这一策略。

8.2　禁忌搜索算法

禁忌搜索算法(tabu search，TS)是由局部邻域搜索算法扩展而来的全局优化算法，最早于 1986 年由 Glover 和 Hansen 提出。禁忌搜索算法中的所谓禁忌(tabu)是指将已经获得的局部最优解加入一个禁忌表中，在回避禁忌表中解的基础上继续搜索，从而避免算法陷入局部最优解。

8.2.1　算法原理与设计

禁忌搜索算法的基础是局部邻域搜索算法，但在搜索算法的基础上，增加了禁忌的概念。在禁忌算法里，禁忌表被引入用于存储已经获得的局部最优解，而后续算法得以绕开已经获得的局部最优解，从而可以避免陷入局部最优解，获得全局最优解。

禁忌算法中，一个重要的步骤是由已有的解 $\boldsymbol{x}$ 获得一个邻域函数 $N(\boldsymbol{x})$，以使算法能够在 $\boldsymbol{x}$ 的邻域中进行搜索，获得新解 $\boldsymbol{y}\in N(\boldsymbol{x})$。

如果搜索空间 S 是一个距离空间，可以通过附加扰动的方式进行构造已知解 $\boldsymbol{x}$ 的邻域，例如，可以令

$$\boldsymbol{y}=\boldsymbol{x}+s\boldsymbol{\zeta}$$

其中 $\boldsymbol{y}$ 为新解，s 为尺度参数，$\boldsymbol{\zeta}$ 为一个满足某种概率分布的随机数值向量或其他类型的数据，通常 $\boldsymbol{\zeta}$ 可能是服从正态分布，柯西分布或均匀分布的随机数向量，有时，也会被设为白噪声，或混沌序列以及梯度信息等。不同的选择意味着不同的新值搜索策略。

而在组合优化问题中，设 D 为所有可行解构成的状态空间，f 为目标函数，则邻域函数可以表示为

$$N(\boldsymbol{x}):x\in D\rightarrow N(\boldsymbol{x})\in 2^D$$

这里2^D表示由 D 的全部子集构成的集合。也就是说，对于一个可行解 $\boldsymbol{x}$ 可以通过 $N(\boldsymbol{x})$ 找到一个由可行解组成的集合，在禁忌搜索算法中，这个集合将成为下一步搜索的范围。

8.2.2　算法实现

基本的禁忌搜索算法的主要步骤包括：

步骤 1　设定随机初始值，将其暂定为目前最优值$\boldsymbol{x}_b$，将禁忌列表L_{tabu}设为空集；

步骤 2　搜索当前最优值的邻域 $N(\boldsymbol{x}_b)$，找到其中的最小点$\boldsymbol{x}_m$，如果$\boldsymbol{x}_m\notin L_{\text{tabu}}$，则令当前最优值$\boldsymbol{x}_b=\boldsymbol{x}_m$，并将$\boldsymbol{x}_m$点加入禁忌列表$L_{\text{tabu}}$中，反之如果 $\boldsymbol{x}_m\in L_{\text{tabu}}$，则找次小点，直到找到不属于禁忌列表$L_{\text{tabu}}$的点，将其记为$\boldsymbol{x}_n$，令$\boldsymbol{x}_b=\boldsymbol{x}_n$，并将$\boldsymbol{x}_n$点加入禁忌列表$L_{\text{tabu}}$中。

步骤 3　判断是否达成终止条件，如果是则输出结果，算法结束；否则回到步骤 2，继续循环。

禁忌算法中，需要特别注意的有以下几点：

(1)禁忌表是禁忌搜索算法的最显著特征，禁忌表主要由禁忌对象和禁忌长度构成。其中，禁忌对象是指当将一个一个局部最优解加入禁忌表时实际禁忌的对象。根据问题的不同性质，禁忌对象一般有以下三种情况：

①解的简单变化禁忌，这是最简单的一种禁忌方式，它针对的是解的简单变化，也就是对两个可行解 $\boldsymbol{x}$，$\boldsymbol{y}$，由 $\boldsymbol{x}$ 移动到 $\boldsymbol{y}$ 的变化。针对解的简单变化禁忌也同样比较简单，即当 $\boldsymbol{y}$ 是一个可

行解，将 $\boldsymbol{y}$ 加入禁忌表即禁止任何指向 $\boldsymbol{y}$ 的变化。如果 $\boldsymbol{y}$ 不是 $N(\boldsymbol{x}_b)$ 中的最优解，则选择最优解，而如果 $\boldsymbol{y}$ 是 $N(\boldsymbol{x}_b)$ 中的最优解，则选择次优解。

②解向量的分量的变化禁忌。解向量的分量的变化是指如果一个解向量 $\boldsymbol{x}=(x_1,\cdots,x_{i-1},x_i,x_{i+1}\cdots,x_n)^{\mathrm{T}}$ 在计算过程中移动到 $\boldsymbol{x}'=(x_1,\cdots,x_{i-1},x_i{}',x_{i+1}\cdots,x_n)^{\mathrm{T}}$，可以看到其中只有解向量的第 i 个分量发生了变化，除此之外，解向量分量变化也包括多个分量同时发生变化的情形。而针对这些解向量的分量的变化，也可以制定相应的禁忌规则。

③解的目标值变化禁忌。禁忌不仅可以针对可行解的变化，也可以针对目标值，即一个目标值被加入禁忌表中，则所有能够返回同一目标值的可行解都被加入禁忌，只有能够返回其他目标值的可行解才能作为搜索的结果。

禁忌对象可以是以上三种解状态的变化形式中的任意一种，实际应用中，采用哪种禁忌对象需要根据具体情况来决定。一般来说，采用解的简单变化禁忌，运算时间会比较长，但获得全局最优解的可能性也相对较大；另外两种禁忌对象禁忌的范围更大，收敛速度会更快，但也容易陷入局部最优点。

禁忌长度是禁忌列表的另一个重要组成部分。当算法运行，搜索到的最优解先后加入了禁忌列表。而可被搜索的范围中未被禁忌的可行解会逐渐减少，这是需要有一个机制将已经加入禁忌列表中的解释放回搜索范围，所以需要定义一个禁忌长度 l，当一个可行解被加入禁忌列表后算法迭代步数超过 l 时，就可以将其移出禁忌列表。l 的设置方式有很多，一般有：①固定长度，将 l 设为固定值，如令 $l=\sqrt{n}$，其中 n 是邻域中可行解的数目，这种方法容易实现，但未必能够适应具体问题的需要；②在一定范围内选择，将 l 的变化范围设定为 $[l_{\min},l_{\max}]$，其中 $l_{\min}$ 和 $l_{\max}$ 分别称为 l 的下界和上界，是根据问题的规模设定的常数，而设定了变化范围后，l 则可以根据求解问题的特征进行调整；③动态范围内选择，即将②中的上界和下界设定为随着迭代变化的指标，每个变量的禁忌长度在这个动态范围内进行选择。

经验表明，禁忌长度较大，可以在更多的未知区域进行搜索，更可能得到全局最优解。而禁忌长度较小时，算法能够在较小范围内更精细的搜索，局部的开发能力较强。

(2)特赦准则。特赦准则是指在一些特定情况下，将某一个位于禁忌列表中的可行解 $\boldsymbol{x}$ 解禁的规则。需要使用特赦规则的情形，可能是因为当前的邻域中已经没有未被禁忌的解，或者当对某个解进行解禁后会改进当前最优值时等。一般来说，特赦准则的设置方法有以下几种：

①基于评价值准则。如果邻域中某个可行解的评价值优于当前历史上所搜得的最优值，则即使该值已经被列入禁忌列表，仍可以接受。

②基于最小错原则。如果邻域解全部都被加入禁忌列表，且不能满足基于评价值准则，则可以从禁忌列表中找到一个评价值最优的解进行解禁。

③基于影响力准则。如果解禁某个对象可以较大的改善目标值，则考虑将其解禁。

特设准则和禁忌列表时禁忌搜索算法的两个主要规则。

(1)评价函数。评价函数是算法中选择可行解的函数，一般可以直接使用目标函数，但当目标函数较为复杂或耗时过多，则可以使用其他函数来取代目标函数。但替代的评价函数应反应原目标函数的一些特性，如评价函数最优的点应当也是目标函数最优的点。

(2)终止规则。作为一种启发式算法，禁忌搜索算法不会搜索全部的可行解，而是在一些情况下终止计算。通常来说禁忌搜索算法的终止条件有以下几种：

①步数终止原则。在算法开始时指定一个较大的迭代步数上限，当迭代次数超过该值时停止迭代，此方法易于实现，但无法保证算法找到最优解。

②频率控制原则。当某个解、目标值或者解序列重复出现的频率超过给定阈值时，算法已经不会再改进，可以停止计算。

③目标值变化控制原则。如果在一个给定的步数内，目标值在迭代过程中没有改进，则停止计算。

④目标值偏离程度准则。如果针对所研究问题能够事先获知其下界值，则当目标值与下界值之差小于给定阈值时，停止计算。

禁忌搜索算法是人工智能在组合优化算法中得一个成功应用，但其本身也有对初解依赖性强，算法只能按照顺序依次进行搜索而不能同时在不同区域进行搜索等缺陷。

8.3　模拟退火算法

模拟退火算法(simulated annealing, SA)是一种全局优化算法，它模仿了热力学中的物理退火(annealing)过程。主要特点是设置了逐渐降低的"退火温度"，基于此允许在搜索过程中以一定概率获得较差的结果，从而使算法拥有了跳出局部最优解的能力。该算法最早于 1953 年由 Metropolis 提出，并在 1983 年由 Kirkpatrick 等应用于组合优化问题。

8.3.1　算法原理

物理退火过程是冶金和材料科学当中采用的一种技术，它通过将物体加热到较高水平，在保持一段合适的高温后，再逐渐冷却的过程。整个退火过程可以分为三个部分：(1)升温部分，随着温度的不断提升，物体被溶解为液态，组成物体的粒子自由运动，从而使整个系统处于一个比较均匀无序的状态；(2)等温过程，而当物体保持某个温度时，将达到一个平衡状态，也就是在此温度下自由能最小的状态；(3)降温过程，当温度改变时，物体的平衡状态将随之发生改变，当温度降低时，物体粒子运动范围逐渐减小，整个系统逐渐由无序变为有序。

模拟退火过程就是将优化算法比作物体的退火过程。将优化问题的可能解比作退火过程中的系统状态，将最小化优化的目标函数比作退火过程中的系统能量，令系统接受较差状态(也就是反而增大了优化目标函数的解)的概率依照"温度"下降，从而既可以在高温状态下通过随机的方式脱离局部最优解，又可以使温度下降时，能够稳定获得一个最优解。

8.3.2　算法设计

在使用模拟退火算法进行全局优化的过程中，以状态来表示可选的解，以系统能量来表示优化目标函数，能量越低即优化目标函数越接近最优情况。在传统的搜索算法中，一般通过修改现有状态，并比较新状态是否能够使系统能量变得更小，如果新的状态对应较低能量，会被接受替代原状态成为新的当前状态，这样的过程会比较快的获得搜索结果，但这个结果往往是局部最小值而不是全局最小值。为了能够高效地在解空间中搜索到有意义的解，米特罗波利斯(Metropolis)在 1953 年提出了一个根据重要性选择接受新解的方法，称为米特罗波利斯准则。

设此时温度为 t，当前状态为状态 i，其能量值为E_i，由该状态根据搜索规则获得了另一个能量为E_j的状态 j，如果$E_i > E_j$，即状态 j 对应的优化目标函数比状态 i 更小，则接受状态 j 为新的当前状态。否则，即状态 j 对应的优化目标函数比状态 i 变大了，算法不会马上拒绝这个新状态，而是按照一个与温度 t 相关的概率 $r(t,E_i,E_j)$ 来决定是否用状态 j 替换状态 i。其中 r 一般定义为

$$r(t,E_i,E_j)=e^{-\frac{(E_j-E_i)}{K_b T}}$$

其中K_b为玻尔兹曼(Boltzmann)常数。在实际操作中，一般选择一个在[0,1]上均匀分布的随机数 ξ，如果 $r>\xi$，则状态 j 被接受为新的当前状态，否则当前状态保持为状态 i 不变。

由此公式可以发现，当温度 t 较高时，较当前状态能量更高状态 j 相对更容易被接受为新的当

前状态，而当温度逐渐降低时，则更倾向于只有降低了系统能量的状态 j 才会被接受为新的状态。

8.3.3 算法实现

模拟退火的主要计算步骤：

步骤 1 输入起始温度(高温)$T(0)$，任选初始值$x=x_0$，设优化目标函数为 $E(x)$，则初始的当前状态对应的能量为 $E(x_0)$，设置在每个 T 值下的循环次数 L；

步骤 2 对温度 $T(t)$，进行循环以得到该温度对应稳定态，这里 t 表示降温的次数：

循环步骤 1 在当前解 x 的邻域中产生新解 x'；

循环步骤 2 计算能量增量 $\Delta E=E(x')-E(x)$；

循环步骤 3 如果 $\Delta E>0$，则 $x=x'$，否则按照概率$e^{-\frac{(E_j-E_i)}{K_bT}}$来决定是否更新 x(米特罗波利斯准则)；

循环步骤 4 判断是否满足收敛准则，否则判断循环次数是否大于 L，如果两个判断均为否，则回到循环步骤 1，如果判断为是，则结束此次循环。

步骤 3 减少温度 T，$t=t+1$，重复步骤 2，直到满足收敛条件。

在模拟退火的运算过程中，有一些技术细节需要注意：

(1)新解的产生方法。在模拟退火算法中，一个重要的内容是如何生成新解，通常的做法是在当前解的基础上经过简单的变化即产生新解，如在当前解的邻域内随机产生一个新解，或对当前解的部分元素进行替换或交换等。

(2)内层循环(步骤 2)的稳定性问题。步骤 2 在理论上应该得到温度 T 下的稳定状态，但在实际情况下，高温度使解一直保持着频繁的变化，稳定状态并不是总能得到，因此需要定义常数 L 来终止其循环。当温度逐渐降低，这一现象将得到修正。

(3)温度下降函数，也称降温函数，模拟退火的过程中，可以选择不同的降温函数。如线性降温函数：$T(t+1)=\alpha T(t)$，其中 α 是一个比较接近 1 且小于 1 的常数；算术型降温函数：$T(t+1)=T(t)-C$，其中 C 为一个很小的常数；对数型降温函数：$T(t)=\frac{C}{\ln(t+1)}$，其中 C 为一个常数等。不同的降温函数对算法的运算结果有一定的影响。

(4)初始参数的设定。在模拟退火算法中，需要给出一个任意的初值，经过分析这个初值对最后结果的影响不大。但同时，初始温度的设定对结果有很大影响。初始温度较高，则算法得到最优解可能性大，但需花费更多的计算时间；反之，则可能陷入局部最优解。此外同温度循环的最大次数 L 也对算法的收敛与否起作用。

(5)算法终止条件。常用的算法终止条件包括温度值低于给定阈值、降温次数大于给定阈值，或者能量(优化目标函数)改变值小于给定阈值等。

(6)算法的收敛性。经过研究，理论上已经证明模拟退火算法具有渐进收敛性，是一种以概率收敛于全局最优解的全局优化算法。但在实际应用中，参数的设定对实际结果是否达到最优有着强烈的影响，需要使用者对不同的参数组进行重复实验和比较。

8.4 遗传算法

在自然界中，生命为了适应环境变化，而产生了进化机制，即通过遗传和随机突变产生下一代，在自然选择下，适应环境的个体和它们的遗传特性得以存活。遗传算法(genetic algorithm，GA)是一种群体算法，它通过模拟一个种群在自然选择作用下的繁衍、突变和选择过程，在可能的解空间中进行搜索得到最优结果的一个过程。遗传算法最早于 1975 年由霍兰德(Holland)等提出。

8.4.1 算法原理

遗传算法模拟了生物进化过程，真核生物的主要遗传物质是脱氧核糖核酸(DNA)，在生物细胞中，DNA 与组蛋白组成了染色体，是细胞中可被观察到的遗传信息载体。遗传信息的基本单位称为基因，它是 DNA 的片段，一条染色体上可以包含很多个不同的基因，而生物体表现出的形状则由这些基因的组合决定。

在生物进化过程中，染色体的亲代与子代之间存在着复制、交叉、变异和选择的基本阶段。复制使子代保持了亲代的主要信息，是遗传性状得到保持的基本机制。而同源染色体的交叉，即两个染色体的某些部分进行互换，和染色体上部分基因发生随机的变异，则是子代产生不同于亲代性状的两种机制。最后，在自然选择的作用下，不适应环境的子代被淘汰，而适应环境的子代则被保留下来。

在数学家看来，遗传过程就是一个优化过程。出于简化的目的，每个个体被视为一条染色体，也就是优化问题的潜在解，而该解所对应的优化目标函数就是对该个体适应环境水平的评价，算法基于此可以进行选择。而复制、交叉和变异，是由父代个体获得子代个体的方式，可以分别对应不同的运算过程。由此，遗传算法被开发出来。

8.4.2 算法设计

遗传算法是对群体遗传过程的模拟，生物遗传过程中的各阶段都被对应于优化算法的不同运算程序。主要包括遗传编码、适应度函数、交叉操作、变异操作、个体选择等。

(1)遗传编码

遗传算法使用“染色体”作为运算的基础，因此，需要把实际优化问题中的潜在解映射为一条“染色体”，这个过程称为编码(encoding)，而相反的过程，则称为解码(decoding)。针对不同的问题，遗传算法可以有不同的编码方式，如二进制编码、自然数编码、实数编码和树状编码等。在实际应用中，二进制编码最最简单，也最常用，为方便起见，后续内容均以二进制编码为例。

二进制转化是最常见的二进制编码方法，如果想要求的最优解的搜索对象是在$[0,2^L-1]$当中某个整数，则该整数 n 可以写为$n=a_0\cdot 2^0+a_1\cdot 2^1+\cdots+a_{n-1}\cdot 2^{n-1}$，其中$a_i$只能在$\{0,1\}$中取值，可以将任意一个潜在解写为一个长度为 L 的二进制数串$a_0a_1\cdots a_{n-1}$。例如，$[0,31]$中的整数可以写为 5 的二进制数串，如 17 可以写作 10001，而一个规模为 5 的初始群体可以写为{10000，01000，00100，00010，00001}。如果被编码的参数是一个实数，则需要根据需要选择合适的精度将其离散化。例如，如果 $x\in[a,b]$，可以令 $d=2^{-L}(b-a)$，则 $x\approx a+nd$，其中 $n\in\mathbf{N}, n<2^L$。而 n 可以用前面例子的方式整理为一个长度为 L 的二进制编码，从而得到对 x 的编码。

(2)适应度函数

遗传算法把个体对自然的适应程度简化为一个函数。也就是对于一个个体 x，优化目标函数为 $f(x)$，则可以定义适应度函数 $F(x)=g(f(x))$为目标函数 $f(x)$的一个映射。适应度函数反映了个体对环境的适应程度，一般约定为正值函数，且数值越大，代表越适应环境。因此，根据目标函数的形式，适应度函数可以做相应的定义。

例如，优化目标是找到 $f(x)$的最小值，则可以定义适应度函数为

$$F(x)=\begin{cases}-f(x)+C_{\max}, & -f(x)+C_{\max}>0\\ 0, & \text{其他}\end{cases}$$

其中$C_{\max}$是一个选定的较大的常数，可以确保搜索范围内适应度函数 $F(x)>0$。而当优化目标是找到 $f(x)$的最大值，则适应度函数与原优化函数可以很类似，只需在最后加上一个较小的$C_{\min}$以确保适应度函数为正值函数即可。

(3)交叉操作

模拟生物遗传过程中，两个同源染色体交叉交换部分染色体产生新个体的过程，遗传算法定义了交叉操作。在遗传算法中，一般在亲代群体中随机匹配两条染色体，然后进行交叉运算。

交叉过程一般是随机选定一个或多个交叉点，然后再依次交换两条染色体在交叉点后的部分。例如，如果亲代的两条染色体，分别为 0101010101 和 1111111111，以"＊"表示交叉，随机选定第一个交叉点在第 3 位后，则有

$$\left.\begin{matrix} 010*1010101 \\ 111*1111111 \end{matrix}\right\} \rightarrow \left\{\begin{matrix} 010*1111111 \\ 111*1010101 \end{matrix}\right.$$

而如果在第 6 位后有第二个交叉点，则有

$$\left.\begin{matrix} 010*101*0101 \\ 111*111*1111 \end{matrix}\right\} \rightarrow \left\{\begin{matrix} 010*111*0101 \\ 111*101*1111 \end{matrix}\right.$$

如果只有一个交叉点，称为单点交叉，而有两个或更多交叉点的方法称为两点交叉或多点交叉。

交叉的意义在于生成与亲代不同的子代，在算法中，是否交叉、在何位置交叉以及有几个交叉点经常都是通过概率的方式决定的。交叉概率大，则算法能够产生更多的新解，搜索范围随之扩大，从而保持了群体的多样性，避免陷入局部最优；但相应地增加了运算量，浪费运算资源。

(4)变异操作

在生物遗传过程中，基因可能发生突变，DNA 序列上某个位点可能被替换为不同的碱基。在遗传算法当中，则将变异操作理解为"染色体"某个位置发生改变，对二进制编码而言，意味着在某个位置发生 0-1 的互补运算，即字符 0 被替换为 1，或者 1 被替换为 0。一般情况下，是否发生变异也需要按照一个给定的变异概率参数来决定，通过(0,1)上的随机数与给定的变异概率相比较来决定是否发生变异。这个概率参数如果设得过小，则搜索空间被限制；反之如果变异概率过大，则子代与亲代的区别可能过大，从而失去对亲代"优良性状"的继承。

(5)选择操作

亲代通过交叉、变异操作生成的子代合在一起组成了新的候选群落，这个群落并非每个个体都能够产生子代，需要通过一个选择过程来从这个群落中挑选出环境适应度更高的个体，使其成为下一次遗传过程的亲代。

为了避免陷入局部最优值，选择操作不会直接根据适应度函数值来进行排序筛选，而是需要通过某种方法引入一个随机状态，使适应度高的个体更可能被选择，但适应度低的个体也有被选中的机会。为了达到这一效果，数学家开发了很多算法。

例如，首先，假设带筛选的群体中包含的个体数，也就是规模为 N，则可以为每个个体定义一个被选中的概率

$$P_i = \frac{F(x_i)}{\sum_{k=1}^{N} F(x_k)}$$

其中x_i表示第 i 个个体，$F(x_i)$表示x_i的适应度函数值。

由公式易知，$\sum_{i=1}^{N} P_i = 1$，则由此可以将(0,1)区间分割成 N 个大小不等的小区间，每个区间的长度分别为P_i。在选择操作中，每次可以生成一个服从(0,1)上均匀分布的随机数，它落到哪个区间，则对应的个体就被选中。这个过程重复 N 次，则 N 个个体所组成的群体就被选出了。

8.4.3 算法实现

根据上述内容，遗传算法的主要步骤如下：

步骤1　根据编码方法，输入指定规模初始群体，定义适应度函数；

步骤2　为群体中每个个体计算适应度值；

步骤3　通过选择操作，从群体中选出亲代群体；

步骤4　在亲代群体中随机配对，按概率选定交叉点进行交叉操作以产生新个体；

步骤5　对新个体进行变异操作；

步骤6　重复执行步骤2～步骤5，直到算法终止条件得到满足。

在遗传算法的过程中，有些细节需要加以注意：

(1)精英保留策略。为了保证算法结果收敛于全局最优解，在选择过程中还要增加一个精英保留策略，即每次产生下一代的过程中，需保留一个适应度最高的个体，将其直接复制到下一代中。经过基于马尔可夫链的相关理论分析，证明如果不在算法中采用精英保留策略，算法将不能收敛到全局最优解。

(2)算法的终止条件。遗传算法的终止条件可以设为群体趋于稳定，即各染色体变化很小，但由于遗传算法的特性，这个条件有时不易达到。因此，有时也可以设为适应度函数达到预定的阈值或遗传代数达到设定的代数上限。

(3)遗传算法的收敛性。经过分析，可以证明遗传算法在采用精英保留策略的前提下，能够保证算法渐进收敛到全局最优解。

8.5　粒子群算法

在多维连续空间中搜索最优解是一个非常困难的过程，粒子群算法(particle swarm optimization, PSO)通过模拟一组粒子的初始状态，通过群内粒子彼此间的信息共享，不断迭代地向最优解移动来获取优化问题的最优解。粒子群算法在1995年由Eberhart和Kennedy提出，由于其算法简明，易于实现，已经在科学计算和工程领域得到了广泛的研究和应用。

8.5.1　算法原理

粒子群算法的灵感来自对鸟类捕食行为的模拟。假设一群鸟要在一片区域中搜索唯一的食物来源，每只鸟都不知道食物所在位置，却能知道当前位置与食物的距离。如果这些鸟能够彼此通信，那么最优的搜索策略是，所有的鸟都基于自己搜索的经验，向离食物最近的鸟附近去做进一步搜索。粒子群算法假设，优化问题的全局最优解就是鸟类所追寻的食物所在位置，而每一只鸟(或者称为粒子)的位置都可以代表着搜索空间中的一个潜在最优解。所有粒子位置都对应一个由被优化函数决定的适应值，除此之外，粒子还有一个速度代表着它的飞行方向和速率。

在优化过程中，首先通过随机初始化每个粒子的位置和速度，然后通过迭代算法，求得每个粒子的个体极值和所有粒子的全局极值。随后，每个粒子都根据代表自身经验的个体极值，和代表群体经验的全局极值来调整自己的搜索策略，更新下一步的位置和速度。当这个过程不断迭代进行，粒子群将越来越接近全局最优解。

8.5.2　算法设计

如果所求的优化问题的潜在解空间是一个N维空间，则其中的每一个潜在解都是一个N维向量$\boldsymbol{x}=(x_1,x_2,\cdots,x_N)$，则粒子$k$的位置可以记为$\boldsymbol{x}_k=(x_{k1},x_{k2},\cdots,x_{kN})$，$k=1,\cdots,M$，这里$M$表示粒子群中包含粒子的数目，即粒子群的规模。同样，每个粒子的速度也可以被写为一个N维向量，它对应于粒子运动轨迹在当前时刻的梯度$\boldsymbol{v}_k=(v_{k1},v_{k2},\cdots,v_{kN})$，$k=1,\cdots,M$。

对每个粒子k，记录其所经过的最优位置为$\boldsymbol{p}_k=(p_{k1},p_{k2},\cdots,p_{kN})$，$k=1,\cdots,M$。而全局的最优点位置记为$\boldsymbol{b}=(b_1,b_2,\cdots,b_N)$。如果我们假定变量$t$代表迭代次数，则上述的$\boldsymbol{x}_k$，$\boldsymbol{v}_k$，$\boldsymbol{p}_k$和$\boldsymbol{b}$都

是关于t的向量值函数。

最初的粒子群算法通过如下公式进行迭代：

$$v_{ij}(t+1)=v_{ij}(t)+c_1r_1[p_{ij}(t)-x_{ij}(t)]+c_2r_2[b_j(t)-x_{ij}(t)] \tag{8.5.1}$$

$$x_{ij}(t+1)=x_{ij}(t)+v_{ij}(t+1) \tag{8.5.2}$$

其中$x_{ij}(t)$表示第i个粒子的第j个分量在第t次迭代时的位置分量值，同理$v_{ij}(t)$表示此时粒子i速度向量的第j个分量值；c_1和c_2为两个常数参数，称为学习因子。r_1和r_2是两个随机数，一般认为在[0,1]上的均匀分布。

粒子的新速率受自身惯性，个体极值和全局极值的影响。影响的程度受到学习因子参数和随机数的共同影响。一般称和式的第一项为“惯性部分”，第二项为“认知部分”，第三项称为“社会部分”。

为了防止粒子速度过大，通常需要定义一个常数参量$V_{\max}>0$来限制粒子的飞行速率，任何大于$V_{\max}$或小于$-V_{\max}$的速度分量，都分别替换为$V_{\max}$或$-V_{\max}$。

当优化问题有边界约束时，需要注意不使粒子超出搜索的范围。

8.5.3 算法实现

粒子群算法的实现步骤如下：

步骤 1 确定粒子群规模，适应度函数，随机初始化每个粒子的初始位置和速度；

步骤 2 为每个粒子计算适应度；

步骤 3 更新每个微粒的个体最优位置以及粒子群的全局最优位置；

步骤 4 根据粒子群迭代公式，计算每个粒子的新位置和新速度；

步骤 5 如果达到停止条件，则输出当前的全局最优位置，否则返回步骤 2，开始下一次循环。

在粒子群算法的应用中，有一些细节需要注意：

(1)学习因子。在粒子群迭代公式中，学习因子c_1和c_2的大小分别反映了“认知部分”和“社会部分”对算法的影响。如果$c_1=0$，则算法易于收敛，但容易陷入局部最优。反之，如果$c_2=0$，则算法相当于每个粒子分别进行独立搜索，彼此间没有信息交流，则获得全局最解的可能性降低。

(2)邻域拓扑结构。在基本粒子群优化算法迭代公式中，“社会部分”是通过比较粒子位置与全局最优位置来得到的，这里也可以将全局最优位置替换为“局部最优”位置，即通过粒子位置与其邻域内最优位置进行比较来迭代更新粒子的运动速度。因此可以通过定义粒子的“邻域”来修正迭代公式。常见的邻域拓扑结构包括星状结构，即每个粒子的邻域是整个粒子群，迭代过程受全局最优值的影响；环状结构，即每个粒子只受与其最接近的两个近邻粒子的影响；齿状结构，需要先定义一个中心粒子，在每次迭代中，中心粒子向全局最优方向移动，而其他粒子则通过中心粒子的位置计算迭代公式中的“社会部分”。目前的研究显示，星状结构算法收敛快，但容易陷入局部最优；环状结构收敛慢，但更可能找到全局最优。

(3)惯性权重。基本粒子群优化算法迭代公式中，惯性部分的权重为 1。有研究显示，可以为惯性部分增加一个权重ω并使其随着迭代次数逐渐缩减，即在开始阶段，扩大算法的搜索范围，后期则进行更细致的局部搜索，这种改进可以有效提高粒子群算法的收敛性质。此外还有其他的惯性权重调整方式。目前，粒子群优化算法大都为带惯性权重的版本。基本粒子群算法可以视为特殊的带惯性权重算法。

(4)收敛性问题。粒子群优化算法的收敛性问题是其理论研究中的热点问题，由于粒子群算法中包含有随机因子，是一个随机系统，其收敛问题的研究困难很大。一些研究显示，标准粒子群优化算法具有渐进收敛性，但不能证明是否为全局收敛。另一些研究则给出了较为严格的收敛充分条件，但在更一般的情况下的收敛性仍然未知。